Mapping a City

Mapping a City

herausgegeben von

Nina Möntmann
Yilmaz Dziewior
Galerie für Landschaftskunst

Kunstverein in Hamburg
Hatje Cantz

Inhalt

Contents

Dank der Herausgeber

Galerie für Landschaftskunst

Die Zusammenarbeit mit den Künstlern und Autoren, mit Dirck Möllmann, Janneke de Vries, Yilmaz Dziewior, Corinna Koch, Nina Möntmann und Torsten Jahnke war und ist so vielfältig und reich, dass wir dem an dieser Stelle nicht gerecht werden können. Wir möchten allen gemeinsam danken!

Vielen weiteren Helfern und Freunden, ohne die das Projekt kaum zustande gekommen wäre, möchten wir besonders danken: Den Mitarbeitern des Kunstvereins, mit denen die Arbeit nicht nur leichtfüßig geriet, sondern von denen wir auch so herzlich aufgenommen wurden: Kay Ruchholtz, Gesche Früchtenicht, Yilmaz Balkan, Martin Engelage, Antonio Christel, Robert Görß und dem gesamten Aufbauteam mit Fred Neumann, Klaus Erichsen, Ari Goldmann, Tobias Sandberger, Uwe Lewitzky, Jan-Hendrik Haack. Außerdem Dorothee Brettschneider, die das Planungsmodell zur Ausstellung baute und an allen Ecken und Enden half; Diana Lohse, die Bob Braine bei seiner Kartierung unterstützte und für die Bibliografie unseres Archives arbeitete; Sonja Hempel für ihre umfangreiche Mitarbeit, insbesondere an Anke Haarmanns Projekt; Malte Urbschat, der den Entwurf und Bau des Schrankes von Mark Dion begleitete; der Tischlerei Stefan Oliczewski, die den Schrank baute und Kornelia Paul, die die Fotos und die mühseligen Wasser- und Sedimentproben besorgte. Papia Bandyopadhyay, die das Projekt zur Wandse mitkonzipiert und organisiert; Ludwig Tent und Verena Rabe für ihre Präsentation des Projektes *Forelle 2010* in der Ausstellung und für die Exkursion entlang der Wandse; Simone Eberhard, Bianca Hobusch, Dorothee Brettschneider, Stephanie Bunk und allen anderen für die Diskussion um die Materialsammlung zu Kartografie. Myong-Lae Kim für die vielfältige Hilfe; Gennaro Ghirardelli für die Ausstellung; Bernhard Nitschke für das neue Modell des Forschungsschiffes; Raimund Kollegger, der das

Buch *Hamburg City Spots* von Mark Wehrmann, die Buchseiten in Kristinn G. Harðarsons Ausstellungsbeitrag sowie das Plakat zum Forschungsschiff layoutete. Human Interface Design für die Homepage; Denise Markonish und den Künstlern der Ausstellung *Territories;* Jörn Zehe, Martin Raue, Nils Zurawski, Wolfgang Vacano, Klaus Ronneberger, Uwe Hofmann und Stefan Römer für ihre Vorträge. Elisabeth und Gerhard Sohst, Ute Schmiedel, Alfred und Waltraud Krause, Sabine und Hans-Jochen Waitz, Martin Schüttpelz, Susanne und Michael Liebelt sowie der Liebelt Stiftung für die finanzielle und ideelle Unterstützung. Martin und Helga Maria Klosterfelde sowie Brian O'Connell für die Unterstützung des Projektes von Matt Mullican. Barbara Uppenkamp und Inga Svala Thorsdóttir für die Hilfe an den Übersetzungen von Kristinn G. Harðarsons Texten. Ingeborg Lockemann und Jochen Lempert für ihre Kartierungen; Boris Füting für den Bau des Insektentisches und der Feuerwehr Admiralitätstraße für dessen Auffüllung; dem Amt für Geoinformation und Vermessung, Hamburg; Karstadt; Nina Zimmer, Christoph Heinrich und Tobias Boner von der Hamburger Kunsthalle und Martin Engler und Stephan Berg vom Kunstverein in Hannover für die Hilfe, Geduld und gute Zusammenarbeit; Jörg von Prondzinski für seine beharrliche Vorarbeit in Wilhelmsburg; der Hamburger Kulturbehörde für das Gastatelier und Christian Schön für seine kontinuierliche Begleitung. Unserer Mitarbeiterin Christina Gröninger gilt unser ganz besonderer Dank.

Nina Möntmann

Mein grosser Dank gebührt den Autorinnen und Autoren Denis Cosgrove, Lucy Lippard, Tom McDonough, Dirck Möllmann, Astrid Wege und Kathrin Wildner und Sergio Tamayo für ihre fabelhaften Essays und die anregenden Diskussionen.

Torsten Jahnke danke ich für die gelungene Gestaltung des Buches; Janneke de Vries für die gute redaktionelle Zusammenarbeit und das präzise Lektorat sowie den Übersetzern Christopher Jenkin-Jones und Ralf Schauff.

Sehr herzlich möchte ich Yilmaz Dziewior und Till Krause danken, die mich eingeladen haben, die Konzeption des Textteils dieses Buches zu übernehmen.

Yilmaz Dziewior

Der Kunstverein schließt sich ganz herzlich dem Dank der Galerie für Landschaftskunst und Nina Möntmann an. Persönlich möchte ich mich besonders bei meinen Mitarbeiterinnen Janneke de Vries und Corinna Koch bedanken, die die besonderen Herausforderungen eines sich über ein Jahr erstreckenden, sehr arbeitsintensiven Projektes bravourös gemeistert haben. Janneke de Vries betreute nicht nur die Presse- und Öffentlichkeitsarbeit, sie führte auch die Redaktion des Kataloges mit großer Sorgfalt durch. Corinna Koch koordinierte in gewohnt routinierter Weise die Belange der Ausstellung. Robert Görß und seinem Aufbauteam danke ich für die hervorragende Realisierung der aufwendigen Ausstellungspräsentation.

Vor allem aber möchte ich mich bei den beteiligten Künstlerinnen und Künstlern, bei Bob Braine, Stephan Dillemuth, Mark Dion, Anna Guðjónsdóttir, Anke Haarmann [AHA], Kristinn G. Harðarson, Florian Hüttner, Jussi Kivi, Till Krause, Daniel Maier-Reimer, Matt Mullican, Nils Norman, Patrick Rieve, Malte Urbschat, Mark Wehrmann, Ralf Weißleder und Malte Willms für ihr Vertrauen und ihr großes Engagement bedanken. Darüber hinaus war Till Krause, der zusammen mit Anna Guðjónsdóttir die Galerie für Landschaftskunst gegründet hat, für uns nicht nur immer ein kompetenter und hilfsbereiter Ansprechpartner, sondern hat als Co-Kurator der Ausstellung und Mitherausgeber des Kataloges das gesamte Projekt inhaltlich wesentlich mitgeprägt. Nina Möntmann danke ich für die Konzeption des Essayteils, der dem Katalog über die konkrete Ausstellung hinaus den Charakter eines Readers zum Thema Mapping verleiht.

Die Autorinnen und Autoren der Künstlertexte Stephanie Bunk, Belinda Grace Gardner, Anke Haarmann [AHA], Kristinn G. Harðarson, Wolfgang Kemp, Corinna Koch, Till Krause, Uwe Lewitzky, Janneke de Vries und Malte Willms haben eigens für die Publikation Texte zu den präsentierten Arbeiten verfasst und sie in den größeren Zusammenhang des übrigen Werkes gestellt, wofür ich ihnen sehr danke.

Annette Kulenkampff vom Hatje Cantz Verlag hat die Publikation begeistert in das Verlagsprogramm aufgenommen und somit die gute Zusammenarbeit mit dem Kunstverein um eine zusätzliche Publikation erweitert.

Ein so ambitioniertes Projekt wie *Mapping a City: Hamburg-Kartierung* bedarf neben ideeller auch materieller Unterstützung. Wir freuen uns sehr, dass wir erstmals die Kulturstiftung des Bundes als Förderer eines Projektes des Kunstvereins gewinnen konnten. Namentlich danke ich in diesem Zusammenhang Hortensia Völkers, Alexander Farenholtz, Thorsten Maaß, Anja Ludwich und Friederike Tappe-Hornbostel.

Last but not least dankt der Kunstverein René Bütefisch und dem Jena Paradies für die hervorragende Bewirtung während des Aufbaus und der Eröffnung der Ausstellung.

Editors' Thanks

Galerie für Landschaftskunst

Coworking with the artists and authors, with Dirck Möllmann, Janneke de Vries, Yilmaz Dziewior, Corinna Koch, Nina Möntmann and Torsten Jahnke was and is so many-sided and enriching that mere words cannot do justice to it. Our thanks go to all involved.

We also wish to thank the many other helpers and friends without whom the project could scarcely have been realized: Those with the Kunstverein not only made the work light but also extended to us such a warm welcome: Kay Ruchholtz, Gesche Früchtenicht, Yilmaz Balkan, Martin Engelage, Antonio Christel, Robert Görß and the entire assembly team with Fred Neumann, Klaus Erichsen, Ari Goldmann, Tobias Sandberger, Uwe Lewitzky, Jan-Hendrik Haack. Also Dorothee Brettschneider, who constructed the plan model for the exhibition and helped out in countless other ways; Diana Lohse helped Bob Braine during his mapping and worked on the bibliography of our archive; Sonja Hempel contributed generous support, especially on Anke Haarmann's project; Malte Urbschat supervised the planning and construction of Mark Dion's cabinet; Stefan Oliczewski's joiner's workshop built the cabinet; Kornelia Paul took the photos and gathered the laborious water and mud samples. Papia Bandyopadhyay coplanned and coorganized the Wandse project; Ludwig Tent and Verena Rabe presented the project *Trout 2010* in the exhibition and conducted the study trip along Wandse beck; Simone Eberhard, Bianca Hobusch, Dorothee Brettschneider, Stephanie Bunk and others were instrumental in the discussion of the materials on cartography and mapping. Myong-Lae Kim helped in manifold ways; Gennaro Ghirardelli mounted an exhibition; Bernhard Nitschke built the new model of the research ship; Raimund Kolleger designed Mark Wehrmann's *Hamburg City Spots,* the book pages in Kristinn G. Harðarson's exhibition contribution and the research ship poster. Human Interface Design designed the homepage; Denise Markonish and artists mounted the exhibition *Territories;* Jörn Zehe, Martin Raue, Nils Zurawski, Wolfgang Vacano, Klaus Ronneberger, Uwe Hofmann and Stefan Römer held lectures. Elisabeth and Gerhard Sohst, Ute Schmiedel, Alfred and Waltraud Krause, Sabine and Hans-Jochen Waitz, Martin Schüttpelz, Susanne and Michael Liebelt, and the Liebelt Stiftung provided support with funding and ideas. Martin and Helga Maria Klosterfelde as well as Brian O'Connell supported Matt Mullican's project. Barbara Uppenkamp and Inga Svala Thorsdóttir helped on the translations of Kristinn G. Harðarson's texts. Ingeborg Lockemann and Jochen Lempert produced mappings; Boris Füting constructed the Insect Table and the fire station on Admiralitätstraße furnished it with water. Thanks also to the Amt für Geoinformation und Vermessung, Hamburg; Karstadt; to Nina Zimmer, Christoph Heinrich and Tobias Boner (Hamburger Kunsthalle) and to Martin Engler and Stephan Berg (Kunstverein Hannover) for their help, patience and good cowork; to Jörg von Prondzinski for his persevering preliminary labors in Wilhelmsburg; to the Hamburg Cultural Authorities for the use of the guest studio and to Christian Schön for ongoing assistance. Our especial thanks go to Christina Gröninger of the Galerie für Landschaftskunst.

Nina Möntmann

Many thanks to the authors Denis Cosgrove, Lucy Lippard, Tom McDonough, Dirck Möllmann, Astrid Wege and Kathrin Wildner & Sergio Tamayo for their fabulous essays and thought-provoking discussions.

Thanks to Torsten Jahnke who designed the book; to Janneke de Vries for the good coworking in editorial matters and her careful lectorship, and to the translators Christopher Jenkin-Jones and Ralf Schauff.

I wish to cordially thank Yilmaz Dziewior and Till Krause who entrusted me with planning the text section of this book.

Yilmaz Dziewior

The Kunstverein gladly endorses the thanks expressed by the Galerie für Landschaftskunst and Nina Möntmann. I also wish to personally thank my two members of staff Janneke de Vries and Corinna Koch who dealt magnificently with all the challenges that a year-long and highly labor-intensive project brings. Janneke de Vries not only looked after the press and publicity work but also lavished great care on the editing of the catalogue. Corinna Koch saw to all the administrative details of the exhibition with her customary assurance. Thanks also to Robert Görß and his assembly team for so splendidly realizing the exhibition's elaborate details of presentation.

But above all I wish to express my appreciation to the participating artists for their trust and commitment: Bob Braine, Stephan Dillemuth, Mark Dion, Anna Guðjónsdóttir, Anke Haarmann [AHA], Kristinn G. Harðarson, Florian Hüttner, Jussi Kivi, Till Krause, Daniel Maier-Reimer, Matt Mullican, Nils Norman, Patrick Rieve, Malte Urbschat, Mark Wehmann, Ralf Weißleder and Malte Willms. In addition, Till Krause, who cofounded the Galerie für Landschaftskunst with Anna Guðjónsdóttir, was not just a professional and helpful contact from start to finish. As co-curator of the exhibition and co-editor of the catalogue he contributed vitally to the shaping of the entire project and its contents. I am grateful to Nina Möntmann for conceiving the essays section which turns the catalogue, beyond its relation to the actual exhibition, into what one might almost call a mapping reader.

I am extremely grateful to the authors who produced texts on the artists and their exhibited works specially for this catalogue, integrating them into the larger structure of the overall œuvres: Stephanie Bunk, Belinda Grace Gardner, Anke Haarmann [AHA], Kristinn G. Harðarson, Wolfgang Kemp, Corinna Koch, Till Krause, Uwe Lewitzky, Janneke de Vries and Malte Willms.

Annette Kulenkampff of Hatje Cantz Verlag enthusiastically accepted the book for publication, adding another work to the house's successful collaborations with the Kunstverein.

A project as ambitious as *Mapping a City: Hamburg-Kartierung* requires material no less than ideal support. The Kunstverein is delighted to have been able to secure the sponsorship of the Kulturstiftung des Bundes for the first time ever. I would like to thank in particular Hortensia Völkers, Alexander Farenholtz, Thorsten Maaß, Anja Ludwich and Friederike Tappe-Hornbostel.

Last but not least the Kunstverein's thanks go to René Bütefisch and the Jena Paradies for the outstanding catering both during assembly and at the exhibition opening.

Mapping

Mapping. A Response to a Discourse

Nina Möntmann

IN DER VON ROBERT STORR KURATIERTEN AUSSTELLUNG *Mapping*, die im Herbst 1994 im New Yorker MoMA stattfand, waren die Landkarten-Bilder der USA von Jasper Johns neben gestickten Weltkarten von Alighiero Boetti und weiteren Landkarten-Abbildungen aus der jüngsten Kunstgeschichte zu sehen. Die in dieser Ausstellung auf ein Motiv reduzierte Auslegung des Begriffs löste eine heftige Debatte aus, die den Diskurs um Mapping als Begriff und als Strategie im anglo-amerikanischen Raum beflügelte. Der Künstler Peter Fend kritisierte richtiggehend an der MoMA-Ausstellung vor allem das Fehlen der grundlegenden Perspektive von Mapping als Tätigkeit: »[The ›mapping‹ show] at MoMA ends up being about paintings, sculptures, or drawings which happen to include maps. It has nothing to do with the act of mapping.«[1] Fend geht zwar auch davon aus, dass Mapping in der Kunst notwendigerweise mit der Verwendung von Landkarten oder abstrahierten räumlichen Aufzeichnungssystemen einhergeht, diese Karten jedoch einen territorialen Vorstoß (des Künstlers) markieren, also als Medium verwendet und nicht als Motiv zitiert werden. Ein weiterer, auch von Fend bemerkter, zentraler Aspekt ist der performative Gehalt der Aktivität an dem Ort, oder in dem Gelände, das einem Mapping unterzogen wird. Die in einer künstlerischen Arbeit verwendete Karte verweist in der Regel auf eine Aktion, die an einem Ort oder in einem Gelände durchgeführt wurde. »An action of mapping is followed by an action in the site mapped«, konstatiert Fend und schliesst damit die traditionellen künstlerischen Medien aus: »A painting, for example, does not normally indicate a plan of action. Nor a sculpture, nor even a perspectival drawing. But a map always predicates an action. Or, if historical, records an action.«[2] So weit ließe sich Fend noch zustimmen. Dann allerdings kommt er in einer Überbewertung des physischen Aspekts des Ortes zu dem Fehlschluss, dass Architektur die zwingende Disziplin einer Mapping-Aktivtät sei: »The function of the work, the impact it has the impact it has on the spectator, is to locate oneself in relation to a place. [...] this is more the domain of architecture, of planning, of dealing with site, than the domain of sculpture.«[3] In Bezug auf eine Aussage Carl Andres betont Fend weiterhin den physischen Aspekt seines Mapping-Begriffs: »[The] work was not about anything conceptual, but about pure matter in specific, physical locations. About physical locating in physical places. Any work made is concerned with a specific place.« Und im Anschluss bekräftigt er: »We believe that this is precisely our approach to the question of ›mapping‹.«[4] Wenn Architektur angewandt wird, um Raum zu eruieren, geht es Fend folglich um Größen wie Maßstab, Funktionalität und um präzise physische Faktoren einer Lagebestimmung, im Unterschied etwa zu selektiven, allegorischen, fiktiven oder analogen Bezügen.

Die von Fend und Kate Glazer im März des darauf folgenden Jahres in den Räumen der Galerie American Fine Arts in New York kuratierte Gegen-Ausstellung *Mapping. A Response to MoMA* lieferte in Kohärenz mit Fends theoretischer Verortung von Mapping somit nicht die notwendigen weiterführenden Ideen zu einem diskursiven Verständnis des Begriffs. Es wurde zwar ein strategischer Ansatz vorgestellt, dieser war jedoch auf geografische Analysen und Vorstöße reduziert, die Fends eigener Kunstpraxis zwar entsprechen, jedoch nur ein einseitiges Verständnis der Strategie des Mapping in der Kunst wiedergeben. Darüber hinaus wird ein territoriales Raumverständnis konstruiert, das im Unterschied zu einem diskursiven von Begrenzungen ausgeht, anstatt von einer Ausdehnung sozialer Bezüge und Konstellationen und zudem keine individuellen Einschreibungen zulässt. Es verwundert daher nicht, dass Fend beispielsweise situationistische Raumkonzepte ablehnt, in denen psychogeografische, also die hegemonialen Festschreibungen eines Territoriums überschreitende Ansätze entwickelt und athmosphärische Einteilungen des Stadtraums vorgenommen werden. Kategorisch lehnt er diese in seiner pamphlet-artigen Einleitung ab: »We reject the literary, allegorical, symbolic or like associative procedures of the Situationists.«[5] Ein von jedweder gesellschaftlichen Übertragbarkeit abgelöster Raumbegriff ignoriert jedoch die räumliche Produktivkraft sowohl herrschender Machtverhältnisse als auch subjektiver Handlungen und Bezugssysteme und reduziert Mapping auf eine geografische Tätigkeit.

Da die Karte gleichwohl einen repräsentativen Raum der zeitgenössischen Zuständlichkeit desselben und des Wissens über ihn darstellt, und außerdem einen auktorialen Standpunkt sowie politische, religiöse, kulturelle und disziplinäre Faktoren einbezieht, ist das Verhältnis

1 Peter Fend, »Building a Bridge from Art to Architecture. Concept«, in: *Mapping. A respose to MoMA*, New York 1995, S. 10–12, zit. S. 11.

2 Peter Fend, a.a.O., S. 10.

3 Peter Fend, »Place«, in: Fend, a.a.O., S. 14.

4 Peter Fend, a.a.O., S. 13.

5 Peter Fend, »Statement Regarding Show«, in: Fend, a.a.O., S. 6.

von gesellschaftlichen und räumlichen Strukturen tatsächlich zwingend. Oder, um es mit Henri Lefebvre auszudrücken: »Raum und Raumpolitik sind ›Ausdruck‹ der Gesellschaftsbeziehungen und wirken sich auf sie aus.«[6]

Fredric Jameson schließlich führt den Gedanken der Kartierung in die Diskussion des gesellschaftlichen Raums ein und postuliert die Notwendigkeit, »den spezifisch geographischen und kartographischen Sachverhalt auf den gesellschaftlichen Raum hin neu zu bedenken«.[7] Darauf stellt er aufschlussreich das politische Potential von Mapping dar, das er in einer Analyse des zeitgenössischen gesellschaftlichen Raums sieht, die zunächst ein Lesen und Zusammenstellen der dort angesiedelten Kenntnisse und Erfahrungen und schließlich deren reflektierte Rückprojektion beinhaltet.[8] Cognitive Mapping, das Kartografieren der Wahrnehmung und der Erkenntnis, spielt dabei die Rolle der Orientierung im geografischen wie im gesellschaftlichen Raum. Diese aus Kevin Lynchs kanonischem Text *The Image of the City*[9] übernommene Vorstellung wird bei Jameson in Konvergenz mit dem Ideologiebegriff Althussers und Lacans erweitert, der die »Repräsentation der *imaginären* Beziehung des Subjekts zu seinen/ihren *realen* Existenzbedingungen« ins Verhältnis stellt.[10] Demzufolge definiert er Cognitive Mapping als einen Prozess, der dem Subjekt eine »situationsgerechte Repräsentation dieser endlosen und eigentlich nicht repräsentierbaren Totalität ermöglichen [soll], die die Stadtstruktur als ganzes ausmacht«.[11] Die ideologische Konnotation, die Jameson hier an den physischen Prozess koppelt, sich geografisch im urbanen Raum zu lokalisieren, behauptet eine strukturelle Ähnlichkeit mit der »Totalität« des Stadtraums. Es ist die Fürsprache einer systematischen, jedoch streng subjektiven Herangehensweise, das Nicht-Repräsentierbare fassbar zu machen, und damit der Raumproduktion und -interpretation jede Objektivität abzusprechen.

MIT SEINEM BEZUG AUF EINE VERMEINTLICHE TOTALITÄT des urbanen Raums äußert Jameson jedoch explizit seine Ablehnung des Aspekts der Fraktalisierung, welche einen wesentlichen Bestandteil postmodernen Raumverständnisses darstellt und mit gesellschaftlichen und identitätspolitischen Differenzpositionierungen einhergeht. Er hingegen geht lediglich von einem klassenspezifisch organisierten Raumkonzept aus, was unter anderen von Rosalyn Deutsche in seiner Ermangelung differenzierter, fraktaler Einheiten kritisiert wird.[12] Deutsche betont die dadurch entstehende Ignoranz gegenüber feministischen Positionierungen – was sich um diejenigen postkolonialer, queerer, anti-rassistischer und anderer in der postmodernen Différance-Diskussion benannter Subjektpositionierungen ergänzen lässt.[13]

In zeitgenössischen Kunstpraxen stellt Mapping eine wesentliche Recherchemethode für ortsspezifisches Arbeiten dar. Dieses strategische Vorgehen ist nicht notwendigerweise mit der Herstellung oder dem Gebrauch einer Landkarte verbunden. Es ist vielmehr ein erster Schritt, sich den Kontexten eines Ortes anzunähern, sich selbst zu verorten und Material zu sammeln, um damit einen Bezugspunkt für weitere künstlerische Entscheidungen zu entwickeln. Das »mappen« eines Ortes dient als Grundlage für einen kontextbezogenen künstlerischen Eingriff, im Unterschied etwa zu einer zusammenhanglos in den öffentlichen Raum gestellten »Drop-Sculpture« oder einem autonomen Kunstwerk im Ausstellungsraum. Auf dieser Grundlage zeichnen sich ortsspezifische Methoden ab, die in den neunziger Jahren vor allem im US-amerikanischen Raum unter dem Begriff der »Site-specificity« verhandelt wurden und mit Künstler/innen wie Renée Green, Christian Philipp Müller, Tom Burr, Clegg & Guttmann und anderen verbunden wurden.[14] James Meyer beschreibt diese ortsspezifische Praxis als einen »Prozess, ein Agieren zwischen Situationen, ein Mapping von institutionellen und diskursiven Verwandtschaftsverhältnissen und der Körper, die sich darin bewegen (vor allem jener der KünstlerInnen)«.[15] In weiten Zügen ist dies koppelbar mit dem Konzept des Framing, das in der Soziologie als individuelle Situationsdefinition aufgrund des Erkennens und der Analyse von Relevanzstrukturen beschrieben wird.[16] Die dem Framing inhärente Verbindung einer subjektiven, kognitiven Sichtweise und eines konzeptuellen Prinzips korrespondiert mit der Definition des Cognitive Mapping. Hal Foster adaptiert den soziologischen Begriff des Framing, um die Notwendigkeit der eigenen Standortbestimmung von Künstlern zu beschreiben, wenn sie über eine oder mit einer Community arbeiten, der sie selbst nicht angehören, und dabei einer Definitionshoheit über »die Anderen« entgegenarbeiten wollen.[17] Mapping, verstanden als Strategie der Positions- und Situationsbestimmung eines Sachverhalts,

6 Henri Lefebvre, *Die Revolution der Städte*, Frankfurt/Main 1990 (Frz. 1970), S. 21.

7 Fredric Jameson, »Postmoderne – zur Logik der Kultur im Spätkapitalismus«, in: Andreas Huyssen, Klaus R. Scherpe (Hrsg.), *Postmoderne, Zeichen eines kulturellen Wandels*, Frankfurt/Main 1998, S. 45–102, zit. S. 98. (Orig.: »Postmodernism, or: The Cultural Logic of Late Capitalism« in: *New Left Review*, 146 July/Aug. 1984, S. 53–92.)

8 Auf die Ära der Postmoderne bezogen, jedoch übertragbar auf jede Epoche, äussert er sich: »Wenn es so etwas wie eine politische Erscheinungsform der Postmoderne geben sollte, so wäre diese dazu aufgerufen, eine globale Kartographie unserer Wahrnehmung und Erkenntnis zu entwerfen und diese in den genau zu ermessenden gesellschaftlichen Raum zu projizieren.« Ebd. S. 100.

9 Kevin Lynch, *The Image of the City*, Cambridge, Mass. 1960.

10 Jameson, a.a.O., S. 97.

11 Jameson, a.a.O., S. 97.

12 Rosalyn Deutsche, »Men in Space«, in: *Artforum 28*, Nr. 6, Februar 1990.

13 Eine Theorie, die der Fragmentierung des Raums Rechnung trägt, entwickelt David Harvey in seinen Analysen des post-fordistischen Raums. David Harvey, *The Condition of Postmodernity*, Oxford 1989.

14 Siehe: »On Site-Specificity, A Discussion with Hal Foster, Renée Green, Mitchell Kane u.a.«, in: *Documents 4/5*, Frühling 1994, S. 12–14; oder: Miwon Kwon, *One Place after Another. Site-Specific Art and Locational Identity*, Cambridge, Mass. und London 2002.

15 James Meyer, »Der funktionale Ort«, in: *Springer*, Band II/Heft 4, Dez. 1996 – Feb. 1997, S. 44–47, zit. S. 44 (überarbeitete Fassung des Katalogbeitrags zur Ausstellung *Platzwechsel*, Kunsthalle Zürich 1995).

16 Vgl. Erving Goffman, *Frame analysis: An essay on the organization of experience*, Cambridge, Mass. 1974.

17 »In the face of these dangers – of too little or too much distance – I have advocated parallactic work that attempts to frame the framer as he or she frames the other. This is one way to negotiate the contradictory status of otherness as given and constructed, real and fantasmatic.« Hal Foster, »The Artist as Ethnograher«, in: ders., *The Return of the Real*, Cambridge, Mass. und London 1996, S. 170–203, zit. S. 203.

Ereignisses oder einer Person(engruppe) sowie der eigenen Rolle der Künstlerin/des Künstlers im geografischen und gesellschaftlichen Raum wie auch im Kunstbetrieb, dient demnach als ein Ansammeln von Informationen, die den notwendigen referentiellen Ansatz, manchmal auch nur die Legitimation, für eine kontextbezogene künstlerische Intervention darstellen.

ANSCHLIESSEND AN DIE HIER IN KURZEN ZÜGEN verhandelte Diskursentwicklung von Mapping, wie sie aus dem Blickwinkel der zeitgenössischen Kunstproduktion relevant ist, sollen in diesem Buch neuere Ansätze der Kunst- und Kulturwissenschaften, Perspektiven der Stadtethnologie, Humangeografie und Filmtheorie sowie urbanistische Analysen vorgestellt werden. Als eine allen Autoren gemeinsame Ausgangsthese lässt sich vorwegnehmen, dass die Karte als ein »von Macht und Ideologie nicht unabhängiges Fragment räumlicher Realitäten«[18] angenommen wird, wie Kathrin Wildner und Sergio Tamayo es auf den Punkt bringen.

DER HUMANGEOGRAF DENIS COSGROVE, der einige grundlegende Publikationen zum Thema Mapping verfasst hat, untersucht den Aufbau und die Verwendungsweisen des Stadtplans, woran ihn vor allem dessen mediale Qualität als Ordnungsprinzip für die räumlichen Ausprägungen des urbanen Lebens interessiert. Er widmet sich in seinem Text *Karto-City. Kartografie und Stadtraum* den Ursprüngen des urbanen Lebens, der Benutzung und Gestaltung des Stadtraums und seiner Darstellbarkeit und geht dabei von einer Untrennbarkeit des urbanen und des kartografischen Raums aus. Von der Alltagserfahrung des Nutzens von Karten in einer fremden Stadt über ihren Einsatz für stadtplanerische Eingriffe bis zur Erfassung ethnischer, politischer und sozialer Faktoren des urbanen Lebens fungiert die Karte für Cosgrove sowohl als Aufzeichnungssystem der Stadt, als Planungsmedium für physische Veränderungen wie auch als Zeitzeuge für Flächennutzung oder statistische Häufungen bestimmter Merkmale und Verfassungen ihrer Bewohner/innen.

Die Unterschiedlichkeit der Ausrichtung der historischen kartografischen Ansätze in Stadtplänen, von der feierlichen Repräsentation der Stadt in ihrer räumlichen und gesellschaftlichen Gesamtheit im 16. Jahrhundert bis zur Orientierung des (post)modernen Individuums in der Großstadt, ist für Cosgrove ein Beleg dafür, dass der moderne Glauben, den urbanen Raum durch Geometrie erfassen zu können, ein Irrtum ist. Die Möglichkeiten, urbane Lebensrealität zu kartieren, siedelt er folglich jenseits der wissenschaftlichen Kartografie an, in konzeptuellen, politischen, künstlerischen und rein spielerischen Ansätzen.
So sieht er in der *Venetia*-Karte Jacopo de' Barbaris von 1500 den Renaissancegedanken der »Civitas«, des bürgerlichen Geistes der frühmodernen Handelsmetropole Europas, in die Darstellung der Stadt eingeschrieben, während ihm die computergenerierte Landkarte der postmodernen amerikanischen Stadt unzureichend für die Vermittlung der Verfassung und

Bedeutung urbaner Räume erscheint. Zeitgenössische, progressive urbanistische Betrachtungen findet Cosgrove in künstlerischen Ansätzen wie denjenigen der Situationisten, die versuchen, die gleichförmige und gleichmachende Darstellung eines Stadtplans durch Fragmentierungen aus der Sicht des sich im Stadtraum bewegenden Subjekts aufzubrechen (siehe auch den Text von Tom McDonough in diesem Band). Ferner liest Cosgrove in dem auch unter urbanistischen Gesichtspunkten katastrophalen Ereignis des 11. September, dass heute komplexere und kreativere kartografische Modi und Technologien des Vermessungswesens erforderlich sind, um den vielschichtigen ökonomischen, ethnischen, sozialen und politischen Strukturen der Städte gerecht zu werden.

TOM MCDONOUGH BETRACHTET die erwähnten situationistischen Kartografien der europäischen Stadtlandschaft aus den fünfziger Jahren genauer. Er parallelisiert die psychogeografische Praxis des dérive mit dem psychologischen Symptom der Paranoia. Ihm zufolge liegt dem dérive eine Kritik der Kartografie zugrunde, welche als Einschreibung diverser Machtverhältnisse gelesen wird. Der Situationist Guy Debord empfand die Stadt als ein Simulakrum, das von den kapitalistischen Begehren des Konsums und Spektakels geprägt ist. McDonough vergleicht die von den Situationisten durch Rauschmittel herbeigeführte Orientierungslosigkeit mit dem Zustand der Paranoia: Angst verwandelt sich in »Delirium und Obsession«, eine Situation, in der man die Welt, den Umraum verändern, selbst gestalten kann. Hier stellt McDonough Parallelen zum surrealistischen Konzept fest, wobei sich die Situationisten ansonsten fern von den »dandyhaft reaktionären« surrealistischen Weltanschauungen positioniert haben. Die Urbanismuskritik der Situationisten bezieht sich vor allem auf die Bedeutung des konsumorientierten Spektakels im kapitalistisch geprägten urbanen Raum. Die Selbstentfremdung, die dadurch entsteht, wird in den individualistisch geprägten urbanen Praktiken der Situationisten aufgelöst. In einer visuellen Umsetzung ihrer urbanistischen Praktiken zerschneiden sie den geglätteten offiziellen Stadtplan und fügen die Einheiten nach psychogeografischen Gesichtspunkten neu zusammen.

DEN ANSATZ, DASS WISSENSCHAFTLICHE KARTIERUNGEN heute von einer angemessenen Repräsentation des urbanen bzw. des landschaftlichen Raums weit entfernt sind, vertritt auch Lucy Lippard. Sie untersucht in ihrem Essay den Zusammenhang zwischen Topografien und Kulturen. Dabei ist ihr erforschtes Terrain das Galisteo-Becken in New Mexiko in seiner sich wandelnden Besiedlungsgeschichte, von den Ureinwohnern der Tano-Indianer über die

18 Kathrin Wildner und Sergio Tamayo, »Möglichkeiten der Kartierung in Kultur- und Sozialwissenschaft«, hier S. 104.

Spanier, die vom 16. bis zum 19. Jahrhundert einzogen, bis zu den Angelsachsen vom 19. bis ins 21. Jahrhundert. Mit einem Bezug zu postkolonialen Theorieansätzen vertritt Lippard die Auffassung der Différance, was in diesem Zusammenhang besagt, dass eine einheitliche Karte nicht repräsentativ für einen ethnisch multiplen Raum sein kann. Diesem mit Rosalyn Deutsche koppelbaren Ansatz zufolge äußert sich die Diskrepanz von topografischer und interkultureller Kartierung vielschichtig: Eine Kartierung der Vielheit verneint den autoritären Anspruch auf Genauigkeit und eine universale Sichtweise der topografischen Karte. Anders herum werden sowohl die Erfahrungen als auch die Erinnerungen einer Landschaft in topografischen Karten verschwiegen. Die topografische Kartierung verhüllt Lippard zufolge, dass es sich mit jeder Karte um ein kulturelles Zeitzeugnis und damit um eine individuelle Schöpfung handelt, die stets einen bestimmten Standpunkt verkörpert, sei er kulturell, machtpolitisch oder mythologisch geprägt. Denn jede Karte beruht auf einer Auswahl und Schwerpunktsetzung von Merkmalen, die für eine landschaftliche oder urbane Gestaltung verantwortlich gehalten werden. Lippard argumentiert, dass eine kulturelle Kartierung, die Werte wie Erinnerung und Erfahrung mit einbezieht, Kreativität erfordert, so wie sie in den Karten der Ureinwohner vorkommt und wie es heute von Künstler/innen vielfach nachempfunden wird.

IN IHREM KULTUR- UND SOZIALWISSENSCHAFTLICHEN BEITRAG untersuchen die Stadtethnologin Kathrin Wildner und der Architekt und Urbanist Sergio Tamayo »die Karte als Mittlerrolle zwischen Gesellschaft und Raum«. In Anerkennung der Macht manifestierenden Instrumentalisierung von Karten kann der (subversive) Gegenentwurf einer anderen Karte, die sich auf das Verhalten von Menschen in ihrer räumlichen Umgebung bezieht, auch als »ein Analyseinstrument gesellschaftlicher Verhältnisse eingesetzt werden«. Mit der Methode der räumlichen Tätigkeitskartierung, welche die »häufig flüchtigen sozialen, kollektiven, kulturellen und politischen Alltagspraktiken« eines »bewohnten Raums oder anthropologischen Orts« reflektiert, stellen Wildner und Tamayo einen Versuch vor, der sich der Aufzeichnung der Fortbewegung einer politischen Demonstrationskarawane der Zapatistischen Armee der nationalen Befreiung in Mexiko widmet. Mit Hilfe von Mental Maps wurde die Sichtweise der Akteure selbst in die Forschung integriert. Im Unterschied zu offiziellen Karten, die einen abstrakten, geglätteten und homogenisierten Raum darstellen, visualisieren »diese kognitiven Karten [...] den subjektiv erlebten Raum«. Aufgrund der Analyse und Auswertung der Auswahl der Stopps der Karawane an symbolischen Orten, der bestimmten materiellen und sozialen Ressourcen sowie der Struktur der Veranstaltungen und der Reaktionen in der Presse, lassen sich die politischen Ziele und Strategien der Gruppierungen genauer umreißen. Die Karte verbindet die Orte zu einer symbolischen Einheit, die durch die Bewegung der

Karawane konstituiert wurde. Die zweite von Tamayo und Wildner angelegte Karte stellt die Situationsanalyse einer politischen Veranstaltung auf dem Zócalo, dem zentralen Platz in Mexiko Stadt, dar und untersucht anhand dort stattfindender Wahlkampfveranstaltungen die kollektive Aneignung des öffentlichen Raums durch bestimmte Interessengruppen. In diesem konkreten Fall handelt es sich um verschiedene politische Parteien. Dabei stellten sich Unterschiede bezüglich der Raumbelegung bei der konservativen und der demokratischen Partei heraus. Die von Wildner und Tamayo vorgestellten Kartierungen ermöglichen eine Interpretation der sozialen Kontexte von Orten unter besonderer Berücksichtigung der Raumaneignung durch soziale (Inter)aktion.

MIT DER AUSGANGSTHESE, dass zeitgenössische Kunst »die Beziehungen und möglichen Bruchstellen zwischen kartografischen Ansätzen und ergänzenden Repräsentationssystemen« thematisiert, untersucht Astrid Wege in ihrem Essay Beispiele in der Kunst von den sechziger Jahren bis heute. Während in Ansätzen der Minimal Art kunstimmanente Koordinaten wie der Galerieraum vermessen wurden, bezogen Künstler der Concept Art, Arte Povera und vor allem der Land Art ihre Kartierungen auf Gebiete außerhalb des Kunstsystems. Mit Bezugnahme auf Irit Rogoff bekräftigt Wege die These, dass Kartografie ein Mittel der Machtausübung sei, das Gesetzmäßigkeiten jener machtgesteuerten gesellschaftlichen Konzepte enthält. In einem Folgeschluss bilden die grundlegenden Elemente der Kartierung wie »Tabellen, Auflistungen, Diagramme, Statistiken, Karten und Raster, [...] den methodischen und ästhetischen Ausgangspunkt« der unterschiedlichsten künstlerischen Ansätze. Sie dienen als Readymade und als Bezugsgrößen, um imaginäre, subjektive Gegenmodelle zu entwerfen. Der machtanalytische Aspekt ist demnach ein zentrales Motiv des Mapping in der Kunst und dessen politische Dimension. Dass das Thema Mapping, das sich im Wesentlichen auf räumliches Denken bezieht, immer auch eine Reflexion des Ausstellungsraums impliziert, sieht Wege vor allem in den jüngsten Themenausstellungen wie *Territories* in Berlin oder *Geografie und die Politik der Mobilität* in Wien. Die von ihr skizzierten künstlerischen Praktiken, die seit den frühen neunziger Jahren verstärkt neue Raumvermessungstechnologien wie Videoüberwachung, Satelliten- und Radarbilder und ihre ambivalenten Nutzungen hinzuziehen, um Ordnungssysteme und Wissenspraktiken zu kritisieren, schließen damit auch aktuelle Themen wie Kontrolle oder die Kartierung virtueller Räume ein. Weges Schlusseinschätzung eines sich ständig weiter entwickelnden Prozesses von immer detaillierteren Raumvermessungen und deren »Missbrauch« im Sinn einer totalitären globalen Erfahrung eröffnet, bei allem berechtigten Pessimismus, die von Künstler/innen wahrgenommene Störung solcher Fantasien durch die Produktion neuer Handlungsräume.

DIRCK MÖLLMANN, der das Filmprogramm zum Thema Mapping in der Galerie für Landschaftskunst verantwortete, betrachtet Kartierung als »eine Form der visuellen Aufklärung«. Er untersucht in seinem Essay den durch den Gebrauch der Kamera veränderten Raumbegriff und betrachtet Beispiele aus Spiel- und Dokumentarfilm wie auch Künstlervideos. Möllmann folgt der Fragestellung, ob »mit dem Einsatz der beweglichen Kamera eine gesellschaftlich wirksame Tendenz zur visuellen Selbstkontrolle bewirkt wird«. Dem stellt er die These einer strukturellen Parallele zwischen Kartografie und Film voran, was die Ausrichtung auf eine jeweilige Raumprojektion betrifft. Während die Karte meist eine (vermeintliche) Objektivität anstrebt, spielen im Film Raumerkundungen, beispielsweise im strukturalistischen Film, und Raumfiktionen, wie wir sie in Science-Fiction-Filmen finden, eine zentrale Rolle. Vergleichbar mit der Position Weges, erkennt Möllmann die Raumkontrolle, den allgegenwärtigen Kamerablick und das Potential der Kunst, eine »Gegen-Geografie« zu entwerfen und nennt dafür die offene Essayform Ursula Biemanns als Beispiel. Die drängende Frage nach der normierenden Wirkung, die von der allgegenwärtigen Videografie des Alltags ausgeht, bezieht sich auf zeitgenössische Erfahrungen der Satelliten-Fernerkundung des durch konstante Videoüberwachung kontrollierten Raums, aber auch auf die weit verbreitete private Videoaufzeichnung der bedeutenden Augenblicke des Lebens.

ALS GENERELLE AUFFASSUNG der hier versammelten Autoren lässt sich eine Kritik der topografischen, wissenschaftlichen Kartierung und des Macht konsolidierenden Objektivitätsanspruchs von Karten festhalten. In Anerkennung der Wechselwirkung von Gesellschaft und Raumwahrnehmung und des Einflusses der Allgegenwärtigkeit medialer Raumvermessung und -überwachung analysieren die Autoren zeitgenössische und historische Kartierungsmodi und ihre gesellschaftlichen Zusammenhänge. Es werden unterschiedliche neue Ansätze vorgestellt, die eine autoritäre Perspektive der Kartierung unterlaufen und stattdessen der subjektiven Raumwahrnehmung, den urbanen Lebensrealitäten und deren politischen Einschreibungen in den physischen Raum gerecht werden. Dies kann in der ungeglätteten Darstellung der politischen Realität des urbanen Raums mit all ihren Brüchen liegen oder in einer Perspektive der Vielheit, die zur Geltung gebracht wird. Es können subversive, raumproduzierende Praktiken sein, Raumbelegung durch individuelle Mobilität, symbolisches Aufladen von Orten sowie künstlerische Ansätze, den Raum zu vermessen und zu interpretieren. Die Karten, die diese Faktoren berücksichtigen, sind zwangsläufig losgelöst von einer vermeintlich genauen Wiedergabe des physischen Raums und produzieren Begriffe eines sozialen Raums, der an den Rändern offen ist – für subjektive und subversive Aneignungen, die gesellschaftliche Realitäten widerspiegeln und neue schaffen können. So hat Mapping als Strategie, in der Kunst wie auch in anderen Disziplinen, ein politisches Potential, das es zu nutzen gilt.

Mapping. A Response to a Discourse

Nina Möntmann

IN THE EXHIBITION *Mapping* curated by Robert Storr at the MoMA in New York in fall 1994, one could see Jasper Johns's map pictures of the USA as well as embroidered world maps by Alighiero Boetti and other map illustrations from art history's most recent annals. The way the exhibition reduced the concept to a motif sparked a storm of debate, which stimulated discourse around the concept and strategy of mapping in the Anglo-American world. The artist Peter Fend roundly criticized the MoMA exhibition, in particular for omitting the fundamental element of activity from mapping: »[The ›mapping‹ show] at MoMA ends up being about paintings, sculptures or drawings which happen to include maps. It has nothing to do with the act of mapping.«[1] Fend also takes for granted that mapping in art necessarily avails itself of maps or abstract systems of spatial notation, and yet that these maps mark a territorial thrust (on the part of the artist), hence are used as a medium and not cited as motifs. A further, central aspect mentioned by Fend is the performative nature of the activity at the site or area mapped. The map in an artistic work is generally connected with an activity that was performed at a site or in an area. »An action of mapping is followed by an action in the site mapped,« Fend notes, thus excluding the traditional media of art: »A painting, for example, does not normally indicate a plan of action. Nor a sculpture, nor even a perspectival drawing. But a map always predicates an action. Or, if historical, records an action.«[2] Thus far one can agree with Fend. But then, overrating the site's physical aspect, he erroneously concludes that architecture is the compelling discipline for the activity of mapping: »The function of the work, the impact it has on the spectator, is to locate oneself in relation to a place. ... this is more the domain of architecture, of planning, of dealing with site, than the domain of sculpture.«[3] Referring to a statement of Carl Andre's, he goes on to stress the physical aspect of his concept of mapping: »[The] work was not about anything conceptual, but about pure matter in specific, physical locations. About physical locating in physical places. Any work made is concerned with a specific place.« And further on he declares: »We believe that this is precisely our approach to the question of ›mapping.‹«[4] Hence, when Fend investigates space by means of architecture, his concerns are scale, functionality and precise physical factors that determine a location, rather than for instance selective, allegorical, fictive or analogical aspects. The counter-exhibition *Mapping: A Response to MoMA*, curated by Fend and Kate Glazer at the American Fine Arts Gallery in New York in March 1995, thus failed to come up with the ideas required to establish discursive understanding of mapping in line with Fend's theoretical positioning of the concept. True, the beginnings of a strategy were presented. But they were confined to geographical analyses and maneuvers which, while consistent with Fend's own art practice, nevertheless give a one-sided idea of mapping as art strategy. In addition, they construct a territorial concept of space, which, in contrast to a discursive concept, is based on exclusion(s) rather than on the extending of social relations and configurations. Such a concept also makes no allowance for individual-personal determinants. It comes as no surprise, then, that Fend rejects, for instance, Situationist concepts of space which develop psychogeographical approaches transcending hegemonic territorial determinations and classify urban space along impressionistic lines. These he rejects out of hand in his manifesto-like introduction: »We reject the literary, allegorical, symbolic or like associative procedures of the Situationists.«[5] But a concept of space detached from every form of social transferability ignores the spatially productive force of prevailing power structures and of subjective actions and reference systems and reduces mapping to a geographical activity.

As maps depict a representative space, its prevailing conditions and knowledge concerning the space, and also incorporate an authorial standpoint as well as political, religious, cultural and facultative elements, the relationship of societal and spatial structures really is compelling. In the words of Henri Lefebvre: »Space and spatial politics are an ›expression‹ of social relations and themselves influence them.«[6] It is Fredric Jameson who finally introduces the idea of mapping into the discussion of social space, postulating the necessity of »rethinking specifically geographical and cartographic states of affairs with reference to

1 Peter Fend, »Building a Bridge from Art to Architecture: Concept,« in *Mapping: A Response to MoMA* (New York, 1995), pp. 10–12; cit. p. 11.

2 Peter Fend, op. cit., p. 10.

3 Peter Fend, »Place,« in Fend, op. cit., p. 14.

4 Peter Fend, op. cit., p. 13.

5 Peter Fend, »Statement Regarding Show,« op. cit., p. 6.

6 Henri Lefebvre, *Die Revolution der Städte* (Frankfurt/Main, 1990), p. 21; original French edition: *La révolution urbaine* (Paris, 1970); English edition: *The Urban Revolution*, tr. Robert Bononno (University of Minnesota Press, 2003).

social space.«[7] He goes on to give an instructive presentation of mapping's political potential, drawing on an analysis of contemporary social space that consists, first, of a reading and inventorying of knowledge and experience located there, and then of their enlightened projection back into it.[8] Cognitive mapping – the mapping of perception and knowledge – thus assumes an orientational role in geographical as well as in social space. Jameson supplements this idea derived from Kevin Lynch's canonical text *The Image of the City*[9] with a concept of ideology approaching Althusser's and Lacan's that brings into play the »representation of the *imaginary* relation of the subject to his/her *real* conditions of existence.«[10] Consequently, he defines cognitive mapping as a process that »[should] provide the subject with a situationally just representation of this infinite and actually unrepresentable totality that constitutes the urban structure as a whole.«[11] The ideological dimension that Jameson here couples with geographical orientation in urban space asserts a structural similarity to urban space's »totality.« In effect, he advocates a systematic yet rigorously subjective approach toward comprehending the unrepresentable, and thus denies objectivity to the production and interpretation of space.

JAMESON'S REFERENCE TO URBAN SPACE as a notional totality expresses his explicit rejection of the idea of fractalization, an integral component of postmodern conceptions of space that goes hand in hand with differential social and identity-political positions. He operates instead with a concept of space whose organization is purely class-specific, which Rosalyn Deutsche among others has criticized on the grounds that it lacks differentiable fractal units.[12] Deutsche stresses its resultant disregard of feminist positions – to which one might add the various postcolonial, queer, antiracist and other subject positions met with in the postmodern debate on difference.[13]

Mapping is a significant research tool for site-specific work in contemporary art practices. As a strategic procedural method it does not necessarily entail the production or use of a map. Rather it is a first step, a means by which the contexts of a site may be approached, one's own bearings taken and materials gathered in order to develop benchmarks for subsequent artistic decisions. Mapping a site serves as basis for a context-related artistic intervention in contrast, for instance, to a drop sculpture introduced into public space without regard to surroundings, or an autonomous artwork in the exhibition space. Against this backdrop, site-specific methods emerge, which, in the '90s and especially in the USA, went by the name of »site-specificity« and were associated with, among others, the artists Renée Green, Christian Philipp Müller, Tom Burr and Clegg & Guttmann.[14] James Meyer describes such site-specific practices as a »process, an acting between situations, a mapping of institutional and discursive relationships and of the bodies (especially those of the artists) that move among them.«[15] In broad outline this is similar to the sociological concept of framing by which the individual defines situations based on cognition and on an analysis of relevance structures.[16] Framing's association of a subjective, cognitive view and a conceptual principle is also found in cognitive mapping. Hal Foster adapts the sociological concept of framing in describing the necessity for artists to define their own positions when they work on or with a community to which they do not themselves belong and wish to avoid definitional arrogance about »the others.«[17] In this sense mapping – understood as a determining of position and situation of a state of affairs, an event or a person/group of persons, and of the artist's role in geographical and social space as in the art world – serves to assemble information that will provide the necessary referential material on which to base, sometimes just to legitimate, a context-related artistic intervention.

FOLLOWING THIS BRIEF OUTLINE of the history of mapping as a discourse in its relation to contemporary art production, the present publication introduces recent art- and cultural-scientific theoretical approaches, urban ethnological perspectives, human geography and film theory, as well as urban analyses. There is, however, a basic thesis that is shared by all of the authors and which can be summed up in Kathrin Wildner and Sergio Tamayo's formulation that a map is a »fragment of spatial reality that is not independent of power and ideology.«[18]

7 Fredric Jameson, »Postmoderne – zur Logik der Kultur im Spätkapitalismus,« in Andreas Huyssen, Klaus R. Scherpe (eds.), *Postmoderne, Zeichen eines kulturellen Wandels* (Frankfurt/Main, 1998) pp. 45–102; cit. p. 98. Original English version: »Postmodernism, or: The Cultural Logic of Late Capitalism,« in *New Left Review* 146 (July/Aug., 1984), pp. 53–92.

8 Referring to the era of postmodernism, but applicable to every epoch, he writes: »If there is such a thing as a political manifestation of postmodernism, then it would be called upon to put forward a global map of our perception and knowledge and to project it into precisely the social space to be assessed.« Jameson, »Postmoderne – zur Logik der Kultur im Spätkapitalismus,« p. 100.

9 Kevin Lynch, *The Image of the City* (Cambridge, Mass., 1960).

10 Jameson, »Postmoderne – zur Logik der Kultur im Spätkapitalismus,« p. 97.

11 ibid., p. 97.

12 Rosalyn Deutsche, »Men in Space,« *Artforum 28,* no. 6 (February 1990).

13 In his analyses of postfordist space David Harvey develops a theory that takes into account the fragmentation of space. David Harvey, *The Condition of Postmodernity* (Oxford, 1989).

14 See »On Site-Specificity: A Discussion with Hal Foster, Renée Green, Mitchell Kane i.a.,« in *Documents* 4/5 (Spring 1994), pp. 12–14; or Miwon Kwon, *One Place after Another: Site-Specific Art and Locational Identity* (Cambridge/Mass. and London, 2002).

15 James Meyer, »Der funktionale Ort,« in *Springer*, Vol. 2, no. 4 (Dec. 1996 – Feb. 1997), pp. 44–47; cit. p. 44; revised version of the catalogue text for the exhibition *Platzwechsel* (Kunsthalle Zürich, 1995).

16 See Erving Goffman, *Frame Analysis: An Essay on the Organization of Experience* (Cambridge, Mass., 1974).

17 »In the face of these dangers – of too little or too much distance – I have advocated parallactic work that attempts to frame the framer as he or she frames the other. This is one way to negotiate the contradictory status of otherness as given and constructed, real and fantasmatic.« Hal Foster,«The Artist as Ethnograher,« in *The Return of the Real* (Cambridge, Mass. and London, 1996), pp. 170–203; cit. p. 203.

18 Kathrin Wildner and Sergio Tamayo, »Cartographic Options in Cultural and Social Science,« here p. 118.

HUMAN GEOGRAPHER DENIS COSGROVE, who has published several seminal works on the subject of mapping, investigates how city maps are constituted and the uses to which they are put, whereby his chief interest is in their aspect as medium and ordering principle shaping the spatial configurations of urban life. In his text *Carto-City. Mapping and Urban Space* he deals with the origins of urban life, the utilization and shaping of urban space and also its visual representability, assuming as basic the inseparability of urban and cartographic space. From their everyday application in an unfamiliar city, to their uses in urban planning or to record ethnic, political and social factors in urban life, maps for Cosgrove are recording systems for the city and a medium for planning physical changes. They serve also to document land uses or the statistical frequency of certain features and the conditions of urban inhabitants.

The historical diversity of cartographic approaches in city maps, ranging from 16th-century celebratory visions of the city as a spatial and social unity to the individual's negotiation of movement in the post-modern metropolis, demonstrates, in Cosgrove's view, the erroneousness of modernist faith in geometry as guarantor of urban legibility. He thus locates the possibilities for mapping contemporary urban reality outside scientific cartography in a variety of projects, conceptual, political, artistic and purely ludic. He sees Jacopo de' Barbari's Venetia map as inscribing the Renaissance idea of »civitas,« of the civic spirit of Europe's early-modern commercial city, into its representation of the city. The computer-generated maps of postmodern American cities, however, are unable to convey the constitution and significance of urban space. Cosgrove detects contemporary urban-progressive views in artistic interventions such as those of the Situationists, who try to loosen the uniform, leveling representations of city maps, fragmenting them from the point of view of subjects moving through urban space (see Tom McDonough's essay in this catalogue). In addition, Cosgrove detects in the events of September 11, a catastrophe from the urban point of view as well, the necessity for more sophisticated and creative mapping techniques and technologies to deal with the complex economic, ethnic, social and political structures of modern-day cities.

TOM MCDONOUGH TAKES A CLOSER LOOK at the above-mentioned situationist mappings of European urban landscapes of the '50s. He brings together the psychogeographical practice of the dérive and the clinical symptom of paranoia. On this view, the dérive is based on a critique of mapping read as the inscription of various power relations. The Situationist Guy Debord experienced the city as a simulacrum shaped by the capitalistic desires of consumption and spectacle. McDonough compares the Situationists' intoxicant-induced loss of orientation to the condition of paranoia: fear becomes delirium and obsession, a state in which the subject can alter and mold his/her world and surroundings at will. Here McDonough detects parallels to the Surrealist program, though the Situationists were otherwise dismissive of Surrealism's dandyish and reactionary aspects. The Situationists' urban critique bore chiefly on the elements of consumption and spectacle in capitalist urban space. Their individualistic urban practices dissolved the self-alienation generated by these conditions. As a visual implementation of their urban practices, they cut up the bland and abstract official city map, reassembling its units according to psychogeographical criteria.

LUCY LIPPARD LIKEWISE BELIEVES that scientific maps today are a long way from providing adequate representations of urban or regional space. Her essay investigates the relations between topographies and cultures. Her special object of study is the Galisteo Basin in New Mexico in its checkered history of settlement, from the original Tano Indians and the Spanish in the 16th–19th centuries, to the Anglos in the 19th–21st centuries. Drawing on postcolonial theoretical positions, Lippard stresses difference, synonymous here with the idea that no unitary map can adequately represent ethnically multiple space. The divide between topographical and intercultural mapping entailed by her position, which shares features with that of Rosalyn Deutsche, is complex. To map plurality is to negate the topographical map's authoritarian claims to precision and to an absolutist viewpoint. Conversely, topographical maps turn a blind eye both to the experiences and the memories of landscape. The topographical map, according to Lippard, hides the fact that every map is at the same time a cultural document and thus an individual creation that inevitably embodies a particular standpoint, whether it be cultural, power-political or mythological. For every map is based on the selection and highlighting of features held responsible for a particular urban or landscape configuration. Lippard argues that cultural maps incorporating such values as memory and experience require the kind of creativity found in the maps of native inhabitants and frequently appropriated by artists today.

KATHRIN WILDNER (URBAN ETHNOLOGIST) AND SERGIO TAMAYO'S (architect and urban planner) cultural and socioscientific contribution examines maps in the role of »mediators between society and space.« While maps are instrumentalized as displays of power, an alternative, subversive form of mapping is also possible. It relates the behavior of people to their spatial environments and is an »instrument for analyzing social conditions.« Using spatial activity mapping to reflect »the frequently fleeting everyday practices, social, collective, cultural and political« of an »inhabited space or anthropological site,« Wildner and Tamayo present a project on the progress of a Zapatista National Liberation Army political march in Mexico. By means of mental maps, the viewpoints of actors could also be integrated. In contrast to official maps which present space as abstract, ironed out and homogenized, these »cognitive maps ›visualize‹ space as it is subjectively experienced.« By analyzing and evaluating the march's symbolic stopping places, various material and social resources and the structure of organized events and press responses, it was possible to gain clarity as to the political goals and strategies of groups involved. The map links localities into a symbolic unity prescribed by the progress of the march. A different mapping undertaken by Tamayo and Wildner depicts the situational analysis of a political rally on the Zócalo, Mexico City's central square, using electoral campaign rallies held there to explore the collective appropriation of public space by interest groups. In the case in hand, these groups were various political parties. It transpired that the conservative and democratic parties utilized the available space quite differently. The maps produced by Tamayo and Wildner facilitate interpretation of the social contexts of localities, taking into particular account the appropriation of space in social (inter)action.

STARTING FROM THE THESIS that contemporary art thematizes »the links and discontinuities between cartographic and other systems of representation,« Astrid Wege's essay takes a selective look at art from the '60s to the present day. While positions in Minimal Art addressed art-immanent coordinates such as the exhibition space, the mappings of the practitioners of Concept Art, Arte Povera and above all Land Art referred to areas outside the art system. Wege adduces Irit Rogoff in support of her view of cartography as a mode of exercising power that is inscribed with the general laws of power-imbued social concepts. The next step of her argument posits the basic cartographic elements of »[t]ables, lists, graphs, statistics, maps and grids [as] the common methodological and aesthetic starting point« for diverse art practices. These elements serve as readymades and points of reference for the creation of imaginary, subjective countermodels. On this view, the power-analytical aspect and its political dimension is a central motif of mapping in art. That mapping, which relates essentially to spatial thought, generally also implies a reflection of the exhibition space, Wege finds confirmed by recent thematic exhibitions such as *Territories* (Berlin) or *Geography and the Politics of Mobility* (Vienna). The art practices she outlines have made increased use of new spatial surveyance technologies since the early '90s – video monitoring, satellite and radar imaging and their ambivalent applications – as a means of critiquing systems of control and intelligence practices, and embrace topical themes such as discipline and control and the mapping of virtual space(s). For all its justified pessimism, Wege's final assessment of increasingly detailed spatial surveyance and its misuse in the interests of totalitarian global intelligence initiates the undermining of precisely such fantasies by artists producing new sites and spaces of action.

DIRCK MÖLLMANN WAS RESPONSIBLE for the film program on mapping at the Galerie für Landschaftskunst and sees cartography as »a form of visual enlightenment.« In his essay he examines the influence of the mobile camera on changing conceptions of space, looking at a selection of feature and documentary movies and art videos. Möllmann inquires whether »the mobile camera has led to any significant trend toward visual autoregulation.« This is prefaced by the thesis that cartography and film display a structural similarity insofar as both operate with comparable spatial projections. While maps generally aspire to (putative) objectivity, spatial reconnaissance and spatial fictions play a central role in film, e.g. in structuralist film and science fiction films respectively. Möllmann acknowledges, as does Wege, the fact of spatial control and the potential of art to draft a »countergeography,« as an example of which he cites Ursula Biemann's open essay form. The urgent question as to the normative effects of a videography that has become ubiquitous in everyday life touches the modern-day phenomenon of remote satellite reconnaissance, spatial control in video monitoring, but also the widespread private videoing of life's important moments.

A VIEWPOINT SHARED BY ALL of the contributing authors here is their critique of topographical, scientific cartography and of maps' power-consolidating claims to objectivity. Acknowledging the interplay of society and spatial perception, and the ubiquitous influence of spatial surveying and media surveillance, they analyze contemporary and historical cartographic methods and their social contexts. Their essays present a variety of new approaches that subvert authoritarian cartographic perspectives in order to do justice to subjective spatial experience, to the urban realities of life and their political inscriptions in physical space. This may consist in the presentation of the unironed-out political reality of urban space and all its discontinuities, or in a pluralist perspective. It can involve subversive, space-generating practices, the appropriation of space through the movement of individuals, the symbolic charging of sites, or artistic strategies of surveying and interpreting space. The maps that take into account such factors are necessarily anything but supposedly precise reproductions of physical space. They generate the concepts of a social space open at its edges to subjective and subversive appropriations that reflect social realities and can create new ones. The strategy of mapping, in art as in other disciplines, thus has political potential that needs exploiting.

Karto-City. Kartografie und Stadtraum

Denis Cosgrove

DER URBANE RAUM ist vom kartografischen Raum nicht zu trennen. Dies gilt im historischen, praktischen und konzeptuellen Sinne. Die Ursprünge des Urbanen in Ur oder Sumer zeigen sich beispielsweise anhand der kartografischen Rekonstruktion ihrer Straßengeometrie und Parzellenpläne.[1] Dabei ist der Aufriss das vergänglichste Element urbaner Form, der horizontale Plan hingegen das dauerhafteste. Wie die Seiten eines historischen Atlasses rekonstruiert die Stadtarchäologie urbane Plätze durch das Abschälen aufeinander folgender Oberflächenschichten und das Kartieren der Stratigrafie materieller Ablagerungen, die über den ehemaligen urbanen Raum verteilt sind. Anhand solcher materieller Kartierungen rekonstruieren wir also nicht nur die physische Erscheinung der Stadt, sondern auch ihr soziales, politisches, wirtschaftliches und religiöses Leben.

In der Praxis findet die erste Auseinandersetzung mit einer unbekannten Stadt mit Hilfe von Karten statt, über Straßenkarten und -verzeichnisse sowie über Touristenkarten. Die Erfahrung des Urbanen in einer neuen Stadt ist häufig ein Prozess der Vermittlung von Divergenzen zwischen kartografischen und materiellen Räumen. In Städten mit einem komplexen U-Bahn-System wie etwa Tokio, London oder Paris kann es zuweilen Jahre dauern, bevor das durch den U-Bahn-Plan bekannte Punkteraster der verschiedenen Haltestellen vollständig mit der Erfahrung der Stadtlandschaft an der Oberfläche in Einklang gebracht wird. In den großen Metropolen sind der Besitz und die Verwendung eines Standard-Straßenverzeichnisses wie *Londons A–Z Taschen-Guide* oder Los Angeles' *Thomas Guide* ein Erkennungszeichen für den Bewohner der Stadt.[2] Sie sind zu kartografischen Ikonen der Städte geworden, deren Straßen und Adressen sie verzeichnen. Weit über ihre Bedeutung als funktionale Werkzeuge, Hilfsmittel zur Bestimmung von Orten und Routenplaner hinaus sind sie vielmehr Träger der Bedeutung und des Wesens der Stadt: So wird die Karte in gewisser Weise selbst zum Territorium.

Konzeptuell gesehen ging die Karte entweder der physischen Präsenz der Stadt voran oder diente zur Regulierung und Koordination ihrer fortdauernden Existenz. Ob St. Petersburg, Washington DC, Neu Delhi,

Brasilia – zahllose Festungen und Kolonialstädte existierten auf dem Papier, bevor sie einen materiellen Ausdruck fanden. Paris, Rom, Wien, Amsterdam, Beijing, Jerusalem – praktisch jede Großstadt – wurde mit Hilfe eines gezeichneten Plans entweder rekonstruiert oder erweitert.[3] Und jenseits der physischen Erweiterung und Rekonstruktion des städtischen Raums wurden vermittels Karten vielfältige Aspekte des Lebens und Wohnens in der Stadt gleichermaßen aufgezeichnet wie festgelegt. Seuchen- und Sterblichkeitskarten, beispielsweise die Cholera-Kartierungen im viktorianischen London und in Philadelphia, trugen dazu bei, angesichts von Viren und Bakterien, die sich in bevölkerungsdichten Räumen besonders ausbreiten, in den modernen Metropolen zu überleben. Karten, auf denen soziale und ethnische Verteilungen verzeichnet sind, haben das politische Leben urbaner Demokratien geformt, und dies nirgendwo so dramatisch wie in den amerikanischen Bebauungsplänen des zwanzigsten Jahrhunderts, die von Wohnungsbau- und Finanzierungsgesellschaften zum »Red-Lining«[4] von Innenstadt-Ghettos und später von Regierungsstellen zum Schutz der Bürgerrechte eingesetzt wurden. In allen Fällen wird die Stadt als fest umrissener Ort und singuläre Landschaft begriffen. Die Kartografie dient nicht nur der Aufzeichnung der verschiedenen materiellen Daseinsformen der Stadt, sondern vielmehr dem schöpferischen Eingriff in den städtischen Raum, der sowohl die Physis der Stadt als auch das in ihr erfahrene bzw. gelebte Leben betrifft.[5]

Die Allgegenwart der Kartografie als Maßstab urbanen Lebens und urbaner Form macht eine umfassende Betrachtung ihres gegenseitigen Verhältnisses unmöglich. Ich konzentriere mich im Folgenden darauf, welche Position der Stadtplan zwischen Gestaltung und Aufzeichnung der Stadt einnimmt. Es ist diese duale Funktion, die die schöpferische Energie des Kartierens freisetzt und das Interesse von Künstlern und Technikern unaufhörlich auf die Stadtkartografie lenkt. Anhand der umfangreichen Archive von Stadtplänen, Karten und künstlerischen Eingriffen in die Kartografie der Stadt untersuche ich, inwiefern die moderne Stadt als Material und sozialer Raum mit der Karte als wissenschaftlichem Instrument und künstlerischer Repräsentation ihres Raums und Lebens interagiert.

Die Komplexität dieser Interaktion tritt in postmodernen amerikanischen Städten wie Los Angeles, Houston oder Phoenix auf dramatische Weise zutage. Hier handelt es sich womöglich um die am intensivsten kartierten Räume innerhalb der Geschichte und Geografie des Planeten: Jeder Quadrat-

1 Adam T. Smith, *The Political Landscape. Constellations of Authority in Early Complex Polities*, Berkeley und Los Angeles 2003.

2 Bezeichnenderweise kann Londons *Geographers A–Z Guide* in der Hand gehalten als auch in der Tasche getragen werden, während Los Angeles' *Thomas Guide* speziell für den Beifahrersitz eines Autos entworfen wurde.

3 In den meisten Historien urbaner Form finden sich zur Illustration Karten und Stadtpläne, selten allerdings werden die genauen Beziehungen zwischen diesen Abbildungen und der gebauten Form der jeweiligen Städte untersucht. Vgl. dazu beispielsweise Richard Sennett, *Flesh and Stone. The Body and Civilization in Western Civilization*, London 1994; Joseph Rykwert, *The Seduction of Place. The City in the Twenty-First Century*, New York 2000.

4 Bezeichnung für das Vorgehen dieser Institute, in bestimmte Viertel nicht mehr zu investieren. Stadtteile, in die prinzipiell keine Kredite mehr fließen sollten, wurden auf speziellen Karten rot umrandet (Anm. d. Übers.).

5 Historische Beispiele dafür finden sich in Ola Söderström, »Paper Cities. Visual Thinking in Urban Planning«, in: *Ecumene*, Nr. 3, 1996, S. 249–281. Eine aktuellere Untersuchung der Verhandlungsprozesse bei der Planung des Stadtraums mit Hilfe von Karten findet sich in Ola Söderström, Elena Cogato Lanza, Roderick J. Lawrence und Gilles Barby, *L'usage du projet Editions Payot*, Lausanne 2000.

meter wurde von staatlichen und privaten bzw. kommerziellen Unternehmen geokodiert, aus Gründen des Umweltschutzes, der öffentlichen Gesundheit und Sicherheit, der Verkehrs- und Steuereffizienz oder der Sachversicherung, des Marketings, bis hin zu politischem oder religiösem Sendungsbewusstsein.[6] Landkarten spielten hier eine entscheidende Rolle bei der Gestaltung physischer Räume und ihrer Flächennutzung. Kontinuierlich steuern sie auch weiterhin das tägliche Leben der Bewohner durch Bebauungspläne, Postleitzahlen und die unzähligen territorialen Bestimmungen, die den Alltag in der Stadt bestimmen. Theoretisch müsste die wissenschaftliche Kartografie diese Städte zu hochgradig rationalen, kohärenten Orten machen. Tatsächlich zeigt sich bei einem Flug über eine Stadt wie Houston unmittelbar eine kartografische Ordnung im repetitiven Raster der Hauptverkehrsstraßen und in der nichtlinearen Geometrie der Wohnstraßen und Häuserparzellen bzw. in der Rechtwinkligkeit der Büro-, Produktions-, Lager/Vertriebs- und Einzelhandelshäuser. Am Boden jedoch gehören solche Städte zu den am wenigsten »lesbaren« Orten der Erde. Der Weg über ihre Oberfläche wird den mit der räumlichen Landnutzungsordnung und der Hierarchie unterschiedlicher symbolischer Strukturen zur Charakterisierung des konventionellen Stadtraums Vertrauten verwirren, wenn nicht gar durch die scheinbar zufällige Streuung und das augenfällige Chaos aus urbanen Elementen bedrängen. Die postmoderne Stadtlandschaft bestätigt anscheinend das Lesbarkeitsproblem aufgrund der konstanten und konkurrierenden Präsenz von Wörtern, Phrasen und ganzen Texten in ihr – auf Reklametafeln, Straßen- und Hinweisschildern.[7] In den öffentlichen Räumen der heutigen Urbanität übersteigt der Umfang an geschriebener Sprache bei Weitem denjenigen in traditionelleren Städten. Der Zusammenhang von Bild und Text, deren wirksame Harmonisierung den außerordentlichen Beitrag der Kartografie zur räumlichen Repräsentation darstellt, ist inzwischen aufgehoben, und dieses Auseinanderfallen bezeichnet auch den Zerfall einer Beziehung, die einst die urbane Moderne untermauerte.[8]

Dies bedeutet keine Beeinträchtigung der Funktion der Karte hinsichtlich der Schaffung und Erfahrung des städtischen Ortes. Tatsächlich ist eine charakteristische Art der Gestaltung von Bewegung in der postmodernen amerikanischen Stadt die computergenerierte Landkarte, die kundenspezifisch für jede beliebige Zieladresse und jeden beliebigen Ausgangsort innerhalb der Vereinigten Staaten angefertigt wird. Mit MapQuest lässt sich unter Verwendung standardisierter Farben und kartografischer Symbole unmittelbar ein digitales Bild jedes städtischen Ortes im gewünschten Maßstab anfertigen (ABB. 1). Solche Bilder sind auf konsequente Weise funktional, indem sie völlig den Kontext der Orte ignorieren, die sie repräsen-

1 _ MapQuest-Karte von Hollywood (2003)
_ MapQuest map of Hollywood (2003)

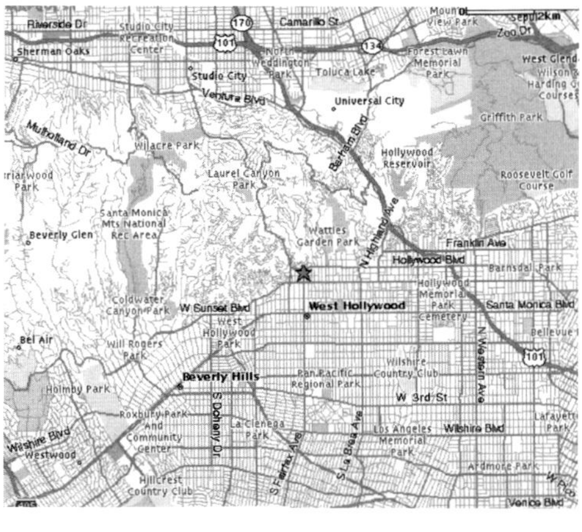

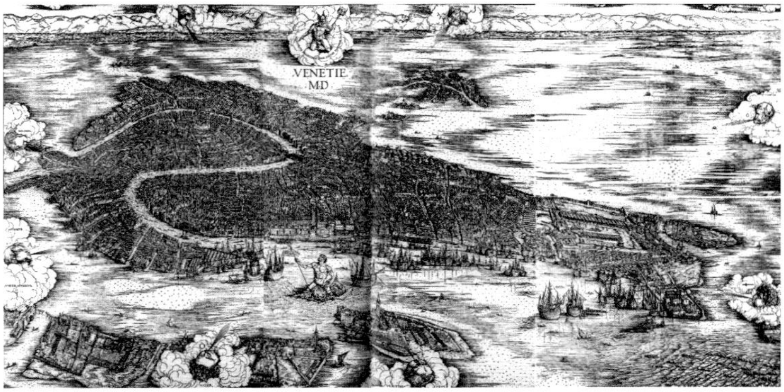

2_ Jacopo de' Barbari, *Venetia* (1500)

tieren, und sich nicht im Geringsten um den Begriff der »civitas« oder die Stadt als einem öffentlichen Raum kümmern. Keine Stadtkarte könnte sich demnach stärker von Jacopo de' Barbaris Darstellung von *Venetia* aus dem Jahr 1500 unterscheiden (ABB. 2). Das paradigmatische Beispiel der frühmodernen Stadtkartierung, Jacopos detaillierte Stadtlandschaft, verwies den Betrachter nicht auf einen physischen Ort, sondern auf den bürgerlichen Geist von Europas größter Handelsstadt.[9]

Die Unfähigkeit der »wissenschaftlichen« Kartografie, die heutige Stadt zu erfassen, eröffnete der urbanen Kartierung allerdings gänzlich neue Möglichkeiten. Wie ich im Folgenden darstellen werde, wurden diese für eine Vielzahl von konzeptuellen, politischen und rein spielerischen Projekten nutzbar gemacht, die den Beziehungen zwischen Stadtraum, Stadtleben und Kartierung neues Leben einhauchten.

Kreisachse und Raster

Durch die Geometrie, vor allem durch Kreisachse und Raster wurde sowohl die wissenschaftliche Kartografie als auch die moderne urbane Form untermauert. Ihre dauerhafte Bedeutung für Karte und Stadt liegt in der Kombination aus praktischer und symbolischer Wirksamkeit begründet. Die 360 Grad des Kreises erzeugen eine den Mittelpunkt »stärkende« Axialform, die auf einen einzigen Punkt gerichtet ist. Funktional und symbolisch breitet sich diese Macht strahlenförmig bis zum Horizont aus und umfasst so

6 Zu Los Angeles vgl. z.B. Greg Hise, *Magnetic Los Angeles. Planning the Twentieth-Century Metropolis*, Baltimore und London 1997; sowie ders. und William Deverell, *Eden by Design. The 1930s Olmsted-Bartholemnew Plan for the Greater Los Angeles Region*, Berkeley und Los Angeles 2000.

7 Zu den klassischen Texten über die postmoderne urbane Landschaft gehören Edward Relph, *The Modern Urban Landscape*, Baltimore 1987; David Harvey, *The Condition of Postmodernity. An Enquiry into the Origins of Cultural Change*, Oxford 1989; Edward Soja, *Thirdspace. Journeys to Los Angeles and Other Real-and-Imagined Places*, Oxford 1996; ders., *Postmetropolis. Critical Studies of Cities and Regions*, Oxford 2000.

8 Trotz der grafischen Verfeinerung symbolhafter Kommunikation in der heutigen Stadt scheint die Menge an Text in der öffentlichen Landschaft mit der Anzahl der um die Aufmerksamkeit einer hochmobilen, automobilen Öffentlichkeit konkurrierenden Unternehmen anzuwachsen. Dies ist in den USA besonders festzustellen, wo verschiedene Formen von Leuchtreklamen wesentliche Merkmale des urbanen Raums ausmachen. Zur Funktion von Text zur Regulierung der Lesbarkeit der Stadt in der Vergangenheit vgl. R.M. San Juan, *Rome. A City out of Print*, Minneapolis 2001. Weiterhin ist auch an die signifikante Rolle zu denken, die *öffentlichen* Landkarten in Ländern wie Italien zukam, wo man sie häufig in die Fassaden *öffentlicher* Bauten einmeißelte.

9 J. Schultz, »Jacopo de' Barbari's View of Venice. Map Making, City Views and Moralized Geography before the Year 1500«, in: *Art Bulletin*, Nr. 60, 1978.

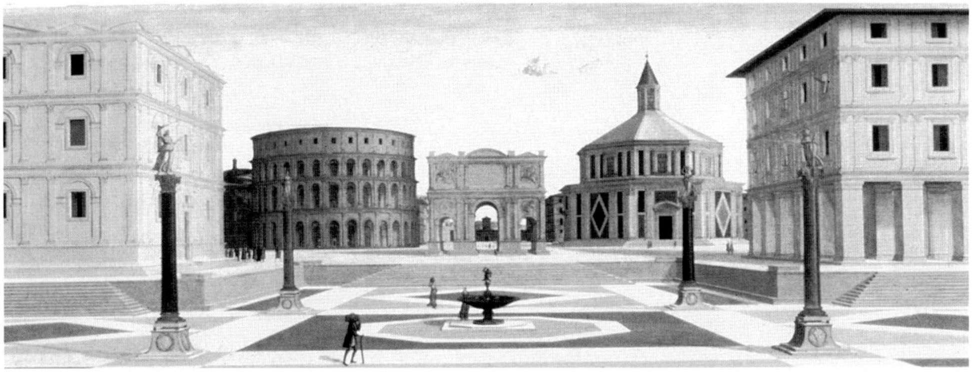

3 _ Vitruvianische Stadt von Caesariano (1528)
_ Vitruvian city from Caesariano (1528)

ein potenziell unbegrenztes Reich. Versailles, Karlsruhe, das barocke Rom und das Paris des Zweiten Kaiserreichs hatten diese einfache Geometrie in den urbanen Raum eingeschrieben. Dasselbe axiale Muster wird durch die einfachste Kartierungstechnik erzeugt: die Aufnahme radialer Schaulinien von einem einzigen Punkt aus. Mehrere Vermessungspunkte können unregelmäßig entlang eines Weges gewählt bzw. zu einer Grundlinie verbunden werden. Mit Hilfe des Rücknivellements wird die Genauigkeit der Positionsbestimmung gewährleistet und ein Netz sich überschneidender Achsen angelegt wie bei den windbezogenen Loxodromen einer Seekarte. Mittels des Magnetkompasses verbinden sich diese Messungen zu einer globalen, ja kosmischen Geometrie. Die radiale Planung einer Stadt ist gleichzeitig von praktischem und symbolischem Nutzen, wie Vitruv in seiner Beschreibung der vollkommen nach den Windrichtungen ausgerichteten Stadt erkannte (ABB. 3). Die erste westliche Aufzeichnung einer systematischen Stadtkartierung stammt von Leon Battista Alberti, der Vitruv erstmals einer breiteren Öffentlichkeit zugänglich machte, und findet sich in dessen »Beschreibung« Roms. Diesem Projekt liegt keine eigentliche Karte zugrunde, lediglich eine Reihe von Koordinaten, die Alberti für bekannte Orte entlang verschiedener in einem Beobachtungspunkt zusammenlaufender Achsen aufstellte.[10]

Die alternative geometrische Form für den Stadtplan und die Kartierung ist das Raster bzw. Schachbrettmuster aus sich rechtwinklig kreuzenden Linien. Während durch Kreisachsen der Mittelpunkt hervorgehoben wird, ist das Raster »raumausgleichend«, es lässt sich unbegrenzt über die Oberfläche ausbreiten und privilegiert dabei keinen einzelnen Punkt, sondern reduziert jeden auf eine einzige Koordinate. Das Raster erzeugt die einfachste und allgegenwärtigste Form des Stadtplans. Es findet sich sowohl in den frühesten griechischen Kolonien des Mittelmeerraums, in der Anlage chinesischer Städte der Kaiserzeit, in spanischen »pueblos« in der Neuen Welt sowie in den Stadtsiedlungen der USA. Als koloniale Stadtform par excellence lässt sich das Schachbrettraster auch als Ausdruck urbaner Demokratie lesen, da hierbei Grundstücksgrößen vereinheitlicht werden und die Parzellierung und Veräußerung von Land in Privatbesitz vereinfacht wird. Wie William Penns Plan von Philadelphia enthüllt, lassen sich mittels einer Rasterstruktur leicht offene Flächen – Quadrate – schaffen, durch die die Monotonie aufgelockert wird und öffentliche Räume inmitten eines ansonsten privatisierten Raums entstehen.

Im Hinblick auf die Kartierung erfüllt das Raster eine ähnliche Funktion. Während es erstmals im frühen 15. Jahrhundert in Claudius Ptolemaeus' *Geographia* Eingang in die westliche Welt fand, war es chinesischen Kartografen bereits mindestens drei Jahrhunderte zuvor bekannt. Die Einführung eines Gitters aus Längen- und Breitengraden als Grundlage zur Ortsbestimmung und zur Übertragung der Erdkugel auf eine zweidimensionale Landkarte ist bei weitem das wichtigste Merkmal der modernen Kartografie.[11] Das Raster stellt ein allgegenwärtiges Mittel der Ortsbestimmung dar. Ohne Bezug zu den Planetenkoordinaten kann dieses Netz auf jeden beliebigen räumlichen Maßstab übertragen werden, wie das nationale Raster der »British Ordnance Survey« oder die mit Buchstaben versehenen und nummerierten Quadrate zeigen, die auf unzählige Stadtpläne projiziert werden.

Diese von Stadtplanern wie Kartografen gemeinsam genutzten Geometrien sind gleichermaßen instrumental wirkungsvoll wie symbolisch aussagekräftig. Sie sind begrifflich leicht zu fassen und relativ einfach in Raumgestaltung und -wiedergabe einzusetzen. Sie bleiben nicht nur auf einen einzigen Maßstab beschränkt, sondern lassen sich vom Mikrokosmos bis zum Makrokosmos anwenden. Dergestalt stehen sie nicht nur für spezifische symbolische Attribute – Macht und Panoptizität bzw. Vernunft und Demokratie –, sie verfügen außerdem über die allgemeine Fähigkeit, den weltlichen Raum mit kosmischen Mustern, Bewegungen und Regeln zu verknüpfen. Somit ermöglichen sie eine Stadtkartierung im Sinne einer philosophischen Übung.

Philosophie und Ethik des Stadtplans treten innerhalb der Geschichte des modernen Urbanismus deutlich zutage. Die tiefgreifenden Auswirkungen von Vitruvs Stadtplan im Europa der Renaissance leitet sich aus dessen Anziehungskraft auf Humanisten und Wissenschaftler ab, die damit beschäftigt waren, das Wesen des städtischen Lebens wie auch die Kartierung des globalen Raums neu zu überdenken. Die Debatte um die »ideale Stadt«, die unter Autoren wie Alberti und Francesco di Giorgio Martini bis hin zu Sebastiano Serlio und Vincenzo Scamozzi entbrannt war, betraf nicht nur die formale Gestaltung des urbanen Raums. Es ging um die kartografische Angleichung von urbanem Leben und Bürgertum.[12] Insofern repräsentierte die Stadt auf dem anonymen Bild, das sich heute in Baltimore befindet (ABB. 4), viel mehr als nur ein in Tiefenperspektive dargestelltes symmetrisches Netz aus Gebäuden, Straßen und offenen Plätzen. Es zeigt auch das Bild des Bürgers, abgeleitet vom republikanischen Rom sowie den stoischen Schriften eines Cicero, Seneca und Marc Aurel. Die bürgerlichen Tugenden Gerechtigkeit, Um-

10 Einer der Hauptvorzüge des Koordinatensystems für die Kartografie besteht darin, dass es eine größere Mobilität der Karte ermöglicht als eine rein bildliche Umrissdarstellung. Übertragungsfehler können sich selbstverständlich bei beiden Arten einschleichen, allerdings garantiert die Übertragung von Zahlentabellen, anhand derer eine Landkarte konstruiert werden kann, eine weitaus höhere Genauigkeit als das Kopieren von Punkten und Linien mit bloßem Auge.

11 Vgl. dazu die spannende Erörterung des Rasternetzes als eine Art der räumlichen Repräsentation in E. Casey, *Representing Place. Landscape Painting and Maps*, Minneapolis 2002, S. 199–215.

12 V. Hart und P. Hicks, *Paper Palaces. The Rise of the Architectural Treatise*, New Haven und London 1998.

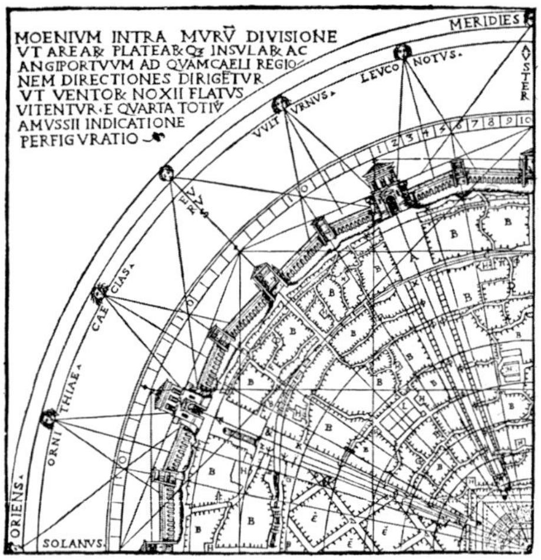

4_ *Ideale Stadt, Baltimore* (ca. 1490)
_ *Ideal City, Baltimore* (ca. 1490)

sicht, Mäßigung und Standfestigkeit stehen auf den vier Säulen, die den zentralen Platz beherrschen. Die sich um diesen Platz drängenden Bauten entsprechen den öffentlichen Funktionen, durch die das städtische Leben geordnet wird. Und im Vordergrund kriecht die gebeugte, beladene und doch äußerst würdige Figur des Stoikers. In Anerkennung der im öffentlichen Raum abgebildeten kosmischen Ordnung und in der Unterordnung des Körpers unter den Geist bezeichnet er die Pflichten des guten Bürgers: Vernunft, Ehrbarkeit und Gemeinschaftssinn. Die Karte des urbanen Raums ist daher gleichzeitig die Karte der urbanen Tugend.

Axiale und Rastergeometrie wurden im Dienste des größten sozialen Vorhabens der Moderne, der Entstehung der USA, in der Gestaltung der Hauptstadt miteinander verbunden. Charles L'Enfants Karte (ABB. 5) kombinierte die demokratischen Grundsätze der Verfassung und der Menschenrechtserklärung im Schachbrettmuster der Wohnstraßen, wobei die Staatsautorität in den von den verschiedenen Sitzen exekutiver und legislativer Macht ausgehenden Achsen eingeschrieben war. In diesem Plan waren fünfzehn öffentliche Plätze vorgesehen, einer für jeden Staat der Union zum Zeitpunkt der Stadtgründung. Durch die neue Republik verkörperte »universale« Prinzipien kamen somit in der Kartierung ihrer Hauptstadt selbst zur Darstellung.[13]

Geometrie, Kartierung und urbane Lesbarkeit

In der Stadtplanung der Frühmoderne und der Aufklärung betrachtete man die Geometrie als Instrument zur Herstellung von Lesbarkeit. Die Stadt sollte von ihren Machthabern, Bürgern und Besuchern wie ein Text zu lesen sein. Gedruckte Stadtpläne vermittelten die Lesbarkeit der Stadt und verstärkten sie zusätzlich. Allerdings dienten sie ursprünglich nicht zur Markierung von Orten oder zur Orientierung, abgesehen von einigen wenigen Reiseführern wie jenen, in denen die Denkmäler und Pilgerstätten Roms verzeichnet waren. Die ersten Stadtpläne verfolgten einen außerordentlich feierlichen Zweck und dienten der Erfassung eines übergreifenden Bildes der gesellschaftlichen und räumlichen Gesamtheit der Stadt. Derartige Karten bildeten im 16. Jahrhundert ein eigenes Genre und gingen von Europas am stärksten urbanisierten und merkantilisierten Regionen aus, nämlich von Norditalien, Süddeutschland und Flandern. Die italienischen Karten, wie etwa Leonardo da Vincis Plan von Imola, nahmen eine rechtwinklige Perspektive, d.h. die Aufsicht der Vogelperspektive ein, wie sie sich in Jacopos Ansicht von Venedig offenbart. Die nördlichen Karten bildeten dagegen eher Stadtlandschaften ab, die die Silhouette der Stadt in einer horizontalen Ansicht darstellten.[14] Während man im ersten Fall die Stadt durch die Wiedergabe entspre-

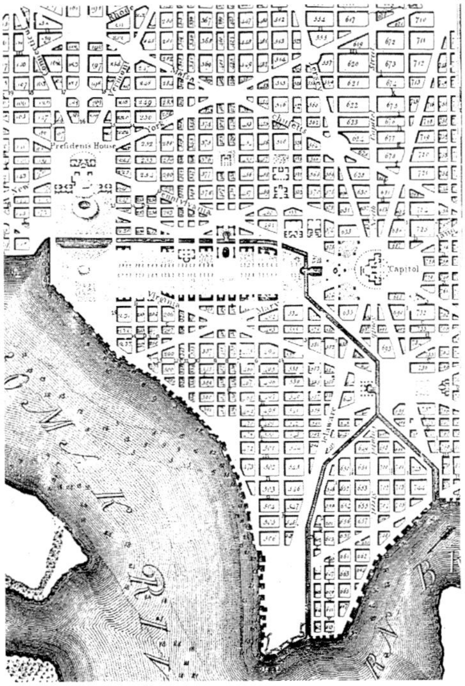

5_Charles L'Enfant, *Plan für Washington DC* (1786)
_Charles L'Enfant, *Plan for Washington DC* (1786)

chend einer standardisierten Reihe geometrischer Regeln und Vermessungsprinzipien verallgemeinerte, wurde im zweiten Fall das Besondere einer Stadt mittels der einzigartigen Elemente ihrer Silhouette herausgestellt: Kathedrale, Rathaus, Pfarrkirchen. Mitte des Jahrhunderts verwischte sich diese Unterscheidung. Nicholas Crane zeigt die Auswirkungen des Wandels innerhalb der Stadtkartierung in seiner Beschreibung der Reaktion des Kartografen Mercator auf Hieronymous Cocks Ansicht von Antwerpen aus dem Jahr 1557: »Solange Mercator denken konnte, hatte man Antwerpen von der Wasserseite aus als geschäftigen, ungeordneten Flusshafen dargestellt. Cocks Standpunkt lag hoch über der gegenüberliegenden Seite der Stadt. Nun war Antwerpen zu einem disziplinierten städtischen Netz aus Straßen und bürgerlichen Symbolen geworden, umgeben von massiven geometrischen Wehranlagen. Wagen kamen durch auflandige Tore und näherten sich Flotten von geduldig wartenden Schiffen auf einer entfernt gelegenen, beschaulichen Schelde. Cocks Antwerpen war ein Fest merkantiler Macht und ein Arbeitsdiagramm einer modernen Stadt.«[15]

Das paradigmatische urbane Kartografieprojekt der Frühmoderne bildete der 1580 von Georg Braun und Frans Hogenberg herausgegebene vielbändige Stadtatlas *Civitates Orbis Terrarum*. In seiner Darstellung sämtlicher Großstädte der Welt in einem standardisierten kartografischen Druckformat war er als Antwort auf den ersten systematischen Weltatlas von Abraham Ortelius aus dem Jahr 1570 konzipiert. In früheren Enzyklopädien und Kosmografien waren bereits Städte abgebildet worden, aber während einige Orte – beispielsweise Konstantinopel, Rom, Paris und Venedig – durch charakteristische Abbildungen vertreten waren, wurden viele der in Hartmann Schedels *Chronical* (1493) oder Sebastian Münsters *Cosmographia* (1544) genannten Städte lediglich in Form allgemeiner Stadtlandschaften wiedergegeben. Braun und Hogenberg trugen gedruckte Stadtpläne aus örtlichen Quellen zusammen, um das jeweils genaueste und aktuellste Abbild einer Stadt beizusteuern, damit der Atlasbesitzer die »zivilisierte« Welt der Städte in der Privatheit seines eigenen Studien- oder Lesezimmers begutachten konnte. Während es sich bei einigen Bildern

13 M. Tafuri, *Architecture and Utopia. Design and Capitalist Development*, Cambridge, Mass. 1976.

14 L. Nuti, »Mapping Places. Chorography and Vision in the Renaissance«, in: Denis Cosgrove (Hrsg.), *Mappings*, London 1999, S. 90–108.

15 Nicholas Crane, *Mercator. The Man Who Mapped the Planet*, London 2003, S. 188.

noch um silhouettenhafte Stadtansichten handelte, war der bevorzugte Blickwinkel die Vogelperspektive, aufs Äußerste perfektioniert in den Plänen von Köln und Amsterdam. Hier wurde die Stadt von einem erhöhten Standpunkt aus betrachtet, der weit über ihr und jenseits ihrer Grenzen lag, und zwar in einem Winkel, der sowohl das Muster der Straßen, Plätze und freien Flächen offenbarte, als auch die Höhe der bedeutendsten Gebäude und Monumente. Zweifellos aus großer Entfernung betrachtet, allerdings nah genug am Rhythmus des Lebens, der anhand von Fußgängern, Kutschen, Wagen und Schiffen dargestellt wurde, die sich auf den Straßen und auf dem Wasser bewegten, ist die Stadt unmittelbar als einheitliche Gemeinschaft lesbar.

Brauns und Hogenbergs Betonung von Einheit und bürgerlicher Ordnung wird noch verstärkt durch die Ausschmückung ihrer Karten mit den Wappen der Stadt und ihrer wichtigsten Familien und Innungen. In Kartuschen und gedrucktem Text wird die Botschaft verdeutlicht, dass die Größe ihrer Geschichte, die edle Gesinnung ihrer Bürger, der Wohlstand ihrer Kaufleute und die Schönheit ihrer Bauten die Zierde einer jeden Stadt seien. Die Karte ist eher synthetisch denn analytisch, ihr Ziel eher das Zelebrieren als das Analysieren oder Kritisieren. Dies trifft sogar auf die beiden in der Sammlung enthaltenen Stadtpläne aus der Neuen Welt zu: die der Aztekenhauptstadt Tenochtitlán sowie die der Inkastadt Cuzco. Die Karte der ersten Stadt, fußend auf Cortez' eigenem Plan, veranschaulicht die komplette Antithese zur »Zivilisation« im klassischen Sinne der im städtischen Raum ausgelebten bürgerlichen Tugend. Die Stadt wird beherrscht von einem zentralen Platz und einem großen Zikkurat, auf dem Menschenopfer dargebracht wurden. Kartografische Parallelen zwischen den Inselstädten Tenochtitlán und Venedig verstärkten den Eindruck des »Andersseins« der Aztekenhauptstadt verglichen mit Europas selbsternanntem Modell bürgerlicher Vollkommenheit. Und dennoch ordnen Brauns und Hogenbergs Stadtkartografie-Prinzipien die Differenz einer stilistischen Geschlossenheit unter.[16]

Lesbarkeit, Fortschritt und Kontrolle

Der in *Civitates Orbis Terrarum* exemplifizierte dekorative, feierliche Stadtdarstellungsstil herrschte in der europäischen Kartografie bis ins 18. Jahrhundert vor.[17] Bei der Planung neu gegründeter Städte bzw. bei Stadterweiterungen bediente man sich im Sinne einer sachlichen Rhetorik eines strengeren, schmuckloseren Stils. Dies wird offensichtlich in Vincenzo Scamozzis Plan für die venezianische Festungsstadt Palmanova von 1599, ebenso in John Evelyns Plan für den Wiederaufbau der von einem Feuer zerstörten Stadt London von 1666 oder im Plan für St. Petersburg aus dem Jahr 1703. Ihre zeichnerische Akkuratesse lieferte die Vorlage für die »wissenschaftlichen« Stadtpläne der Aufklärung, beispielsweise für Michel Etienne Turgots *Plan de Paris* von 1739. Urbane Lesbarkeit wird zum obersten Ziel der Stadtkartierung und ist durch präzise Landvermessung unter Verwendung sorgsam kalibrierter Instrumente zu erreichen. Die schmucklose Einfachheit der grafischen Gestaltung im 18. Jahrhundert artikuliert den Zweck der kartografischen Genauigkeit und Objektivität über die Tilgung aller Belege für ein menschliches Eingreifen zwischen Messinstrument und gedrucktem Abbild.[18] Der streng zurückgenommene Umriss von genau vermessenen Straßen, offenen Plätzen, Baugrundstücken und Fußwegen, der monochrome Druck des

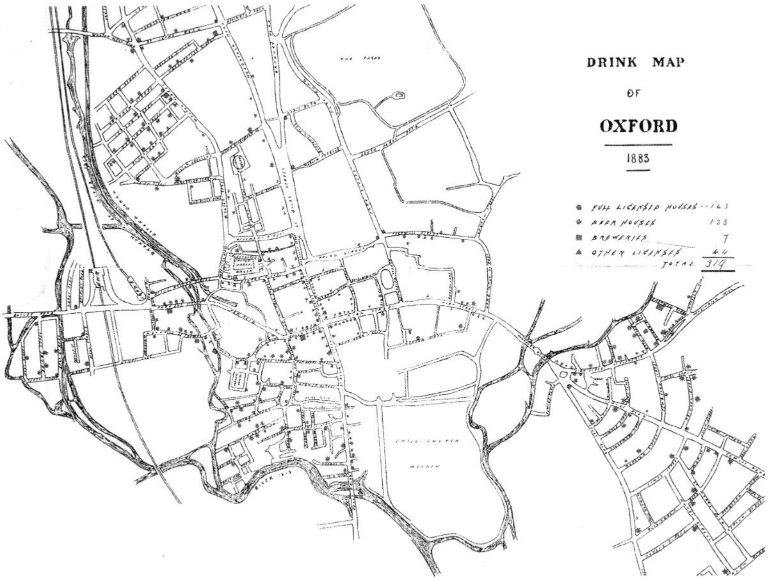

6_*Drink Map*, Oxford (1883)

Kupferstichs und später der Lithografie, das Fehlen dekorativer Verzierungen, all das markiert neue Denkweisen im Bezug auf die Stadt und das Leben in ihr. Die traditionelle Sichtweise der Stadt als einer sich selbst verwaltenden »polis« oder als christlicher Gemeinde hatte die kartografische Betonung der bürgerlichen Harmonie, Gemeinschaft und Stellung innerhalb eines einheitlichen urbanen Raums untermauert. Diese Sichtweise wurde nun durch den modernen Säkularismus und Individualismus sowie den Bevölkerungszuwachs und die räumliche Expansion der Städte, die industrielle Produktion und neue Formen sozialer Spaltung bzw. Solidarität ausgehöhlt. Als Reaktion darauf wurde die Stadt nun auf neue Weise wahrgenommen; neue Vorstellungs- und Erfahrungsweisen urbanen Lebens spiegelten sich in Stadtplänen wider, deren Zweck eher analytischer denn synthetischer Natur war.

Mitte des 19. Jahrhunderts bildeten die im »sachlichen« Stil ausgeführten Stadtpläne die Basiskarten für die aufkommende Wissenschaft urbaner Statistik, mit deren Hilfe das Leben in den expandierenden Haupt- und Industriestädten geregelt werden sollte. Man versuchte nun, Cholera und Typhus, Armut und Prostitution, Alkoholismus und kriminelle »Abweichungen« – allesamt vermeintlich urbane Übel – mit dem Medium des Stadtplans zu begreifen (ABB. 6).[19] Die Genauigkeit einer solchen Basiskarte war wesentlich für die Überzeugungskraft der in sie eingeschriebenen statistischen Daten. Anstatt die Einheit und Harmonie der urbanen Gesellschaft zu feiern, lag die Aufgabe der Karte darin, unsichtbare, aber umso wirksamere urbane Pathologien ins Licht der praktischen Vernunft zu rücken. Deren

16 Parallelen zwischen Venedig und Frankfurt – *Imago Mundi.*

17 W. Braun und F. Hogenburg, *Civitates Orbis Terrarum*, Nürnberg 1580–1617.

18 Lorraine Daston und Katharine Park, *Wonders and the Order of Nature, 1150–1750*, New York 1994.

19 G. Palsky, *Des chiffres et des cartes. Naissance et développement de la cartographie quantitative Française au XIXe siècle*, Paris 1996.

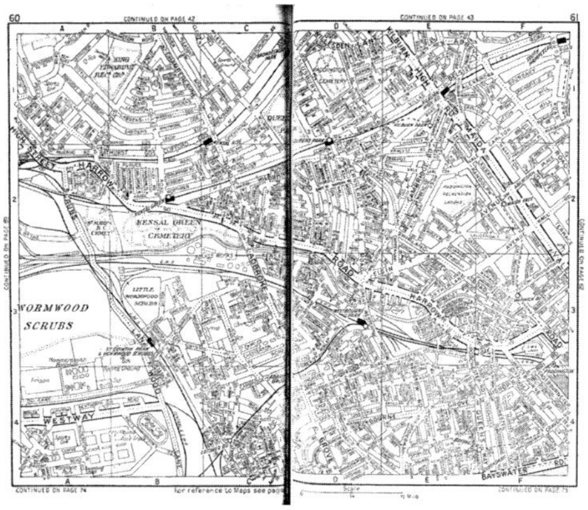

7 _ Seite aus dem *London A–Z Guide* (1948)
_ Page from *London A–Z Guide* (1948)

Heilung umfasste häufig selbst eine weitergehende Kartierung der Stadt: die Ausdünnung und Neuplanung »übervölkerter Gegenden«, das Verlegen von Wasserleitungen und Kanalisationssystemen, die Planung neuer Vorstädte, Friedhöfe und Grünanlagen.

Der feierliche Aspekt des Stadtplans ging allerdings nicht völlig verloren. In den Vereinigten Staaten zum Beispiel erhielt er Mitte des 19. Jahrhunderts neuen Auftrieb, als in Bezirks-Kartensammlungen ein Loblied auf die Expansion des Landes nach Westen angestimmt wurde. Die Vogelperspektive eignete sich perfekt zur Demonstration von Eleganz und Prosperität der neu gegründeten und häufig kaum fertig gestellten Städte. Durch Betonung ihres Straßenrasters sowie des geschäftigen Treibens von Kutschen und Wagen warben diese Karten nicht selten für chaotische und gewalttätige Orte, als handele es sich um wohl geordnete bürgerliche Gemeinden. Sie unterschieden sich stark von jenen Feuerversicherungskarten derselben Jahre, deren Funktion der Berechnung von Risikozulagen und Prämien sich in der genauen Wiedergabe ungeschönter Details und der Verzeichnung von Daten wie Straßenbreite, Gebäudehöhe, Baumaterial oder Häufigkeit von Hydranten widerspiegelte. In ihrer Vorwegnahme von Bebauungs- und Planungskarten war die Versicherungskartografie von größerer Bedeutung für die vorherrschende Tendenz der urbanen Kartierung in den folgenden Jahrzehnten als jene feierlichen Stadtansichten.

Die Beherrschung der Metropolen war ein zentrales Thema der Stadtkartografie im 20. Jahrhundert. Die Antwort auf den »Monster-Urbanismus« ist in Karten verzeichnet, wobei die moderne Metropole ständig droht, die Karte bezüglich ihrer Fähigkeit einzuholen, die Stadt lesbar zu machen oder ihre materielle und soziale Unordnung zu regulieren. London, die erste Weltstadt des 20. Jahrhunderts, ist ein Paradebeispiel für diesen Wettlauf. Die scheinbar unkoordinierte und unkontrollierbare Ausbreitung seiner Vorstädte, dramatisch beschleunigt durch Massentransportmittel und später den Besitz von Autos, nahm Formen und Prozesse vorweg, die heute global die Stadtlandschaft und das Leben beherrschen. Einen heroischen, individuellen Beitrag zur Lesbarkeit der Metropole stellte 1935 Phyllis Pearsalls Schöpfung *The London A–Z* dar, einem Taschenatlas mit alphabetischem Verzeichnis aller Straßen in London. Ihr wirtschaftlich außerordentlich erfolgreiches Projekt nahm seinen Ausgangspunkt in der Zwangslage, eine bestimmte Adresse ohne geeignetes Straßenverzeichnis von London finden zu müssen. Um sich ihren eigenen Atlas zu schaffen, erkundete Pearsall zu Fuß 23.000 Straßen und legte dabei eine Entfernung von fast 5.000 Kilometern zurück.[20] Das Ergebnis war ein Werk, das noch heute ein Handbuch für jeden Londoner darstellt. Allerdings ist jedes Stadtfragment auf dasselbe Format reduziert, so dass der Anschein der Stadt als einer zusam-

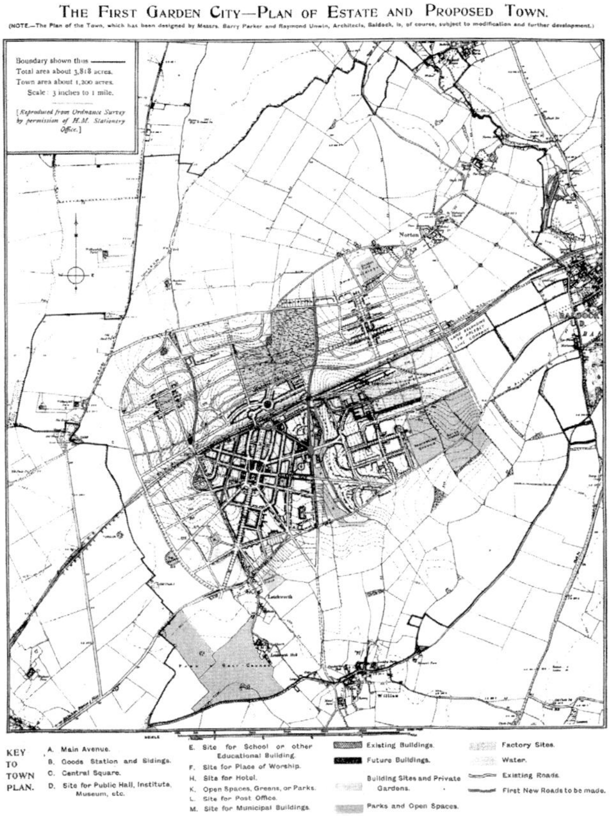

8_ Ebenezer Howard, Plan für die Gartenstadt Letchworth (1904),
_ Ebenezer Howard, Plan for Letchworth Garden City (1904)

menhängenden urbanen Struktur zugunsten seiner Lesbarkeit als endlos kodierte Oberfläche vermieden wird (ABB. 7).

Ein eher bürokratisch geprägter Versuch, die britische Metropole zu erfassen, war die *National Land Use Survey* von 1932–34, für die Schulkinder die Nutzung jedes Stücks Landes in England und Wales verzeichnen sollten, einschließlich des »nichtproduktiven« urbanen Raums. Auf der Bildtafel von London signalisieren grelle Farben gefäßartige urbane Tentakeln, die sich um das zarte Grün des ländlichen England zu legen scheinen.[21] Dies lässt sich ganz im Sinne des Plans für die Gartenstadt Letchworth von 1904 (ABB. 8) oder der Karte von Milton Keynes von 1999 deuten – nämlich als urbane Vision, entworfen um der Ausdehnung Londons Einhalt zu gebieten. Sie repräsentieren gleichsam die Apotheose der Karte als Instrument städtischer Politik, nicht nur zur Wiederherstellung der Lesbarkeit der Stadt auf dem Papier, sondern ebenso zur Erhaltung ihres physischen und sozialen Zusammenhalts als materieller Raum.

Auf ihre jeweilige Art entlarven diese Stadtpläne den Glauben der Moderne an die Geometrie als Garant urbaner Lesbarkeit als

20 Die Geschichte des *A–Z Guide* rekapituliert seine Schöpferin in: Phyllis Pearsall, *A–Z Maps. The Personal Story from Bedsitter to Household Name*, London 1990.

21 D. Cosgrove u. S. Rycroft, »Mapping the Modern Nation«, in: *History Workshop Journal*, Nr. 40, 1995, S. 91–105.

unhaltbar. Die konventionellen euklidischen Formen eignen sich weder zur Beschreibung noch zur Messung der Räume in der zunehmend flexiblen, mobilen, kybernetischen Stadt. Seit dem späten 18. Jahrhundert streiten die frei fließende Schlangenlinie und die orthogonale Geometrie miteinander um den Rang als privilegiertes Darstellungsmedium zum Ausdruck des Triumphs des individuellen, »natürlichen« Menschen über das klassische oder christliche Modell des Bürgers.[22] Die Schlangenlinie, noch ein unwesentliches Element auf der malerischen Letchworth-Karte, ist allgegenwärtig im Milton Keynes-Plan vom Ende des 20. Jahrhunderts. Sie beherrscht den postmodernen Urbanismus sowohl im Straßenplan als auch in den Bauformen. Tatsächlich tragen vor allem die modernen Kartierungstechniken zu ihrem Triumph bei. Computerbasierende digitale Lasertechnologien ermöglichen es den Architekten des 21. Jahrhunderts, als Reaktion auf neue Materialien herkömmliche Baustrukturen zu deformieren.[23] Es geht dabei um Kartierungstechniken, die bald auch, abgesehen von urbanen Bauten mit ausgeprägter Handschrift ihres Architekten, wie Frank O. Gehrys LA Disney Concert Hall, auf die Form der Stadt als Ganzes angewendet werden können. Die wissenschaftliche Kartografie bleibt weiterhin erfolgreicher in der Planung der zukünftigen Form der Stadt als in der Wahrung der Lesbarkeit ihres Alltags.

Neue Lesbarkeiten: Künstler, Karte und Stadt

Pearsalls *London A–Z*-Vorhaben war speziell darauf ausgerichtet, die Stadt im täglichen

9_ Hermann Bollmann, *Manhattan* (1948)

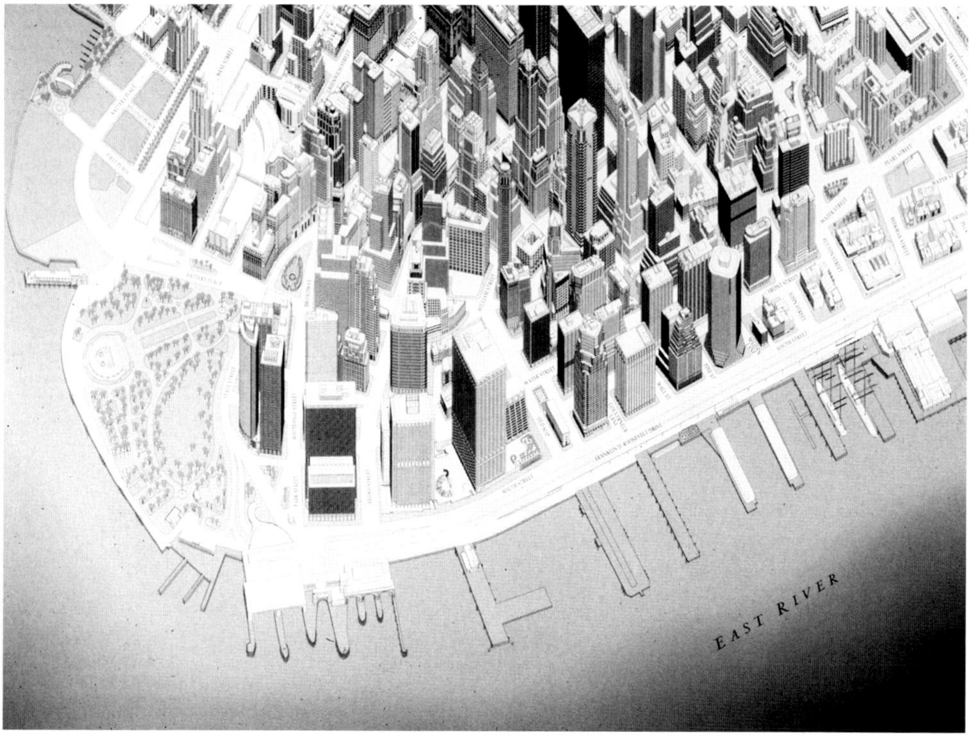

Leben zu entziffern. Dies ließe sich einer gänzlich anderen, zeitgenössischen Kartierungsweise einer modernen Metropole gegenüberstellen, nämlich der des Deutschen Hermann Bollmann. Ausgestattet mit einer den Künstler-Kartografen des 19. Jahrhunderts als »Vogelschaukarten« geläufigen Technik, die mindestens bis zu Jacopo de' Barbaris Karte von Venedig aus dem Jahr 1500 zurückreicht, betrachtete Bollmann die komplexeste Stadtlandschaft der Moderne, nämlich die Insel Manhattan. Unter Verwendung von 67.000 Fotos, 17.000 davon Luftaufnahmen, erstellte er 1948 eine handgezeichnete Karte, die perfekt die Qualität des himmelwärts Strebenden der New Yorker Skyline einfing und gleichzeitig die Straßen und Gebäude in bemerkenswerter Genauigkeit abbildete (ABB. 9). Pearsalls und Bollmanns unterschiedliche Kartierungsversuche von Metropolen in der Mitte des 20. Jahrhunderts eignen sich zur Illustration einer Debatte darüber, wie man den urbanen Raum kennen lernt und erfährt und folglich kartieren sollte.

In den frühen sechziger Jahren des letzten Jahrhunderts erfand eine Gruppe französischer Situationisten, angeführt von Guy Debord und zum Teil angeregt von Walter Benjamins Faszination für den urbanen Raum und das städtische Leben, den Begriff des »dérive« oder »Umherschweifens« als Erfahrungsmöglichkeit des täglichen Lebens, die den Bestrebungen der Autoritäten nach Planung und Steuerung der urbanen Bewegung entgegenstand.[24] Die Situationisten assoziierten die panoptische Karte ausdrücklich mit der rationalen, entfremdenden Moderne. Mehr als Bollmanns Manhattan bildet Pearsalls London das Paradigma für die Kartierungsweise der Gruppe: abgeleitet vom Spazieren, Schlendern, den Blick von der Straße aus aufzeichnend, sich jeder Hierarchie urbaner Orte verweigernd und in ihrer Abfolge willkürliche Diskontinuitäten auf dem Stadtplan erzeugend. Die situationistische Kritik des kohärenten Stadtplans zugunsten der Stadt im Sinne einer Performance-Kunst wurde zum bevorzugten Ausgangspunkt späterer progressiver Urbanisten wie de Certeau und Rosalyn Deutsche und machte im ausgehenden 20. und beginnenden 21. Jahrhundert die Vorstellung der urbanen Kartierung für zahlreiche künstlerische Interventionen nutzbar.[25] Diese »Kartierungen« binden zuweilen die analytischen Möglichkeiten der wissenschaftlichen Kartografie mit ein, indem sie häufig moderne Technologien zur Überarbeitung einiger der Ziele der frühen Stadtkartierung nutzen. Sie streben die Lesbarkeit der heutigen Stadt an, allerdings nicht als Mittel zur Neubearbeitung ihrer materiellen Räume, sondern als Möglichkeit der Erfahrungserweiterung des urbanen Lebensalltags.

9/11: Stadtkartierung und Kunst

Aus Platzgründen ist an dieser Stelle lediglich die Diskussion eines einzigen Falles einer solchen künstlerischen Nutzung von Kartierung möglich. Aber es handelt sich hierbei um ein extrem ausdrucksstarkes Beispiel, bezogen auf seine symbolischen und ethischen Dimensionen. Michel de Certeaus gefeierte Kritik der distanzierten und zusammenfassenden

22 Tafuri, *Architecture and Utopia*, a.a.O.

23 Mike Silver, »Mapping Curves«, in: Mike Silver und Diana Balmoni (Hrsg.), *Mapping in the Age of Digital Media. The Yale Symposium*, Chichester 2003, S. 40–47.

24 Guy Debord, *Die Gesellschaft des Spektakels*, Hamburg 1978.

25 Michel de Certeau, *Kunst des Handelns* (1980), Berlin 1988, Rosalyn Deutsche, »Boy's Town«, in: *Environment and Planning D. Society and Space*, Nr. 9, 1991, S. 5–30.

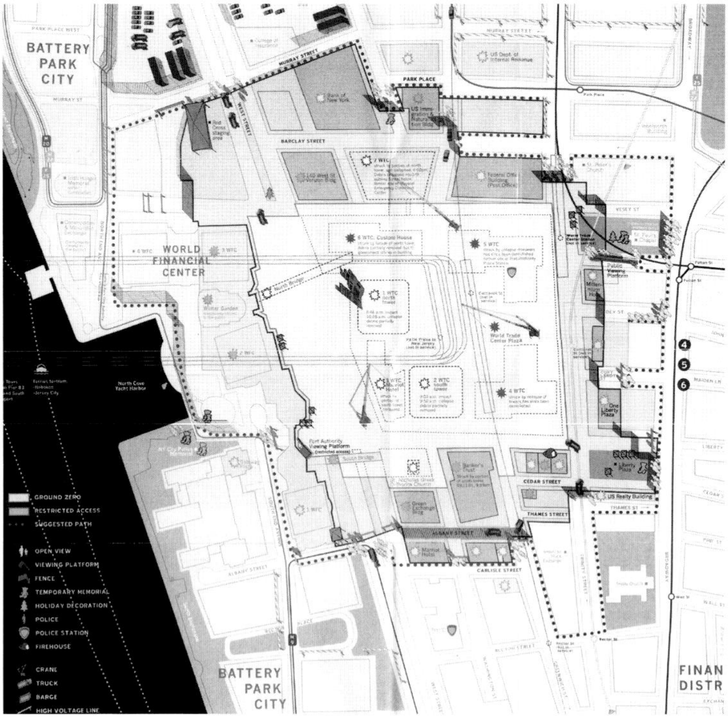

10 _ Laura Kurgan, *Around Ground Zero*, 2001

Sicht der wissenschaftlichen Kartografie auf die Stadt nahm sich den Blick auf Manhattan vom Dach des World Trade Center zum Modell. Ironischerweise bedeutete die Zerstörung der beiden Türme am 11. September 2001 die wohl größte Einzelherausforderung für die Stadtkartierung. Durch den Angriff waren Karten und Pläne sämtlicher Systeme betroffen – öffentlicher Verkehr, öffentliche Versorgung, Fernmeldewesen, Luftqualität –, so dass neue Pläne, die die veränderten Sachverhalte aufführten, für zahllose öffentliche und private Firmen überlebenswichtig wurden. Die Kartografen nutzten zur Koordination und Erfassung der verschiedenen Datensätze die neue GIS-Technik (Geographic Information System). In der sich ständig verändernden Situation konnten die Pläne nicht einfach neu gezeichnet werden, da die von Scannern, Satelliten und Fotogrammetrie-Vermessungen gelieferten Daten unablässig in existierende Pläne und Datenbanken für das betroffene Gebiet integriert werden mussten. Während eines Zeitraums von drei Monaten wurden mehr als 2.600 Pläne erstellt, und zwar durch »Ausschnittsbetrachtung, Serialisierung und Transparentkopien, ergänzt durch die verbindenden Elemente Interaktivität, Verschiebung und Animation.[26] Viele dieser Karten waren im Netz verfügbar.

Für eine lange Zeit herrschte unter der amerikanischen Bevölkerung ein starkes Interesse an einer Wiederherstellung des Ortes. Die Verwandten der Opfer, New Yorker Bürger, prominente Gäste und gewöhnliche Amerikaner besuchten den Ort, um Zeugnis abzulegen und den Fortschritt der Aufräumarbeiten zu verfolgen. Die Größe des Areals sowie die Barrieren, die zum Schutz der Bergungsmaßnahmen errichtet worden waren, machten es dem normalen Besucher nahezu unmöglich zu begreifen, was er sah. Deshalb erhielt die Künstlerin Laura Kurgan, die zuvor bereits im Rahmen ihrer Untersuchung politischer Gewalt mit Kartierungstechniken gearbeitet hatte, eine öffentliche Förderung für die Produktion zweier Fassungen eines Plans mit dem Titel *Around Ground Zero*, die im Dezember 2001 bzw. im März 2002 veröffentlicht wurden (ABB. 10). Bei diesen Karten dienten Primärfarben und einfache Grafiken zur Identifizierung der wesentlichen Elemente der Baustelle, der Aussichtsplattformen, temporären Gedenkstätten, Kräne und Lastwagen sowie verschiedener zerstörter oder beschädigter Gebäude. Sie thematisierten den heikelsten ethischen Zwiespalt, der sich beim Anblick dieses Schauplatzes des Massenmords andeutete, den man so tatkräftig von menschlichen Überresten befreite. Die Karten wurden kostenlos an die Besucher verteilt.

Die heutige Stadt bietet sowohl komplexe neue Anforderungen an als auch enorme Möglichkeiten für die Kartierung, und dies betrifft ebenso die neu aufkommenden Technologien des Vermessungswesens und der grafischen Darstellung. Tatsächlich ist die Karte vielleicht das einzige Medium, in dem der zeitgenössische Urbanismus eine visuelle Kohärenz erreichen kann. Es besteht nach wie vor eine starke, wenn auch unerkannte zelebratorische Dimension der Stadtkartografie, nicht nur im banalen Sinne der Selbstvermarktung von Städten durch Werbung oder Touristenkarten und Reiseführern, sondern in der Wahl des Maßstabs, des Inhalts, der Gestaltung und Farbe der unzähligen (inzwischen vielfach interaktiven) kartografischen Elemente, die von staatlichen Agenturen oder privaten Gesellschaften zur Vermittlung und Regulierung moderner urbaner Systeme und Prozesse entwickelt werden. Der Zweck der Lesbarmachung jener komplexen, dynamischen und lebendigen Einheit, die eine Stadt ausmacht, bleibt von größter Dringlichkeit. Doch das heute geschärfte Bewusstsein dafür, dass es sich bei kartografischen Darstellungen niemals um unschuldige Informationsmittel handeln kann, sorgt für die Auflösung der sorgfältigen Unterscheidung von feierlichen und regulatorischen Stadtplänen. Der urbane Raum und der kartografische Raum bleiben untrennbar miteinander verbunden. Da beide in einer Transformation begriffen sind, verändert sich auch ihr Verhältnis zueinander, während die modernen visuellen Technologien andeuten, dass die schöpferischen Möglichkeiten bei der Gestaltung und Aufzeichnung urbaner Erfahrung größer werden als je zuvor. Dies betrifft gleichermaßen das Bedürfnis nach einer kritischen Betrachtung der Gestaltung wie auch der Bedeutung von öffentlichen und privaten Stadträumen.

26 Mike Silver und Diana Balmori, »Networking Maps. GIS, Virtualized Reality and the World Wide Web«, in: dies., *Mapping in the Age of Digital Media*, S. 48–50.

Carto-City. Mapping and Urban Space

Denis Cosgrove

URBAN SPACE AND CARTOGRAPHIC SPACE are inseparable. This is so historically, practically, and conceptually. Urban origins, at Ur or Sumer for example, are revealed through the mapped reconstruction of their street geometry and building plot plans.[1] Elevation is the least durable element of urban form, horizontal plan the longest lasting. Urban archaeology reconstructs urban places through peeling back successive surfaces, like the pages of an historical atlas, and mapping the stratigraphy of material deposits stretched across former urban space. From such material mappings we reconstruct not only its physical appearance but also the city's social, political, commercial and religious life.

Practically, confrontation with an unfamiliar city is typically mediated by the map: of transit routes, of streets, of tourist destinations. Urban experience in a new city is often a process of negotiating the divergence between cartographic and material spaces. In cities with complex underground rail systems, such as Tokyo, London or Paris, it can take years before the point pattern of stations familiar from the subway map is fully coordinated with the surface experience of townscape. In great metropolises, possession and use of a standard street directory such as London's pocket *A–Z Guide* or Los Angeles' *Thomas Guide* are signs of citizenship.[2] They have become cartographic icons of the cities whose streets and addresses they designate. Much more than functional instruments, aids to fixing destinations or following routes, they are bearers of urban meaning and character: the map becomes to some degree the territory.

Conceptually, the map has either preceded the physical presence of the city or served to regulate and coordinate its continued existence. St. Petersburg, Washington DC, New Delhi, Brasilia, countless fortress and colonial cities, existed on paper before they had any material expression. Paris, Rome, Vienna, Amsterdam, Beijing, Jerusalem – virtually every great city – has been either reconstructed or expanded by means of a drawn plan.[3] And beyond the physical extension or reconstruction of urban space, the map has both recorded and determined countless aspects of urban life and citizenship. Maps of disease and morbidity, for example the cholera cartography of Victorian London or Philadelphia, helped make the modern metropolis a survivable space in the face of those viruses and bacteria that thrive on human density. Maps of social and ethnic status have shaped the political life of urban democracies, nowhere more dramatically than in the case of 20th-century American zoning maps, used by housing and loan companies for »red-lining« inner-city ghettoes and later by government agencies to assert civil rights. In every way, the map registers the city as a distinct place and a unique landscape. Cartography acts not merely to record the various ways that the city is materially present, but as a creative intervention in urban space, shaping both the physical city and the urban life experienced and performed there.[4]

The ubiquity of cartography as a dimension of urban life and form makes a comprehensive survey of their relations impossible. I focus here on ways that the urban map is positioned between creating and recording the city. It is this dual function that releases the imaginative energy of mapping, and which has consistently attracted the attention of artists as well as technicians to urban mapping. From the vast archive of urban maps, plans and artistic interventions into urban mapping, I explore how the modern city as material and social space interacts with the map as scientific instrument and artistic representation of its space and life.

The complexity of the interaction is dramatically apparent in post-modern American cities such as Los Angeles, Houston or Phoenix. These are perhaps the most intensively mapped spaces in the history and geography of the planet: every square meter is geo-coded by government and private or commercial agencies for purposes ranging from environmental protection, public health and safety, efficient transportation and taxation to property insurance, marketing, political persuasion and religious evangelism.[5] Maps have played a critical role in shaping their physical spaces and land uses, and continue to control the daily lives of citizens through zoning ordinances, zip codes and the myriad territorial regulations that shape urban daily life. Theoretically, scientific cartography should make these cities highly rational, coherent spaces. Indeed, flying over a city such as Houston, a cartographic order is immediately visible in the repetitive grid of major streets, and within this the curvilinear geometry of residential roads and house lots, or in the rectangularity of office, production, storage/distribution and retail spaces. Yet, on the ground, such cities are among the least »legible« places on earth. Moving

1 Adam T. Smith, *The Political Landscape. Constellations of Authority in Early Complex Polities* (Berkeley and Los Angeles, 2003).

2 Appropriately, London's *Geographers A-Z Guide* can be held in the hand and carried in the pocket. Los Angeles' *Thomas Guide*, by contrast, is designed to sit on the passenger seat of a car.

3 Most histories of urban form are illustrated with maps and plans but rarely explore critically the precise relations between these images and the built form of cities. See for example Richard Sennett, *Flesh and Stone: The Body and Civilization in Western Civilization* (London, 1994); Joseph Rykwert, *The Seduction of Place. The City in the Twenty-first Century* (New York, 2000).

4 For historical examples, see Ola Söderström, »Paper Cities: Visual Thinking in Urban Planning,« in *Ecumene*, 3 (1996), pp. 249–281. For a more contemporary discussion of the processes of negotiating urban space planning through maps see Ola Söderström, Elena Cogato Lanza, Roderick J. Lawrence and Gilles Barby, *L'usage du projet*, Editions Payot (Lausanne, 2000).

5 On Los Angeles for example, see Greg Hise, *Magnetic Los Angeles: Planning the Twentieth-Century Metropolis* (Baltimore and London, 1997) and idem and William Deverell, *Eden by Design. The 1930s Olmsted-Bartholemnew Plan for the Greater Los Angeles Region* (Berkeley and Los Angeles, 2000).

across their surfaces, an individual familiar with the spatial sorting of land uses and the hierarchy of distinctive symbolic structures that characterize conventional urban space is confused, even assaulted, by the seemingly random scatter and apparent chaos of urban elements. The post-modern urban landscape seems to confirm the problem of legibility in the constant and competitive presence within it of words, phrases and whole texts: billboards, street signs and posted ordinances.[6] The volume of written language in the public spaces of contemporary urbanism far exceeds that in more traditional cities. Image and text, whose effective harmonizing is cartography's signal contribution to spatial representation, has become disjointed, and their falling apart denotes the erosion of a relationship that underpinned urban modernity.[7]

This does not mean a reduction in the map's role in urban place making and experience. Indeed, a characteristic way of negotiating movement within the post-modern American city is the computer-generated map, custom produced for any destination address, from any point of departure within the United States. MapQuest can create an instant digital image of any urban location at any requisite scale, using a simplified set of standard colors and cartographic signs (FIG. 1, P. 34). Such images are resolutely functional, entirely ignoring the context of the places they represent, utterly unconcerned with »civitas« or the city as public space. No urban map could be further removed from an image such as Jacopo de' Barbari's Venetia map of 1500 (FIG. 2, P. 35). The paradigm example of early-modern city mapping, Jacopo's detailed townscape guided the observer not to a physical destination but to the civic spirit of Europe's greatest commercial city.[8]

»Scientific« cartography's inability to capture the contemporary city has however opened new possibilities for urban mapping. As I shall illustrate, these have been colonized creatively for a wide variety of projects: conceptual, political and purely ludic, breathing new life into the connections between city space, city life and mapping.

Radial axis and the grid

Geometry, specifically the radial axis and the grid, underpinned both scientific cartography and modern urban form. Their power and historical endurance in both the map and the city lies in their combined practical and symbolic efficacy. The circle's 360 degrees generate a »center enhancing« axial form focused on a single point. Functionally and symbolically, this extends power panoptically to the horizon, encompassing a potentially infinite territory. Versailles, Karlsruhe, Baroque Rome and Second Empire Paris have all inscribed this simple geometry into urban space. The same axial pattern emerges from the simplest mapping technique: taking radial sight-lines from a single point. Multiple survey points can be selected randomly along a pathway or be connected to a cardinal base line. Back-sighting confirms positional accuracy, producing a network of intersecting axes, such as the wind-related rhumb lines on a marine chart. The magnetic compass connects these sightings to global and even cosmic geometry. The radial planning of a city is at once practical and symbolic, as Vitruvius recognized in his description of the city perfectly oriented in respect of wind directions (FIG. 3, P. 36). The first record in the West of systematic urban mapping was Vitruvius' first popularizer, Leon Battista Alberti, in a »description« of Rome. No actual map exists for this project, merely a set of coordinates produced by Alberti for known locations along axes converging on a single point of observation.[9]

The alternative geometrical form shared by urban plan and mapping is the grid or checkerboard of orthogonal lines crossing at right angles. While radial axes enhance the center, the grid is »space equalizing,« infinitely extendable over the surface and privileges no single point, but reducing each to a unique co-ordinate. The grid generates the simplest and most ubiquitous form of urban plan. It is found in the earliest Greek colonies in the Mediterranean, in the design of imperial Chinese cities, in Spanish New World »pueblos,« in the urban settlement of the USA. The colonial urban form par excellence, the grid can also be an expression of urban democracy, equalizing lot sizes and maximizing the ease of platting and disposing of urban land into private property. As William Penn's Philadelphia design reveals, the grid can easily be elaborated to generate open spaces – squares – to interrupt its monotony and produce public space within an otherwise privatized space.

The grid performs a similar function in mapping. Introduced into modern Western cartography in the early 15th century through Claudius Ptolemy's *Geographia*, but known to Chinese cartographers at least three hundred years earlier, the introduction of a graticule of longitude and latitude lines as the basis for determining location and translating the sphere to a two-dimensional map is by far the most significant feature of modern cartography.[10] The grid is a ubiquitous location-fixing device. Unrelated to planetary coordinates, the grid can be stretched across any spatial scale, as the »British Ordnance Survey's« national grid or the lettered and numbered squares superimposed on countless urban maps demonstrate.

These shared geometries of urban design and cartography are instrumentally effective and symbolically significant. They are conceptually easy to grasp and relatively simple to apply in spatial design and representation. Neither is restricted to a single scale but may be applied from microcosm to macrocosm. Thus, each possesses not only specific symbolic attributes – power and panopticism, reason and democracy respectively – but they have a common capacity to connect mundane space to the cosmic patterns, movements and logic. They therefore propose and permit urban mapping as a philosophical exercise. The philosophy and ethics of the

6 The classic texts on postmodern urban landscape include Edward Relph, *The Modern Urban Landscape* (Baltimore and London, 1987); David Harvey, *The Condition of Postmodernity. An Enquiry into the Origins of Cultural Change* (Oxford, 1989); Edward Soja, *Thirdspace: Journeys to Los Angeles and Other Real-and-Imagined Places* (Oxford, 1996); idem, *Postmetropolis. Critical Studies of Cities and Regions* (Oxford 2000).

7 Despite the graphic sophistication of iconic communication in the contemporary city, the volume of text in the public landscape seems to increase with the number of enterprises competing for the attention of a highly mobile, car-borne public. This is very noticeable in the USA where neon and other forms of illuminated text are characteristic features of urban space. On the role of text in regulating urban legibility in the past, see R.M. San Juan, *Rome. A City Out of Print* (Minneapolis, 2001). We should also recall the significant role traditionally given to public maps in countries such as Italy where they have frequently been carved onto the facades of public buildings.

8 J. Schultz, »Jacopo de' Barbari's View of Venice: Map Making, City Views and Moralized Geography before the Year 1500,« in *Art Bulletin*, no. 60 (1978).

9 One of the principal advantages of the coordinate system for mapping is that it allows for greater mobility of the map than a purely pictorial outline and plot. Obviously, errors of transcription can occur in both forms, but the transmission of tables of figures from which a map may be constructed allows for much greater accuracy of positioning than merely copying lines and points by eye.

10 See the fascinating discussion of the grid as a mode of spatial representation in E. Casey, *Representing Place. Landscape Painting and Maps* (Minneapolis, 2002), pp. 199–215.

urban map are apparent across the history of modern urbanism. The profound impact of Vitruvius' urban plan in Renaissance Europe derives from its appeal to humanists and scientists engaged in rethinking both the nature of urban life and the mapping of global space. The »ideal city« debate among architectural writers from Alberti and Francesco di Giorgio Martini to Sebastiano Serlio and Vincenzo Scamozzi concerned more than the formal design of urban space. It was about mapping urban life and of citizenship.[11] Thus the city represented in the anonymous image now in Baltimore (FIG. 4, P. 38) represents much more than a symmetrical grid of buildings, streets and open spaces rendered in deep perspective. It maps too an image of citizenship, derived from Republican Rome and the Stoic writings of Cicero, Seneca and Marcus Aurelius. The civic virtues of Justice, Prudence, Temperance and Fortitude stand atop the four columns that define its central square. The buildings gathered around that space correspond to the public functions that regulate urban life. And across the foreground of the image creeps the bent and burdened, but immensely dignified figure of the Stoic. Acknowledging the cosmic order mapped into urban space, and subordinating body to mind, he signifies the good citizen's duties of reason, reverence and sociability. The map of urban space is also the map of urban virtue.

Axial and grid geometries were united in the service of Modernity's grandest social project: the creation of the USA, in the design of America's federal capital. Charles L'Enfant's map (FIG. 5, P. 39) combined the democratic principles of the Constitution and Bill of Rights in the checkerboard of residential streets, with the inscription of federal authority in axes radiating from the separate seats of executive and legislative power. The plan generated fifteen public open spaces, one for each state of the Union at the time of the city's foundation. »Universal« principles embodied in the new republic were thus mapped into its capital.[12]

Geometry, the map and urban legibility

Early modern and Enlightenment city planning saw in geometry a medium of legibility. The city was to be read as a text for its rulers, its citizens and its visitors. Printed urban maps expressed and reinforced the city's legibility. These were not initially intended primarily as location markers or way-finding instruments, except for a small number of guide-book maps such as those describing the monuments and pilgrimage sites of Rome. The earliest urban maps are overwhelmingly celebratory, intended to frame in a comprehensive image the city's complex social and spatial totality. Such maps form a distinct genre by the 16th century, emerging in Europe's most heavily urbanized, mercantile regions: upper Italy, Southern Germany and Flanders. Italian urban maps such as Leonardo da Vinci's map of Imola adopted an orthographic perspective, or the high-angle, bird's-eye view apparent in Jacopo's Venice. Northern maps were more commonly townscape views, graphing the urban skyline in silhouette along a horizontal perspective.[13] While the former universalized the city by representing it according to a standard set of geometrical rules and surveying principles, the latter particularized the city through the unique elements of its skyline: cathedral, guildhall, parish churches. By mid century the distinction was fading. Nicholas Crane captures the impact of changes in urban mapping by describing the cartographer Mercator's reaction to Hieronymous Cock's

1557 view of Antwerp: »As long as Mercator could remember, Antwerp had been pictured from the water, as a bustling, disheveled river port. Cock's viewpoint was high above the opposite side of the city. Antwerp had become a disciplined urban network of streets and civic symbols surrounded by massive geometric defenses. Wagons entered landward gates, bound for fleets of patient ships on a distant, placid Schelde. Cock's Antwerp was a celebration of mercantile might, and a working diagram of a modern city.«[14]

The paradigm early modern urban mapping project was the multivolume urban atlas, *Civitates Orbis Terrarum,* edited by Georg Braun and Frans Hogenberg from 1580. Intended to illustrate every major city in the world according to a standard, printed cartographic format, it was conceived in response to Abraham Ortelius' first systematic world atlas of 1570. Earlier encyclopedias and cosmographies had illustrated cities, but while some places were well served by recognizable images – Constantinople, Rome, Paris and Venice for example – many of the named cities in Hartmann Schedel's *Chronical* (1493) or Sebastian Münster's *Cosmographia* (1544) had been pictured by generic townscape images. Braun and Hogenberg gathered printed city maps from local sources to ensure the most accurate and up-to-date image of the city, allowing the atlas owner to survey the »civilized« globe of urban places within the privacy of a study or reading room. While some images adopted the urban silhouette, the favored perspective was the bird's-eye view, exemplified perfectly in the maps of Cologne or Amsterdam. The city is seen from an elevated point far above and beyond its confines, at an angle sufficient to reveal both its pattern of streets, squares and open spaces and the elevation of its principal buildings and monuments. Distant, to be sure, yet close enough for the rhythm of its life to be pictured in the pedestrians, carriages, wagons and ships moving on its roads and waterways, the city is immediately legible as a coherent community.

Braun and Hogenberg's emphasis on unity and civic order is reinforced by decorating their maps with the city's coat of arms and that of its great families or principal guilds. Cartouches and printed text further reinforce the message, that each city is honored by the depth of its history, the nobility of its citizens, the wealth of its merchants, the beauty of its buildings. The map is synthetic rather than analytic; its goal celebration rather than analysis or critique. This is true even of the two New World city maps included in the collection: the Aztec capital Tenochtitlan and the Inca city of Cuzco. The former map, based on Cortez's own map, illustrates the very antithesis of »civilization« in the classical sense of civic virtue lived out in urban space. It is dominated by its central square and great ziggurat, upon which human sacrifices are being performed. Cartographic parallels between the island cities of Tenochtitlan and Venice reinforced the Aztec capital as »other« to Europe's self-proclaimed model of civic perfection, yet Braun and Hogenberg's urban mapping principles subordinate difference to stylistic consistency.[15]

11 V. Hart & P. Hicks, *Paper Palaces. The Rise of the Architectural Treatise* (New Haven and London, 1998).

12 M. Tafuri, *Architecture and Utopia. Design and Capitalist Development* (Cambridge, Mass., 1976).

13 L. Nuti, »Mapping Places. Chorography and Vision in the Renaissance,« in Denis Cosgrove (ed.), *Mappings* (London, 1999), pp. 90–108.

14 Nicholas Crane, *Mercator. The Man Who Mapped the Planet* (London, 2003), p. 188.

15 Parallels between Venice and Frankfurt – *Imago Mundi.*

Legibility, improvement and control

The decorative, celebratory style of urban mapping exemplified by *Civitates Orbis Terrarum* dominated European urban mapping into the 18th century.[16] Urban plans projecting newly founded cities or urban expansion adopted a more severe, undecorated style as part of their rhetoric of practicality. This is apparent in Vincenzo Scamozzi's 1599 plan for the Venetian fortress-city of Palmanova, in John Evelyn's 1666 plan for rebuilding fire-damaged London, or in the 1703 plans for St. Petersburg. Their draftsmanship provided the model for the »scientific« urban maps of the Enlightenment such as Michel Etienne Turgot's 1739 *Plan de Paris*. Urban legibility becomes the overarching goal of city mapping, to be achieved through precisely measured survey using carefully calibrated instruments. The undecorated simplicity of 18th-century graphic design articulates goals of cartographic accuracy and objectivity by erasing evidence of human intervention between survey instrument and printed image.[17] The severely constrained outline of carefully surveyed streets, open spaces, building plots and footprints, together with monochrome printing from fine-line copper engraving or later lithography, together with an absence of decorative embellishment all signify new ways of thinking about the city and about urban life. The traditional vision of the city as a self-governing »polis« or a Christian community had underpinned cartographic emphasis on civic harmony, community and dignity within an unified urban space. This vision was being eroded by modern secularism and individualism, and by urban population growth and spatial expansion, industrial production, and new forms of social cleavage and solidarity. In response, the city was reconceived; new ways of imagining and experiencing urban life were reflected in maps whose intent is analytic rather than synthetic.

By the mid-19th century, »plain-style« urban plans had become the base maps for the emerging science of urban statistics, by means of which expanding state capitals and new industrial cities were to be regulated. Cholera and typhoid, poverty and prostitution, alcohol consumption and criminal »deviance« – all regarded as primarily urban ills – came to be understood through the medium of the urban map[18] (FIG. 6, P. 41). The accuracy of the base map was fundamental to the persuasive power of the statistical information plotted onto it. Rather than celebrating the unity and harmony of urban community, the map's task was to bring into the light of practical reason invisible but all-too-potent urban pathologies. Their amelioration often itself involved further mapping of urban space: clearing and replanning »crowded districts,« laying water supply and drainage systems, platting new suburbs, cemeteries and parklands.

The celebratory aspect of the urban map did not entirely disappear. In the United States for example, it gained a new lease of life in mid-19th century county atlases lauding Western expansion. The bird's-eye perspective was perfect for demonstrating the elegance and prosperity of newly-established and often scarcely built towns. Emphasizing their grid of streets and the bustle of carriages and carts, the maps promoted often chaotic and violent places as well-ordered civic communities. They contrast strongly with American fire-insurance maps from the same years whose functional goal of assessing risk and determining premiums is apparent in the severity of unembellished detail, coding such data as street width, building height and constructional materials, or the proximity of hydrants. Anticipating the zoning and planning maps, insurance cartography more than the celebratory urban images, anticipated the dominant direction of urban mapping in succeeding decades.

Controlling metropolitan cities was a dominant theme of 20th-century urban mapping. The response to »monster urbanism« is recorded in maps, with the modern metropolis constantly threatening to outstrip the map's capacity either to make it legible or to regulate its material and social disorder. London, the first world-city of the 20th century is a prime example. The seemingly uncoordinated and uncontrollable sprawl of its suburbs, dramatically accelerated by mass transportation and later car ownership, anticipated forms and processes that now dominate city landscape and life globally. One heroic, individual response to metropolitan legibility was Phyllis Pearsall's 1935 creation of *The London A–Z*, a pocket atlas with gazetteer of every street address in London. Her hugely successful, commercial project began in response to a personal dilemma: finding an individual address without an adequate street guide of London. To create her urban atlas she walked 23,000 streets and a distance of nearly 5,000 kilometers.[19] The outcome was a work that remains a handbook for every Londoner, but it reduces every urban element to the same format, abandoning any semblance of the city as a coherent urban structure in favor of its legibility as a continuously coded surface (FIG. 7, P. 42).

A more bureaucratic cartographic attempt to control the British metropolis was the 1932–1934 *National Land Use Survey* in which school children recorded the use of every piece of land in England and Wales, including »nonproductive« urban land. The London plate uses garish color to illustrate vascular urban tentacles strangling the soft green of rural England.[20] It can be read alongside the 1904 plan for Letchworth garden city (FIG. 8, P. 43) or the 1999 map of Milton Keynes: urban visions designed to control London's spread. These represent the apotheosis of the map as an instrument of urban policy, not only to recapture the legibility of the city on paper, but to sustain its physical and social coherence as a material space.

In their own ways, these city maps reveal modernist faith in geometry as guarantor of urban legibility as unsustainable. Conventional Euclidean forms neither describe nor contain the spaces of the increasingly flexible, mobile, cybernetic city. Since the late 18th century, the free-flowing serpentine line has battled with orthogonal geometry as privileged design medium for expressing the triumph of individual, »natural« man over the Classical or Christian model of the citizen.[21] A minor element in the picturesque Letchworth plan, by late 20th century Milton Keynes the serpentine line is omnipresent. It dominates post-modern urbanism in both street plan and built form. Indeed, high-tech mapping techniques help assure its triumph. Computer-based digital laser technologies

16 W. Braun and F. Hogenburg, *Civitates Orbis Terrarum* (Nuremberg, 1580–1617).

17 Lorraine Daston and Katharine Park, *Wonders and the Order of Nature, 1150–1750* (New York, 1994).

18 G. Palsky, *Des Chiffres et des cartes. Naissance et développement de la cartographie quantitative française au XIXe siècle* (Paris, 1996).

19 The history of the *A–Z Guide* is told by its creator in Phyllis Pearsall, *A–Z Maps. The Personal Story from Bedsitter to Household Name* (London, 1990).

20 D. Cosgrove & S. Rycroft, »Mapping the Modern Nation,« *History Workshop Journal*, no. 40 (1995), pp. 91–105.

21 Tafuri, *Architecture and Utopia*, op.cit.

allow 21st-century architects to deform conventional building structures in response to new materials.[22] These are mapping techniques that will soon be applied beyond such signature urban buildings as Frank O. Gehry's LA Disney Concert Hall to the form of the city as a whole. Scientific mapping remains more successful in projecting the future form of the city than in capturing the legibility of its daily life.

New legibilities: artist, the map, and the city

Pearsall's *London A–Z* project was precisely intended to make the city legible for everyday life. We might contrast it with an entirely different but contemporary mapping of the modern metropolis, that of the German Hermann Bollmann. Armed with a technique known to 19th-century artist-cartographers as »Vogelschaukarten,« and which dates back at least to Jacopo de' Barbari's 1500 map of Venice, Bollmann confronted modernity's most demanding urban landscape: Manhattan Island. Using 67,000 photographs, 17,000 taken from the air, he created in 1948 a hand-drawn map image that captures precisely the soaring quality of the New York skyline while rendering streets and buildings with remarkable accuracy (FIG. 9, P. 44). Pearsall's and Bollmann's distinct mappings of the mid-20th-century metropolis may be used to illustrate a debate over how urban space is known and experienced and thus how it should be mapped.

In the early Sixties a group of French Situationists led by Guy Debord, inspired in part by Walter Benjamin's celebrations of urban space and life, invented the »dérive« or »drift« as a way of experiencing everyday life in the city free from the attempts of authority to plan and regulate urban movement.[23] They explicitly associated the panoptical map with rational, alienating Modernity. Pearsall's London rather than Bollmann's Manhattan is the paradigm mapping mode for the group: derived from walking, signifying the view from the street, refusing all hierarchy of urban places, its pagination generating arbitrary discontinuities on the city map. The Situationist critique of the coherent urban plan in favor of the city as performance art has been a favored cause for later urban progressives such as de Certeau and Rosalyn Deutsche, opening the idea of urban mapping to a range of artistic intervention over the closing years of the 20th and the opening years of the 21st centuries.[24] These »mappings« may deploy the analytic capacities of scientific cartography, often using advanced technologies to rework some of the goals of early urban mapping. They seek to capture legibility from the contemporary city, not as a means of reworking its material spaces, but as a way of enhancing the experience of everyday urban life.

9/11: urban mapping and art

Space permits discussion of only one example of such creative use of mapping. But it is a powerfully telling example in its symbolic and ethical dimensions. Michel de Certeau's celebrated critique of scientific mapping's distanciated and totalizing vision of the city took as its model the view of Manhattan from the top of the World Trade Center. Ironically, the destruction of those towers on September 11, 2001 presented perhaps history's greatest single challenge to urban mapping. Maps and plans of every system affected by the attack – transportation, utilities, communications, air quality – and new maps detailing its changing impacts were vital to the response mounted by the city's myriad public and private agencies.

Cartographers used the latest Geographic Information System (GIS) technology to coordinate and plot these diverse data sets. Maps could not be redrawn in a continuously evolving situation, as information fed in from scanners, satellites, photogrammetry surveys had to be integrated with existing maps and data bases for the affected zone. Over a three-month period more than 2,600 maps were produced, using »techniques of layering, seriality and transparency, complemented by the destabilizing power of interactivity, movement and animation.«[25] Many were made available on the Web.

Over the extended period of recovery interest among the public in the site remained intense: victims' relatives, New York citizens, distinguished visitors and ordinary Americans came to bear witness and observe progress. The scale of the site and the barriers erected to protect the recovery work made it almost impossible to the casual visitor to comprehend what they saw. In response, the artist Laura Kurgan who had previously used mapping techniques to explore a range of issues surrounding political violence, gained funding for the production of two editions of a map: *Around Ground Zero* published in December 2001 and March 2002 (FIG. 10, P. 46). These used primary colors and simple graphics to identify key elements of the site: viewing platforms, temporary memorials, cranes and trucks as well as variously demolished or damaged buildings. Her maps negotiated the most delicate of ethical dilemmas, given the implications of viewing a scene of mass murder from which human remains were being actively removed. They were distributed free to visitors.

The contemporary city presents both complex new challenges and enormous opportunities for mapping, as do emerging survey and plotting technologies. Indeed, the map may be the only medium through which contemporary urbanism can achieve visual coherence. There remains a strong, if unrecognized, celebratory dimension to urban mapping, not merely in the banal sense of cities' self-promotion through advertising or tourist maps and plans, but in the choice of scale, content, design and color of the myriad cartographic devices (many today interactive), developed by public agencies and private bodies to communicate and regulate contemporary urban systems and processes. The goal of rendering legible the complex, dynamic and living entity that is a city remains an urgent one. But today's acute awareness that cartographic images can never be innocent vehicles of information dissolves neat distinctions between celebratory and regulatory urban maps. Urban space and cartographic space remain inseparable. As each is transformed their relationship alters and current visual technologies mean that the opportunity for creativity in shaping and recording urban experience is greater than ever, as too is the need for critical attention to the making and meaning of both public and private urban spaces.

22 Mike Silver, »Mapping curves,« in Mike Silver & Diana Balmori (eds.), *Mapping in the Age of Digital Media. The Yale Symposium* (Chichester, 2003), pp. 40–47.

23 Guy Debord, *The Society of the Spectacle* (New York, 1994).

24 Michel de Certeau, *The Practice of Everyday Life* (Berkeley and Los Angeles, 1985); Rosalyn Deutsche, »Boy's Town,« in *Environment and Planning D. Society and Space*, no. 9 (1991), pp. 5–30.

25 Mike Silver and Diana Balmori, »Networking Maps. GIS, Virtualized Reality and the World Wide Web,« in Silver and Balmori, *Mapping in the Age of Digital Media*, pp. 48–50.

Wahnhaftes Paris. Kartieren als paranoisch-kritische Tätigkeit

Tom McDonough

Guy Debord, son art et son temps, »eine anti-televisuelle Dokumentation«[1], 1994 von der Regisseurin Brigitte Cornand produziert und unmittelbar nach dem Selbstmord des Autors auf dem französischen Kabelsender Canal+ ausgestrahlt, war unter anderem eine Kartografie der heutigen europäischen Stadtlandschaft. Wiederholte Aufnahmen von einstürzenden Wohnsiedlungen in den Vorstädten von Paris markierten das gesellschaftliche Versagen des Nachkriegs-Wohlfahrtsstaats und seines lange geltenden Heilsversprechens in Form eines Architekturprogramms des »Existenzminimums«. Dieses konzertierte Niederreißen von Häusern in der Stadtperipherie entsprach einem weniger augenfälligen Programm der Zerstörung im Stadtzentrum – einer Zerstörung, die weniger architektonischer als sozialer Natur war und in der systematischen Gentrifizierung und »Musealisierung« des Stadtkerns bestand. Der Film stellte diese Tatsache mittels einer langen Kamerafahrt längs der Seine dar, vorbei am wahren historischen Herzen der Stadt. Als die Kamera zurückfuhr, offenbarte sich die Szene als Kinostaffage, ein maßstabsgerechtes Trompe-l'œil, das Paris bis ins kleinste, wenn auch verfälschte Detail wieder erschuf, ein potemkinsches Dorf aus verlogenen Fassaden. Hier fand der »Anschlag auf Paris«[2] statt, wie ihn der Analytiker der *Gesellschaft des Spektakels* metaphorisch aufzeigte, der bereits 27 Jahre zuvor geschrieben hatte: »Das Nebenprodukt der Warenzirkulation, die als Konsum betrachtete menschliche Zirkulation, d. h. der Tourismus, lässt sich im Wesentlichen auf die Muße zurückführen, das zu besichtigen, was banal geworden ist. Die wirtschaftliche Erschließung des Besuchs verschiedener Orte ist bereits von selbst die Garantie ihrer Äquivalenz. Dieselbe Modernisierung, die der Reise die Zeit entzogen hat, hat ihr auch die Realität des Raums entzogen.«[3] Der Film von 1994 übertrug die Einsichten dieser Passage auf die zutiefst melancholische (um nicht zu sagen pessimistische) Sicht von Debords Spätwerk, in dem jeder letzte Rest einer »Realität des Raums« zugunsten eines Bildes dieses Raums als aufgehoben begriffen wurde, eines Simulakrums der Stadt, seiner Menschen und seiner Geschichte.

Im Laufe seines Lebens hat Debord immer wieder auf das Bild der Stadt zurück gegriffen, in der er sowohl den primären Ort spätkapitalistischer Ausbeutung als auch den potenziellen Schauplatz der revolutionären Befreiung von den Grenzen der Spektakel-Kultur sah. Der Stadtplan – in all seinen verschiedenen Formen – stellte innerhalb seines Denkens vielleicht den zentralen Ort dar. Die Kartografie ist, wie wir längst erkannt haben, nicht lediglich die Spezialisierung einer Wissensform, sondern bedeutet gleichzeitig die Einschreibung einer Reihe von Machtverhältnissen.[4] Sie bildet einen Text, dessen Autor in aller Regel anonym und allwissend ist und dessen Lesern eine Art von visuellem und kognitivem Zugriff auf das abgebildete Territorium gewährt wird, der in die Fantasie seiner Beherrschung umgesetzt wird. In der Kartografie begreift man die Stadt als etwas Dauerhaftes und bildet ihre kontingenten sozialen Beziehungen als gegeben und vollkommen natürlich ab, so dass ein Simulakrum eines Raums erzeugt wird, der nicht existiert. Falls die Karte allerdings ein Text ist, so sind ihre Codes notwendigerweise Verzerrungen, Störungen und Kritik ausgesetzt; diese These artikulierten Debord und seine Kollegen entschlossen in ihrer Formulierung des Programms der Situationistischen Internationale. Die Stadt als Schauplatz revolutionärer Energien und transformativer Potenziale sollte durch ein systematisches Kartierungsprogramm erforscht werden – und zwar durch die Kritik vorherrschender Bilder der urbanen Form und ihre Aneignung und Mutation zu neuen Diagrammen, die eine utopische Vision der Stadt als äußerst offen für Veränderungen bzw. als sensibles Verzeichnis der Wünsche ihrer Bewohner beschrieben.

Dieses kritische Programm lässt sich kurioserweise anhand einer Illustration exemplifizieren, die 1961 in der Zeitschrift der Situationistischen Internationale abgedruckt wurde und einen Artikel über die Kritik des Urbanismus begleitete – und die wie eine Ankündigung des Fernsehfilms von 1994 wirkt. Wieder handelt es sich um ein Beispiel einer Trompe-l'œil-Architektur, um die unechten Kulissen des Hollywood-Spektakels. Unter einem Foto, das eine Gruppe von um einen Hafen angeordneten römischen Stadthäusern zeigt, findet sich folgende Bildunterschrift: »Die Kulisse und ihre Verwendung: Vier Historiker sowie mehrere Hundert Millionen Francs, so heißt es, wurden in diesem Jahr eingesetzt, um einen Teil der Stadt Alexandria auf einer englischen Heide wieder erstehen zu lassen – allerdings nur, damit Elizabeth Taylor dort die Rolle der Kleopatra spielen konnte. Da die Schauspielerin erkrankt war, konnte der Film weder gedreht noch der Schauplatz anderweitig genutzt werden. Schließlich wurde Alexandria den Flammen übergeben.«[5]

1 So beschrieben in der Pariser Tageszeitung *Libération*. Ein Bericht über die Entstehung dieser Arbeit findet sich in Hélène Hazera, »Les dernières projections de Guy Debord«, in: *Libération*, 9. Januar 1995, S. 34. Besprechungen der Dokumentation lieferten u.a. Olivier Seguret, »Un film antitélévisuel«, in: *Libération*, 9. Januar 1995, S. 34, und Jean-Louis Perrier, »Le spectacle anéanti par lui-même«, in: *Le Monde*, 9. Januar 1995, S. 2.

2 In Paraphrase des Titels eines 1977 von Louis Chevalier verfassten Buchs über den Fortschritt der urbanen »Erneuerung« in Paris. Debord schätzte dieses Buch außerordentlich, vgl. Louis Chevalier, *The Assassination of Paris*, Chicago und London 1994. Bei Debords früherem Verlag Éditions Ivrea wurde Chevaliers Text 1997 wieder veröffentlicht.

3 Guy Debord, *Die Gesellschaft des Spektakels* (1967), Berlin 1996, S. 149.

4 Eine grundlegende Einführung in dieses Thema, die den Vorzug hat, von einem professionellen Geografen verfasst worden zu sein, findet sich in Denis Wood, *The Power of Maps*, New York 1992.

5 Zit. n. »Editorial Notes. Critique of Urbanism« (1961), in: *October*, Nr. 79, Winter 1997, S. 118.

Einerseits war die Pointe dieser Abbildung recht offensichtlich: wie bei der Filmkulisse Paris in *Guy Debord, son art et son temps* handelte es sich auch hier um eine Verurteilung der Falschheit von Stadtplanungen und der Stadt als Spektakel. So konnte als visuelle Demonstration der weiter oben im Text gemachten Feststellung beispielsweise beschrieben werden, dass »alle Diskurse über Urbanismus Lügen sind, und das ist so offensichtlich wie die Tatsache, dass der durch den Urbanismus organisierte Raum der wahre Ort der gesellschaftlichen Lüge und tief verwurzelten Ausbeutung ist«.[6] Dieses an einen anderen Ort verlagerte Alexandria war ein Kommentar zu den zerstörerischen Ressourcen des fortgeschrittenen Kapitalismus, der ein solches extravagantes Hirngespinst entstehen lassen konnte, nur um zuzulassen, dass es vom Feuer verzehrt wurde, noch bevor es überhaupt dem dürftigen Zweck der Kinounterhaltung gedient hatte. Allerdings scheinen die Herausgeber von *Internationale Situationniste* dieses Foto als Erwiderung auf ein anderes Foto fast gleichen Formats platziert zu haben, das zwei Seiten zuvor innerhalb desselben Artikels abgedruckt war. Auf diesem Foto der neu errichteten Stadt Mourenx (erbaut als Unterkunft für die Industriearbeiter des nahe gelegenen Ortes Lacq) sah man die monotonen Türme und Betonplatten, die in den frühen sechziger Jahren die offizielle französische Architekturproduktion in den so genannten »grandes ensembles« dominieren sollten. Bauminister Pierre Sudreau hatte Mitte der fünfziger Jahre eine Politik auf den Weg gebracht, welche die Entwicklung solcher autarker Vorstädte propagierte, die jeweils mit eigenem Einkaufszentrum, »Lyceum«, Theater und anderen städtischen Anlagen versehen wurden, jedoch unmittelbar Gegenstand heftigster Kritik wurden, und zwar aufgrund ihrer Hässlichkeit, aufgrund des Mangels an sozialen und kulturellen Einrichtungen, an Nahverkehrsmitteln und örtlicher Industrie und schließlich aufgrund des unglücklichen und leeren Daseins, das seine Bewohner in ihnen fristeten.[7] In diesem Kontext war das Bild der Alexandria-Kulisse offen für eine stärker auf Erlösung ausgerichtete Auslegung: Obwohl durch seinen vorgesehenen Nutzen degradiert (letztlich nur erbaut, »damit Elizabeth Taylor dort die Rolle der Kleopatra spielen konnte«), könnte man doch gerade die Extravaganz dieser Geste bewundern, die in den nutzlosen Nachbau dieser antiken Stadt investierten astronomischen Summen. Selbst seine Zerstörung war nur folgerichtig – wie der feierliche Potlatch der indigenen Stämme an der nordwestlichen Pazifikküste wurde die Kinokulisse in einer abschließenden Feier der ephemeren und vergänglichen Qualität allen Eigentums »den Flammen übergeben«.

Während der Fernsehfilm aus dem Jahr 1994 Vergänglichkeit von Architektur nur im negativen Sinne darstellen konnte, nämlich als integralen Bestandteil einer Welt, in der – wie Debord 1989 in seinen Memoiren beschrieb – »so viele Dinge sich mit der unglaublichen Geschwindigkeit von Katastrophen verändert haben«,[8] so wurde dieselbe Unbeständigkeit zu einem früheren Zeitpunkt dialektisch als Träger eines utopischen Versprechens verstanden. Es lohnt sich, daran zu erinnern, dass Debord und seine Kollegen in den frühen Tagen der Lettristischen Internationale die verschiedensten Beispiele einer simulakralen Architektur und einer Trompe-l'œil-Architektur als kritische Alternativen zum herrschenden Nachkriegsfunktionalismus gerühmt hatten. Bereits 1953 hatte Ivan Chtcheglov Monaco und Las Vegas als »der Spielfreiheit zugedacht(e)«

Orte bezeichnet sowie als Modelle für die zukünftige experimentelle Stadt, selbst wenn die höchste Form des Spiels in den hier zur Debatte stehenden Fällen lediglich das Glücksspiel war.[9] Noch treffender wurde in verschiedenen Artikeln Ludwig II. von Bayern hervorgehoben, der Monarch des späten 19. Jahrhunderts, der das ausschweifende wagnerianische Traumgespinst Neuschwanstein in Auftrag gegeben hatte, jenes mittelalterliche, eine dramatische Berglandschaft beherrschende Schloss. Wie bei dem später verfassten Kommentar zur Wiedererschaffung der antiken Stadt Alexandria wurde auch dieses Vorhaben nicht wegen besonderer architektonischer Verdienste oder politischer Motivation gelobt, sondern aufgrund der hier vorherrschenden Inspiration und Verwirklichung: Ludwig »errichtete mit hohem finanziellen Aufwand einige Schwindel erregende künstliche Schlösser in den bewaldeten Bergen seines Königreichs [...]. Der unterirdische Fluss, der ihm als Theater diente, und die Gipsskulpturen in seinen Parks deuteten auf dieses ›absolutistische‹ Unternehmen und seine Tragödie hin.«[10] Alle diese Beispiele einer künstlichen Architektur – die Kitschbauten in Las Vegas oder Neuschwanstein – wurden als Vorahnung der zukünftigen Schaffung einer emanzipatorischen Kulisse für das menschliche Leben betrachtet, die die Gruppe um Debord schließlich als »Situation(en)« bezeichnete.

Der Absolutismus und das Wahnhafte dieser Bauten faszinierte die Situationisten, die sich in einer Fünfziger-Jahre-Stadt mit eingeengten Durchblicken und ihrer erstickenden Permanenz langweilten. Aus Mangel an Mitteln, die es ihnen erlaubt hätten, ihre eigenen architektonischen Fantasien umzusetzen, bestand ihre einzige Zuflucht darin, sich die urbane Welt um sich herum neu vorzustellen; dies war im Wesentlichen das Programm der von ihnen als dérive (Umherschweifen) bezeichneten Aktivität, die als »(eine) leidenschaftliche Entfremdung auf dem Gebiet der Leidenschaften (›dépaysement passionel‹) durch eine eilige Veränderung der Stimmungen« geprägt war.[11] Beim dérive, der Kunst des durch-die-Stadt-Streunens, handelte es sich nicht nur um eine physische Reise, sondern ebenso um eine psychische, um einen – in der großen französischen Tradition der Moderne stehenden – Versuch in der Mitte des Jahrhunderts, »irgendwohin aus dieser Welt zu entkommen.«[12] Auf der unmittelbarsten Ebene konnte dies über den Rausch gelingen, und ohne Frage wurden so

6 Ebd., S. 119.

7 Eine kurze Zusammenfassung dieser Geschichte findet sich in John Ardagh, *The New French Revolution*, New York und Evanston 1968. Mourenx, etwa 25 km westlich von Pau in den Pyrenäen gelegen, war ein damaliges Forschungsthema Henri Lefebvres. Vgl. dazu auch Kristin Ross, »Lefebvre on the Situationists. An Interview«, in: *October*, Nr. 79, Winter 1997, S. 76f.

8 Guy Debord, *Panegyric* (1989), London 1991, S. 6.

9 Gilles Ivain (Ivan Chtcheglov), »Formular für einen neuen Urbanismus« (1953), in: W. Dreßen, D. Kunzelmann und E. Siepmann (Hrsg.), *Nilpferd des höllischen Urwalds. Situationisten. Gruppe Spur. Kommune 1*, Gießen 1991, S. 72.

10 »Next Planet« (1954), in: Libero Andreotti und Xavier Costa (Hrsg.), *Theory of the Dérive and Other Situationist Writings on the City*, Barcelona 1996, S. 43. Für weitere Kommentare zu Ludwig II. vgl. auch Guy Debord, »Exercise in Psychogeography« (1954), ebd., S. 42, außerdem ders., »Architecture and Play« (1955), ebd., S. 53. Eine Glosse über das situationistische Interesse an dieser Figur findet sich in Simon Sadler, *The Situationist City*, Cambridge, Mass. und London 1998, S. 110ff.

11 Guy Debord, »Rapport über die Konstruktion von Situationen und die Organisations- und Aktionsbedingungen der Internationalen Situationistischen Tendenz« (Auszüge, Juni 1957), http://www.sofo-ev.org/pdf/debord.pdf, S. 12.

12 Wie der berühmte Ausspruch Charles Baudelaires aus seinem gleichnamigen Prosagedicht lautet. Vgl. »Anywhere out of the World«, ders., *Paris Spleen* (1869), New York 1970, S. 99f.

viele der frühen dérives durch reichliche Mengen Alkohol und zuweilen andere illegale Betäubungsmittel unterstützt.[13] Dennoch war dieser Rausch niemals Selbstzweck, zumindest galt das für Debord. Er war lediglich ein Mechanismus zur Erreichung des gewünschten Deliriumszustandes, d.h. des Punktes, an dem die bekannte von der unbekannten Stadt, von einem Untertan, der seine eigenen absolutistischen Forderungen an den urbanen Raum stellen konnte, verdunkelt wurde. Auch wenn diese Experimente in einem spielerischen Geist und als Behauptung der von Chtcheglov beschriebenen »Spielfreiheit« unternommen wurden, ging es hier doch um ein unvergleichlich ernsthaftes Spiel, noch dazu um eines, dessen Ausgang nicht immer angenehm gewesen sein dürfte. Auf einer Seite von Debords collagierten Memoiren der frühen Pariser Jahre von 1958 (eine Zusammenarbeit mit seinem dänischen Künstlerkollegen Asger Jorn) findet sich ein zerschnittener Plan von Paris, auf dem anscheinend der Verlauf einiger dérives verzeichnet wurde, unter anderem mit folgender Bildunterschrift: »Angst wird Delirium und Obsession, alle Architektur verwandelt sich in eine Kulisse mit künstlichem Stuck, künstlichen Steinen und Trompe-l'œil, niemals ausreichend, niemals befriedigend und in ihrem Übermaß die Enttäuschung nur hervorhebend.«[14]

Bei der sich in Delirium und Obsession verwandelnden Angst handelt es sich um eine augenscheinlich surrealistische Stimmung. Und tatsächlich weisen die wenigen Aufzeichnungen, die wir von situationistischen Streifzügen durch die Stadt besitzen, eine mehr als zufällige Ähnlichkeit mit den in André Bretons oder Louis Aragons Romanen aus der Zwischenkriegszeit geschilderten Wegen durch die Straßen von Paris auf. Denn auch zu den situationistischen Erforschungen des urbanen Labyrinths gehörten unheimliche Begegnungen mit Fremden, die den Schlüssel zu den Geheimnissen der Stadt in Händen zu halten schienen.[15] Von besonderer Bedeutung war in diesem Zusammenhang ein ausgedehntes dérive, das um Silvester 1953 herum stattfand. Am 2. Januar 1954, dem letzten Tag dieses Streifzugs, betraten Debord und Chtcheglov eine Bar in der Rue Vieille-du-Temple, innerhalb des ehemaligen jüdischen Viertels der Stadt. Dort begegneten sie einem jiddisch sprechenden Mann. Verstört von der feindseligen Stimmung, die sie ausgelöst hatten, bemerkten sie beim Überqueren der Seine auf dem Weg zur Ile de la Cité, dass sie von zwei Männern verfolgt wurden, und zwar »in der Tradition des Gangsterfilms«.[16] Darauf folgte eine ziemlich fantastische Episode einschließlich Verfolgungsjagd und Flucht, die erst ein Ende nahm, als die beiden Situationisten ihre rätselhaften Verfolger abhängten, indem sie in einem Warenhaus mit dem (zutreffenden) Namen Samaritaine Unterschlupf fanden und einen Ausgang zur Rue de Rivoli benutzten, von wo aus sie bald die Métro an der Haltestelle Louvre erreichten. Die Episode begann mit einer unverständlichen Botschaft in einer Bar (»in einem überzeugenden, zuweilen drohenden Tonfall, aber ohne besondere Aggressivität«, vermittelt durch ein anonymes Gegenüber, das sich offenbar nicht vorstellen konnte, dass seine Zuhörer »vielleicht kein einziges Wort verstanden«[17]) und endete in einer Verfolgungsjagd durch die Straßen der Pariser Innenstadt (»[...] sie bemerken, dass die beiden Männer ihre Verfolgung wieder aufgenommen haben, an der sich nun auch ein am Pont-Neuf geparktes Auto [...] zu beteiligen scheint.«[18]). Die halluzinatorische Qualität dieses Ereignisses signalisierte eine in hohem Maße wahnhafte, obsessive Deutung der zufälligen Ereignisse und Begegnungen auf der Straße. Vom Rausch angestachelt, schwelgen Debord und Chtcheglov in einer paranoiden Verfolgungsfantasie, die eine Stadt an einem gewöhnlichen Werktag in eine Szene aus einem exotischen amerikanischen Gangsterfilm verwandelte.[19]

Womit wir es in dieser und anderen dérive-Episoden offensichtlich zu tun haben, ist eine bewusst herbeigeführte Form der Paranoia, die uns an Salvador Dalis kritisches Programm von 1930 denken lässt, das »die Verwirrung zum System erheben und zum vollständigen Verruf der realen Welt beitragen« will.[20] In der Tat verdankte der Teil des dérive, der sich dem »Atheismus, [...] Vergessen und (der) Desorientierung der gewöhnlichen Reflexe«[21] verschrieb, der somit also der abtötenden Stadt samt ihren Funktionen und Gewohnheiten die Leidenschaft zurückgab, vieles dem früheren Interesse Dalis für die Paranoia und seiner Einverleibung dieses Zustands in den Bereich surrealistischer Techniken. Ihr Wert bestand gerade im Zweifel, der so auf »die Welt der Realität« fiel, sowie in der Möglichkeit, diese den absolutistischen Wünschen des Subjekts unterzuordnen. Die Realität konnte so zu kaum mehr werden als zum Trompe-l'œil, auf das das Subjekt seine Hoffnungen und Leidenschaften projizierte: »Die Paranoia bedient sich der Außenwelt, um der Zwangsvorstellung Geltung zu verschaffen, mit der verwirrenden Besonderheit, dass sie die Wirklichkeit dieser Vorstellung anderen einsichtig macht. Die reale Außenwelt dient als Veranschaulichung oder Beweis und wird der Wirklichkeit unseres Geistes dienstbar gemacht.«[22] Während Dalis Betonung 1930 auf der Nutzbarmachung der Paranoia zur Entwicklung einer visuellen Bildsprache lag (besonders bezogen auf die zu seinem Markenzeichen gewordenen Verdopplungen), bezog er sich doch auch ausführlich auf die Architektur und rechtfertigte insbesondere das Kitsch-Design des Art Nouveau als »die wahre Realisierung materialisierter

13 Vgl. dazu z.B. den unschätzbaren Zeugenbericht von Jean-Michel Mension in: *La Tribu*, Paris 1998, S. 108ff.

14 Guy Debord, *Mémoires* (1958), Paris 1993, o.S.

15 Zum Verhältnis der surrealistischen und situationistischen Stadterkundung vgl. *La vertigine del moderno. Percorsi surrealisti*, Rom 1986, S. 129–145. In Simon Sadler, a.a.O., S. 95–103, wird besonders aufschlussreich dargelegt, was die Situationisten ihren Vorgängern zu verdanken hatten und in welchen Punkten sich beide unterschieden.

16 Guy Debord, »Two Accounts of the Dérive« (1956) (dt. »Zwei Protokolle von Umherschweif-Experimenten«), zit. n. Elisabeth Sussman (Hrsg.), *On the Passage of a Few People Through a Rather Brief Moment in Time*, Cambridge, Mass. und London 1989, S. 137.

17 Ebd.

18 Ebd.

19 Man könnte an dieser Stelle aufzeigen, dass das dérive die Gestalt verschiedener Poetiken der »Verfolgung« annehmen kann. Einerseits, wie im vorliegenden Fall, geht es um die Logik der Jagd mit den sie begleitenden Symptomen von Furcht und Paranoia, andererseits könnte man das dérive auch unter einer Logik der Suche subsumieren, als vergliche man es mit der mittelalterlichen Gralssuche. Zu letzterem Thema vgl. Greil Marcus, *Lipstick Traces* (1989), Hamburg 1992, darin besonders S. 310–313. Es gab noch weitere Deutungsmöglichkeiten, von den Codes geografischer Forschung über die der Soziologie und ihrer Erkundung des urbanen Subjekts bis hin zum literarischen Bild der Stadt als Labyrinth (von de Quincey bis Baudelaire).

20 Salvador Dali, »Der Eselskadaver« (1930), in: Charles Harrison und Paul Wood (Hrsg.), *Kunsttheorie im 20. Jahrhundert. Künstlerschriften, Kunstkritik, Kunstphilosophie, Manifeste, Statements, Interviews*, Ostfildern-Ruit 2003, Bd. 1, S. 591.

21 Guy Debord, »Einführung in eine Kritik der städtischen Geographie« (1955), http://www.geocities.com/wiederaneignung/psych_ge.htm.

22 Salvador Dali, a.a.O., S. 591f.

Wünsche.«[23] Dieser Zustand war somit eine Interpretationsmethode, ein Mittel zur Annäherung an die Außenwelt und zu ihrer Transformation mittels Halluzination, Fälschung und wahnhafter, subjektiver Assoziation. Die Paranoia betraf nicht nur die ästhetischen Felder von Poesie, Malerei oder Plastik, sondern trachtete notwendigerweise danach, die Welt im Großen und Ganzen nach den Wünschen des Subjekts zu verändern. Breton stellte dieselbe Behauptung auf, als er Dalis Interpretation der Art Nouveau-Architektur zitierte und sie mit einer Abhandlung über das »Traumschloss« des Facteur Cheval[24] kombinierte. Beides verkündete er als Modell einer anti-funktionalistischen Architektur, die er der »Rationalität und Kühle« der Bauten Le Corbusiers entgegenhielt.[25]

Debord und seine Gefährten stießen unter Umständen auf die paranoisch-kritische Methode, als sie Anfang der fünfziger Jahre nach Mitteln zur Bekämpfung der Permanenz der Stadt und der von ihr verkörperten sozialen Ordnung suchten – auch wenn sie inzwischen ihrem oben erwähnten Vorreiter wohl außerordentlich ablehnend gegenüber-gestanden haben dürften, der bereits vor längerer Zeit sowohl auf ästhetischem als auch politischem Gebiet zu einem dandyhaften Reaktionär degeneriert war. Selbst zu diesem Zeitpunkt scheinen die Situationisten eine erstaunliche Kenntnis der surrealistischen Schriften aus den Zwischenkriegsjahren besessen zu haben; aber auch ohne diese hatten sie vermutlich über die Paranoia-Kritik in Maurice Nadeaus *Histoire du Surréalisme (Geschichte des Surrealismus)* von 1944 gelesen, ein Schlüsselwerk innerhalb ihres Zirkels, in dem sich die folgende provokante Schilderung jenes psychischen Zustandes findet: »Was Paranoia ist, ist bekannt. Sie ist ein Beziehungswahn, in dem der Kranke systematisch die Welt und sein Ich, dem er eine übersteigerte Bedeutung verleiht, umdeutet. Im Unterschied zu andersartigen Geistesstörungen und Gemütskrankheiten gelingt der Paranoia ein vollkommen geordnetes, in sich klares, zusammenhängendes Wahnsystem. Der Paranoiker erlangt dadurch einen Zustand, in dem er sich allmächtig fühlt, was häufig darüber hinaus zu Größenwahn oder Verfolgungswahn führt. [...] Im paranoischen Wahnsystem treten Halluzinationen auf, werden Erscheinungen der Wirklichkeit wahnhaft mißdeutet (sic!). Der Paranoiker erfreut sich leiblich einer normalen Gesundheit, kennt keinerlei organische Störungen, geistig und seelisch jedoch lebt und handelt er in einer fremdartigen Welt. *Statt sich der vorgefundenen Welt zu fügen, wie das zumeist die ›normalen‹ Leute tun, beherrscht er sie autokratisch, gestaltet sie nach seiner Kaprice* (Hervorhebung des Autors).«[26]

Nadeaus Darstellung der Paranoia (die, wie zu erwähnen ist, geprägt wird von dem den Surrealisten eigenen Verständnis von Jacques Lacans Dissertation aus dem Jahr 1932[27]) enthielt verschiedene Elemente, von denen sich die Situationisten möglicherweise angezogen fühlten: die Hervorhebung einer wahnhaften Interpretation von Erfahrung, die Erhebung des Egos des Subjekts in einen Allmachtszustand (und, daraus folgend, die Möglichkeit von Verfolgungsfantasien wie im oben beschriebenen Ereignis) und schließlich die Weigerung des Paranoiden, sich der Welt zu unterwerfen und sich nach dem Realitätsprinzip zu richten. Stattdessen wolle das Subjekt die Welt und ihre fragwürdigen Erscheinungen beherrschen und sie »nach seinen (sic!) Wünschen« formen. Nadeau zitierte Breton, um diesen Effekt zu präzisieren: »Damit bestätigt sich uns, mit triftigen Belegen und Beweisstücken, aufs neue (sic!) die Allmacht des Begehrens und Wünschens […].«[28]

Diese Phrase ist unverkennbar ein Echo auf Freud selbst oder, um genauer zu sein, auf einen seiner berühmtesten Patienten, den so genannten »Rattenmann«. Der unter einer Zwangsneurose leidende »Rattenmann« prägte den Ausdruck »Allmacht der Gedanken« zur Beschreibung »aller jener sonderbaren und unheimlichen Geschehnisse, die ihn […] zu verfolgen schienen«.[29] Tatsächlich schien eine Art von Zauber die Erfahrungen des Patienten zu umwehen, so dass der bloße Gedanke an einen Bekannten unweigerlich eine kurz darauf stattfindende Begegnung mit diesem zur Folge haben würde oder das beiläufige Verfluchen eines Fremden dessen kurz bevorstehenden Tod. Für dieses Schicksal würde sich der »Rattenmann« selbstverständlich schuldig fühlen. In jedem dieser Fälle zählte die Realität der Erfahrung weniger als die Realität des Gedankens, entsprechend der Erklärung Freuds: »Die Neurotiker leben in einer besonderen Welt, […] nur das intensiv Gedachte, mit Affekt Vorgestellte ist bei ihnen wirksam, dessen Übereinstellung mit der äußeren Realität aber nebensächlich.«[30] Die Neurose brachte eine Flucht vor der Realität in den Aberglauben oder magische Denkprozesse mit sich, die man in dem Glauben ergriff, sie könnten die äußere Wirklichkeit durch die Macht des Gedankens, des Wunsches verändern (für Freud bedeutete die Flucht der neurotischen Patienten in diese »Zauberei« – in Zwangshandlungen oder Schutzformeln – ein Abwehrmittel gegen ihre Schuld an den unbewussten Todeswünschen, die sie gegenüber anderen Menschen um sie herum hegten). Die urbanen Streifzüge der Situationisten scheinen, wie wir sehen

23 Ebd., S. 99–100. Hal Foster behandelt diesen Abschnitt sowie Dalis Interesse an der Art Nouveau im Hinblick auf Walter Benjamins Analyse des Altmodischen, ein Begriff, der im vorliegenden Fall weniger erhellend ist, als der Verfasser erhofft; vgl. dazu sein Buch *Compulsive Beauty*, Cambridge, Mass. und London 1993, S. 182–188.

24 Ferdinand Cheval (1836–1924), von Beruf Briefträger, hatte 1879 mit dem Bau seines privaten Idealschlosses im französischen Hauterives begonnen, bis zu dessen Fertigstellung 34 Jahre vergehen sollten (Anm. d. Ü.).

25 André Breton, »Surrealist Situation of the Object« (1935), in: ders., *Manifestoes of Surrealism*, Ann Arbor 1972, S. 260–262.

26 Maurice Nadeau, *Geschichte des Surrealismus* (1944), Reinbek bei Hamburg 1965, S. 167f.

27 Nadeau schreibt: »Damals erscheint gerade Dr. Lacans Abhandlung über die Paranoia, die Surrealisten interessieren sich sofort lebhaft dafür, Dali sieht seine Anschauungen darin ernsthaft bestätigt.« Vgl. ebd., S. 168.
In *De la psychose paranoïque dans ses rapports avec la personnalité* (dt. *Über die paranoische Psychose in ihren Beziehungen zur Persönlichkeit*, 1932) analysierte Lacan die Paranoia, indem er gerade die Ähnlichkeiten zwischen den Verfolgerfiguren und dem Ich-Ideal des Subjekts erörtert. Vgl. dazu Carolyn J. Dean, *The Self and Its Pleasures*, Ithaca und London 1992, S. 42–48.

28 André Breton, zit. n. Maurice Nadeau, a.a.O., S. 169.

29 Sigmund Freud, »Totem und Tabu« (1913), ders., *Gesammelte Werke*, Frankfurt/Main 1940, Bd. VII, S. 106.

30 Ebd., S. 107.

werden, auf erstaunlich ähnlicher Linie operiert zu haben.[31]

Dies könnte anhand sorgfältiger Analysen des oben zitierten dérive-Berichts mit seiner Kette aus unheimlichen Ereignissen belegt werden (»Es scheint, dass wir den Charakter des »Unheimlichen« solchen Eindrücken verleihen, welche die Allmacht der Gedanken [...] überhaupt bestätigen wollen, während wir uns bereits im Urteil von ihnen abgewendet haben.«[32]). Die paranoische Betrachtung der Stadt allerdings offenbarte sich noch deutlicher in jenen »psychogeografischen« Karten, die Debord gegen Ende der fünfziger Jahre produzierte. Zwei dieser Karten wurden 1957 veröffentlicht (im Gründungsjahr der Situationistischen Internationale), drei weitere entstanden als Einzelwerke,[33] alle jedoch waren Bestandteil seines Programms einer »transformierten Geografie«: »Die Herstellung psychogeographischer Karten oder sogar die Anwendung verschiedener Fälschungen wie etwa eine – mehr oder weniger begründete oder vollkommen willkürliche – Gleichsetzung zweier topographischer Darstellungen können dazu beitragen, bestimmte Ortswechsel zu erklären, die den Charakter nicht gerade der Unmotiviertheit, aber der vollkommenen Nichtbefolgung der gewöhnlichen Anregungen haben. Anregungen dieser Art sind unter dem Begriff des Tourismus verzeichnet, als populäre Droge ebenso widerlich wie Sport oder Kaufkredit.«[34]

Dieser Abschnitt in Debords *Kritik der städtischen Geographie* verweist auf zwei für unsere Erörterung wichtige Tatsachen. Zunächst wird ein ziemlich unmittelbares, wenn auch nur angedeutetes Abstammungsverhältnis zu einer früheren surrealistischen Praxis konstruiert, indem auf das Vertauschen von Karten zweier unterschiedlicher Gegenden verwiesen wird, ein Experiment, das auch des Öfteren von dem belgischen Surrealisten Marcel Mariën durchgeführt worden war. Mariën war auch der Herausgeber der Nachkriegszeitschrift *Lèvres nues [Nackte Lippen]*, in dem Debords Artikel veröffentlicht wurde. In Mariëns *Recherche d'un pays natal [Suche nach einer Heimat]* (1939, Privatsammlung) wurden eine Karte von Europa, die sich von der Küste Liguriens links unten bis zum englischen Kanal rechts oben erstreckte, und der Ausschnitt einer anderen Karte der Schweizer Alpen übereinander gelegt, ergänzt um Elemente, die er aus zwei sentimentalen Drucken von einem Liebespaar im Wald und einer bäuerlichen Rückkehr vom Felde ausgeschnitten hatte. Auf diesem collagierten Plan schien jedes Element zur Desorientierung beizutragen: nicht allein das verwirrende Nebeneinander von disparaten Geografien und Repräsentationsweisen, sondern auch die Täuschung der Orientierung des Betrachters durch eine widersprüchliche Ausrichtung der Karte selbst – Mariën signierte das Werk in einer Ecke, datierte es in einer anderen und fügte den Titel (eventuell erst später) entlang einer dritten Seite des Blattes hinzu. Man ist sich buchstäblich nicht darüber im Klaren, wo oben und unten ist, da auf eine Ausrichtung der Karte mit Hilfe einer standardmäßigen Nord-Süd-Achse als Referenzpunkt entschieden verzichtet wurde zugunsten einer poetischen Geografie zur Aufzeichnung des nicht zu verwirklichenden Traums einer Rückkehr nach Hause, in ein »Heim«, das »eines Tages und am Beginn« unser aller Ur-Heim war.[35] (Es war wiederum Freud, der uns daran erinnerte, dass das Gehen zu »einem symbolischen Ersatz für das Laufen auf dem Körper der Mutter Erde« werden kann, ein Gefühl, das die Deutung von

Recherche d'un pays natal angesichts seiner Entstehung während der historischen Ereignisse von 1939 zweifellos erschwert.[36])

Wenn Debords Karten auch teilweise auf Mariën zurückgehen, so war der zweite in der *Kritik der städtischen Geographie* entwickelte Punkt eben jener entscheidende Wandel von einem poetischen Tonfall zu einer Art Systematisierung der Praxis der Desorientierung. Dies zeichnete sich besonders in der von Debord verwendeten Sprache zur Beschreibung der Herstellung dieser Karten ab, die in der Untersuchung des von den Surrealisten als »das Fabelhafte« Bezeichneten auf durchaus präzise Formeln und ein pseudowissenschaftliches Vokabular zurückgriff. Das galt ebenso für die Erfindung von Neologismen wie »Psychogeografie« zur Beschreibung der zu dokumentierenden besonderen urbanen Topografie. Eigenartigerweise aber bezeichnete Debord die Schöpfung solcher Karten auch als eine »fabrication«, was im Französischen sowohl den Akt des Zusammensetzens wie auch den des Fälschens benennt. Diese Andeutung wurde dadurch bekräftigt, dass er die Karten im Folgenden auch »truquages« (Fälschungen) nannte. Wie Blüten wurden sie unter falschem Vorwand in Umlauf gebracht, und zwar als Teil von Debords Forderung nach einer »in der Absicht einer systematischen Provokation durch Geführte (vorzunehmende) Verbreitung von zahlreichen Vorschlägen mit dem Ziel, aus dem Leben ein globales, leidenschaftlich aufregendes Spiel zu machen, sowie (nach einer) ständige(n) Entwertung

31 Es geht hier nicht darum, einen »Einfluss« Freuds auf den situationistischen Begriff des Umherschweifens zu behaupten, sondern vielmehr um eine strukturelle Parallele zwischen den vom Psychoanalytiker analysierten Neurosen und dem experimentellen Verhalten der Situationisten. In dieser Hinsicht müsste uns allerdings der eingestreute freudianische Unterton in einer wesentlich früheren Schrift von Debord und seinen Kollegen auffallen, besonders bei der Beschreibung der enigmatisch von ihm so genannten »dreidimensionalen Psychologie«, einem Vorläufer seines Begriffs der »Situation«, definiert als »Konditionierung des Betrachters«. Vgl. Guy Debord, »Prolegomenes à tout cinéma futur« (1952), in: Gerard Berreby (Hrsg.), *Documents relatifs à la fondation de l'Internationale Situationniste*, Paris 1985, S. 109. Noch suggestiver wirkt Debords Aneignung des Titels »Totem und Tabu« im Jahr 1953 für seinen kurzen Artikel in der Zeitschrift *Internationale Lettriste*, der andeutet, dass er bereits damals mit Freuds Aufsatz vertraut war; vgl. »Totem et Tabou« (1953), ebd., S. 156.

32 Sigmund Freud, a.a.O., S. 106, Anm. 2.

33 Dabei handelte es sich um die fünf psychogeografischen Karten von Paris, die Debord im Rahmen der Ausstellung *Première exposition de psychogéographie* (2.–26. Februar 1957) neben Werken von Asger Jorn, Yves Klein und Ralph Rumney in der Brüsseler Galerie Taptoë auszustellen vorhatte. Letzten Endes trafen diese Arbeiten nie ein; vgl. dazu Ralph Rumney, *Le Consul*, Paris 1999, S. 47–53.

34 Guy Debord, »Einführung in eine Kritik der städtischen Geographie« (1955), a.a.O.

35 Freuds Aufsatz über das Unheimliche weiter zitierend, fuhr er fort: »›Liebe ist Heimweh‹, behauptet ein Scherzwort, und wenn der Träumer von einer Örtlichkeit oder Landschaft noch im Traume denkt: Das ist mir bekannt, da war ich schon einmal, so darf die Deutung dafür die Genitale oder den Leib der Mutter einsetzen. Das Unheimliche ist also [...] das ehemals Heimische, Altvertraute.« Vgl. Sigmund Freud, »Das Unheimliche« (1919), ders., *Gesammelte Werke*, Frankfurt/Main 1940, Bd. XII, S. 232. Folgt man der von Freud angeführten Redewendung, könnte man Mariëns Karte in »Heimweh ist Liebe« umbenennen.

36 Dies bedeutet, dass die Karte – gerade ein Jahr vor der deutschen Invasion in den Niederlanden entstanden – im Zusammenhang mit allen anderen Karten von Europa gelesen werden muss, die in diesen Jahren die Generalstabsbüros und Zeitungsseiten füllten. In ihrer Suche nach den verlorenen Erquickungen des Körpers der Mutter scheint sie ein »pays natal« oder eine Heimat vorzuschlagen, die frei ist von den für einen Kontinent, der Kriegsvorbereitungen trifft, typischen väterlichen Ermahnungen zur Pflicht gegenüber einem »patrie« oder Vaterland. Und so wird klar, wofür der zentrale Ort, der der neutralen Schweiz zuerkannt wird, stehen mag, dass es sich bei dem ersehnten Land um eines handeln musste, das dem im schicksalhaften Jahr 1939 über die nationalen Grenzen hallenden Ruf zu den Waffen widerstehen würde.

aller gebräuchlichen Unterhaltungen [...]. Allerdings liegt die größte Schwierigkeit eines solchen Unternehmens darin, in diese scheinbar schwärmerischen Vorschläge die ausreichende Menge ›ernsthaften Anreizes‹ zu bringen.«[37]

Die »gebräuchlichen Unterhaltungen« der Stadtbewohner, ihr Verfallensein an die »gewöhnlichen Anregungen« der Stadt determinierte die Gewohnheitsmuster, durch die das urbane Milieu wahrgenommen wurde. Debord zeichnete in seinen psychogeografischen Karten die völlige Gehorsamsverweigerung gegenüber solchen Einflüssen in Form ihrer Abwertung auf – so wie auch eine Flut von Falschgeldnoten den Wert gültiger Geldscheine mindern kann. Die Stadt wurde in Inseln zerteilt, die keiner instrumentellen oder Bebauungslogik gehorchten, sondern der Logik des Begehrens selbst. Ich habe an anderer Stelle darüber geschrieben, wie durch bestimmte »Rhetoriken des Gehens«, um einen Begriff von Michel de Certeau aufzugreifen, die Form dieser Karten sowie das situationistische Erleben der Stadt im Allgemeinen strukturiert wurde.[38] Insbesondere sah ich in ihnen, wiederum de Certeau folgend, das Operieren bestimmter stilistischer Schlüsselfiguren, die man gemeinhin als Synekdoche kennt.[39] Diese Karten bezeichneten eher Komponenten des Urbanen (»unterschiedliche psychische Klimazonen«) als das ganzheitliche Urbane (»eine Stadt«, im Besonderen Paris), so wie im bekannten (Duden-)Beispiel für eine Synekdoche das Wort »Kiel« zur Bezeichnung von »Schiff« verwendet wird. Jede dieser auf der Karte umrissenen Zonen wurde zu einer Welt für sich, zu einer autonom im uniformen Meer der Stadt treibenden Insel. Als Begleiterscheinung störten die zwischen ihnen verbleibenden leeren Flächen die räumliche Kontinuität, die man von einer Karte normalerweise erwartet. Jene Kohärenz wurde allerdings durch kontingentere Verbindungen mittels schematischer Richtungspfeile ersetzt.

Dennoch ist diese trockene strukturelle Logik, nach der die Karte aus einer besonderen Rhetorik des Gehens heraus entstand (insbesondere aus dem heraus, was die Situationisten dérive[40] nannten), selbst inadäquat zur Begründung jener von Debord selbst als »wahnhaftes Angebot« charakterisierten Idee. Anstatt die diese Karten erzeugenden Mechanismen in rhetorischen Figuren zu lokalisieren, sollten wir auf die bei Freud besprochenen Figuren des Unbewussten zurückkommen. Tatsächlich verwies Freud in seiner Erklärung der Allmacht der Gedanken auf die Art und Weise, wie der Animismus des »Primitiven« (der verblüffende Ähnlichkeit mit dem neurotischen Geist hatte) die räumliche Zusammensetzung der phänomenalen Welt zu einer neuen Anordnung veränderte, die einer vollkommen eigenen Logik gehorchte: »Da das Denken keine Entfernungen kennt, das räumlich Entlegenste wie das zeitlich Verschiedenste mit Leichtigkeit in einen Bewusstseinsakt zusammenbringt, wird auch die magische Welt sich telepathisch über die räumliche Distanz hinaussetzen und ehemaligen Zusammenhang wie gegenwärtigen behandeln.«[41]

Der ansteckende Zauber des Animismus, der nach einer allein durch die Kraft des Gedankens erreichten Verwandlung der Welt strebte, verließ sich auf Gestaltungen einer räumlichen Beziehung oder Nachbarschaft, durch die räumlich oder zeitlich weit entfernte Elemente in einem halluzinierenden, deliranten Moment gegenwärtig gemacht werden konnten. In diesem Augenblick, bemerkt Freud, muss »(d)as Spiegelbild der Innenwelt [...] jenes andere Weltbild, das wir zu erkennen glauben, unsichtbar machen.«[42] Aufgabe von Dalis Paranoia-Kritik wie auch des situationistischen dérive war es, diesen halluzinatorischen Zustand herbeizuführen, den Glauben des Zwangsneurotikers an die Allmacht von Gedanken und Wünschen anzunehmen, um für einen Moment die Möglichkeit eines radikalen Wandels in Form einer vollkommen an das Subjekt angepassten Welt zu behaupten. Daraus resultierte bei Dali in den dreißiger Jahren eine Architekturvision, die sich von einem sterilen, maschinenhaften Modernismus à la Le Corbusier u.a. in etwas Weiches, Organisches und Genießbares verwandelte – eine sexualisierte Umwelt aus provokanten und verführerischen Formen.[43] Für Debord bedeutete das 25 Jahre später die Möglichkeit einer Stadtarchitektur, die »sich in eine Kulisse mit künstlichem Stuck, künstlichen Steinen und Trompe-l'œil (verwandelt)« und damit ebenso fragil und entzündlich wird wie ein Bühnenbild, von ihren Benutzern genauso leicht zu verändern. Wie bei der Kinofassade von Alexandria muss diese Verfälschung – die Fälschung der Stadt – dialektisch gefasst werden, da sie einerseits eine gewisse Distanz zur eigentlichen Stadt gewährleistete (die als »niemals ausreichend, niemals befriedigend und in ihrem Übermaß die Enttäuschung nur hervorhebend« angesehen wurde) und gleichzeitig einen Blick auf eine erlösende Zukunft erhaschen ließ, in der die Bewohner der Stadt ihre sich stets wandelnde Form nach eigenen Wünschen bestimmen.

Aber selbstverständlich bedeutete die Vorstellung, dass die psychogeografische Karte nach Freud der unbewussten Logik des Assoziierens von Benachbartem gehorchte, grundsätzlich nichts anderes als die Feststellung, dass sie der rhetorischen Logik der Synekdoche gehorchte, denn die metonymische Qualität der ersten ist nichts weiter als ein Teilaspekt der zweiten.[44] In beiden Fällen wurden mittels Collage heterogene Orte und Zeiten auf der Oberfläche der Karte zusammengeführt. Diese Karten fragmentierten nicht nur die Topografie von Paris, setzten sie neu zusammen und zwangen sie zur Unterwerfung unter den herrischen Willen des Subjekts, sondern sie überlagerten auch andere Orte und Zeiten und erzeugten die Interpolation unterschiedlicher Geografien. So gab Debord beispielsweise dem vielleicht bekanntesten Stadtplan von Paris innerhalb dieser Serie den Titel *The Naked City*, nach dem gleichnamigen amerikanischen Film Noir von 1948.[45] Der in New York spielende Film war berühmt für seine neuartige Verwendung authentischer Außendrehorte und seinen halbdokumentarischen Stil, den die französische Filmkritik damals (der Film kam

37 Guy Debord, »Einführung in eine Kritik der städtischen Geographie« (1955), a.a.O.

38 Vgl. zum Folgenden meinen Aufsatz »Situationist Space«, in: *October*, Nr. 67, Winter 1994, S. 64–65.

39 Michel de Certeau, *Kunst des Handelns* (1980), Berlin 1988, S. 194ff.

40 Eine Darstellung dieser Strategie findet sich in Guy Debord, »Theorie des Umherschweifens« (1958), *Kunsttheorie im 20. Jahrhundert*, a.a.O., S. 848ff.; eine Beschreibung des Umherschweifens als eine »räumliche Praxis« findet sich bei Tom McDonough, a.a.O.

41 Sigmund Freud, »Totem und Tabu«, S. 105.

42 Ebd.

43 Vgl. Salvador Dali, »De la beauté terrifiante et comestible de l'architecture ›modern‹ style«, in: *Minotaure*, Nr. 3–4 (1933), S. 69–76.

44 Zur Metonymie als Typus einer Synekdoche vgl. Tzvetan Todorov, »Synecdoques«, in: *Communications*, Nr. 16 (1970), bes. S. 30f. Lacan postulierte als erster in seinem berühmten Seminar über Poes »Entwendeten Brief« die metaphorischen und metonymischen Qualitäten unbewusster Prozesse.

45 *The Naked City* (Jules Dassin, 1948). Der Bezug zu Dassin war 1957, dem Erscheinungsjahr der Karte, hoch aktuell: Der Regisseur hatte bereits 1955 und 1957 Preise bei den Filmfestspielen in Cannes gewonnen.

1949 als *La Cité sans voile* in die Kinos) als amerikanische Weiterführung des italienischen Neorealismus bezeichnete.[46] Man war sich allgemein darüber einig, dass der Wert dieses Films nicht in seiner Geschichte (einem eher konventionellen Polizeidrama) lag, sondern in seiner Darstellung einer »echten Scheibe vom Alltag (la vie quotidienne) in der größten Stadt der Welt [...]: die wimmelnde Stadt, ihr Lärm, ihre Menschen, ihre Aufregung«[47] – mit anderen Worten also in der Schaffung eines metonymischen Fragments der Stadt New York, der Straße und ihrer Aktivitäten, die als pars pro toto stehen. Bei Debords psychogeografischem Paris auf der Karte *The Naked City* überlagert New York und seine Gangsterunterwelt die vertrautere Topografie der französischen Hauptstadt, so dass etwas erzeugt wird, das man als kartografisches Doppelbild der Orientierungslosigkeit beschreiben könnte.

»Angst wird Delirium und Obsession«, und die Kartografie, in den Händen von Debord und seinen situationistischen Gefährten, könnte eine paranoisch-kritische Angriffsstrategie gegen die städtische Wirklichkeit im Nachkriegs-Paris werden. Diese in den Zwischenkriegs-Praktiken der Surrealisten verwurzelte Psychogeografie der modernen Stadt war allerdings nicht nur eine Waffe der Kritik, sondern auch der utopische Vorschlag eines »großen Spiels«,[48] das für die Situationisten der kollektiv organisierte Raum der revolutionären Stadt sein würde. Zu diesem Bekenntnis einer doppelten Verfügung konnte sich der späte Debord, der sich einem alles verzehrenden Weltschmerz hingegeben hatte, nicht mehr durchringen. In seiner letzten Stellungnahme, der »Dokumentation« über seine Kunst und Zeit aus dem Jahr 1994, war von der Stadt-als-Kulisse nichts geblieben als ein Bild des durchdringenden Verlustes der Realität angesichts einer Kultur des »integrierten Spektakulären«, die er für die systematische Verfälschung der modernen Erfahrung verantwortlich machte. Doch trotz dieser späteren pessimistischen Ablehnung der Stadt als wahrhaftigem Ort, an dem Geschichte geschrieben werden könnte, behalten diese Karten ihre Suggestion: Auch wir hoffen vielleicht, durch Hervorzaubern der Allmacht des Wunsches das zu entdecken, was die Situationisten mit Thomas de Quincey als »die Nordwestpassage« bezeichneten, nämlich einen Fluchtweg zur Umgehung dieses modernen Paris, das die Arbeiter des 19. Jahrhunderts, die durch die Haussmannisierung aus dem Stadtzentrum vertrieben worden waren, vorausschauend schon die »Neue Welt« nannten.

46 »*The Naked City* macht die andere Seite des Atlantiks mit einer im Film dort bislang unbekannten Form vertraut, deren Ursprung sich auf die italienische Neorealistenschule von Rossellini bis Vittorio de Sica zurückführen lässt.« Jean-Pierre Vivet, Kritiker bei *Combat* (1949), zit. n. Fabien Siclier und Jacques Levy, *Jules Dassin*, Paris 1986, S. 18. Im selben Jahr würdigte André Bazin in *Le Parisien libéré* den Film mit ähnlichen Worten für seinen Realismus. Vgl. sein Zitat in ebd.

47 René Thévenet, Kritiker bei *L'Écran français* (1949), zit. n. *L'Encyclopédie Roger Boussinet du cinéma*, Vol. N–Z, Paris 1989, S. 1221.

48 Guy Debord, »Theorie des Umherschweifens« (1958), *Kunsttheorie im 20. Jahrhundert*, a.a.O., S. 848.

Delirious Paris. Mapping as a Paranoiac-Critical Activity

Tom McDonough

Guy Debord, son art et son temps [Guy Debord, His Art and His Time], »an anti-televisual documentary«[1] completed in 1994 with the director Brigitte Cornand and screened on the French cable channel Canal+ soon after its author-subject's suicide, was, among other things, a mapping of the contemporary landscape of the European city. Repeated images of suburban housing projects outside of Paris collapsing into clouds of dust and piles of rubble marked the societal failure of the postwar welfare state and its long-maintained promises of well-being through an architectural program of »Existenzminimum.« This concerted demolition in the urban periphery was matched by a less obvious agenda of destruction in the city center – a destruction that was not so much architectural as social, consisting of the systematic gentrification and »museumification« of the urban core. This was represented in the film by a long traveling shot down the river Seine, through the very historic heart of the city; as the camera pulled back, the scene was revealed as a movie set, a trompe l'œil in full scale recreating Paris in meticulous yet utterly falsified detail, a Potemkin city of lying facades. Here was the »assassination of Paris,«[2] as presented metaphorically by the analyst of the *Society of the Spectacle*, the author who – twenty-seven years earlier – had already written of how »human circulation considered as something to be consumed – tourism – is a by-product of the circulation of commodities; basically, tourism is the chance to go and see what has been made trite. The economic management of travel to different places suffices in itself to ensure those places' interchangeability. The same modernization that has deprived travel of its temporal aspect has likewise deprived it of the reality of space.«[3] The insights of this passage were translated into the profoundly melancholic (not to say pessimistic) vision of Debord's later work in the 1994 film, in which any residual »reality of space« was understood to have been at last abolished in favor of an image of that space, a simulacrum of the city, its people and its history.

Throughout his life Debord returned again and again to the image of the city, seeing in it both the primary locus of late-capitalist exploitation and the potential site of revolutionary liberation from the confines of spectacle-culture. The map of the city – in all its various forms – was perhaps the central locus of this thought. Mapping, we have long realized, is not merely the instantiation of a form of knowledge but is simultaneously the inscription of a set of power relations.[4] It constitutes a text whose author is most generally anonymous and omniscient, and whose readers are provided with a type of visual and cognitive access to the territory depicted that translates into a fantasy of its control. It images the city as a kind of permanence and depicts its contingent social relations as given and entirely natural, producing a simulacrum of a space that does not exist. Yet if the map is a text, then, necessarily, its codes may be subject to distortion, disruption and critique; this was the program deliberately enunciated by Debord and his colleagues at the moment they were formulating the program of the Situationist International. The city as a site of revolutionary energies and transformative potential would be explored through a systematic program of mapping – through the critique of dominant images of urban form and their appropriation and mutation into new diagrams representing a utopian vision of the city as supremely open to change, as a sensitive register of the desires of its inhabitants.

This critical program can be exemplified, curiously, with an illustration – printed in the journal of the Situationist International in 1961 to accompany an article on the »critique of urbanism« – that appears as a presage of the 1994 telefilm. There too it was a matter of trompe l'œil architecture, of the false fronts of the Hollywood spectacle. Under a photograph showing an array of Roman civic buildings set around a harbor, a caption read: »The setting and its use: Four historians and several hundred million francs, it is said, were employed this year to rebuild a part of the city of Alexandria on an English heath – so that, however, Elizabeth Taylor could play Cleopatra there. The actress being ill, the film could not be shot, nor was there anything else to do with the site. In the end, Alexandria was surrendered to the flames.«[5]

On one hand the point of this illustration would appear to be quite clear: like the movie-set Paris of *Guy Debord, son art et son temps*, it was a condemnation of the falsehoods of city-planning and of the city-as-spectacle. It could, for example, be described as a visual demonstration of the point made below it in the text, that »all the discourses on urbanism are lies, just as obviously as the space organized by urbanism is the very space of the social lie and of entrenched exploitation.«[6] This displaced Alexandria was a commentary on the wasted resources of advanced capitalism, that might build such an extravagant fantasy only to allow

1 As described in the Parisian daily *Libération*. For an account of the making of this work, see Hélène Hazera, »Les dernières projections de Guy Debord,« in *Libération*, 9 January 1995, p. 34. Reviews included Olivier Seguret, »Un film antitélévisuel,« in *Libération*, 9 January 1995, p. 34; and Jean-Louis Perrier, »Le spectacle anéanti par lui-même,« in *Le Monde*, 9 January 1995, p. 2.

2 To paraphrase the title of Louis Chevalier's 1977 book on the progress of urban »renewal« in this city, a book deeply appreciated by Debord; see Louis Chevalier, *The Assassination of Paris*, trans. David P. Jordan (Chicago and London, 1994). The latter's former publishing house, Éditions Ivrea, would reissue Chevalier's text in 1997.

3 Guy Debord, *The Society of the Spectacle* (1967), trans. Donald Nicholson-Smith (New York, 1994), p. 120.

4 For a basic introduction to this topic, which has the advantage of having been written by a professional geographer, see Denis Wood, *The Power of Maps* (New York, 1992).

5 »Editorial Notes: Critique of Urbanism« (1961), trans. John Shepley, in *October*, no. 79 (Winter 1997), p. 118 (translation modified).

6 Ibid., p. 119 (translation modified).

it to be consumed by fire without ever having served its meager purpose of cinematic entertainment. On the other hand, however, the editors of the *Internationale Situationniste* seem to have posed this photograph as a rejoinder to one of near identical size and format found two pages back in the same article; that image, of the new town of Mourenx (built to house the workers of the new industries of nearby Lacq), depicted the monotonous towers and slabs that by the early '60s had come to dominate official French architectural production in the so-called »grandes ensembles.« Minister of Construction Pierre Sudreau had launched a policy developing such self-sufficient suburbs in the mid-'60s, each to be provided with its own shopping-centers, »lycées,« theaters and other communal facilities, but almost immediately they had been subject to heavy criticism for their ugliness; for the lack of social and cultural equipment, of transportation, and of local industries; and lastly for the unhappy and empty lives of their inhabitants.[7] Seen in this context, the image of the Alexandria set was opened to a rather more redemptive reading: degraded though its projected use was (constructed, after all, only »so that ... Elizabeth Taylor could play Cleopatra there«), one might nevertheless admire precisely the extravagance of the gesture, the astronomical sums expended in the useless rebuilding of this ancient city. Even its destruction was appropriate – like the celebrated potlatch of the indigenous tribes of the Northwest Pacific Coast, the movie set »was surrendered to the flames« in a final celebration of the ephemeral and transient quality of all possessions.

If the 1994 television film could envision architectural transience only in negative terms, as an integral component of a world in which – as Debord described it in his 1989 memoir – »so many things have changed at the astounding speed of catastrophes,«[8] that same impermanence had at an earlier moment been understood, dialectically, to contain a utopian promise. It is worth recalling that, in the early years of the Lettrist International, Debord and his colleagues had extolled a variety of simulacral and trompe l'œil architectures as critical alternatives to a reigning postwar functionalism. As far back as 1953, Ivan Chtcheglov had cited Monaco and Las Vegas as places »set aside for the freedom of play« and as models for the future experimental city, even if in these cases the sovereign play in question was merely gambling.[9] Even more appropriately, several articles approvingly mentioned Ludwig II of Bavaria, the later 19th-century monarch who had commissioned the wild Wagnerian fantasy of Neuschwanstein, a medieval castle that occupies a dramatic mountain site. As with the later commentary on the recreation of ancient Alexandria, this project was lauded not for its particular architectural merit or its political motivations, but for the sovereign quality of its inspiration and realization: Ludwig »erected at great expense a few delirious artificial castles in the forested mountains of his kingdom ... The underground river that was his theater or the plaster statues in his gardens draw attention to this ›absolutist‹ enterprise, and its drama.«[10] In all of these cases, these artificial buildings – the kitsch architectures of Las Vegas or Neuschwanstein – were seen as foreshadowing the future integral construction of an emancipatory setting for human life, of what the group around Debord came to call »situations.«

The absolutism and delirium of these structures appealed to the Situationists, bored as they were in the city of the 1950s with its cramped perspectives and stifling permanence. Yet short of the means to erect their own architectural fantasies, their only recourse would be to reimagine the urban world around them; this was, to a significant degree, the program of the activity they called dérive, defined as »a passion-filled uprooting [dépaysement passionel] through the hurried change of environments.«[11] Dérive, the art of losing oneself in the city, was not simply a physical journey but a psychic one as well, a mid-century attempt – in the great French modernist tradition – to escape »anywhere out of the world.«[12] On the most straightforward level this could be achieved by means of intoxication, and without a doubt many early dérives were fueled by copious amounts of alcohol and, at times, other more illicit narcotics.[13] Yet this intoxication was never an end in itself, at least for Debord; it was simply a mechanism to achieve the desired state of delirium, to reach the point at which the known city would be eclipsed by the unknown, by a subject that might make its own absolutist demands on urban space. Although this exploration was undertaken in a ludic spirit and as an assertion of that »freedom of play« Chtcheglov had described, it was a singularly serious kind of play, and one whose outcomes may not always have been pleasant. On one page of Debord's 1958 collage memoir of his early years in Paris (made with his Danish colleague Asger Jorn), a fragmented map of Paris that seems to record the paths of various »dérives« was captioned with, among others, the following phrase: »Fear becomes delirium and obsession, all of architecture is transformed into a stage-set, with its false marble, false stones, and trompe l'œil, never sufficient, never satisfactory, its very overabundance accentuating the disappointment.«[14]

Fear becoming delirium and obsession was a notably Surrealist sentiment, and indeed the few accounts we have of Situationist drifts through the city bear more than a passing resemblance to passages in André Breton's or Louis Aragon's interwar novels of wandering the streets of Paris; like the latter, many Situationist explorations of the urban labyrinth featured uncanny encounters with

7 For a brief synthesis of this history, see John Ardagh, *The New French Revolution* (New York and Evanston, 1968). Mourenx, located approximately fifteen miles west of Pau in the Pyrenees, was the subject of research at this time by Henri Lefebvre; see Kristin Ross, »Lefebvre on the Situationists: An Interview,« in *October*, no. 79 (Winter 1997), pp. 76–77.

8 Guy Debord, *Panegyric* (1989), trans. James Brook (London, 1991), p. 6.

9 Gilles Ivain (Ivan Chtcheglov), »Formulary for a New Urbanism« (1953), in *Situationist International Anthology*, ed. and trans. Ken Knabb (Berkeley, 1981), p. 4 (translation modified).

10 »Next Planet« (1954), in *Theory of the Dérive and Other Situationist Writings on the City*, Libero Andreotti and Xavier Costa (eds.) (Barcelona, 1996), p. 43 (translation modified). See also Guy Debord, »Exercise in Psychogeography« (1954), in ibid., p. 42; and »Architecture and Play« (1955), in ibid., p. 53, for other comments on Ludwig II. A gloss on the Situationist interest in this figure may be found in Simon Sadler, *The Situationist City* (Cambridge, Mass. and London, 1998), pp. 110–116.

11 Guy Debord, »Report on the Construction of Situations and on the International Situationist Tendency's Conditions of Organization and Action« (excerpts, June 1957), in *Situationist International Anthology*, p. 24 (translation modified).

12 As Charles Baudelaire famously phrased it in his prose poem of the same title; see his »Anywhere Out of the World,« in *Paris Spleen* (1869), trans. Louise Varèse (New York, 1970), pp. 99–100.

13 See, for example, the invaluable testimony provided by Jean-Michel Mension in *La Tribu* (Paris, 1998), pp. 108–111.

14 Guy Debord, *Mémoires* (1958) (Paris, 1993), n.p.

strangers who seem to hold the keys to unlocking the city's mysteries.[15] Most striking in this regard were the events of an extended dérive that took place around the turn of the New Year, 1953. On the last day of this dérive, 2 January 1954, Debord and Chtcheglov entered a bar on the rue Vieille-du-Temple, in what remained of the city's Jewish quarter, where they had an enigmatic encounter with a Yiddish-speaking man. Puzzled by the hostile atmosphere, they left, only to find as they were crossing the Seine to the Ile de la Cité that two men from the bar were following them, »in the tradition of the gangster film.«[16] There then ensued a rather fantastic episode of pursuit and evasion, ending only when the two Situationists lost their mysterious adversaries by ducking into the (in this case aptly-named) Samaritaine department store, exiting onto the Rue de Rivoli and quickly catching the Métro at the Louvre station. The hallucinatory quality of this event, beginning with an incomprehensible message offered in a bar (conveyed »in tones at times convincing and at times menacing yet without deliberate aggressivity« by an anonymous interlocutor who did not imagine that his listeners »might not be understanding a thing«[17]) and concluding with a chase through the streets of central Paris (»... they notice that the two men have once again begun to follow them and it seems that a car on the Pont-Neuf ... has apparently joined in the pursuit«[18]), signaled a rather delirious, obsessive reading of the random events and encounters of the street. Spurred by intoxication, Debord and Chtcheglov indulged in a paranoid fantasy of the chase that transformed the workaday city into a scene from an exotic American gangster film.[19]

What we seem to be dealing with in this and other episodes of dérive is a deliberately-induced form of paranoia, one that can only remind us of Salvador Dali's critical program of 1930: »to systematize confusion and thus to help to discredit completely the world of reality.«[20] Indeed that part of dérive dedicated »to atheism, to oblivion and to the disorientation of customary routines,«[21] to in other words restoring passion to the deadening city of function and habit, owed much to Dali's earlier interest in paranoia and his annexing of this state to the array of Surrealist techniques. Its value lay precisely in the doubt thereby cast on »the world of reality« and in the possibility of subsuming the latter to the subject's absolutist desires; reality could become little more than the trompe l'œil upon which the subject projected his or her hopes and passions: »Paranoia uses the external world in order to assert its dominating idea and has the disturbing characteristic of making others accept this idea's reality. The reality of the external world is used for illustration and proof, and so comes to serve the reality of our mind.«[22]

If Dali's emphasis in 1930 was on utilizing paranoia as a tool to develop visual imagery (in particular, what would become his signature double images), he did also make extended reference to architecture, specifically offering an apologia for the kitsch designs of Art Nouveau as »the true realization in themselves of desires grown solid.«[23] This state was thus also an interpretive method, a means of approaching the external world and transforming it through hallucination, falsification and delirious, subjective association. Paranoia need not be applied only to the aesthetic realms of poetry, painting or sculpture, but necessarily sought to alter the world at large according to the subject's desires. Breton asserted as much when he cited Dali's reading of Art Nouveau architecture and coupled it with a discussion of the »ideal palace« of the facteur Cheval[24], posing both as models for a counter-functional architecture that might respond to the »rationality and coldness« of Le Corbusier's buildings.[25]

Debord and his colleagues might have found the paranoiac-critical method of interest as they searched, in the early 1950s, for means to challenge the permanence of the city and the particular social organization it embodied – even if they would have been utterly dismissive of its practitioner, who long before had descended into a dandyish reaction on both the aesthetic and political levels. Even at this early date the Situationists seem to have had a rather extensive knowledge of the archive of interwar Surrealist texts; even without the latter, they could have read of paranoiac-criticism in Maurice Nadeau's 1944 *Histoire du Surréalisme [History of Surrealism]*, a key volume in their circle, where they would find the following provocative description of the psychic state in question: »Paranoia, as we know, is delirious interpretation of the world and of the ego, which is given an exaggerated importance. But what distinguishes this disease from other forms of delirium is a perfect and coherent systematization, the accession of a state of omnipotence which often leads the sufferer, moreover, to megalomania or persecution mania. ... [It] is accompanied by hallucinations, delirious interpretations of real phenomena. The paranoiac enjoys normal physical health, suffers from no organic disturbance, and yet lives and functions in an alien world. *Far from submitting to this world like most »normal« people, he dominates it, molds it according to his desires [emphasis of the autor].*«[26]

Nadeau's account of paranoia (cribbed, we might note, from the Surrealists' own understanding of Jacques Lacan's doctoral

15 On the relation of Surrealist and Situationist explorations of the city, see Mirella Bandini, *La vertigine del moderno. Percorsi surrealisti* (Rome, 1986), pp. 129–145. Simon Sadler, op. cit., pp. 95–103, is particularly insightful in tracing the Situationist debt to their precursors as well as in outlining the grounds upon which they differed.

16 Guy Debord, »Two Accounts of the Dérive« (1956), trans. Thomas Y. Levin, in *On the Passage of a Few People Through a Rather Brief Moment in Time*, Elisabeth Sussman (ed.) (Cambridge, Mass., London and Boston, 1989), p. 137.

17 Ibid.

18 Ibid.

19 We might indicate here that the dérive could assume the guise of various poetics of »pursuit«: on one hand, as here, it was the logic of the chase, with its concomitant fear and paranoia; on the other hand, the »dérive« could also be subsumed under the logic of the quest, as when it was compared with the medieval search for the Holy Grail. On the latter, see Greil Marcus, *Lipstick Traces* (Cambridge, Mass., 1989), especially pp. 361–364. Other possibilities existed as well, from the codes of geographical exploration, to those of sociology and its search for the urban subject, to the literary trope of the city as labyrinth (from de Quincey to Baudelaire).

20 Salvador Dali, »The Stinking Ass« (1930), trans. J. Bronowski, in Lucy R. Lippard (ed.), *Surrealists on Art*, (Englewood Cliffs, N.J., 1970), p. 97.

21 Guy Debord, »Introduction to a Critique of Urban Geography« (1955), in *Situationist International Anthology*, p. 5 (translation modified).

22 Salvador Dali, op. cit., p. 98.

23 Ibid., pp. 99–100. Hal Foster discusses this passage and Dali's interest in Art Nouveau in terms of Walter Benjamin's analysis of the outmoded, a concept that may not in this case shed as much light as the author hopes; see his *Compulsive Beauty*, (Cambridge, Mass. and London, 1993), pp. 182–188.

24 Ferdinand Cheval (1836–1924), a postman, began building his Palais Idéal in Hauterives, France, in 1879, finishing it 34 years later (note by translater).

25 André Breton, »Surrealist Situation of the Object« (1935), in *Manifestoes of Surrealism*, trans. Richard Seaver and Helen R. Lane (Ann Arbor, 1972), pp. 260–262.

26 Maurice Nadeau, *The History of Surrealism* [1944], trans. Richard Howard (Cambridge, Mass., 1989), pp. 183–184.

thesis of 1932[27]) contained several elements that might appeal to the Situationists: its emphasis on a delirious interpretation of experience; the inflation of the subject's ego to a state of omnipotence (and, as a corollary, the possibility of fantasies of persecution, as in the encounters described above); and lastly, the refusal of the paranoiac to submit to the world, to adhere to the reality principle. Instead the subject would dominate the world and its suspect appearances, would mold them »according to his [sic] desires.« Nadeau quoted Breton to precisely this effect: »We find ourselves in the presence of a new assertion, with formal proofs in support of the omnipotence of desire ...«[28]

How not to hear in that phrase an echo of Freud himself? Or, to be more exact, of one of his most famous patients, the so-called »Rat Man?« Suffering from an obsessional neurosis, the »Rat Man« would coin the phrase »omnipotence of thoughts« to describe, as Freud explained, »all the strange and uncanny events by which he ... seemed to be pursued.«[29] Indeed a kind of magic seemed to govern the patient's experiences, so that the mere thought of an acquaintance would inevitably be followed by his meeting that very person soon afterward, or casually cursing at a stranger on the street who had jostled him would lead to the fellow's imminent death, a fate for which the »Rat Man« would of course feel responsible. In each of these instances the reality of experience counted less than the reality of thought, to the extent that Freud claimed »neurotics live in a world apart, where ... they are only affected by what is thought with intensity and pictured with emotion, whereas agreement with external reality is a matter of no importance.«[30] Neurosis entailed a flight from reality into superstition or magical thought-processes, adopted in the belief that they might alter external reality through the power of thought, of desire. (For Freud the recourse to this »magic« – to obsessive acts or protective formulas – on the part of neurotic patients was a means of staving off guilt over their unconscious death-wishes against others around them.) The urban wanderings of the Situationists, as we shall see, appear to have operated along strikingly similar lines.[31]

This could be established through close analysis of the account of dérive previously cited, with its train of uncanny events (»we appear to attribute an ›uncanny‹ quality to impressions that seek to confirm the omnipotence of thoughts,« Freud noted, »after we have reached a stage at which, in our judgment, we have abandoned such beliefs.«[32]), but the paranoiac vision of the city was even more apparent in those »psychogeographic« maps produced by Debord toward the end of the '50s. Two such maps were published in 1957 (the founding year of the Situationist International) and three others existed as unique works,[33] all part of his program of »a transformed cartography«: »The forging of psychogeographic maps, and even various impostures like correlating (with little justification or even completely arbitrarily) two topographical representations, can contribute to illuminating certain displacements of a nature indeed not so much gratuitous but utterly insubordinate to usual attractions – attractions of this order being catalogued under the term tourism, that popular drug as repugnant as sports or purchasing on credit.«[34]

This passage from Debord's *Critique of Urban Geography* raises two important issues for our discussion. First is the rather direct, if implicit, filiation it established to earlier Surrealist practices through the reference to interchanging maps of two different regions, an exercise repeatedly undertaken by the Belgian Surrealist Marcel Mariën, editor of the postwar journal *Lèvres nues [Naked Lips]* in which Debord's article was published. The former's *Recherche d'un pays natal [Search for a Native Land]* (1939, private collection) overlay one map of Europe, stretching from the Ligurian coast at lower left to the English Channel at upper right, with a fragment of another representing the Swiss Alps, and completed the whole with elements cut from two sentimental prints of lovers in a forest and of a homecoming to some rural retreat. In this collaged map, everything appeared to contribute to disorientation: not only the confusing juxtaposition of disparate geographies and modes of representation, but also the confounding of the viewer's proper bearings by providing contradictory indications of the map's own orientation – Mariën signed the work in one corner, dated it in another, and (perhaps later) added the title along a third edge of the sheet. We remain literally unsure of which way is up, the alignment of the map with a standard north-south axis having been definitively abandoned as a reference point in favor of a poetic geography recording the impossible dream of a return to a native land, a »Heim« that was »once upon a time and in the beginning« the primordial home of us all.[35] (It was Freud once again who reminded us that walking might become »a symbolic substitute for treading upon the body of mother earth,« a sentiment that undoubtedly complicates our reading of the *Recherche*

27 Nadeau mentions that »Dr. Lacan's thesis, published at this time, greatly interested the Surrealists and provided serious confirmation of Dali's position«; see ibid., p. 184. Lacan's *De la psychose paranoïaque dans ses rapports avec la personnalité [On Paranoia and Its Relationship to Personality]* (1932) analyzed paranoia by, significantly, discussing the similarities between the persecutory figures and the subject's ego-ideal. See Carolyn J. Dean, *The Self and Its Pleasures* (Ithaca and London, 1992), pp. 42–48.

28 André Breton, quoted in Maurice Nadeau, op. cit., p. 184.

29 Sigmund Freud, »Totem and Taboo« (1913), in *The Standard Edition of the Complete Psychological Works of Sigmund Freud*, Vol. 13, ed. and trans. James Strachey (London, 1955), pp. 85–86.

30 Ibid., p. 86.

31 It is not a question here of asserting a Freudian »influence« on the Situationist thought of dérive, but rather of claiming a structural parallelism between the obsessional neuroses analyzed by the psychoanalyst and the experimental comportment of the Situationists. That said, however, we might note the scattered Freudian undertones of much early writing by Debord and his colleagues, notably in what the former enigmatically called »three-dimensional psychology,« a precursor to his notion of the »situation« defined as »a conditioning of the spectator«; see Guy Debord, »Prolegomenes à tout cinéma futur« (1952), in *Documents relatifs à la fondation de l'Internationale situationniste*, Gerard Berreby (ed.) (Paris, 1985), p. 109. Even more suggestive is Debord's appropriation in 1953 of »Totem and Taboo« as the title of a brief article for the journal *Internationale Lettriste*, implying that by this date he was familiar with Freud's text; see his »Totem et Tabou« (1953), in ibid., p. 156.

32 Sigmund Freud, op.cit., p. 86, n2.

33 These were the five psychogeographic maps of Paris that Debord planned to exhibit at the Galerie Taptoë, Brussels, in the *Première exposition de psychogéographie* (2–26 February 1957) alongside works by Asger Jorn, Yves Klein and Ralph Rumney. In the end, these works never arrived; see Ralph Rumney, *Le Consul* (Paris, 1999), pp. 47–53.

34 Guy Debord, »Introduction to a Critique of Urban Geography« (1955), in *Situationist International Anthology*, p. 7 (translation modified).

35 To quote Freud's essay on the uncanny; he continued: »There is a joking saying that ›Love is home-sickness‹; and whenever a man dreams of a place or a country and says to himself, while he is still dreaming: ›This place is familiar to me, I've been here before,‹ we may interpret the place as being his mother's genitals or her body. In this case ..., then, the ›unheimlich‹ is what was once ›heimisch,‹ familiar.« See Sigmund Freud, »The ›Uncanny‹« (1919), in *The Standard Edition*, Vol. 17, ed. and trans. James Strachey (London, 1955), p. 245. Following the saying quoted by Freud, we might retitle Mariën's map »Homesickness is love.«

d'un pays natal in light of its production during the historical conjuncture of 1939.[36])

If Debord's maps owe a debt to those of Mariën, the second point established by his was precisely the crucial change in their tone from one of poetry to a kind of systematization of the practice of disorientation. This was clear in the very language Debord used to describe the production of these maps, with its rather precise formulas for discovering what the Surrealists had called »the marvelous,« and its pseudoscientific vocabulary, including the invention of neologisms like »psychogeography« to account for the particular urban topography they sought to document. Yet curiously Debord also discussed the creation of these maps as a »fabrication,« a French term that would convey a sense of having been both assembled but also counterfeited, a suggestion confirmed by his further description of them as »truquages« – »fakes.« Like false money, these maps were put into circulation under assumed pretenses; they were part of Debord's call for »the spread, with an aim of systematic provocation, of a host of proposals tending to make of life an integral, thrilling game, and the unceasing depreciation of all customary amusements ... It is true that the greatest difficulty in such an undertaking is to pass on with these apparently delirious proposals a sufficient quantity of ›genuine seduction.‹«[37]

City-dwellers' »customary amusements,« their yielding to the city's »usual attractions,« determined the habitual patterns through which they negotiated the urban milieu; Debord's psychogeographic maps registered the complete insubordination of such influences – depreciating them just as a flood of counterfeit bills might bring down the value of legal notes – by fragmenting the city into islands whose logic was not one of instrumental function or zoning, but of desire itself. I have written elsewhere of the way certain »walking rhetorics,« to use the term adopted by Michel de Certeau, structured the form of these maps and the Situationist experience of the city more generally.[38] Specifically, again following de Certeau, I saw in them the operation of certain key stylistic figures, above all that known as synecdoche.[39] These maps named components of the urban (»zones of distinct psychic climates«) rather than the whole (»a city,« Paris in particular), just as in the famous example of synecdoche the word »sail« might be used to designate »boat.« Each of the zones delimited on the map became a world unto itself, an island floating autonomously in the uniform sea of the city. Concomitantly the blank areas remaining between these islands disturbed the spatial continuity one normally expected from a map, replacing that coherence with the more contingent linkages of schematic directional arrows.

Yet this rather dry structural logic, by which the map was generated out of a particular rhetoric of walking (specifically, out of what the Situationists called dérive[40]), is itself inadequate to account for what Debord himself characterized as a »delirious proposal.« Rather than locating the mechanism producing these maps in rhetorical figures, we might return to the figures of the unconscious as discussed by Freud. Indeed, in explaining the omnipotence of thoughts, Freud noted the way in which the animism of »primitive man« (which bore striking similarities to the neurotic mind) altered the spatial arrangements of the phenomenal world into a new configuration that obeyed a logic all its own: »Since distance is of no importance in thinking – since what lies furthest apart both in time and space can without difficulty be comprehended in a single act of consciousness – so, too, the world of magic has a telepathic disregard for spacial [sic] distance and treats past situations as though they were present.«[41]

The contagious magic of animism, which sought to transform the world through the power of thought alone, relied on figures of spatial connection or contiguity through which elements of the distant in space or in time might be made present in a hallucinatory, delirious moment. At that juncture, Freud noted, »the reflection of the internal world is bound to blot out the other picture of the world – the one which we seem to perceive.«[42] It was the task of Dali's paranoiac-criticism and of Situationist dérive alike to induce that hallucinatory state, to adopt the obsessional neurotic's belief in the omnipotence of thoughts and desires, in order to momentarily assert the possibility of radical change in the form of a world fully accommodated to the subject. For Dali in the 1930s this had entailed a vision of architecture transformed from the sterile, machinic modernism of Le Corbusier et al. into something soft, organic and edible – a sexualized environment of provocative and seductive forms.[43] For Debord twenty-five years later it meant the possibility of the architecture of the city being »transformed into a stage set, with its false marble, false stones and trompe l'œil,« becoming that is as fragile and flammable as stage decoration and as easily changed by its users. As with the movie-set Alexandria, this falsification – the counterfeiting of the city – must be grasped dialectically, for it both allowed one a certain distance from the actual city (seeing it as »never sufficient, never satisfactory, its very overabundance accentuating the disappointment«) and at the same time permitted a glimpse of a redemptive future (when the inhabitants of the city themselves will determine its form, ever mutable, according to their desires).

But of course to claim that the psychogeographic map, following Freud, obeyed the unconscious logic of associations of contiguity is at its base no different than claiming that it obeys the rhetorical logic of synecdoche, since the metonymic quality of the former is nothing more than a subset of the

36 That is to say, this map – produced no more than one year prior to Germany's invasion of the Netherlands – needs to be read against all the other maps of Europe filling general staff offices and the pages of newspapers in these years; in its search for the lost comforts of the mother's body, it seems to propose a »pays natal« or »Heim« free from the paternalistic calls to duty on behalf of »patrie« or »Vaterland« characteristic of a continent preparing for war. And, we might note, the relatively central place accorded to neutral Switzerland might be considered an indication that the land searched for would be one that refused the militaristic calls to arms echoing across national borders in the fateful year of 1939.

37 Guy Debord, »Introduction to a Critique of Urban Geography« (1955), in *Situationist International Anthology*, p. 6 (translation modified).

38 For what follows, see my »Situationist Space,« in *October*, no. 67 (Winter 1994), pp. 64–65.

39 Michel de Certeau, *The Practice of Everyday Life*, trans. Steven Rendall (Berkeley, 1984), pp. 100–101.

40 For an account of this strategy, see Guy Debord, »Theory of the Dérive« (1958), in *Situationist International Anthology*, pp. 50–54; for dérive as a »spatial practice,« see Tom McDonough, op. cit.

41 Sigmund Freud, »Totem and Taboo« (1913), in op. cit., p. 85.

42 Ibid.

43 See Salvador Dali, »De la beauté terrifiante et comestible de l'architecture ›modern‹ style,« in *Minotaure*, no. 3-4 (1933), pp. 69–76.

latter.[44] In either case, heterogeneous spaces and times were brought together on the plane of the map through collage. Not only did these maps fragment and rearrange the topography of Paris, forcing it to conform to the imperious will of the subject; they also overlaid other places and times, producing the delirious interpolation of disparate geographies. So in perhaps the most famous of this series, Debord titled one Parisian plan *The Naked City,* after an American film noir of 1948.[45] The film, set in New York, was famous for its extensive location shooting and semi-documentary style, which French reviewers at the time (it was released in 1949 as *La Cité sans voile*) characterized as an American extension of Italian Neo-Realism.[46] All agreed that the value of the film lay not in its narrative (a rather conventional police drama) but in its representation of »a real slice of everyday life [la vie quotidienne] in the world's largest city ...: the swarming street, its din, its people, its excitement«[47] – in other words, in its provision of a metonymic fragment of New York, the street and its activities coming to stand in for the whole. Debord's psychogeographic Paris of *The Naked City* map superimposed New York and its gangster underworld onto that more known topography of the French capital, producing what we might call a cartographic double image of disorientation.

»Fear becomes delirium and obsession,« and mapping, in the hands of Debord and his Situationist colleagues, might become a paranoiac-critical strategy for contesting the urban realities of postwar Paris. Rooted in the interwar practices of Surrealism, this psychogeography of the modern city was however not only a weapon of critique, but also a utopian suggestion of the »great game«[48] that for the Situationists would be the collectively organized space of the revolutionary city. It was that double injunction that the late Debord, having given himself over to an all-consuming »Weltschmerz,« could no longer avow; in his last statement, his 1994 »documentary« on his art and his time, the city-as-stage-set was nothing more than an image of the pervasive loss of reality in the face of an »integrated« spectacle-culture that he understood as having systematically falsified contemporary experience. Yet despite this later pessimistic dismissal of the city as the very space where history might be made, these maps retain their suggestiveness: we too might hope that by conjuring up the omnipotence of desire we could discover what the Situationists called – after Thomas de Quincey – »the Northwest passage,« the elusive route that would allow them to circumvent this modern Paris that 19th-century workers, forced out by Haussmannization, had already presciently dubbed »the New World.«

44 On metonymy as a type of synecdoche, see Tzvetan Todorov, »Synecdoques,« in *Communications,* no. 16 (1970), esp. pp. 30–31. It was Lacan who first posited the metaphorical and metonymic qualities of unconscious processes in his famous lecture on »The Agency of the Letter in the Unconscious.«

45 Jules Dassin, *The Naked City* (1948). The reference to Dassin was rather topical in 1957, the date of the map's publication: he had won prizes at the Cannes film festival in both 1955 and 1957.

46 »*[The Naked City]* is acclimatizing the other side of the Atlantic to a form previously unknown in film over there and whose origin may be found in the new Italian realist school, from Rossellini to Vittorio De Sica.« Jean-Pierre Vivet, reviewer for *Combat,* 1949, quoted in Fabien Siclier and Jacques Levy, *Jules Dassin* (Paris, 1986), p. 18. André Bazin, writing in *Le Parisien libéré,* praised it for its realism in similar terms that year; see his quote in ibid.

47 René Thévenet, critic for *L'Écran français* (1949), quoted in *L'Encyclopédie Roger Boussinet du cinéma,* Vol. N–Z (Paris, 1989), p. 1221.

48 Guy Debord, »Theory of the Dérive« (1958), in *Situationist International Anthology,* p. 53.

Alles auf einen Blick*

Lucy R. Lippard

KARTEN VERKÖRPERN SOWOHL BEWEGUNG als auch Stillstand. Die Kartografie schafft künstlich einen allgemeinen Überblick und einen speziellen Ausschnitt – eine Kombination (oder ein Widerspruch), die sie zu einer der faszinierendsten menschlichen Erfindungen macht und sich gleichermaßen in der soziokulturellen wie der physikalischen Kartierung nutzen lässt. Was wir aber wie auch immer in diesen Karten suchen, liegt im Bereich des Kulturellen, und dadurch wird die Kartografie zu einem riskanten Unterfangen. Als zeitliches Kompositum belegt die Karte verbindlich eine einzige Oberfläche mit den Ergebnissen von Jahrmilliarden natürlicher bzw. menschlicher Tätigkeit. Da Topografien weit länger an einen Ort gebunden sind als Kulturen, ist gerade die Art aufschlussreich, in der unterschiedliche Gruppen gefundene Topografien nutzen bzw. ignorieren. Wie die Orte, die sie zu beschreiben behauptet, verbirgt die Karte als Verbund von Orten ebensoviel, wie sie enthüllt.

Ich beschäftige mich viel mit Karten, im Augenblick vor allem mit alten, um zu untersuchen, wie die über einen langen Zeitraum am Galisteo-Becken in New Mexiko lebenden Ureinwohner – die Tano-(Tewa- oder Pueblo-)Indianer – den Ort gesehen haben mögen und wie vom 16. bis ins 19. Jahrhundert die Spanier und vom 19. bis ins 21. Jahrhundert die Angelsachsen dieses Land sahen, durchzogen und besiedelten. Die kulturellen Differenzen, zusammen mit sich wandelnden politischen und ökonomischen Absichten (in den Karten der Goldsucher, der Farmer, des Militärs), machten jeden neuen Ansatz zu einem einzigartigen Abbild, das nur wenig Ähnlichkeit mit seinem realen Gegenstand aufwies. Pfade sind die Ur-Karten, im Maßstab 1:1 auf den Boden gezeichnet, vorwärts drängend und den Eindruck vermittelnd, das visualisierte Ziel sei zum Greifen nah. Die Art, wie die jeweiligen Gruppen ihre Wege von einem Ort zum anderen austraten, hing ab von ihrer Art der Reisen, von den transportierten Lasten und den Motiven für einen Ortswechsel. Die Neuankömmlinge bewegten sich zunächst zu Fuß, dann per Pferd und Wagen und schließlich per Auto fort. Im Laufe der zunehmenden Herrschaft einer vermeintlich fortschrittlicheren Kultur über eine andere wurden die mitgeführten

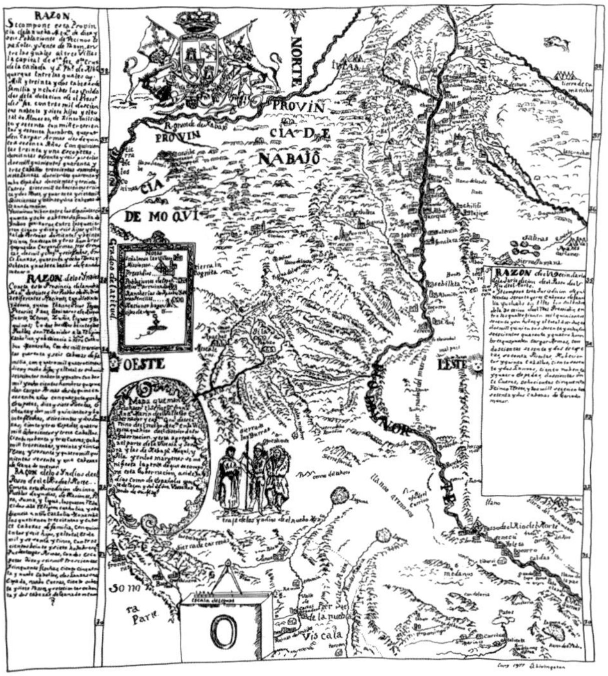

1 _ Bernardo de Miera y Paceco, *Map of New Mexico*, 1758

Waffen, Lebensmittel und anderen Waren immer sperriger (ABB. 1).

Ich befinde mich auf dem Gipfel des höchsten Hügels innerhalb des Beckens – dem »Cerro Pelon« (der Tano-Name für ihn ist unbekannt; die angelsächsischen Neuankömmlinge nannten ihn »the wave«, die Nachfahren der spanischen Siedler nennen ihn einfach »cerro«, im Gegensatz zu »la loma«, einem anderen Wort für Hügel, das allerdings die erste spanische Siedlung in unmittelbarer Nähe bezeichnet). Beim Blick hinab auf die Umrisse des sanft dahin fließenden Weidelands, auf die das Becken begrenzenden Ausläufer, auf die vulkanischen Dämme und andere Landschaftselemente versuche ich, mental die einfachsten Routen von einem der mindestens zehn alten Pueblos zum anderen zu kartieren. Inzwischen Ruinen, waren dies vom 13. bis zum 17. Jahrhundert noch Städte von beträchtlicher Größe mit jeweils mindestens 2.000 Behausungen. Was sahen diese Menschen, wenn sie über ihre Mauern hinweg sahen? In ihrem Gedächtnis bewahrten sie die Karten auf, auf denen auch unterirdische Wasserläufe und die über sie wachenden Schlangen verzeichnet waren, ebenso die von schweren Wolken bekrönten Berge, die von den »kachina« (Ahnengöttern) beherrscht wurden. Und jetzt befinden sich die Karten in *unserem* Gedächtnis und liefern Anhaltspunkte für Geschichten, indem sie jene Linien auf dem Land darstellen, die sich nur gehend wahrnehmen lassen, auf der Suche nach dem einfachsten Durchgang zwischen ausgetrockneten Flussläufen, zwischen Bergen und über Flüsse.

* Dieser Text ist eine Collage aus neuem Material und überarbeiteten Teilen aus zweien meiner Bücher: *Mixed Blessings* (1990) und *The Lure of the Local* (1997).

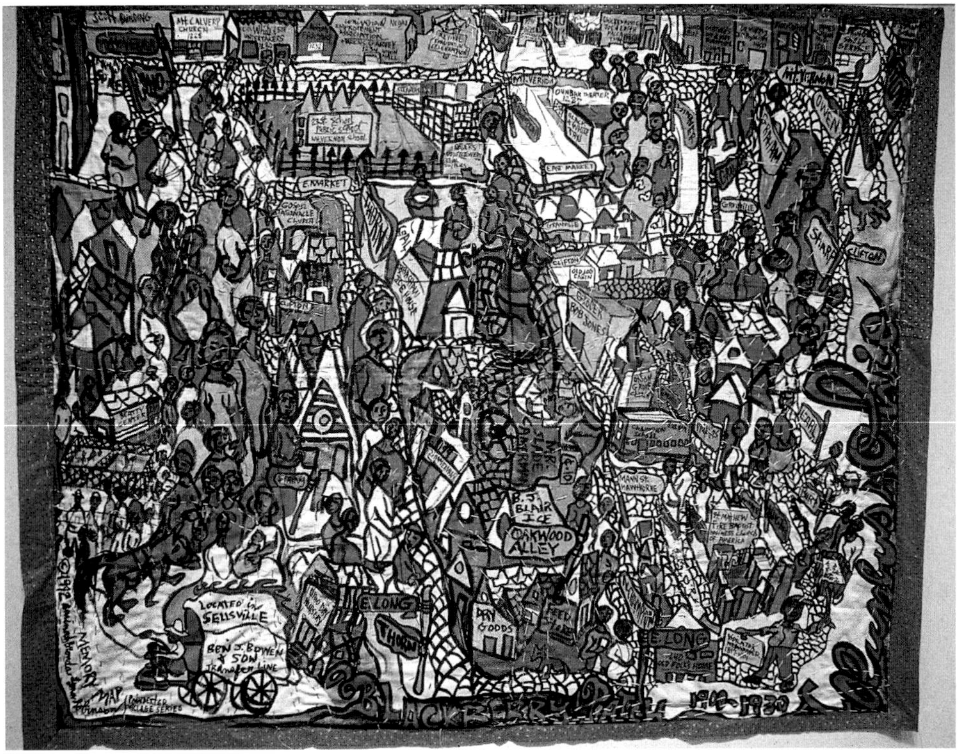

2_ Aminah Robinson, *Memory Maps*

Herman Melville schrieb, die »wahren Orte« fänden sich auf keiner Karte. Lokale Orte bleiben hartnäckig den dominierenden Herrschafts- und Besitzsystemen verborgen. Der Schlüssel liegt im Gehen: eine Kiesschicht hier, ein umgeleitetes Gewässer dort, prächtige Felszeichnungen, bisweilen überschrieben mit den Initialen und Namen der späteren Eroberer. Die offiziellen Karten des Galisteo-Beckens sind nicht sonderlich genau und verzeichnen auch nicht mehr die Position archäologischer Stätten, da zu viele von ihnen bereits ausgeraubt und zerstört wurden. Werden Karten zur Fiktion, wenn sie Informationen zurückhalten?

Die Karte ist per Definition auf sich selbst zurückgeworfen. Der für sie wesentliche Überblick wird von der Notwendigkeit nach Detailfülle unterminiert. Die kulturelle Kartografie unterscheidet sich wesentlich von einer Kartierung, die mehrere Kulturen mittels einer einzigen Karte abdecken soll. Jedes interkulturelle Projekt ist ein aufsässiges, schwer fassbares Unterfangen. Wie lassen sich drei verschiedene Weltanschauungen überlagern, ohne dass dabei jede einzelne von ihnen ausgelöscht wird? Das Verschwinden vertrauter Grenzen hat eine anregende, zuweilen aber auch erschreckende Wirkung. Die konventionellen Kartografiemethoden leisten dabei keine allzu große Hilfe. Der Versuch, innerhalb eines Textes mehrere Perspektiven einzunehmen, führt notwendigerweise zu einem Patchwork aus Bildern. Es existiert kein Kontext für eine ordentliche, nahtlose Erzählung. Dennoch bewirkt die

Darstellung der Vielfalt eine Verneinung jener Gesellschaften, die sich nach wie vor der Idee einer einzelnen beherrschenden Kultur bzw. einer großartigen kulturellen Verschmelzung durch einen Prozess ruhmreicher ethnozentristischer Assimilierung verschrieben (oder unterworfen) haben.

Bei der kulturellen Kartierung geht es nicht um das Ziehen von Verbindungslinien zwischen Wohngebieten oder um Farbkodierungen und sich überlagernde Daten, sondern um einen integralen Bestandteil für das Verständnis von Flächennutzung. Im Norden Neu-Mexikos beispielsweise erzählen Zäune sowie die Art der errichteten Zäune so manche Geschichte, obwohl das Phänomen der Einzäunung selbst relativ jung ist. Zäune wurden entlang der Viehfarmen im Westen gezogen, als das Privateigentum eine kommunale Nutzung verdrängte. Während kulturelle Gruppen und gesellschaftliche Klassen sich weiter wandeln, ersetzt werden oder verschwinden, schneiden sich Straßen durch einheitliche Parzellen und werden Grundstücke weiter und weiter zerteilt, so dass wir die Bedeutung früherer Grenzen und die Geschichten, welche diese einst erzählten, nur erahnen können (ABB. 2).

Versuche, alte Karten auf neue kulturelle Verhältnisse zu übertragen, scheinen schwer zu verwirklichen und bisweilen sehr konstruiert. Man kann zwar auf die Geschichte verweisen, sie jedoch wiederzubeleben ist ein heikleres Unterfangen. Bis vor fünfzig Jahren wäre der »cadillal« (Cocklebur-Weide) am Rande des Dorfes Galisteo auf jeder Anliegerkarte verzeichnet gewesen. Hierbei handelte es sich um das ursprünglich öffentliche spanisch/mexikanische Weideland, das auch zum Schlagen von Brennholz genutzt wurde und das den Dorfbewohnern im 19. Jahrhundert infolge einer amerikanischen Vorliebe für Bodenspekulation und privaten Landerwerb entrissen wurde. Heute erinnern sich die Dorfältesten noch daran, dass man auf dem »cadillal« religiöse Prozessionen abhielt, wenn der Regen ausblieb. Inzwischen sind seine Grenzen verschwommen, doch sein Verlust wird noch beklagt. Ende des 19. Jahrhunderts wurde auch das ursprüngliche Galisteo-Gemeindeland – knapp 100 Hektar, die um 1814 herum vom spanischen König an 18 Dorfbewohner zur landwirtschaftlichen Nutzung, allerdings nicht als Bauland, zugesprochen worden waren – an einen Großgrundbesitzer verkauft. Von einem Highway durchtrennt, weht über diesem Land heute der für Durchreisende unsichtbare, für die Nachfahren derer, die es unter den Hammer brachten, jedoch nach wie vor spürbare Geist der Geschichte.

Heute ist jeder Vermessungstechniker mit den entsprechenden Instrumenten in der Lage, die typografischen »Fakten« einer beliebigen Landschaft zu erschließen. Doch nur innerhalb der Kultur lässt sich erstellen, was William Least-Heat Moon einmal eine »Tiefenkarte« nannte, die die Geschichten, die hier stattfanden, sowohl festhält als auch mit Leben erfüllt und die Bewegung von Land und Leuten nachzeichnet. In unmittelbarer Nachbarschaft zu den Felszeichnungen des Galisteo-Beckens beispielsweise könnte ich auf die Initialen eines Schäfers stoßen, der jetzt im Dorf, das ich bewohne, zu den Ältesten zählt. Neben einer weiß in den schwarzen Basaltstein eingeritzten Blitzschlange könnte ich ein Kreuz finden, das drei Jahrhunderte später ebenso wie die Schlange selbst zur Abwehr »heidnischer Übel« von den spanisch-katholischen Vorfahren der Dorfältesten – als Beschwörung einer anderen Gottheitsspezies – in den Stein gekratzt wurde.

Wenn Karten existieren, um die Welt zu ordnen und aufzuzeichnen, weiß sich die Welt doch dagegen zur Wehr zu setzen. In einem Roman von Donald Westlake erzählt ein »dürrer schwarzer Mann« einem Reisenden: »Die Karte ist nicht das Land. [...] Was Deine Karte nicht zeigt, ist, dass im Dezember ein Teil der Straße vom Hochwasser weggespült wurde. Ich sehe aber, dass Deine Karte nicht vom Hochwasser betroffen wurde.« Selbst der erfahrenste Kartenleser weiß erst dann, was sie/er von einem Ort zu erwarten hat, wenn sie/er dort ankommt. Abgesehen davon, dass die meisten Karten weder auf die Vegetation noch auf landschaftlich hervorstechende Punkte oder Bauwerke eingehen, ganz zu schweigen von zeitgeschichtlichen und wirtschaftlichen Faktoren, entsprechen die meisten Karten, sofern sie nicht für den militärischen Gebrauch bestimmt sind, nicht mehr dem aktuellen Stand der Dinge und verfügen über einen Maßstab, der für ungeschulte Benutzer jenseits des Vorstellbaren liegt.

Die eigene gelebte Geschichte, in respektvoller Verbindung zu der anderer, bleibt für mich die geeignetste Grundlage einer gesellschaftlichen Sichtweise, deren wichtiger Bestandteil die Kunst darstellt. Persönliche Verbindungen, Erziehung, politische und milieubezogene Zusammenhänge, klassenspezifische und ethnische Hintergründe, Wertesysteme und Marktfaktoren üben einen jeweils eigenen Einfluss auf das Zwischenspiel von Auge, Geist und Abbild aus. In der Tat setzt die interkulturelle Kartierung die Zurückweisung zahlreicher unbestrittener, sozial vermittelter Kriterien sowie die Exhumierung wahrhaft »persönlicher« Geschmacksurteile voraus. Das Bedürfnis, sich aus religiösen oder rein existenziellen Gründen mittels einer Karte einem Ort zu nähern oder ihn sich vorzustellen, unterscheidet sich von dem eher abstrakten bzw. politischen Bedürfnis, Leerstellen zu füllen, um sich der Dominanz der eigenen Kultur stellvertretend im Akt der Aufzeichnung zu vergewissern.

Für die meisten von uns bedeutet die Landkarte ein quälendes Symbol für Zeit und Raum. Selbst die abstraktesten Karten (vor allem topografische Karten) sind Katalysatoren, die ebenso einen Vorgeschmack auf eine zukünftige physische Erfahrung liefern als auch die bereits vergangenen Erfahrungen anderer (bzw. unserer selbst) aufzeichnen. Für den Kartenliebhaber bedeuten diese ein Mittel zur Visualisierung von Orten, an denen man selbst noch nicht, bzw. zur Erinnerung an solche, an denen man einmal war. Bei einer Karte kann es sich um einen grafischen Kode zur Erinnerung oder Vorwegnahme handeln. Obwohl es sicher einige Amateur-Kartenfreunde gibt, denen das Connaisseurhafte über alles geht, fühlen sich doch die meisten beim Studium der dargestellten Gebiete von jenen lokalen Vorstellungsorten angezogen. Wir sind Ausflügler, Wanderer, Forscher, Möchtegernreisende oder einfach nur Tagträumer. Mit dem Finger können wir den Kanal zwischen Inseln entlangfahren und uns dabei ein straffes Segel an einem strahlend klaren Tag vorstellen oder uns an das furchterregende Geräusch der nahen Brandung erinnern, die sich an einem im Nebel unsichtbaren Riff bricht. Wir können kalte Winternächte über irgendwelchen Umrisslinien verbringen und uns fragen, ob eines Sommers dort wohl ein Tor auf den unmarkierten Feldwegen offen stehen wird. Wir versuchen, die alten, verschwommenen Karten unserer Traumorte mit den neuen, detaillierteren in Einklang zu bringen, die scheinbar völlig verschiedene Orte abbilden, in Vorwegnahme der Bewegung beim Anlegen des Rucksacks und der ersten Schritte entlang des durch konzentrische Streifen dargestellten Gefälles. Der in hellem Blau skizzierte Fluss kann einen entfernten Canyon ankündigen, der zu einer längst vergessenen Ruine führt, aber auch die Tageshitze, das Krachen der Schritte, die Stiche von Kakteen auf nackten Beinen.

Topografien verändern sich in gletscherhafter Langsamkeit. Gleichzeitig befindet sich die kulturelle Landschaft in einem fortdauernden Transformationsprozess, genau wie wir selbst, ihre Bewohner und Transformatoren. Ein scheinbar isolierter Fluss hat sich gegabelt, eine Brücke wurde weggespült, ein Nebenweg gepflastert, eine Waldfläche abgeholzt oder durch eine Hochspannungsleitung zerteilt, ein Dorf abgerissen. Was auf der Karte wie ein einsamer Strand aussieht, ist tatsächlich vom Lärm der Jetskis und Fischerboote erfüllt. Ein malerischer Zufluchtsort auf dem Land wird zu einer schäbigen Parzelle oder zu einem gesperrten, von »Zutritt verboten«-Schildern umgebenen Unterschlupf. Bei den meisten Karten geht es gerade einmal um die gröbsten Grundstrukturen der Erfahrung. Im Vor- und Zurückbewegen zwischen Landkarte und Erfahrung wird vieles über das Wesen der Karte offenbar.

Eine kulturelle Karte kann aus einem einzigen Zentrum ohne Ränder bestehen. Blaise Pascal definierte die Natur als »eine unendliche Kugel, deren Mittelpunkt überall und deren Umfang nirgendwo ist«. Dies könnte auch eine Definition des wahrhaft Lokalen sein, bei dem jeder Mittelpunkt innerhalb des Mittelpunktes über einen Pfad mit anderen Mittelpunkten verbunden ist. In den siebziger Jahren des vergangenen Jahrhunderts bat der Anthropologe Hugh Brody die Ureinwohner von British Columbia, deren Kultur von einer Ölpipeline bedroht war, um so genannte »Kartenbiografien«. Bei dieser interkulturellen Kollaboration waren Erinnerungen und Geschichten der Bodennutzung und des Lebens gegenüber offiziellen Räumen vorrangig; subjektive visuelle Schichten bilden erst zusammen eine vielstimmige Geschichte, die sich einer »Objektivität« nähert, wie sie sich nicht durch Worte allein hätte ausdrücken lassen. Dieses Volk besaß ebenfalls eine große alte »Traumkarte« mit Markierungen und Wegen, die ihnen im Traum offenbart worden waren und eine andere Form des Verständnisses von Leben und Land, vom Leben auf ihrem Land konstituierte.

Die Kluft zwischen bildlicher Darstellung und eigener Erfahrung ist der Raum, in dem sowohl Träume als auch Ideen entstehen, wiedergegeben durch die Ureinwohner Gitskan und Wet'suwet'en in British Columbia, die mit einem professionellen Kartografen an der Entstehung eines Atlasses arbeiteten, einer »Reihe wunderschön ausgeführter Bilder«, auf denen beschrieben wurde, wie Menschen in ihre jetzigen Gebiete einwanderten, welche Bedeutung alte Ortsbezeichnungen hatten und wo Beeren wuchsen bzw. wo man Lachse fangen konnte.[1] Die Inuit fertigen Relief-Karten an, die man »Umweltmimikry« nennt. Ein Inuk-Ältester erzählte einem Anthropologen, er habe aus dem Gedächtnis komplizierte Karten von einer bestimmten Gegend gezeichnet, sie dann aber fortgeworfen, da der Akt ihrer Herstellung das Wichtige gewesen sei. Die extrem genauen, aus Muscheln und Stöcken hergestellten Navigationskarten der Bewohner der Pazifikinseln sind vielleicht schon 40.000 Jahre alt. Es gibt Karten, die in die Erde

1 Michael Marchand und Richard Winchell, »Tribal Implementation of GIS«, in: *Cultural Survival*, Winter 1994.

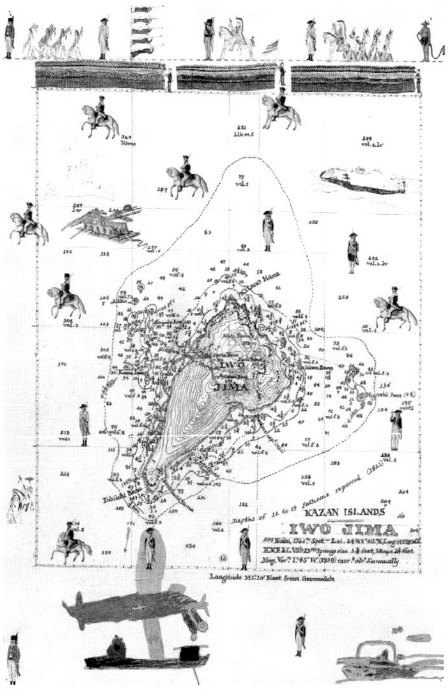

3_ Joyce Kozloff, *Boys' Art 9, Iwo Jima*, 2002

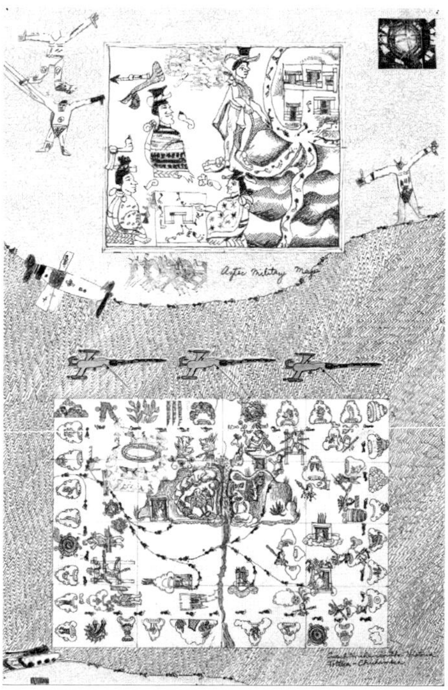

4_ Joyce Kozloff, *Boys' Art 16: Aztec Military Map*, 2002

geritzt wurden, sowie detaillierte Niederschlagskarten (in Kenia), die mit Pflanzensamen auf den Boden gezeichnet wurden.

Angeregt durch die erfinderischen Kartografieverfahren der indigenen Kulturen, haben Künstler oftmals vergeblich versucht, mit den aussagekräftigen Schichtungen der Landkarte zu konkurrieren. Die Schönheit der Karten und der Grund, warum sie ästhetisch an viele Kunstwerke heranreichen, ja diese übertreffen, liegen in der absichtslosen Subjektivität, die rastlos unterhalb einer beabsichtigten Objektivität liegt. Im letzten Jahrzehnt fingen Künstler an, sich für die kulturelle Konstruktion von Landschaft zu interessieren, und zwar Künstler, die sich zuvor eher mit der Reproduktion der Landschaft in Form von Objekten und dem Platzieren von Objekten in der Landschaft beschäftigt hatten. Ebenso wie Künstler und Kunstkritiker begannen, die Arbeiten von Geografen zu lesen, und Geografen begannen, sich (hin und wieder) mit zeitgenössischer Kunst auseinander zu setzen und die Tatsache anzuerkennen, dass sie eine visuelle Wissenschaft betreiben, können sich die Theorien zwar berühren, die Sichtweisen jedoch bleiben unterschiedlich. Denis Cosgrove hat auf das beharrliche Desinteresse von Kartografen gegenüber dem grafischen Abbild hingewiesen. In den frühen siebziger Jahren wurde eine Forderung nach der Entwicklung einer »Bildgeografie« laut, die auch die Atmosphäre, die Bedeutung und die Vorlieben bzw. Abneigungen der einen Ort bewohnenden Menschen umfassen sollte; diese Techniken werden in Planungsprozesse zur Bodennutzung mit einbezogen, wenn vor der Ansiedlung zusammen mit der Gemeinde »Orte des Herzens« verzeichnet werden.

Seit Mitte der sechziger Jahre griffen Avantgardekünstler »kognitive« Karten als Nacherzählungsstrategien auf. On Kawara, Richard Long, Robert Smithson, David Wojnarowicz u.a. verbinden persönliche Erfahrung, Körper und Reise miteinander. Joyce Kozloff verzeichnet in ihrer Serie *Targets* in bunten Farben Länder, die in der jüngsten Geschichte von den USA bombardiert wurden, während sie in ihrem Künstlerbuch *Boys' Art* historische Militärkarten mit Zeichnungen über den Krieg, die ihr Sohn als Kind anfertigte, und Schlachtenbildern alter Meister verbindet (ABB. 3 UND 4). Natasha Mayers hat den Krieg im Irak in einer Gemäldeserie in ihren Heimatstaat Maine zurückgetragen, in der Krieg und Frieden, Heimat und Ausland kartiert werden und sich überlagern (ABB. 5). Roger Welch benutzt Interviews mit Stadtältesten zur Herstellung von »Gedächtniskarten« ihrer Heimatstädte. Marlene Creates tut dasselbe mit ihrer Familie in Neufundland und lässt »einen fragilen Moment eine enorme natürliche und historische Vergangenheit«[2] überschreiben. Houston Conwills fortlaufende Serie öffentlicher Arbeiten basiert auf Karten, auf denen die amerikanische physikalische Geografie von den Ereignissen und vererbten Bedeutungen der afroamerikanischen Geschichte überlagert wird, und dokumentiert so eine komplexe spirituelle Wallfahrt durch die verräumlichte Zeit.

Während einige Karten der Ureinwohner auf vererbtem Wissen beruhen und für den nicht Initiierten nichtssagend sind, funktionieren unsere modernen Karten genau entgegengesetzt – sie machen öffentlich, was man nicht sieht, und wir sind dazu angehalten, ihrer Genauigkeit und Autorität zu trauen. Denis Wood, der die offizielle Straßenkarte des Staates North Carolina sowie

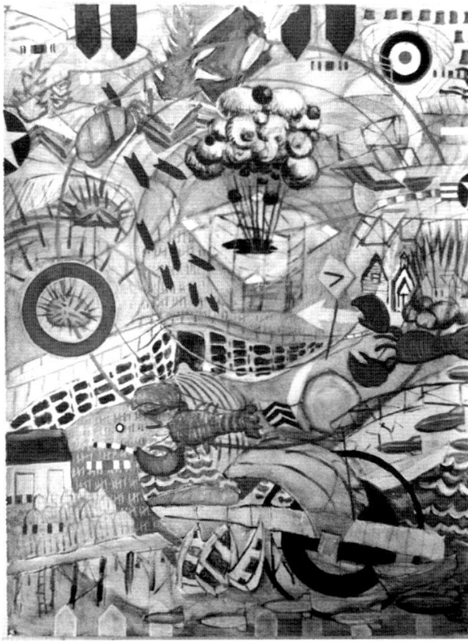

5_Natasha Mayers, *In Vacationland* (aus der *State of war*-Serie), 2003
_Natasha Mayers, *In Vacationland* (from *State of war* series), 2003

deren Ausschnitte und Legenden dekonstruiert, bilanziert: »Es geht nicht darum, ob die Karte wahr ist oder falsch [...], sondern dass sie einen festen Standpunkt vertritt und vorgibt, einer Sache neutral gegenüber zu stehen, über die die Menschen sich nicht einig sind.«[3] Dies könnte man als die Definition der kulturellen Kartierung bezeichnen. Offizielle Grenzen lassen sich verinnerlichen; Kreis-, Landes- und Staatsgrenzen sind zu Identitätsmarken geworden. Der kanadische Künstler Peter Duikhuis versammelte in seiner Ausstellung verschiedene »Weltbilder« – Weltkarten, veröffentlicht von jedem der G7-Staaten: »Wenn man sie alle nebenein-

2 In: Ausst.-Kat. *The Physicality of Landscape*, Peterborough, Ontario 1985.

3 Denis Wood und John Fels, *The Power of Maps*, New York 1992.

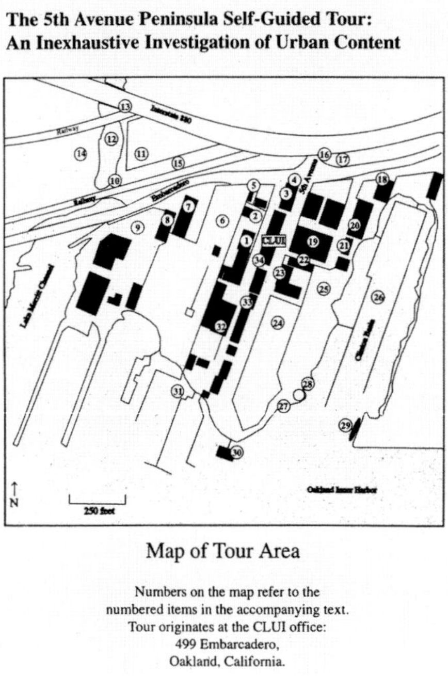

6_ Center for Land Use, *Map of Tour Area*

ander sieht, fallen die Unterschiede zwischen Karten ins Auge. Gestaltungsaspekte sowie die Wahl der verwendeten Farben scheinen nationale Stereotypen zu verkörpern – die japanische Karte mit ihren kühlen, hellen Farben wirkt bescheiden, während die italienische Karte mit ihrer wild-üppigen Schrift kühn und knallig erscheint. Jede dieser Supermächte hat sich selbst etwa im Zentrum der Welt angesiedelt und verweist den Rest der Welt mehr oder weniger an den Rand.«[4]

Die Kartografie hat sich in der westlichen Welt aus der Darstellung bestimmter Orte entwickelt, die durch begleitende Erzählungen ergänzt und mit Bildkartuschen und fantasievollen Mutmaßungen versehen waren, mit denen die Lücken der »terrae incognitae« geschlossen wurden. Als die Kartografie aufkam, ebnete sie den Weg in die frostige Welt der abstrakten Beschreibung immer weiter entfernter neutralisierter Räume. Das Nebeneinander von lokalem Wissen und fremder Fantasie ermöglichte hingegen einen mechanistischen und »wissenschaftlichen« Prozess, der sich immer weiter vom Ort selbst löste. Heute sind wir mit unseren GIS-Systemen und tragbaren GPS-Geräten an einem Punkt angelangt, an dem uns durch hoch über der Erdoberfläche kreisende Satelliten irgendwelche Zahlenreihen diktiert werden. So erfordert das Konstruieren einer Karte heute nicht einmal mehr die Anwesenheit eines Kartografen vor Ort und umgeht in jedem Fall die Kommunikation mit Menschen, die Geschichten zu erzählen wüssten. Die Erzählung, die von den konzentrisch von *hier ungefähr* sich ausbreitenden Kreisen zu den geradlinigen Rahmen offizieller Landvermessungen führt, zu Fotografien, die von Apparaten hoch über der Erde aufgenommen wurden, ist eine Geschichte, die *hier* an einem heimischen Ort beginnt und *dort* an einem fremden Ort endet.

Jüngste Risse in der Bastion der Hochkultur ermöglichen inzwischen ein gewisses Einsickern, das tröpfchenweise Vorhandensein einer anderen Art von Authentizität, die grundsätzlich noch ungewohnt und daher von Grund auf beunruhigend ist. Verfechter einer kulturellen Demokratie, des Respekts gegenüber Unterschieden und einer weiter gefassten Definition von Kunst werden häufig unter Verweis auf das Schreckgespenst des »kleinsten gemeinsamen Nenners« verspottet. Doch die tatsächliche Niederung liegt im fälschlicherweise positiv besetzten Begriff einer »universalen« Sichtweise, die alle rauen Kanten und Unterschiede glättet und somit weit entfernt vom Leben der meisten Menschen bleibt. Die Überraschungen finden sich auf den holprigen, kurvigen Seitenstraßen, auf denen man die Hauptstraßen doch so unmittelbar und schnell umgeht, dass man nicht sieht, wo man gerade ist oder hinfährt. Bruce Chatwin erzählt die Geschichte eines Australiers, der verzweifelt versucht, ein Loblied auf die einzelnen Merkmale des Landes zu »singen«, durch das er im Lastwagen in einer solchen Geschwindigkeit fährt, dass sowohl die Sicht als auch das Lied selbst bis zur Unkenntlichkeit verzerrt werden.

Wenn Menschen Karten ihrer eigenen Umgebung zeichnen, wird der öffentliche Raum durch subjektive Wahrnehmungen unterwandert. Doug Aberley schrieb über die Möglichkeit einer Stärkung des Lokalen mit Hilfe von selbst gefertigten Karten, die auf den aufrichtigen Beschreibungen des tatsächlichen Wissens der Menschen über den Ort basieren, an dem sie leben. Mich interessiert vor allem die Ebene des Wissens. Überall auf der Welt werden alternative Kartierungsprojekte als Katalysatoren für lokale Flächennutzungspläne und bioregionale Gemeindeordnungen genutzt. Die Kartografie ist in der Lage, verschiedene Elemente innerhalb einer Gemeinschaft zusammenzuführen. In den sechziger Jahren schlug der Geograf William Bunge eine »Gesellschaft für menschliche Forschung« vor, die aus verschiedenen menschlichen Perspektiven, einschließlich einer kindlichen, Kartografie betreiben sollte.[5] (Wenn wir doch nur die mentalen Karten von Haus- und Wildtieren lesen könnten!) Die Ortsbewohner sollten Expeditionen zur Erstellung von »Möglichkeitskarten« anführen, deren Ziel es sein sollte, die Welt zu verändern, statt sie lediglich zu kartieren. Ein Wandel in der Kartografie ist eine Herausforderung. Eine andere Herausforderung ist das Kartieren des Wunsches nach Veränderung, das seit langer Zeit Anreiz für bildende Künstler ist, beginnend mit der surrealistischen Weltkarte von 1929, in der die hegemonialen Motive der Kartografen parodiert wurden, indem die Vereinigten Staaten komplett getilgt, Russland, China und Alaska vergrößert und die Osterinseln auf die Größe Südamerikas aufgeblasen wurden.

Sprache und Topografie sind in jeder Kultur wesentlich miteinander verflochten. Ortsnamen bieten faszinierende Hinweise auf ganze Glaubenssysteme, wie der Anthropologe Keith Basso in seinem schönen Buch *Wisdom Sits in Places* demonstriert.[6] In Zusammenarbeit mit West-Apachen beschreibt er ein linguistisches Neukartierungsprojekt, in dessen Verlauf über die Erinnerung an traditionelle Namen sowohl die Geschichte als auch der Ort zum Vorschein kommen. Mein Partner und ich haben auf unseren Autofahrten durch Neu-Mexiko oft ein Buch über Ortsnamen bei uns und sind häufig überrascht darüber, wie oft unsere Vermutungen über deren Herkunft sich als falsch erweisen. Die indigenen Ortsnamen bezeichnen tendenziell Quellen des Gemeinwohls oder beziehen sich auf an diesem oder jenem Ort Geschehenes; mit spanischen Namen hingegen werden in den meisten Fällen religiöse Figuren geehrt; bei englischen Namen geht es weniger darum, *was* an einem Ort der Fall war als vielmehr darum, *wie* etwas aussieht bzw. *wer* einmal an einem bestimmten Ort gewesen ist. Im Imperialismus werden Namen bevorzugt, die die Menschen an Macht und Eigentum erinnern,

4 Moritz Gaede über Peter Duikhuis, *World View. The G7 Suite*, Halifax 1995.

5 William Bunge, zit. n. Denis Wood, a.a.O.

6 Keith Basso, *Wisdom Sits in Places. Landscape and Language Among the Western Apache*, Albuquerque 1996.

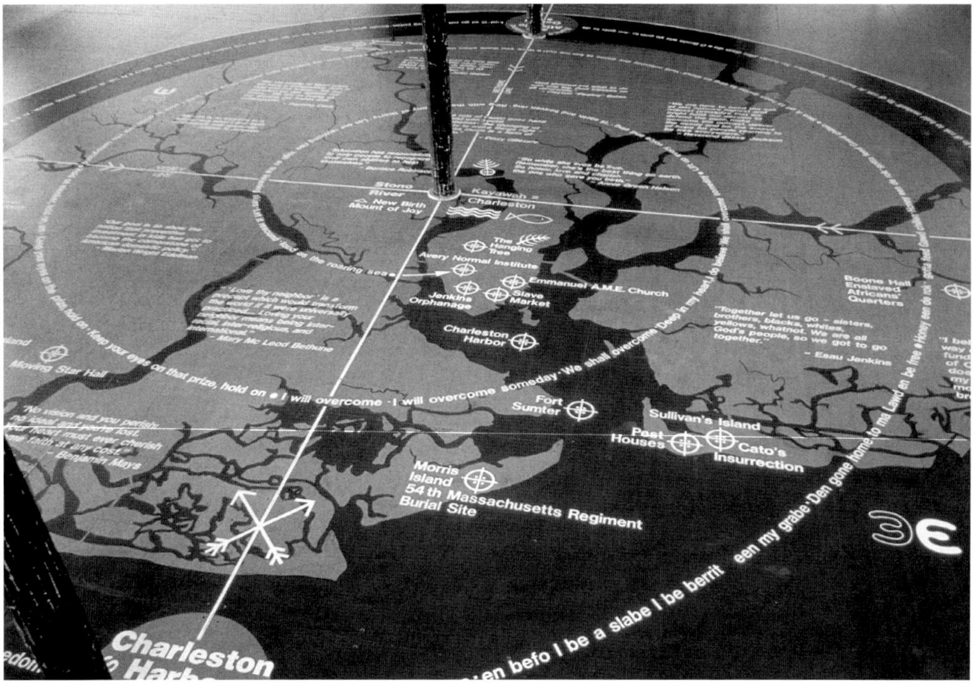

7_ Houston Conwill, *The New Charleston*

allerdings muss das Bedürfnis, sich mit einer rauen und unbekannten Landschaft vertraut zu machen, in der Zeit der frühen europäischen Erkundung und Besiedlung des amerikanischen Kontinents ebenfalls eine Rolle gespielt haben. Die Benennung oder Neubenennung von Landmarken konnte eine Frage von Leben und Tod bedeuten, ebenso die Art der Markierung eines Territoriums und der Errichtung eines gewissen psychologischen »Heimatschutzes«.

Auf dem Lande ist man eher geneigt, an alten Namen festzuhalten. Wenn allerdings Verstädterung und ökonomischer Wandel einsetzen, gehen auch diese Namen verloren. »The Old Evans Place«, einst »The Old Graham Place«, ist heute ein Vorort namens »Maple Acres«, obwohl die namensgebenden Ahornbäume ihm weichen mussten. Einstige Feuchtgebiete wurden zu Parkplätzen. Wälder verschwinden. Flüsse trocknen aus oder sind vergiftet. Die neuen Karten mögen zwar dieselbe Topografie zeigen, aber das Land ist ein anderes. Selbst in städtischen Milieus kommt es nach Geschäftsübernahmen zuweilen vor, dass ältere Bewohner einen Weg erklären, indem sie uns dorthin verweisen, »wo einmal Jones' Eisenwarenladen war«.

In früheren Kolonialgebieten bedeutete das Benennen und schließlich das Kartieren einer fremden Landschaft ihre Zähmung, die *Er*schließung des Landes durch das Auslöschen früherer Namen sowie seine *Ver*schließung durch das Einsetzen neuer Besitzverhältnisse. Die Tilgung der Namen und Namenskonzepte einer Kultur und die Ersetzung derselben durch solche aus einer anderen Kultur stellt sowohl eine Entweihung als auch eine Zerstörung dar. Man stelle sich vor, die eigene Straße, der eigene

Wohnort und das eigene Land würden auf einen Rutsch umbenannt werden (Frauen, die bei der Heirat den Namen des Mannes angenommen haben, erscheint diese Art von Identitätszerrüttung vertraut). Solche Auslöschungen finden andauernd und weltweit als Folge von Kriegen, Umstürzen, politischem Wandel und Invasionen statt. Befinden wir uns noch am selben Ort? Ist Heimat auch mit neuem Namen noch Heimat?

Die »Naturalisierung« von Karten – der Mythos, dass Karten die Welt so darstellen, wie sie wirklich ist – verhüllt die Tatsache, dass es sich bei Karten um kulturelle, ja um individuelle Schöpfungen handelt, die jeweils einen Standpunkt verkörpern. Sie verzeichnen nur das, was ihre Verfasser bzw. deren Auftraggeber zeigen wollen; sich dem zu widersetzen, ist schwierig. Künstler, die die Hegemonie zu bekämpfen und gleichzeitig zu exponieren versuchen, setzen ihren Namen unter ihr Werk und sind somit in ihrem Individualismus verletzbar. Ihnen fehlt die gesellschaftliche Macht der namenlosen Kartografen, die wie die Bilderproduzenten der Massenmedien unser Sehen bestimmen und nicht persönlich in die Verantwortung genommen werden können.

Was *hier* passierte und an vielen Orten der Erde in Felszeichnungen aufgezeichnet wurde, ist vielleicht das, was die Menschen im Westen als Geschichte, vielleicht auch als Mythologie bezeichnen – schließlich verwenden sie das Wort für Historien, die nicht ihre eigenen sind. Spielt das eine Rolle? Manchmal ähneln die entweder in die Oberfläche des Felsens eingeschnittenen oder auf sie aufgemalten Bilder im Südwesten der Vereinigten Staaten tatsächlich Karten, vielleicht zeigten sie einmal Migrationsrouten bzw. Richtungsanweisungen zum Wasser. Könnten wir diese Bilder vollständig deuten, würde uns vielleicht aufgehen, dass es keinen wirklichen Unterschied zwischen »historisch« und »mythologisch« gibt. Die Pueblo-Stämme beispielsweise, die einst im Galisteo-Becken lebten, verfügen über eine auf raffinierte Weise doppeldeutige Geschichte: Sie sind seit Beginn der Zeit an einem einzigen Ort gewesen und sind doch gleichzeitig von einem »ewigen Mittelpunkt« zu einem anderen gewandert. Diese Art der Kartierung frustriert und irritiert jene, die viel vom westlichen Rationalismus halten. Andererseits erzeugt sie künstlich zwei Arten von Realität, zwei Arten von Geschichte. Im Idealfall kann im Kartierungsprozess Kultur, Geografie und Kunst wirkungsvoller kodiert und kommuniziert werden als dies von einer einzigen Disziplin allein zu leisten wäre.

All at a Glance*

Lucy R. Lippard

MAPS EPITOMIZE BOTH movement and stasis. Mapping synthesizes general overview and specific closeup – the combination (or contradiction) that makes it one of the most fascinating human inventions and as well suited to sociocultural as to physical mapping. But what we are variously looking for on these maps ranges across cultural concerns and makes mapping a dangerous undertaking. As a temporal composite, the map blandly lays out on a single surface the results of billions of years of activity by nature and humanity. Since topographies remain in one place far longer than cultures, the ways different groups utilize or ignore found topographies is telling. Like the places it claims to describe, the map, as a composite of places, hides as much as it reveals.

I spend a lot of time with maps, old ones at the moment, trying to figure out how the original long-term inhabitants of the Galisteo Basin in New Mexico – the Tano (Tewa or Pueblo) Indians – might have seen it, and how the 16th–19th-century Spanish and then the 19th–21st-century Anglos saw, traversed and settled that land. The cultural differences, combined with changing political and economic agendas (the goldseekers' maps, the missionaries' maps, the farmers' maps, the military maps), make each new attempt a unique image bearing little resemblance to its counterparts. Trails are the ur-maps, drawn full scale on the ground, urging us onwards, suggesting that the visualized goal is within reach. How each group beat its way from one place to another depended on their mode of travel, their baggage and their motives. The newcomers went from foot to horse to wagon to carriage to automobile. The weapons, sustenance and trade items they carried became increasingly ponderous as one supposedly more advanced culture dominated another. (FIG. 1, P. 85)

I stand on top of the tallest hill within the Basin – »Cerro Pelon« (we don't know the Tano name for it; Anglo newcomers call it »the Wave«; Hispano oldtimers simply call it »the cerro« as opposed to »la loma«, another word for hill describing the first Spanish settlement site nearby). Looking down at the contours of the rolling grasslands, the ridges bordering the Basin, the volcanic dykes and other features, I try to map mentally the easiest ways to get from one of the ten or more ancient pueblos to another. Now ruins, in the 13th through the 17th centuries, these were towns of considerable size, with as many as 2.000 rooms each. What did these people see when they looked beyond their walls? The maps were in their minds, incorporating subterranean waters and the snakes that guarded them as well as the mountains topped by water-bearing clouds and ruled by the kachinas (or ancestors become deities). And now the maps are in *our* minds, providing clues to the histories, displaying the lines on the land that can be perceived only by walking there, finding the easiest passage around arroyos, through mountains, across rivers.

Herman Melville wrote that the »true places« were not on any map. Local places remain stubbornly hidden from the dominant systems of control and ownership. Clues turn up as one walks: a pebble mulch field here, a water diversion there, stunning petroglyphs inscribed on the rocks, sometimes overwritten by initials and names of the successive conquerors. The official maps of the Galisteo Basin are not extraordinarily accurate, and they no longer mark the locations of archaeological sites; too many have been robbed and disturbed. Do maps that withhold information become fictions?

The map turns upon itself by very definition. The overview it presupposes is undermined by the necessity for detail. Cultural mapping is one thing and mapping from within several cultures at once with a single map as a product is quite another. Any cross-cultural project is a recalcitrant, elusive subject. How do you overlay three different worldviews without obliterating all of them? The disappearance of familiar boundaries is exhilarating and sometimes terrifying. Conventional mapping methods aren't much help. Any text attempting to take in multiple viewpoints must be a patchwork of images. The context does not exist for a nice, seamless narrative. Yet affirmations of diversity still come in for a good deal of denial in societies that remain devoted to (or shackled by) notions of a single dominant culture or a great cultural meltdown into glorious ethnocentric assimilation.

Cultural mapping is not a matter of drawing lines between neighborhoods, color coding and overlaying information, but is an integral part of understanding land use. In Northern New Mexico, for instance, the placement of fences, and the kinds of fences placed, tell a lot of stories, although fencing is a relatively recent phenomenon, laid over western ranchland when individual ownership overcame communal uses. As cultural groups and social classes move on, are displaced, or vanish, roads are cut through unified parcels, properties are subdivided and subdivided again, the meanings of former boundaries and the stories they once told are left for us to ponder. (FIG. 2, P. 86)

Attempts to redraw old maps on new cultural arrangements are difficult and often contrived. History can be suggested but resurrection is a trickier business. Up until fifty years ago, the »cadillal« (cocklebur pasture) on the edge of Galisteo village would have been on any resident's local map. It was the original Spanish/Mexican common land, for grazing and firewood cutting, wrenched from the villagers in the 19th century by an American preference for landgrabs and private property. Elders today remember religious processions in the »cadillal« when the rains

*This text is a collage of new material and revised passages from two of my books: *Mixed Blessings* (1990) and *The Lure of the Local* (1997).

didn't come. Today its boundaries are vague but its loss is still mourned. Similarly, the original Galisteo Grant, made by the Spanish king around 1814 – a mere 260 acres given to some eighteen individuals to cultivate but not to build on – was sold off to larger interests by the end of the century. Cut by a new highway, it is a ghost of history invisible to passersby yet still meaningful to the descendents of those who sold it.

Any technician can come through a landscape with the proper instruments and accurately place the topographical »facts.« But only from within the culture can one make what William Least-Heat Moon has called a »deep map,« which includes and animates the stories of what happened there, tracing the vortex of land and lives. Next to ancient petroglyphs in the Galisteo Basin, for instance, I may find the initials of a sheepherder, now an elder in the village where I live. Next to a lightning serpent scratched white into the dark basalt, I may find a cross scratched there centuries later by one of that elder's Spanish Catholic ancestors to ward off »pagan evils« like this snake – as an invocation of a different set of deities.

If maps exist to order and record the world, the world fights back. In a novel by Donald Westlake, a »skinny black man« tells a traveler: »The map is not the terrain ... what your map does not show is that the floods in December washed away a part of the road. I see the floods didn't affect your map.« Even the most seasoned map reader does not know what to expect until s/he gets »there.« Not only do most maps omit vegetation, landmarks and built structures, to say nothing of current history and economics, but most local maps, those not needed for military purposes, are out of date, and the scale is beyond untrained imaginations.

One's own lived experience, respectfully related to that of others, remains for me the best foundation for social vision, of which art is a significant part. Personal associations, education, political and environmental contexts, class and ethnic backgrounds, value systems and market values, all exert their pressures on the interactions among eye, mind and image. In fact, cross-cultural mapping demands the repudiation of many unquestioned, socially received criteria and the exhumation of truly »personal« tastes. The need for a map to go to or imagine a place for purposes of religion or survival differs from the more cerebral or political need to fill in the blanks, to own vicariously by recording, the job of the dominant culture.

For most of us the map is a tantalizing symbol of time and space. Even at their most abstract, maps (especially topographical maps) are catalysts, as much titillating foretastes of future physical experience as they are records of others' (or our own) past experiences. For the map-lover, maps are about visualizing the places you've never been and recalling the ones you have been to. A map can be graphic code for memory or anticipation. While there are probably some armchair map-lovers for whom connoisseurship is paramount, most are lured by the local, imagining places as they peruse the spaces delineated. We are field trippers, hikers, explorers, would-be travelers or just daydreamers. We can follow with a finger the channel between islands, imagining a smooth sail on a crisp clear day, or recalling the terrifying sound of nearby surf breaking on a reef unseen in the fog. We can spend cold winter nights poring over contour lines and wondering if, come summer, there will be an open gate on unmarked ranch roads. We try to reconcile old, vague maps of desired places with new detailed ones that look like totally different locations, anticipating the movement when the backpack is cinched and the first steps are taken up that concentrically lined incline. The thin blue scribble of a stream can summon up a remote canyon leading to a long-forgotten ruin, the heat of the day, the talus rumbling underfoot, the prick of cactus on a bare leg.

Topographies change with glacial slowness. At the same time, the cultural landscape is constantly transforming and so are we – its inhabitants, its transformers. An apparently isolated stream has been diverted, a bridge has washed out, a back road has been paved, a forested area clearcut or slashed by a power line, a village abandoned. What looks on the map like a secluded beach is noisy with jet skis or fishing boats. A picturesque local retreat has become a shoddy subdivision or a gated hideaway ringed by »No Trespassing« signs. Most maps are only the barest bones of experience. Much is revealed about the nature of maps as we move back and forth between the chart and the experience.

A cultural map may be all center and no margins. Blaise Pascal defined nature as »an infinite sphere whose center is everywhere and whose circumference is nowhere.« This might also be a definition of the truly local, where each center within the center is connected by a path to other centers. In the 1970s, anthropologist Hugh Brody solicited »map biographies« from British Columbian Native people whose culture was threatened by an oil pipeline. Within this cross-cultural collaboration, memories and histories of land use and lives were overlaid upon official spaces; subjective visual layers together form a multivocal history approaching an »objectivity« that could not have been written in words alone. The same people also possessed a large old »dream map,« covered with marks and trails revealed to them in dreams, which constituted another form of understanding of life and land, life on land.

The gap between depiction and lived experience is the space in which both dreams and ideas are created, as reflected by the indigenous Gitskan and Wet'suwet'en in British Columbia, who worked with a professional cartographer to create an atlas, »a beautifully crafted set of images« describing how people immigrated to their present territories, the meaning of ancient place names, where berries grow and where to catch salmon.[1] The Inuit make relief maps that have been called »environmental mimicry.« An Inuk elder told an anthropologist that he had drawn intricate maps of an area from memory but then had thrown them away, because it was the act of making them that was important. The extraordinarily accurate Pacific Islanders' stick and shell navigation charts may date back forty thousand years. There are maps scratched into the earth, and, in Kenya, detailed maps of rainfall are made with seeds on the ground.

Inspired by indigenous cultures' inventive mapping procedures, artists have tried, often unsuccessfully, to compete with the map's potent layering. The beauty of maps and the reason they esthetically approach, even surpass, many intentional works of art is the unintentional subjectivity lying restlessly beneath the intended objectivity. In the last decade or so, the cultural construction of landscape has become interesting to artists who were previously more involved in reproducing the landscape in objects or placing

1 Michael Marchand and Richard Winchell, »Tribal Implementation of GIS,« in *Cultural Survival*, Winter 1994.

objects in the landscape. Even as artists and art writers have begun to read geographers and geographers have begun (now and then) to look at contemporary art and to acknowledge the fact that theirs is a visual science, the theories may meet, but the ways of seeing remain distinct. Denis Cosgrove has remarked on mapmakers' persistent disinterest in the graphic image. In the early 1970s there was a call for the development of an »image geography« which would include ambience, meaning and the likes and dislikes of people living in a place; these techniques are being incorporated into land use planning processes, when »places of the heart« are mapped with the community before the bureaucracy moves in.

Since the mid 1960s, avantgarde artists have adopted »cognitive« maps as renarrativization strategies. On Kawara, Richard Long, Robert Smithson, David Wojnarowicz and others connect personal experience, body and travel. Joyce Kozloff's *Targets* series colorfully maps countries that have been bombed in recent history by the U.S., and her artist's book *Boys' Art* (FIG. 3 AND 4, P. 90) combines historical military maps with her son's childhood war drawings and battle art by old masters. Natasha Mayers has brought the war on Iraq back to her home state of Maine with a series of paintings mapping and overlapping war and peace, home and abroad (FIG. 5, P. 91). Roger Welch has used interviews with urban elders to make »memory maps« of their hometowns. Marlene Creates does the same with her family in Newfoundland, overlaying »a fragile moment on an enormous natural and historical past.«[2] Houston Conwill's ongoing series of public works are based on maps that overlap American physical geography with the events and inherited meanings of African American history, documenting a complex spiritual pilgrimage through spatialized time.

Where some aboriginal maps depend on inherited knowledge and mean nothing to the uninitiated, our own modern maps work in the opposite way – they make public that which we cannot see, and we are supposed to trust their accuracy and authority. Denis Wood, deconstructing the official North Carolina state highway map, its choices and legends, concludes: »It is not that the map is right or wrong ... but that it takes a stand while pretending to be neutral on an issue over which people are divided.«[3] This might be the definition of cultural mapping. Official boundaries can be internalized; county, state and national borders have become identity makers. Canadian artist Peter Duikhuis made an exhibition of »world views« – world maps published by each of the G7 countries: »... seeing them all side by side, the differences between maps are striking. Aspects of their design and choice of color seem to embody national stereotypes – the Japanese map looking understated, with light, cool colors, while the Italian map is bold and funky, with wildly curvaceous lettering. Each of these superpowers located itself towards the center of the world, and relegated the rest of the world more or less to the margins.«[4]

Mapping in the Western world developed from the depiction of particular places, warmed by accompanying narratives, with pictorial cartouches and fanciful guesswork filling in the gaps of »terrae incognitae«. As mapping evolved, it gave way to the chilly climes of abstract documentation of neutralized spaces, further and further afield. The juxtaposition of local knowledge and foreign fantasy gave way to a mechanistic and »scientific« process that has become increasingly detached from place. Today, with GIS systems and handheld GPS devices, we've come down to numbers dictated from satellites far from the ground. Construction of a map may not even demand the cartographer's presence on the land, and certainly bypasses communication with those who have stories to tell. The narrative that leads from the concentric circles rippling out from *around here*, to the rectilinear frames of official surveys, to photographs taken by machines from high above the earth, is a story that begins *here* at a home place and ends *there* in a foreign space.

Recent cracks in the bastions of high culture now allow a certain seepage, the trickle-up presence of a different kind of authenticity that is for the moment fundamentally unfamiliar and therefore genuinely disturbing. Advocates of cultural democracy, of respect for differences and a wider definition of art, are often taunted with the specter of »the lowest common denominator.« But the real low ground lies in the falsely beneficent notion of a »universal« way of seeing that smoothes over all rough edges, all differences, remaining detached from the lives of most people. The surprises lie along the bumpy, curving side roads, bypassing highways so straight and so fast that we can't see where we are or where we are going. Bruce Chatwin tells the story of an Australian man trying desperately to »sing« or pay homage to the individual features of the land he is driven through by truck at such a speed that both sight and song are blurred beyond recognition.

When people draw maps of their own neighborhoods, official space is subverted by subjective perceptions. Doug Aberley has written about the possibility of local empowerment through homemade maps based on honest descriptions of what people actually know about where they live. It is this level of knowledge that interests me. All over the world, alternative mapping projects are being used as catalysts for local land use plans and bioregional community organizing. Mapmaking can bring together disparate elements in a community. In the 1960s, geographer William Bunge proposed a »Society for Human Exploration« that would map from different human viewpoints, including children's.[5] (If only we could read the mental maps of domestic animals and wildlife.) Local people would lead expeditions to create »oughtness maps,« whose goals were to change rather than merely map the world. Mapping change is one challenge. Mapping desire for change is another, which has long appealed to visual artists, from the 1929 Surrealist map parodying the hegemonic motives of mapmakers by eliminating the United States altogether, enlarging Russia, China and Alaska, and promoting Easter Island to the size of South America.

Language and topography are integrally entwined in any culture. Place names offer intriguing clues to entire belief systems, as anthropologist Keith Basso has demonstrated in the beautiful book *Wisdom Sits in Places.*[6] With his Western Apache collaborators, he describes a linguistic remapping project in which both history and place emerge through

2 In exh. cat. *The Physicality of Landscape* (Peterborough, Ontario, 1985).

3 Denis Wood with John Fels, *The Power of Maps* (New York, 1992).

4 Moritz Gaede on Peter Duikhuis, *World View: The G7 Suite* (Halifax, 1995).

5 William Bunge, quoted in Denis Wood, *The Power of Maps*, op. cit.

6 Keith Basso, *Wisdom Sits in Places. Landscape and Language Among the Western Apache* (Albuquerque, 1996).

recalling traditional names. My partner and I travel with a book of New Mexico place names in his car and use it often, surprised at how frequently our guesses at origins are wrong. Indigenous place names tend to locate resources for the common good or relate what happened there; Spanish names most often honor religious figures; Anglo names are less about *what* is there than *what it looks like* or *who* was there. Imperialism favors names that remind people of power and property, but the need to familiarize harsh and unknown landscape must also have played a part in the days of early European exploration and settlement of the North American continent. Naming or renaming landmarks could be a matter of life and death, as well as a way of marking territory and providing some psychological »homeland security.«

Landbased people are more likely to be able to hang onto old names, but when prawl and economic change come down the road those names too are lost. The »Old Evans Place« which was once »Old Graham Place« is now a suburb called »Maple Acres,« although the maples were cut down to clear its way. Wetlands are parking lots. Forests disappear. Streams dry up or succumb to pollution. The new maps may show the same topography, but the land is not the same. Even in urban situations when stores change hands, old residents find themselves giving directions to »where Jones's Hardware used to be.«

In earlier colonial eras, naming, and eventually mapping, meant taming the foreign landscape, opening land by erasing earlier names, closing it by bestowing new ownership. The erasure of one culture's names and naming concepts and replacing them with those of another is a desecration as well as a dislocation. Imagine one's street, one's town and one's country being renamed in one fell swoop. (If you are a woman and have taken on a married name, this kind of identity-dislocation is familiar.) Such erasures happen constantly all over the world as the result of wars, coups, politics, invasions. Are we still in the same place? Is home still home by another name?

The »naturalization« of maps – the myth that maps show the world the way it really is – veils the fact that maps are cultural and even individual creations that embody points of view. They map only what the authors or their employers want to show; resistance is difficult. Artists trying to combat and expose hegemony put their names on their work and are vulnerable in their individualism. They lack the social power of the nameless mapmakers who, like the image-makers of the mass media, determine how we see and are not called upon to take personal responsibility.

What happened *here*, recorded by rock art in many places in the world, may be what Westerners call history, and may be what Westerners call mythology – myth being the word Westerners use for histories other than our own. Does it matter? Sometimes the imagery incised or painted onto rock surfaces in the southwestern United States indeed resembles maps, and may have indicated migration routes or directions to water. If we could fully interpret these images, we might find that there is no real distinction between »historical« and »mythical.« The Pueblo peoples who once lived in the Galisteo Basin, for instance, have an ingeniously double-braided history: They have been in one place since the beginning of time and at the same time they have traveled broadly from one »eternal center« to another. This kind of mapping frustrates and confuses those who set great store by Western rationalism. On the other hand it synthesizes two kinds of reality, two kinds of story. The process of mapping may ideally encode and communicate culture, geography and art more powerfully than any single discipline might achieve alone.

Möglichkeiten der Kartierung in Kultur- und Sozialwissenschaften. Forschungsausschnitte aus Mexiko Stadt

Kathrin Wildner und Sergio Tamayo

RAUM KANN IN FORM EINER LANDKARTE repräsentiert werden, eines zweidimensionalen, auf einen festgelegten oder vereinbarten Maßstab reduzierten Modells von differenzierbaren und lokalisierbaren Elementen und Attributen (Wälder, Flüsse, Orte, Straßen etc.) auf der Erdoberfläche. Jede Karte oder grafische Repräsentation vereinfacht, reduziert und abstrahiert Raum, indem sie Objekte, die sich auf der Oberfläche befinden, sichtbar oder unsichtbar macht.[1] Sie stellt eine wohlüberlegte Auswahl bestimmter Perspektiven dar und ist damit ein von Macht und Ideologie nicht unabhängiges Fragment räumlicher Realitäten sowie eine Folie diskursiver Einschreibungen nicht-räumlicher Aspekte.[2]

Dabei spielt die Karte eine Mittlerrolle zwischen Gesellschaft und Raum. Sie kommuniziert, überträgt Bilder und stellt Möglichkeiten der Raumaneignung dar. Durch die Aneinanderreihungen von Linien, Symbolen und Zeichen werden Topografien, klimatische Bedingungen, vegetale Formationen und Bodennutzung schematisiert und strukturiert. Die Darstellung von Information in Form einer Karte kennzeichnet Grenzen und Zonen und unterstützt dadurch die Konstituierung territorialer Identitäten. Kartierung kann in diesem Sinn auch als ein Analyseinstrument gesellschaftlicher Verhältnisse eingesetzt werden.

Über den Raum zu arbeiten heißt, wenigstens zwei verschiedene Untersuchungsebenen anzuerkennen. Einerseits gilt es, ihn als konkreten oder auch materiellen Ort der Erfahrung, der Alltagspraxis, der Wahrnehmung und Aneignung durch die Menschen zu betrachten. Andererseits muss das Konzept von Raum, beispielsweise die Idee von Stadt und ihre Repräsentation in Vorstellungen und Bildern, im jeweiligen historischen Kontext untersucht werden. Diese beiden Ebenen, die materielle Umwelt und die Idee von Raum, sind nicht voneinander zu trennen. Sie beeinflussen sich gegenseitig und unterliegen einem ständigen Prozess der Veränderung. Kartierungen bieten die Möglichkeit, sich beiden Ebenen zu nähern. Durch die Übertragung von qualitativem und quantitativem Datenmaterial in die abstrahierte Form von Grafiken und Karten lassen sich Beziehungen innerhalb des Raumes sichtbar machen. Über diese Visualisierung hinaus bietet eine Kartierung außerdem die Möglichkeit, die dialektischen Prozesse zwischen der räumlichen Umwelt und dem Verhalten der Menschen zu analysieren, bzw. sie in einem gesellschaftlichen Kontext zu interpretieren.

Dabei ist zu bedenken, dass jede Art von Kartierung auf der Selektion und Abstraktion spezifischer Attribute beruht. Kartieren bedeutet, Maßstäbe anzulegen, Raster zu ziehen, Kategorien zu bilden. Kartieren ist aber auch eine Praxis der Übersetzung und Interpretation des jeweiligen Datenmaterials. Für den Einsatz von Karten in den Kultur- und Sozialwissenschaften sind daher Kombinationen von quantitativen und qualitativen Analysemethoden, vor allem aber die kritische Reflexion der Position des Analysierenden eine wesentliche Voraussetzung. Und das bedeutet schließlich auch, dass Karten, die in dem im Folgenden entworfenen Sinn zu einer Lesbarkeit komplexer Räume beitragen sollen, sich erst dann erstellen lassen, wenn narrative Elemente einbezogen werden, man sich ins Gelände gewagt und die Orte selber ergangen hat.

MIT DEM EINSATZ VON KARTEN in unseren kultur- und sozialwissenschaftlichen Forschungsprojekten verfolgen wir drei Ebenen der Untersuchung: a) Aufzählung und Lokalisierung, b) Beschreibung und Erklärung, c) Verstehen und Interpretation. Es ist eine Kombination der objektiven Beschreibung von Raumelementen und der subjektiven Reflexion der Repräsentation des Raumes und der Gesellschaft. Die Arbeit besteht darin, die Eigenheiten der sozial-räumlichen Elemente zu beschreiben, die logischen Strukturen zwischen ihnen lesbar zu machen und die Interpretation des jeweiligen Phänomens durch die sozialen Akteure aufzunehmen. Dieser Ansatz folgt der Methodologie der Triangulation, die eine Kombination von quantitativen und qualitativen Methoden beispielsweise in Form eines gleichwertigen Einbezugs diverser numerischer und beschreibender Daten vorsieht.[3] Neben statistischen Informationen, z.B. in Form von Karten und Grafiken, bilden ethnografische Analysen der Wahrnehmung und Aneignung des Raumes das grundlegende Datenmaterial.

Um die Fragmente einzelner, lokaler Beobachtungen des kollektiven Verhaltens zu verbinden, übertragen wir die gesammelten Daten in Karten, wie im Fall von räumlichen Tätigkeitskartierungen. Diese Methode besteht darin, auf dem detaillierten Grundriss eines Ortes mobile Objekte, sich aufhaltende Menschen und ihre Tätigkeiten während eines festgelegten Zeitraumes zu bestimmten Beobachtungszeitpunkten zu notieren.[4] Mit Hilfe dieser Aufzeichnungen lassen sich Register der Nutzungs- und Aneignungsformen, der Akteure und des Rhythmus eines Raumes erfassen.

In einigen Forschungen benutzen wir außerdem die Methode der Mental Maps, um die Wahrnehmung des Raumes durch die Akteure selbst zu verfolgen. Diese kognitiven Karten visualisieren den subjektiv erlebten Raum. Da Raumwahrnehmungen aber auch von gesellschaftlichen Vorstellungen und

1 Vgl. Jean-Jacques Bavoux, *La géographie. Objet, méthodes, débats*, Paris 2002, S. 94.

2 Vgl. Guy Di Méo, *Geógraphie sociale et territoires*, Paris 1998, S. 184ff.

3 Zum methodischen Ansatz der Triangulation in den Sozialwissenschaften vgl. U. Flick, *Qualitative Sozialforschung*, Reinbek bei Hamburg 2002.

4 Zum Einsatz der räumlichen Tätigkeitskartierungen in der Stadtforschung vgl. Gisela Welz, *Street Life*, Frankfurt/Main 1991, S. 55ff. und Kathrin Wildner, *Zócalo – Die Mitte der Stadt Mexiko. Ethnographie eines Platzes*, Berlin 2003, S. 28ff.

kulturellen Schemata beeinflusst werden, reflektieren die Mental Maps auch Orte, die mit kultureller Bedeutung aufgeladen sind.[5] Diese Art von Karten entsprechen nicht unbedingt dem offiziellen Blick, sondern vermitteln vielmehr, was durch die Interpretation der Akteure konstruiert ist und in der Interpretation durch die Forscher erneut rekonstruiert wird.[6] Eine Karte kann sich somit in ein Instrument der Interpretation verwandeln, mit der wir den bewohnten Raum oder anthropologischen Ort[7] reflektieren, in dem sich die häufig flüchtigen sozialen, kollektiven, kulturellen und politischen Alltagspraktiken lokalisieren lassen.

IM FOLGENDEN STELLEN WIR einige aktuelle Beispiele aus Mexiko für den Einsatz von Kartierungen in kultur- und sozialwissenschaftlichen Forschungen vor. Die Forschungsausschnitte beziehen sich auf drei verschiedene Maßstäbe: Auf dem regionalen Maßstab wird eine Protestkarawane durch mehrere mexikanische Bundesländer als politische Manifestation einer Gruppe betrachtet. Der urbane Raum bildet den Untersuchungsmaßstab für ein Forschungsprojekt, das mittels Kartierungen Einflüsse von Globalisierungsprozessen in Mexiko Stadt lokalisierte. Im dritten Abschnitt begeben wir uns schließlich auf den Maßstab eines konkreten Ortes im historischen Zentrum von Mexiko Stadt. Es wird gezeigt, wie die symbolische Aneignung von Raum durch bestimmte Interessengruppen – in diesem Fall eine politische Partei bei einer Wahlkampfveranstaltung – analysiert werden können. In einem letzten Beispiel wird ebenfalls auf der lokalen Ebene des Platzes die Methode der Mental Maps eingesetzt, um zu untersuchen, wie sich gesellschaftliche Narrative und Identitätskonstruktionen räumlich verorten. Gemeinsam ist diesen Forschungsprojekten die Frage nach den reziproken und dialektischen Effekten, die die Gesellschaft auf den Raum hat und umgekehrt. Unser theoretischer Ausgangspunkt ist das Konzept eines dynamischen und sozial konstruierten Raumes.

Der regionale Maßstab – die Karawane der EZLN

ABB. 1 zeigt eine politische Landkarte des Staates Mexiko. Die Bundesstaaten sind mit Hauptstädten und Hauptverbindungswegen eingezeichnet. Im südlichen Teil sind einige Orte hervorgehoben und namentlich gekennzeichnet. Sie sind miteinander verbunden und ergeben eine gewundene, kurvenreiche Linie, die in Las Cañadas im Bundesland Chiapas beginnt und in Mexiko Stadt endet. Diese Linie ist das Abbild eines Protestmarsches der EZLN (Ejercito Zapatista de Liberación Nacional, Zapatistische Armee der nationalen Befreiung) und Ergebnis einer interdisziplinären Untersuchung dieser politischen Aktion.

Zum politischen Hintergrund: In den frühen Morgenstunden des 1. Januar 1994 nahm eine Gruppe maskierter indianischer Ureinwohner oder »Indígenas«[8] einige Dörfer der Region Los Altos im mexikanischen Bundesstaat Chiapas ein. Sie nannten sich Ejercito Zapatista de Liberación Nacional (EZLN) und veröffentlichten die *Decleración de la Selva*, mit der sie sagten: »Es reicht! Wir kämpfen für Freiheit, Gerechtigkeit und Würde. Wir bereiten uns darauf vor, die Hauptstadt zu erreichen.« Am folgenden Tag begannen bewaffnete Auseinandersetzungen mit dem nationalen Militär, die zwölf Tage lang dauerten – bis die Regierung als Reaktion auf die zahlreichen friedlichen Demonstrationen in den größten Städten des Landes per Dekret einen einseitigen Waffenstillstand und eine generelle Amnestie verlautbarte. Während der folgenden sieben Jahre entstand eine zwischen der Selva, der abgeschiedenen und unzugänglichen Region des Regenwaldes, und der Hauptstadt, den Rebellen, der Regierung und der Zivilgesellschaft eine konfliktreiche, aber auch konstruktive Auseinandersetzung über Rechte der Ureinwohner, kulturelle Selbstbestimmung und über die regionalen Auswirkungen des Neoliberalismus. Von Sympathisanten der politischen Bewegung und Unterstützern der EZLN wurden Dutzende von politischen Aktionen sowohl in den ländlichen Provinzen als auch in den Städten veranstaltet, um eine friedliche Lösung des Konflikts zu finden. Eine dieser Aktionen war der »Marsch für die Würde der Ureinwohner« (Marcha por la dignidad indígena), der am 24. Februar 2001 in Chiapas startete und am 5. April Mexiko Stadt erreichte. Die Karawane legte in 14 Tagen 3.000 km zurück, durchquerte 12 Bundesstaaten und nahm an 33 politischen Veranstaltungen teil, bevor der Zug in der Hauptstadt ankam. Der Marsch wurde von fast 3.000 Menschen in Privatautos und Reisebussen begleitet.

Als Teil einer interdisziplinären Untersuchung dieses politischen Phänomens und seiner Bedeutung für die mexikanische Realität verfolgten wir die Ereignisse rund um die Karawane mittels verschiedener wissenschaftlicher Instrumente.[9] Wir erstellten eine Chronologie der Ereignisse, registrierten die Aktivitäten und Veranstaltungen, die jeweiligen Diskussionen der beteiligten Akteure und Organisationen sowie den gesellschaftlichen und politischen Kontext. Darüber hinaus untersuchten wir die materiellen, menschlichen, politischen und sozialen Ressourcen, die eingesetzt wurden, und interpretierten sie in Bezug auf Allianzen und

5 In den fünfziger Jahren stellte Kevin Lynch fest, dass die Ordnung und Komposition des städtischen Raumes aus sichtbaren Elementen (Straßen, Plätze, Brücken und Gebäuden) und unsichtbaren Elementen (Grenzen, Knotenpunkten und Wegen) besteht. Um auch die unsichtbaren Elemente zu erfassen, fragte Lynch Bewohner/innen verschiedener Städte nach ihren mentalen Karten (Mental Maps) der Stadt (vgl. Kevin Lynch, *Das Bild der Stadt*, Frankfurt/Main 1975). In den achtziger Jahren untersuchten Roger Downs und David Stea, wie das menschliche Gehirn die Umwelt erkennt, kodiert und interpretiert. Sie beschreiben den Vorgang des kognitiven Kartierens als einen Prozess, in dem sich zeigt, wie eine Person die organisierte Repräsentation ihrer alltäglichen räumlichen Umgebung darstellt (vgl. Roger Downs, David Stea, *Kognitive Karten. Die Welt in unseren Köpfen*, New York 1980). Armando Silva unterscheidet zwischen einer physischen Kartografie, wie sie in technischen Karten und Stadtplänen dargestellt wird und einer symbolischen Kartografie, in denen das urbane Territorium mit persönlicher Erinnerung und mit kulturellen Symbolen assoziiert wird (vgl. Armando Silva, *Imaginarios Urbanos – Cultura y comunicación urbana en América Latina*, Bogotá 1992, S. 60ff.).

6 Siehe in diesem Zusammenhang Arbeiten zur Bedeutung des interpretativen Ansatzes und der hermeneutischen Analyse, vgl. John B. Thompson, *Ideology and Modern Culture*, Stanford 1990.

7 Ein anthropologischer Ort ist laut Marc Augé ein Ort, der durch die Menschen bestimmt ist, die dort leben, arbeiten, seine Zeichen und Grenzen festlegen. An diesen Orten verdichtet sich administrative, religiöse, juristische und politische Macht, die in die Orte inskribiert ist. Augé spricht in diesem Zusammenhang von einem »räumlichen Dispositiv«, welches die Identität einer Gruppe zum Vorschein bringt (vgl. Marc Augé, *Orte und Nicht-Orte. Vorüberlegungen zu einer Ethnologie der Einsamkeit*, Frankfurt/Main 1994, S. 53ff).

8 Mit dem Begriff »Indígena« werden alle ethnischen Gruppen der »indianischen Ureinwohner« Mexikos bezeichnet. Dieser Begriff grenzt sich von dem negativ konnotierten Begriff »Indianer« ab und ist gleichzeitig ein strategischer Begriff im Kampf für die Anerkennung der politischen und kulturellen Rechte aller noch stets marginalisierten ethnischen Gruppen. Auf der nationalen Ebene ist der »Congreso Nacional de Indígenas« das politische Organ dieser Gruppierungen.

9 Für eine detaillierte Beschreibung der Forschung vgl. Sergio Tamayo und Xóchitl Cruz-Guzmán, »Urban Imaginaries and Perceptions of the EZLN in México City«, in: *Monopolis, Globalization and Urban Studies, sinn-haft* 14–15 LV, Wien 2003.

Oppositionen, die sich rund um die soziale Bewegung formierten. Schließlich analysierten wir das öffentliche Meinungsbild mittels einer Umfrage, die von nationalen Tageszeitungen initiiert worden war.

Ein Fokus der Untersuchung lag auf den Orten des Marsches, die eine fundamentale Bedeutung für die politische Strategie der Bewegung hatten. Die Bestimmung der Strecke und der Stationen von der Zone der Las Cañadas bis nach Mexiko Stadt war ein zentraler Aspekt der Mobilisierung. Die Karawane begann mit einer Versammlung am Ausgangspunkt des zapatistischen Aufstandes. Während des Weges hielt die Karawane, den politischen Forderungen der Bewegung folgend, an weiteren symbolischen Orten und machte strategische Stopps, an denen Treffen mit lokalen Gruppierungen organisiert waren. Die Auswahl der Stationen war abhängig von konkreten logistischen Aspekten: Eine Vielzahl von lokalen Ressourcen und Mitteln wurden benötigt, um die Effektivität der Veranstaltungen und den sicheren Aufenthalt der Kommandanten und der gesamten Karawane an jedem Ort zu garantieren. Die einzelnen Stopps der Route verweisen aber auch auf eine spezifische Interpretation der nationalen Politik und Geschichte durch die Organisatoren der Karawane. Es wurden konkrete Punkte mit einer politischen Bedeutung ausgesucht, z.B. zivile und kommerzielle Zentren indianischer Gemeinden (San Cristobal de las Casas in Chiapas, oder Orizaba, Puebla und Tehuacán). Viele dieser Städte sind durch Konservativismus und Rassismus gegenüber den Indígenas oder gar durch sie bedrohende paramilitärische Gruppen bekannt. Unter den Orten der Strecke waren aber auch solche, die sich durch eine ethnische Dominanz auszeichnen (Ixiquilpan, Nurio und Temoaya) oder eine Tradition im sozialen Kampf haben (wie Juchitán). Andere waren historische Orte, z.B. jene, in denen das Leben von Emi-

1 _ Die Route des Marches der EZLN, März 2001
_ Route of the march of the EZLN, March 2001

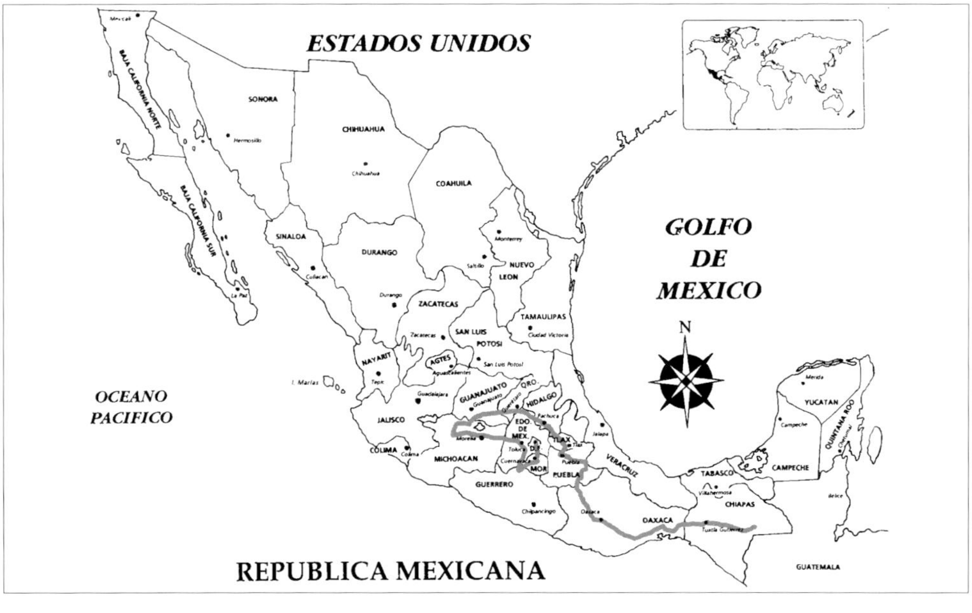

liano Zapata – dem legendären Bauernanführer der Revolution von 1910 – von Bedeutung war (Anenecuilco, Chinameca, Tlaltozapán, Milpa Alta y Xochimilco). Die Auswahl dieser Stationen und der direkte Bezug zu den historischen Ereignissen, zeichnete die EZLN als eine Armee der zapatistischen Tradition aus. Und wieder andere Orte funktionierten als eine Form der Etablierung direkter Kommunikation zwischen den Comandantes der zapatistischen Revolution mit der Zivilgesellschaft und linken Gruppierungen.[10] Schließlich erreichte der Marsch Mexiko Stadt, das politische Zentrum des Landes. Hier wurde die Karawane von einer großen sympathisierenden Demonstration empfangen, in der die politische Bewegung der Stadt gemeinsam mit den Beteiligten der Karawane ihre kritische Position gegenüber der Regierung offenbarte.

Durch die Ebenen, Hügel und Berge Mexikos zog sich eine lange, gewundene Prozession. Die Menschenkarawane bewegte sich wie ein riesiges Reptil in Schlangenlinien und Kurven durch das Land, um an jeden der vorgesehenen Orte zu gelangen und dort jeweils ein großes Spektakel zu veranstalten. Im topografischen Raum verschmolzen die einzelnen Positionen zu einer Einheit.[11] Auf der Karte sind die Orte gekennzeichnet und verweisen auf ein lokales »Hier«. Die Karte verbindet dadurch Punkte, die mit unterschiedlichen Bedeutungen belegt sind, aber durch das symbolische Ereignis und dessen soziale Repräsentation zusammengeführt werden.[12] Der Marsch war eine politische und historische Begebenheit, ein Durchreisen von Pfaden, die sich an bestimmten Knotenpunkten berührten und so räumlich ein geografisches, soziales und kulturelles Netz konstituierten. Jeder lokale Stopp – mit den jeweiligen sozialen Interaktionen, den Feierlichkeiten der Versammlungen, spontanen Demonstrationen oder Massenaufläufen, aber auch mit den Hindernissen, die den Weg manchmal verlangsamten – beeinflusste das Bild der gesamten Karawane. So gab jeder dieser Orte der politischen Bewegung einen eigenen Impuls und war gleichzeitig mit dem gesamten Ereignis durch die soziale Masse und die politische Kraft verbunden. Der gewundene Weg, der auf die Heterogenität der unterschiedlichen Interessengruppen verweist, beschreibt aber auch eine komplexe Einheit der politischen Bewegung und konsolidiert somit ihre Identität.

Dieses Beispiel zeigt die interpretativen Möglichkeiten der topografischen Kartierung einer politischen Manifestation. In der Visualisierung der Route auf der Landkarte wird die Komplexität des Ereignisses deutlich: Die spezifische Verbindung der einzelnen Orte zu sozialen und politischen Knotenpunkten kann als die Manifestation einer

10 Im mexikanischen Bundesstaat Guerrero verübte beispielsweise das EPR (Ejercito Popular Revolucionario) Anschläge auf militärische Einrichtungen. Trotz großer Unterschiede zwischen den beiden Guerillagruppen betonte der Subkommandante Marcos, Sprecher der EZLN, seine Sympathie mit diesen militanten Gruppierungen und warnte die Regierung vor dem Risiko neuer bewaffneter Kämpfe, wenn es keine politischen Lösungen gäbe.

11 Mit der Verwendung des geografischen Begriffs »Topografie« beziehen wir uns auf die strukturellen Ausmaße und geografischen, geologischen Bedingungen des Raumes. Im Weiteren verstehen wir unter Topografie aber auch Aspekte der Wahrnehmung, Aneignung und Repräsentation des Raumes. Eine Topografie des regionalen Raumes meint daher auch das an den einzelnen Punkten verortete kulturelle Wissen der Menschen, die den spezifischen Ort beleben oder über ihn sprechen. Vgl. z.B. Robert Rotenberg, Gary McDonogh (Hrsg.), *The Cultural Meaning of Urban Space*, Westport, London 2003, S. XI–XIX.

12 Zur Bedeutung von symbolischen Ereignissen und deren sozialer Repräsentation vgl. z.B. Di Meo, a.a.O., S. 185.

regierungs-kritischen Position und politischen Identität innerhalb der Republik Mexiko gelesen werden. Die Karte des Marsches ist in diesem Sinn auch ein Symbol für die politische Bewegung.

Der urbane Maßstab – Mexiko Stadt

Das zweite Beispiel betrifft die metropolitane Zone der Stadt Mexiko. Auf einem Stadtplan wurden die Monumente moderner Architektur verortet.[13] Diese verteilen sich vom Zentrum der Stadt entlang zweier Achsen in südlicher und südwestlicher Richtung. Die Achsen entsprechen zwei wichtigen Hauptstraßen: dem Paseo de la Reforma und der Avenida de Insurgentes. Als Form ergibt sich ein Dreieck mit dem historischen Zentrum als Scheitelpunkt und den beiden Verkehrsstraßen als Seitenlinien.

In diesem Fall ist die Kartierung Teil eines Forschungsprojekts über globale Transformationsprozesse und deren Manifestation im urbanen Raum.[14] Die Entwicklung und die Organisation von städtischem Raum steht anerkanntermaßen in engem Zusammenhang mit ökonomischen, sozialen und politischen Transformationsprozessen auf globaler Ebene.[15] Theoretikern der Globalisierung zufolge tragen vor allem Wachstum und Technologieentwicklung einer globalen Ökonomie zu einer tiefgreifendenVeränderung der Städte bei, was zu einer neuen Geografie urbaner Konglomerate führt.[16] Laut Saskia Sassen gibt es heute keine direkte Verbindung mehr zwischen geografischer Einheit und urbaner Zentralität.[17] Die Stadt ist nicht mehr notwendigerweise der Konzentrationspunkt des Hinterlandes, sondern einzelne Städte nehmen spezifische Funktionen in einem globalen Netz von Weltstädten ein. Auf der lokalen Ebene zeigen sich die Folgen globaler Transformationsprozesse in der räumlichen Ordnung. Lange Zeit war das städtische Zentrum gleichbedeutend mit der Innenstadt. Heute kann das Zentrum verschiedene geografische Formen annehmen: Es gibt zentrale Geschäfts- und Büroviertel im Sinne einer »City« oder eines »Central Business Districts«, aber auch Knotenpunkte intensiver Geschäftstätigkeit, die nahezu überall im Stadtgebiet lokalisiert sein können.[18] Diese neu entstehenden urbanen Gebilde werden mit dem Begriff der »neuen Zentralität« beschrieben.[19]

Auch in Mexiko Stadt spiegeln sich globale Entwicklungen wider, die als Formen dieser »neuen Zentralität« gelesen werden können. Oscar Terrazas verfolgt derartige Prozesse mittels einer Analyse von Statistiken hinsichtlich urbaner Aktivitäten. So erfasst er etwa Daten zur Bodennutzung, zu den Grundstückspreisen, Hauptsitzen der Finanz-, Wirtschafts- und Kulturinstitutionen und täglichen Verkehrsströmen der Stadtbewohner. In der Übertragung dieser Daten auf einen Stadtplan zeigte sich deutlich, dass das urbane System längst nicht mehr durch das alte historische Zentrum geprägt ist, sondern sich seit den achtziger Jahren Achsen der Zentralität herausgebildet haben, die sich bis in die Peripherie der Stadt ausdehnen. Terrazas spricht von der zusammengesetzten Form eines weitläufigen Netzes von Achsen, die territorialen und funktionalen Hierarchien unterliegen. Neue Zentren dieser Art sind in Mexiko Stadt demnach Orte, die Funktionen eines »Central Business Districts« (CBD) oder eines Technologieparks übernehmen und zu städtischen »Archipelen der Moderne« werden.[20]

Eine Arbeitsgruppe um den Anthropologen Nestor García Canclini untersuchte die räumlichen Entwicklungen Mexikos im Hinblick auf die kulturelle Ausstattung der

Stadt.[21] Anhand einer Lokalisierung von Kulturinstitutionen und anderer Einrichtungen des kulturellen Konsums wie Kinos und Buchgeschäften sowie einer Befragung der Stadtbewohner/innen bezüglich ihrer kulturellen Praktiken erstellten die Kulturwissenschaftler eine Kartierung, die auf eine zunehmende Dezentralisierung des urbanen Raumes verwies. Bei dieser Studie zeigte sich, dass mit dem Wachstum der Stadt und der Entwicklung der Kulturindustrie eine Verlagerung kultureller Einrichtungen einhergeht, welche nicht mehr wie zuvor auf das historische Zentrum konzentriert sind. Das Gebiet entlang der alten Prachtstraße Paseo de la Reforma bietet ein Beispiel für diese Entwicklung. Sie bildet eine Achse, entlang der sich Orte des Konsums kultureller Ereignisse konzentrieren. Zwischen dem Alameda Park und dem Chapultepec Park gibt es die meisten Kinos, Theater, Museen, Bars etc. Der Paseo de la Reforma verbindet in seiner Fortführung den finanzstarken Stadtteil Polanco und das neu erschlossene Einkaufs- und Bürozentrum Santa Fé. In Richtung Süden hat sich eine Achse herausgebildet, die das Intellektuellen- und Künstlerviertel Coyoacan bis hin zum Campus der Universität verbindet. Die mehrspurige Verkehrsachse Avenida Insurgentes wird im südlichen Teil von modernen Bürokomplexen, attraktiven Wohngebieten und kommerziellen Zentren gesäumt, bis sie auf die Stadtautobahn Periférico stößt, die wiederum neue Bildungs- und Technologiezentren an der ehemaligen Peripherie erschließt.

In der Kartierung der modernen Architektur und der urbanen und kulturellen Aktivitäten manifestieren sich spezifische Zonen, die auf Strukturen eines sich verändernden Stadtraums hinweisen. Die Karten sind in diesem Fall ein Mittel, die Transformation des urbanen Raumes zu interpretieren und in Beziehung mit Globalisierungsprozessen zu untersuchen.

Der lokale Maßstab – der Zócalo

Der lokale Maßstab bezieht sich auf einen konkreten Ort, einen absoluten Punkt im physischen Raum, an dem sich ein Akteur, ein Ereignis oder ein Ding wiederfindet. In der Regel sind es architektonische

13 Dieses Datenmaterial beruht auf einer Umfrage auf der Internetseite der Vereinigung Arquitectura Mexicana im Jahr 1997. Vgl. http://www.geocities.com/SoHo/Studios/8014 und auf der Ermittlung der »Werke des Monats« (1973–1996) der mexikanischen Architekturzeitschrift *Obras*.

14 Vgl. Kathrin Wildner und Sergio Tamayo, »Orte der Globalisierung. Eine architektonische und ethnologische Bestandsaufnahme der Stadt Mexiko«, in: *asien afrika lateinamerika*, Vol. 30, S. 1–18.

15 Zu den Zusammenhängen von Stadtentwicklung und Globalisierung vgl. u. a. John Eade (Hrsg.), *Living the Global City. Globalization as a Local Process*, London und New York 1997; Peter Marcuse, Ronald van Kempen (Hrsg.), *Globalizing Cities. A new spatial Order?*, Oxford 2000; Saskia Sassen, *The Global City*, New York, London, Tokio, Princeton 1991.

16 vgl. Saskia Sassen, »Über die Auswirkungen der neuen Technologien und der Globalisierung auf die Städte«, in: Dirk Matejekovski (Hrsg.), *Metropolen – Laboratorien der Moderne*, Frankfurt/Main 2000, S. 29–51.

17 ebd. S. 33.

18 ebd. S. 35.

19 Zur Entwicklung der »neuen Zentralität« in Mexiko Stadt vgl. Oscar Terrazas, *Centralidad metropolitana, transformación y conflicto*, Azcapotzalco 1999; Christof Parnreiter, »Mexico City. The Making of a Global City?«, in: Saskia Sassen (Hrsg.), *Cities in their Crossborder Networks*, Tokio 2000.

20 Vgl. Sergio Tamayo, »Archipiélagos de la modernidad urbana. Arquitecturas de la globalización en la Ciudad de México«, in: *Anuarios de Espacios Urbanos*, 2001.

21 Vgl. Nestor García Canclini, Mabel Piccini, »Culturas de la Ciudad de México. Símbolos colectivos y usos del espacio urbano«, in: Nestor García Canclini (Hrsg.), *El Consumo Cultural en México*, Mexiko Stadt 1993, S. 43–86.

Elemente oder »landmarks«. Lucy Lippard beschreibt die Grundeigenschaft eines Ortes als Kreuzungspunkt zwischen Natur, Kultur, Geschichte und Ideologie. Er ist zeitlich und räumlich durch persönliche Erinnerungen und durch bekannte oder unbekannte Geschichten bestimmt.[22] Durch die Einschreibung individueller und kollektiver Erinnerungen wird er zu einem Gedächtnis- oder Erinnerungsort.[23] Gerade Städte, die durch materielle Überlagerungen und Schichtungen gekennzeichnet sind, haben oftmals eine Vielzahl derartig markierter Orte. Der Zócalo ist dafür ein Beispiel.

Dabei handelt es sich um den Hauptplatz im historischen Zentrum von Mexiko Stadt. Dort errichteten die Spanier im 16. Jahrhundert nach der Eroberung der Stadt über dem zerstörten Zeremonialzentrum der Azteken ihre Repräsentationsgebäude: die Kathedrale auf den Tempelruinen, den Vizekönigspalast auf dem Palast des letzten Herrschers. Die Freifläche dazwischen, der Platz außerhalb der ehemaligen Tempelmauern, wurde zum neuen Machtzentrum der Kolonialstadt. Bis zum Anfang des 20. Jahrhunderts war der Zócalo das funktionale Zentrum der Stadt. Mit dem immensen urbanen Wachstum in der zweiten Hälfte des 20. Jahrhunderts entstanden neue funktionale Zentren in der metropolitanen Zone, so dass der Zócalo als Stadtmittelpunkt und mythologischer Ursprungsort zunehmend eine symbolische Bedeutung bekam. Nachdem Ende der fünfziger Jahre die alte Parkanlage des Platzes betoniert wurde, ist seine Mitte eine karge 240 × 240 Meter große Fläche. Die physische Leere eröffnet einen Raum für die Besetzung mit Symbolen, Demonstrationen der Macht und Erzählungen. Der öffentliche Ort wird so immer wieder neu konstruiert, begrenzt, bestimmt und definiert. In unserem Fall bildete er das Feld für zwei Forschungsprojekte, bei denen verschiedene Arten von Kartierungen eingesetzt wurden, um seine Komplexität zu verstehen. Ein Aspekt von öffentlichen Räumen wie dem Zócalo ist die temporäre Aneignung durch verschiedene Benutzergruppen.

IM RAHMEN eines Beobachtungsexperiments diente ein Zimmer im Hotel »Majestic« mit direktem Blick auf den Zócalo für 24 Stunden als ein Beobachtungspunkt für eine räumliche Tätigkeitskartierung.[24] Die Auswertung der in diesem Zeitraum erstellten Beobachtungsnotizen, Foto-, Ton- und Filmaufnahmen zeigten, dass der Zócalo einen spezifischen Tagesrhythmus hat. Diverse Akteure und Gruppen besetzen zu bestimmten Zeiten konkrete Stellen: Frühmorgens kommen die Arbeit suchenden Tagelöhner und lassen sich, auf Angebote wartend, am Zaun der Kathedrale nieder. Die ersten Straßenhändler mit Kakao, Kaffee und Frühstücksgebäck bereiten sich auf den Ansturm an den Metroausgängen vor. Zunächst vereinzelt, dann in zunehmendem Fluss tauchen Passanten und Arbeiter aus den Untergrundstationen auf. Der Verkehr auf den Straßen schwillt an. Gegen neun Uhr, mit den ankommenden Reisebussen voller internationaler Touristen, bauen die Souvenirhändler ihre Stände auf. Etwas später kommen auch die mobilen Händler von Musikkassetten, Elektrogeräten und Tand. Der Nachmittag ist die Zeit der Einkäufer und Spaziergänger, auf der Betonfläche rennen Kinder hinter glitzernden Flummis her oder lassen kleine Plastikdrachen steigen. Zu dieser Tageszeit gibt es regelmäßig Demonstrationen vor dem Nationalpalast oder Rathaus. Um 18 Uhr gibt es ein von vielen Passanten beachtetes militärisches Fahnenritual in der Mitte der Freifläche. Ist der Platz am Tag in ständiger Bewegung und voller Menschen, wird es bei Einbruch der Dunkelheit gegen 20 Uhr merklich ruhiger. Nur die lauten Trommeln der Anhänger aztekischer Tänze schallen von den Gebäuden zurück und lassen den Zócalo wie einen geschlossenen Raum wirken. Nach Betriebsschluss der Metro um 24 Uhr gibt es kaum noch Passanten. Nur vereinzelte Autos umfahren den Platz, so dass man bei Sonnenaufgang sogar Vogelzwitschern hören kann.

Aus diesen deskriptiven Kartierungen ergab sich eine Strukturierung des urbanen Raumes nach seinen spezifischen Aneignungsformen. Bei der Auswertung des Materials fiel auf, dass es zentrale Knotenpunkte gibt, wie etwa die Metrostationen oder der Fahnenmast, die als Orientierungs- und Treffpunkt fungieren. Es gibt Zonen der Straßenhändler wie den Gehweg vor der Kathedrale oder den kleinen Seitenplatz vor dem Museum Templo Mayor. Mittels der Tätigkeitskartierungen lassen sich räumliche Strukturen des Platzes, spezifische Alltagspraktiken, und der jeweilige Tagesrhythmus der Akteure charakterisieren.

IN EINEM ANDEREN PROJEKT führten wir im Juni 2000 auf dem Zócalo eine stadtethnografische Untersuchung der Wahlkampfveranstaltungen der drei größten politischen Parteien PRI, PRD und PAN zu den Präsidentschaftswahlen 2000 durch.[25] Ein Ziel war es, unter Anwendung der Situationsanalyse,[26] die kollektive Aneignung des öffentlichen Raumes durch urbane Multituden zu erforschen.[27] Die Analyse bezog sich auf drei Untersuchungsebenen: die räumliche Situation, die beteiligten Akteure und den politischen Kontext. Als Beispiel dient hier die Wahlkampfabschlussveranstaltung der konservativen Oppositionspartei PAN mit dem

22 Vgl. Lucy Lippard, *The Lure of the Local. Senses of Places in a Multicentered Society,* New York 1997, S. 9.

23 Vgl. Maurice Halbwachs, *Das kollektive Gedächtnis*, Frankfurt/Main 1991.

24 Das hier beschriebene Beobachtungsexperiment ist Teil der Feldforschung, die Kathrin Wildner von August 1996 bis November 1997 in Mexiko Stadt durchführte. Vgl. Wildner, *Zócalo – Die Mitte der Stadt Mexiko*, a.a.O.

25 Die PRI – Partido de la Revolución institucionalizado (Partei der institutionalisierten Revolution) – war für 79 Jahre die regierende Staatspartei Mexikos. Die linksliberale Oppositionspartei PRD – Partido de la Revolución democratica – gründete sich nach dem Wahlbetrug 1988, mit dem sich die PRI an der Macht hielt. Die PAN – Partido de Acción Nacional –, eine Partei mit rechts-konservativen und neoliberalen Zielen, löste schließlich bei den Wahlen 2000 die Herrschaft des »Dinosauriers« PRI ab.

26 Die Situationsanalyse ist eine ethnografische Methode, die zur Erforschung von komplexen urbanen Situationen entwickelt wurde. Ausgehend von einem spezifischen sozialen oder kulturellen Ereignis werden die räumlichen Bedingungen, sozialen Interaktionen und kognitiven Interpretationen der Beteiligten sowie der gesellschaftliche Kontext der Situation untersucht. Vgl. Ulf Hannerz, *Exploring the City,* New York 1980; J. Clyde Mitchell, *Cities, Societies and Social Perception,* Oxford 1987; Alisdair Rogers und Steven Vertovec (Hrsg.), *The Urban Context – Ethnocity, Social Networks and Situational Analysis,* Oxford 1995.

27 Das Projekt wurde von einem Team aus zwölf Forschern diverser Disziplinen realisiert, die wir in interdisziplinäre Arbeitsgruppen aufteilten und jeder einzelnen einen bestimmten Ort während des Ereignisses auf dem Zócalo zuwiesen. Jedes Team hatte zur Aufgabe, die Situation aus seiner Perspektive zu beschreiben. Hierbei waren fünf Kategorien der Beobachtung vorgegeben, die sich auf die Ausstattung des Raumes mit audio-visuellem Equipment, die visuellen Symbole der Besucher und Parteien, das Verhalten der Masse, die Interaktion zwischen Publikum und Rednern und die in den Reden angesprochenen Diskurse bezogen. Die Mechanismen der Informationsbeschaffung waren: beobachten und notieren, anlegen von Zeit- und Raumregistern, anfertigen von räumlichen Skizzen, fotografieren, erstellen von Listen der Transparentsprüche und Parolen, Sammeln von Propagandamaterial und Kurzinterviews mit Beteiligten vor und nach dem Ereignis. Die dichten Beschreibungen und ethnografischen Berichte der einzelnen Gruppen wurden miteinander verglichen und die Erfahrungen kollektiv diskutiert. In die Auswertung wurden die erstellten Karten, die Kurzbeschreibungen der spezifischen Situationen, eine Auswahl der Fotos, die Interviewtranskriptionen und eine Presseanalyse einbezogen.

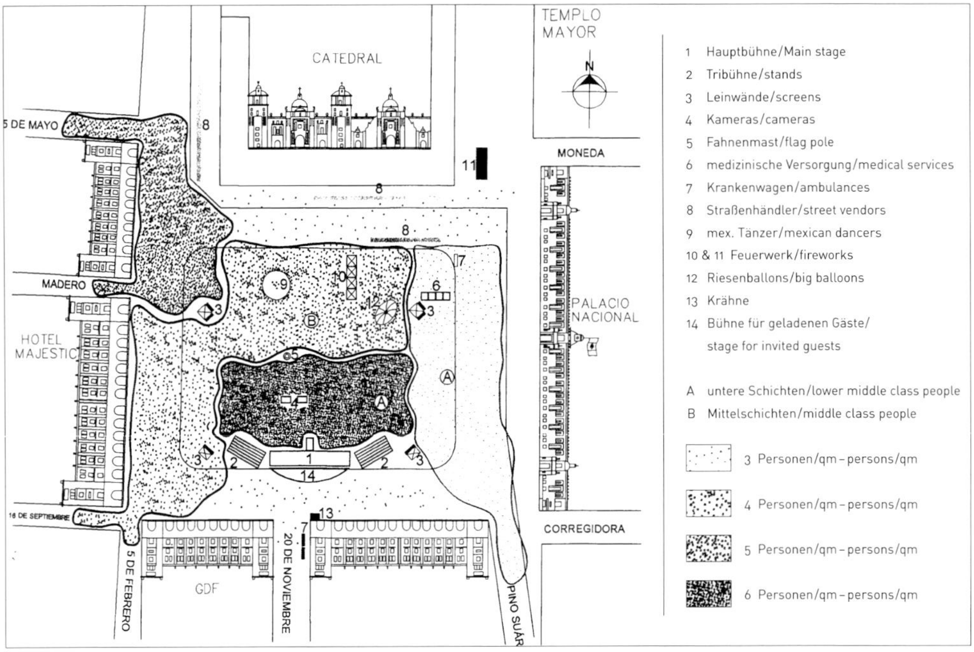

2 _ Physische und soziale Aneignung des Platzes Zócalo bei der Wahlkampfveranstaltung der Partei PAN, 24. Juli 2000
_ Physical and social appropriation of the place Zócalo at the election campaign of the PAN party, 24 July 2000

Präsidentschaftskandidaten Vincente Fox. Obwohl die Anzahl der Beteiligten bei allen drei Parteiversammlungen ähnlich hoch war (zwischen 160.000 und 180.000 Menschen), erregte die der PAN größte Aufmerksamkeit.

Schon seit dem frühen Nachmittag des 24. Juni sammelten sich die Menschenmassen aus allen Teilen der Republik an architektonischen Marksteinen wie dem Paseo de la Reforma, dem Angel de la Independencia, der Skulptur der Jägerin Diana, dem Monument von Cuauhtémos – der historischen Figur des Widerstandes gegen die spanischen Eroberer – und dem Palast Bellas Artes am Alameda Park. Der Zócalo war bereits vier Stunden vor dem eigentlichen Beginn der Veranstaltung voller Menschen.

Mittels einer Kartierung des Platzes, seiner räumlichen Aufteilung, der Verortung der physischen Objekte und des Publikums lassen sich die minutiös geplanten Ereignisse nachvollziehen (ABB. 2). Die Bühne war mit Blick auf die Kathedrale aufgebaut und bildete so eine virtuelle Achse der ideologischen Verbindung (die Partei PAN ist Mitglied der internationalen Christdemokraten). Gleichzeitig kehrte die nach hinten geschlossene Konstruktion dem Rathaus – hier regierte die sozialdemokratische PRD – den Rücken zu. Zur rechten, geöffneten Seite lag der Nationalpalast, der Ort, an dem Organisatoren und Publikum ihren Kandidaten schon bald als Präsidenten wähnten.

Die Zonen vor der Bühne waren von populären Gruppen und enthusiastischen Parteianhängern besetzt. Von dort aus war bis zum Fahnenmast in der Mitte des Platzes ein Durchkommen unmöglich. Im Osten vor dem Nationalpalast lockerte sich die Masse ein wenig, aber im Westen in Richtung einiger Straßenzugänge drängten die Massen der eintreffenden Demonstrationszüge zur Unterstützung des Kandidaten auf den Zócalo. Die Farben der Partei schmückten den ganzen Platz, überall waren Banner und die Nationalfahne gehisst. Außerdem waren mehrere Lautsprechertürme und riesige Leinwände verteilt. Über allem schwebten Ballons, Zeppeline und kreisende Hubschrauber. In den Fenstern und auf den Dachterrassen der anliegenden Luxushotels drängten sich Parteianhänger der gehobenen Klassen und wurden von den Menschen auf dem Platz beobachtet. Soziale Grenzen manifestierten sich hier als räumliche Grenzen. Und doch war es auch ein nationales Fest: Familien mit blonden Haaren, dunkelhäutige Familien, Kreolen und Mestizen vereint in der Begeisterung für die konservative Partei. Autohupen, Parolen, Rufe und Musik erfüllten den Platz. Gegen Abend ging das Licht der untergehenden Sonne über in eine beeindruckend inszenierte Beleuchtung durch Scheinwerfer und Feuerwerke. Das Ritual eines politischen Aktes wurde zu einem Multimediaspektakel, bei dem die politische Essenz zugunsten eines interaktiven Unterhaltungsprogramms in den Hintergrund zu rücken schien. Aus der Beschreibung der Raumaufteilung während der Veranstaltung ergibt sich ein Übergang zu einer hermeneutischen Analyse des Ereignisses, in der sich zeigt, wie physischer und sozialer Raum sich bedingen – und umgekehrt. Der konkrete Ort Zócalo hat großen Einfluss auf die Art, wie sich Gruppen organisieren und verhalten. Seine physische Begrenzung und die umliegenden Gebäude bestimmen das politische und soziale Verhalten der Teilnehmer. Es wird gleichzeitig deutlich, wie die Wahrnehmung des Ortes durch die Wahrnehmung des politischen Aktes bedingt ist. Der durch Parteien und Sympathisanten politisch angeeignete physische Raum funktioniert wie ein Symbol des politischen Raumes.

Vergleicht man die Wahlkampfveranstaltungen der beiden anderen Parteien, die sich zwar in der großen Anzahl der Beteiligten ähnelten, in Aufbau und Nutzung des Platzes jedoch völlig unterschiedlich waren, wird noch deutlicher, welche Bedeutung die räumliche Aneignung hat und wie sehr sie Ausdruck des politischen Programms und seiner Ideologie ist. Die Partei PRI installierte das relativ hohe, aber offene Rednerpodest beispielsweise direkt vor dem Nationalpalast – dem Regierungssitz des noch amtierenden Präsidenten der PRI – und stellte ihm eine große Showbühne für das kulturelle Spektakel an die Seite. Bei der Abschlussveranstaltung der PRD gab es mehrere sehr niedrige offene Bühnen, die auf dem Platz zwischen den Menschenmassen verteilt waren und sich mit Blick auf das Rathaus orientierten. Diese Anordnung ließ sich mit einer demokratischen Einstellung assoziieren. Jeder schien die Bühnen betreten zu können – und tatsächlich waren sie immer voller Menschen. Auch wurden die jeweiligen Redner nicht durch besondere visuelle Attribute hervorgehoben.

Diese Untersuchung der Wahlkampfveranstaltungen auf dem Zócalo zeigte die dynamische Verbindung von physischem Raum und sozialer Interaktion, Repräsentation und diskursiver Praxis. Mittels detaillierter Kartierung der Aufbauten und Objekte ließen sich die jeweiligen politischen Diskurse kontextualisieren und im lokalen Raum verorten. Die Verbindung der ethnografischen und räumlichen Analyse in Form der Situationsanalyse bietet demnach Möglichkeiten, die unterschiedlichen Formen des kollektiven Verhaltens zu interpretieren.

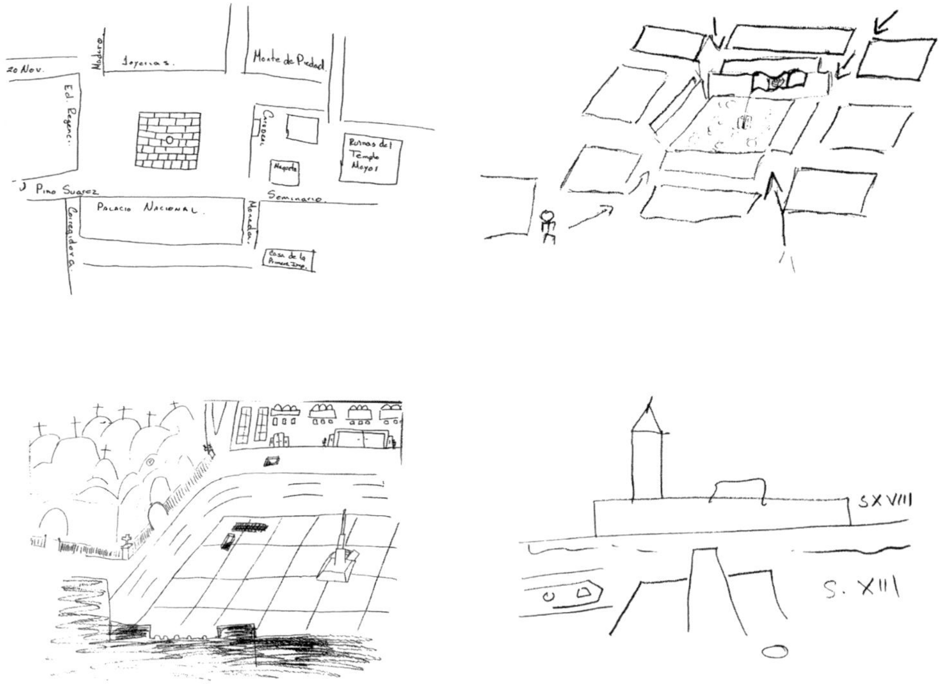

3–6 _ Mental Maps des Zócalo
_ Mental Maps of the Zócalo

DIE LETZTEN ABBILDUNGEN (ABB. 3–6) schließlich zeigen eine weitere Art kartografischer Darstellungen. Sie erinnern an Gedankenskizzen oder Wegbeschreibungen, auf denen die Gebäudefragmente und Straßenzüge mit einzelnen architektonischen Elementen und Symbolen wie der Kathedrale, dem Nationalpalast oder Fahnenmast zu erkennen sind. Manchmal, wenn auch selten, tauchen einzelne Menschen auf oder verweisen Worte auf mögliche Aneignungsformen und Aktivitäten. Diese Karten sind Visualisierungen zentraler Orientierungspunkte und subjektiver Wahrnehmung des Raumes. Im Rahmen eines ethnografischen Feldforschungsprojektes wurde der Hauptplatz von Mexiko Stadt als Identität stiftendes Zentrum der Metropole untersucht.[28] Ziel war es, die vielschichtigen Funktionen des Zócalo im Kontext der Metropole zu beschreiben und spezifische Vorstellungen und Identitätskonstruktionen in Verbindung mit diesem urbanen Umfeld herauszufiltern und zu analysieren. Der Blick auf die historischen Prozesse der Gestaltung und Organisation der Stadt war hierbei ebenso wichtig wie die Untersuchung des aktuellen alltäglichen Lebens. Als eine Herangehensweise zur Erforschung der Wahrnehmungs- und Aneignungsformen des Zócalo wurde die Methode der Mental Maps eingesetzt.

Zunächst dienten die Mental Maps in Verbindung mit offenen Gesprächen dazu, die Grenzen des Untersuchungsobjekts zu definieren. Bereits in den ersten Gesprächen zeigte sich, dass der Zócalo mit ganz unterschiedlichen räumlichen Ausdehnungen beschrieben wurde. So wurde in einigen Mental Maps die um die Freifläche herumliegende Straße als Begrenzung markiert. Andere bezogen die anliegenden Gebäude oder die auf den Platz mündenden Straßen mit ein. Wieder andere verbanden mit dem Zócalo das gesamte historische Zentrum und zeichneten eine stadtplanähnliche Karte des Gebietes. Einige interpretierten die Grenzen des Platzes in einem zeitlichen/räumlichen Kontext: Ihrer Meinung nach definierte er sich durch die spezifische Architektur, die prähispanische, koloniale und kontemporäre Stile verbindet. Eine symbolische Zuschreibung als Stadtmittelpunkt fand sich in Aussagen, der Zócalo erstrecke sich vom Fahnenmast über das gesamte Land Mexiko oder habe keine Grenzen, sondern vielmehr politische und ökonomische Ausdehnungen. Manche der Mental Maps visualisierten die Dynamik zwischen Platz und urbaner Umgebung. Diese zeigten, dass die Wahrnehmung der Ortsgrenzen mit individuellen Vorstellungen korrespondierten.

Auch zur Ermittlung der kognitiven Ordnung und der Bedeutung einzelner Elemente für die Bewohner/innen ließen sich die Mental Maps einsetzen. In der Auswertung der Skizzen wurden die Karten nach auffälligen Unterschieden und Ähnlichkeiten geordnet. Dabei zeichneten sich wiederholende Symbole und charakteristische Merkmale ab (Flächen, Straßen). Außerdem fielen die herausragenden Machtsymbole wie der Fahnenmast und der Nationalpalast auf. In einem zweiten Schritt wurden Daten aus den Interviews mit den kognitiven Karten kombiniert. Das Ergebnis war ein Katalog von Elementen der Raumorganisation, der Formen der Wahrnehmung und der narrativen Interpretationen. Die Mental Maps verwiesen auf Aspekte, mittels derer sich die Befragten auf dem Platz orientierten oder die zu seiner Identifizierung herangezogen wurden. In den meisten Fällen verwiesen sie auf kulturell codierte Narrative wie beispielsweise die Zentralität des Zócalo oder seine Bedeutung für die Konstruktion einer nationalen Identität.

DIE HIER PRÄSENTIERTEN AUSSCHNITTE aus aktuellen Forschungsprojekten zeigen die mögliche Bandbreite des Einsatzes von Kartierungen in kultur- und sozialwissenschaftlichen Untersuchungen des Raumes. Karten dienen in diesen Sinn dazu, quantitatives und qualitatives Datenmaterial miteinander in Beziehung zu setzen und in weiteren Schritten der hermeneutischen Interpretation im gesellschaftlichen und kulturellen Kontext zu verorten.

28 Vgl. Wildner, *Zócalo – Die Mitte der Stadt Mexiko*, a.a.O.

Cartographic Options in Cultural and Social Sciences. Excerpts from Research Projects in Mexico City

Kathrin Wildner and Sergio Tamayo

SPACE CAN BE REPRESENTED in the form of a map, a two-dimensional model of differentiable, locatable elements and features on the Earth's surface – woods, rivers, places, streets, etc. – reduced to a fixed or a conventionally agreed scale. Topographies, climatic conditions, features of vegetation and land use are schematized and structured by means of lines, symbols and signs. Every map or diagrammatic representation simplifies, reduces and abstracts space by rendering objects positioned on the surface visible or invisible.[1] At the same time it embodies a matrix of discursive, nonspatial aspects. Offering a well-considered selection of perspectives, such a fragment of spatial reality that is not independent of power and ideology.[2]

In this sense maps mediate between society and space. They convey information and images, and present examples of the appropriation of space. In cartographic information borders are marked and hence it plays a role in the formation of territorial identities. Cartography thus understood can be used as an instrument for analyzing social conditions and representations.

To work on space means to recognize at least two distinct levels of investigation. On the one hand, space is a concrete or material site, an object experienced, perceived and appropriated in everyday life. On the other hand, conceptions of space – the idea of a city, for instance, and its representation in symbols and images – need to be investigated in their respective historica and discursive contexts. These two levels – the material and social environment and the conception of space – cannot be separated. They influence each other reciprocally and are subject to constant processes of change. Through cartographies, both of these levels can be approached. The transfer of qualitative and quantitative data to a map can render spatial relations visible. In addition, maps create possibilities for analyzing the dialectical interactions between the spatial environment and human behavior, and for interpreting them in a social context.

All maps, no matter what kind, are based on the selection and abstraction of specific features. Creating a map involves laying down a scale, drawing up grids and establishing categories. But it also means translating and interpreting the relevant data.

Hence, when using maps in cultural and social sciences, it is essential that quantitative and qualitative analytical methods are combined. More important still is that the analyst-position be critically reflected. In the end, maps designed to make complex spaces readable in the sense set out below can only be drawn up if narrative elements are incorporated, and if one is prepared to venture out into the field and acquire firsthand experience of the places involved.

THE UTILIZATION OF MAPS in our research projects involves three levels of inquiry: a) enumeration and localization, b) description and explanation, c) comprehension and interpretation. Objective description of spatial elements and subjective reflection of the ways space and society are represented are thus combined. The work involves describing the peculiarities of the sociospatial elements, rendering their logical structures legible and recording the social actors' own interpretations of the phenomenon in question. The methodology of triangulation followed here provides for a combination of quantitative and qualitative methods, for instance through equal inclusion of numerical and descriptive data.[3] Aside from statistical information, the basic data come from ethnographic analyses of how space is perceived and appropriated.

In order to connect the fragmentary local observations of collective behavior, all the data are transferred to maps, as is done when charting spatial activities. The method involves recording on a detailed ground plan of a place the presence of mobile objects and of actors and their activities at fixed observation times over a predetermined period.[4] With the help of this information, registers of how a particular space is utilized and appropriated, as well as of actors and regularities, can be drawn up.

Certain of our studies also involve the use of mental maps, facilitating the charting of how actors perceive a particular space. These cognitive maps visualize space as it is subjectively experienced. Since the way one perceives space, however, is also affected by social conceptions and cultural schemata, mental maps also reflect places that are charged with cultural significance.[5] Maps of this kind do not necessarily tally with the

1 See Jean-Jacques Bavoux, *La géographie. Objet, méthodes, débats* (Paris, 2002), p. 94.

2 See Guy Di Méo, *Geógraphie sociale et territoires* (Paris, 1998), p. 184 ff.

3 On the methodolgy of triangulation in the social sciences, see U. Flick, *Qualitative Sozialforschung* (Reinbek bei Hamburg, 2002).

4 On the mapping of spatial activities in urban research, see Gisela Welz, *Street Life* (Frankfurt/Main, 1991), p. 55 ff. and Kathrin Wildner, *Zócalo – Die Mitte der Stadt Mexiko. Ethnographie eines Platzes* (Berlin, 2003), p. 28 ff.

5 In the '50s, Kevin Lynch established that urban space was organized by and composed of visible elements (streets, squares, bridges, buildings) and invisible elements (boundaries, intersections and routes). In order to ascertain the invisible elements, Lynch interviewed residents of various cities as to the mental maps they had of their cities (see Kevin Lynch, *The Image of the City* (Cambridge, Mass., 1960)). In the '80s, Roger Downs and David Stea investigated how the human brain cognizes, encodes and interprets its environment. They described the process of cognitive mapping as an activity whereby a person forms an organized representation of his/her everyday spatial surroundings (see Roger Downs and David Stea, *Maps in Minds. Reflections on Cognitive Mapping* (New York, 1977)). Armando Silva distinguishes between physical cartography as employed in technical and city maps and symbolic cartography in which urban territory is invested with personal memories and cultural symbols (see Armando Silva, *Imaginarios Urbanos: Cultura y comunicación urbana en América Latina* (Bogotá, 1992), p. 60 ff.).

official view, rather, they convey what is constructed by actors' interpretations and what the interpretations of the researchers reconstruct.[6] A map can thus become an interpretative instrument reflecting the inhabited space or anthropological site[7] within which are localized the frequently fleeting everyday practices, social, collective, cultural and political.

IN THE SEQUEL WE PRESENT a number of current examples from Mexico illustrating the use of maps in cultural and social science research projects. The various studies involve three different scales. On a regional scale, the political activity of a group of protesters marching through several Mexican states is observed. Urban space provides the scale for a research project using maps to pinpoint the impact of globalization processes in Mexico City. In our third section, the scale is that of a specific site in the historic center of Mexico City. We show how the symbolic appropriation of space by certain interest groups – in this case a political party at an election rally – can be analyzed. In a final example, once again on the local scale of the square, mental maps are used to investigate how social narratives and constructions of identity situate themselves spatially. Common to all of these projects is the question as to the reciprocal and dialectical effects that society and space have on each other. Their theoretical point of departure is a conception of space as dynamic and socially constructed.

The Regional Scale – The EZLN Protest March

Fig. 1 (P. 108) shows a political map of Mexico. The federal states with their capitals and main connecting routes are indicated. Certain towns on the southern part of the map are highlighted and identified by name. They are linked by a winding, curvy line that begins in Las Cañadas in the state of Chiapas and terminates in Mexico City. The line follows the route of a protest march by the EZLN (Ejercito Zapatista de Liberación Nacional, Zapatista National Liberation Army) and is the outcome of an interdisciplinary investigation of this political event.

Political background: In the early hours of January 1st, 1994, a group of masked Indian natives, or Indígenas,[8] captured a number of towns in the Los Altos region of the Mexican state of Chiapas. Calling themselves the Ejercito Zapatista de Liberación Nacional (EZLN), they published the *Decleración de la Selva* stating: »We've had enough! We're fighting for freedom, justice and dignity. We're on our way to the capital.« Next day armed conflicts with government forces began, and went on for 12 days – until, in response to numerous peaceful demonstrations that took place in the country's major cities, the President decreed a unilateral ceasefire and general amnesty. For the next seven years heated yet constructive controversy raged between the Selva – the remote, inaccessible region of the rainforest – and the capital, between rebels, government and civil populace, on the subjects of native inhabitants and their rights, cultural self-determination, and the regional impact of neoliberalism. Dozens of political events in the rural provinces as well as in the cities were organized by political sympathizers and supporters of the EZLN in order to find a peaceful solution to the conflict. One of these events was the »March for the Dignity of the Native Inhabitants« (Marcha por la dignidad indígena), which set out from Chiapas February 24, 2001, and reached Mexico City April 5. The march covered 3,000 km in 14 days, crossed 12 federal states and was involved in 33 political events before reaching the capital. It was accompanied by some 3,000 people in private cars and coaches.

As part of an interdisciplinary study of this political phenomenon we followed events surrounding the march using a range of techniques.[9] A chronological table was drawn up, and activities and events recorded, including the individuals and organizations involved, the various discussions that took place, and the social and political contexts. We also investigated the resources mobilized – material, human, political and social – interpreting them in relation to alliance and opposition groupings that formed around the social movement. Finally, with the aid of a questionnaire launched by national newspapers we conducted an analysis of public opinion.

Among other things, the study focused on the towns passed through by the march, which played a crucial role in formulating the movement's political strategy. Fixing the route and stopping places along the way from the Las Cañadas area to Mexico City was a central concern for the organizers. The march started with a rally held in the place where the Zapatista revolt had begun. It then stopped at symbolically significant places along the route, while further strategic stops were organized for meetings with local groups. The selection of stops was determined by specific logistical considerations. A wealth of local means and resources had to be enlisted to ensure that the events organized were effective and to provide for the safe conveyance of all marchers and their leaders at every stop. But the various stations along the route also testified to a distinct interpretation of Mexican politics and history on the part of the march organizers. Places with a distinct political significance were picked out, e.g. civil and commercial centers of Indian communities (San Cristobal de las Casas in Chiapas, or Orizaba, Puebla and Tehuacán). Many of these towns are known for their conservative and racist attitudes toward the Indígenas, if not for their paramilitary organizations threatening them. But there were also places along the route where ethnic majorities prevailed (Ixiquilpan, Nurio and Temoaya) or a tradition of social struggle (such as Juchitán). Then there were historical sites, e.g. the places where the legendary peasant leader of the 1910 revolution Emiliano Zapata had played a role (Anenecuilco, Chinameca, Tlaltozapán, Milpa Alta y Xochimilco). The places with direct historical precedents aligned the EZLN army in the Zapatista tradition. And then there were towns which served as points of direct communication between the

6 On the significance of the interpretative approach and hermeneutic analysis, see John B. Thompson, *Ideology and Modern Culture* (Stanford, 1990).

7 According to Marc Augé, an anthropological place is one determined by the people who live and work there, setting their marks on and delimiting it. These places are inscribed with the administrative, religious, juridical and political power that is concentrated in them. In this context Augé speaks of a »spatial dispositive« that brings the identity of a group to light. See Marc Augé, *Orte und Nicht-Orte. Vorüberlegungen zu einer Ethnologie der Einsamkeit* (Frankfurt/Main, 1994), 53ff.; English edition: *Non-places. Introduction to an Anthropology of Supermodernity*, trans. John Howe (London, New York, 1995).

8 The term »Indígena« denotes all ethnic groups of the »native Indian inhabitants« of Mexico. It is to be distinguished from »Indian« with its predominantly negative connotations and is also a strategic concept in the struggle for recognition of the political and cultural rights of the many still marginalized ethnic groups. At a national level, the »Congreso Nacional de Indígenas« is the political organ of these groups.

9 For a detailed description of the project, see Sergio Tamayo and Xóchitl Cruz-Guzmán, »Urban Imaginaries and Perceptions of the EZLN in México City,« in *Monopolis: Globalisierung und Stadtforschung, sinn-haft*, Nos. 14–15 (Vienna, 2003).

commanders of the Zapatista Revolution and the civil population and leftist groups.[10] Finally, the march reached the country's political capital, Mexico City. Here it was greeted by a large, sympathetic demonstration, the political movement in the city and the marchers thus asserting their joint critical position with respect to the government.

A long, winding procession advanced over the plains, hills and mountains of Mexico. Curving and snaking through the country like a giant reptile, it stopped at each of the preappointed places and staged a big show in each. In topographical space, the individual locations blended into one.[11] The places on the map are marked by name and refer to localized points in space. Hence the map joins up points invested with different meanings; yet the symbolic event and its social representation unite them.[12] The march was a political and historical occurrence. The paths it followed met at certain junctures, forming a geographical, social and cultural network in space. Each stop on the route with its social interactions, festive rallies, spontaneous demonstrations and crowds, but also the obstacles that occasionally slowed things down, affected the overall picture of the march. Thus each town contributed in its own way and was at the same time related to the overall event by the social and political factors involved. The winding path of the march indicated the heterogeneity of the various interest groups, but it also described a complex unity and thus consolidated the identity of the political movement.

This example illustrates certain ways in which topographical cartography may serve to interpret a political phenomenon. By pictorializing the route on the map, the complexity of the phenomenon becomes apparent. Once the individual localities are linked to form a social and political network they can be read as symptomatic of a government-critical position and of a political identity within the Mexican republic. In this sense, the map of the march also symbolizes the political movement.

The Urban Scale – Mexico City

The second example focuses on the metropolitan area of Mexico City. On a city map monuments of modern architecture have been marked.[13] These monuments are distributed along two axes radiating south and southwest from the city center. The axes follow two major roads: the Paseo de la Reforma and the Avenida de Insurgentes. The result is a triangle with the historic downtown at its vertex and the two radial roads as its sides.

This particular map is part of a research project on global processes of transformation and how they manifest themselves in Mexico City.[14] It is generally recognized that a close connection exists between the development and organization of urban space on the one hand and global processes of transformation – economic, social and political – on the other.[15] Growth of the global economy and technological developments in particular, according to globalization theorists, are responsible for profound changes in cities that lead in turn to a new geography of urban conglomerates.[16] According to Saskia Sassen, there is no longer any direct connection between geographical unity and urban centrality.[17] The city is no longer the sole focal point of the hinterland, rather, different cities assume specific functions in a global network of metropolises. Locally, global processes of transformation manifest themselves in changes in the organization of space. For a long time the center of a city was synonymous with downtown. Today the center can take various geographical forms. There are business and office districts termed »Cities« or »Central Business Districts,« so-called CBDs. But high density sites of intense business activity can also be found in almost any part of a city.[18] The concept of »new centrality« has been coined to describe these newly emerging urban configurations.[19] Global developments that can be seen as forms of this »new centrality« are also found in Mexico City. Oscar Terrazas keeps track of such processes by analyzing statistics concerning urban activities. For instance he records data on land use and prices, on the headquarters of financial, economic and cultural institutions, as well as daily traffic figures for the city's inhabitants. Transferred to a city map, such data show clearly how the old historic center has long since ceased to dictate the urban structure and that, since the 1980s, central axes extending to the very periphery have developed instead. Terrazas speaks of an extensive network made up of an assemblage of axes subsumed by territorial and functional hierarchies. New centers of this type in Mexico City assume functions such as »Central Business Districts,« or a technology park, and have been termed urban »archipelagoes of modernity.«[20]

A workgroup led by the anthropologist Nestor García Canclini investigated spatial developments in Mexico with reference to cultural provisions in Mexico City.[21] Cul-

10 In the Mexican federal state of Guerrero for instance the EPR (Ejercito Popular Revolucionario) launched attacks on military targets. Despite big differences between the two guerilla groups, the EZLN spokesman Subcomandante Marcos stressed his sympathy with these militant groups and warned the government of the danger of new armed conflicts if political solutions were not forthcoming.

11 Our use of the geographical term »topography« bears on the structural dimensions and the geographical and geological conditions of space. Topography in our view, however, furthermore includes such aspects as the perception, appropriation and representation of space. Thus the topography of a locality also means the various epistemologies located at distinct points, enduing the specific place with life or voicing it. See e.g. Robert Rotenberg and Gary McDonogh (eds.), *The Cultural Meaning of Urban Space* (Westport, London, 2003), pp. XI–XIX.

12 On the significance of symbolic events and their social representation, see e.g. Di Méo, *Geógraphie sociale et territoires*, op. cit. p. 185.

13 These data are drawn from a questionnaire on the homepage of the organization *Arquitectura Mexicana* of 1997 – see http://www.geocities.com/SoHo/Studios/8014 – and from material in »Works of the Month« (1973–1996) in the Mexican architectural journal *Obras*.

14 Kathrin Wildner and Sergio Támayo, »Orte der Globalisierung: Eine architektonische und ethnologische Bestandsaufnahme der Stadt Mexiko,« in *asien afrika lateinamerika*, Vol. 30, pp. 1–18.

15 On the connections between urban development and globalization, see e.g. John Eade (ed.), *Living the Global City. Globalization as a Local Process* (London and New York, 1997); Peter Marcuse and Ronald van Kempen (eds.), *Globalizing Cities. A New Spatial Order?* (Oxford, 2000); Saskia Sassen, *The Global City* (New York, London, Tokio, Princeton, 1991).

16 Saskia Sassen, »Über die Auswirkungen der neuen Technologien und der Globalisierung auf die Städte,« in Dirk Matejekovski (ed.), *Metropolen. Laboratorien der Moderne* (Frankfurt/Main, 2000), pp. 29–51.

17 ibid., p. 33ff.

18 ibid., p. 35.

19 On the development of »new centrality« in Mexico City, see Oscar Terrazas, *Centralidad metropolitana, transformación y conflicto: Tesis de doctorado/Posgrado de Diseño/Línea de Estudios Urbanos* (Azcapotzalco, 1999); Christof Parnreiter, »Mexico City: The Making of a Global City?« in Saskia Sassen (ed.), *Cities in Their Crossborder Networks* (Tokyo, 2000).

20 Sergio Tamayo, »Archipélagos de la modernidad urbana: Arquitecturas de la globalización en la Ciudad de México,« in *Anuarios de Espacios Urbanos*, 2001.

21 Nestor García Canclini and Mabel Piccini, »Culturas de la Ciudad de México: Símbolos colectivos y usos del espacio urbano,« in Nestor García Canclini (ed.), *El Consumo Cultural en México* (Mexico City, 1993), pp. 43–86.

tural institutions and other cultural facilities such as movie houses and bookstores were located, and the city's residents questioned as to their cultural habits. The map drawn up by the researchers on the basis of these findings indicated a progressive decentralization of urban space. The study showed that urban growth and the expansion of the city's culture industry was accompanied by a displacement of cultural facilities that ceased to be concentrated on the historic center. The area skirting the old boulevard Paseo de la Reforma illustrates this development. Along this axis sites for the consumption of cultural events have become concentrated. Between Alameda Park and Chapultepec Park are most of the movie houses, theaters, museums, bars, etc. The continuation of the Paseo de la Reforma connects the financially strong district of Polenco with the newly developed shopping and office center of Santa Fé. Directly south, an axis has formed linking the intellectual and artist quarter of Coyoacan all the way to the University campus. The southern part of the Avenida de Insurgentes is lined with modern office complexes, attractive residential areas and commercial centers. It eventually issues in the highway Periférico, which, in turn, leads out to new educational and technological centers on what used to be the city's periphery.

The mapping of modern architecture and of urban and cultural activities brings out specific zones and structures of a changing urban space. The maps in this case are a device for interpreting and investigating the transformation of urban space in relation to processes of globalization.

The Local Scale – The Zócalo

The local scale relates to a specific place, an absolute point in physical space where an actor, an event or a thing may appear. Generally it is a question of architectural elements or »landmarks.« Lucy Lippard has defined the basic property of a place as being an intersection between nature, culture, history and ideology. Places are temporally and spatially determined by personal memories and by known and unknown histories.[22] Inscribed with individual and collective memories, they become places of memory and recollection.[23] Cities in particular, with their material layerings and strata, often contain a large number of such inscribed places. The Zócalo is one example.

The Zócalo is the main square at the historic downtown of Mexico City. Here, after capturing the city in the 16th century, the Spanish put up their own representative structures on the site of the razed ceremonial center of the Aztecs: the Cathedral on the temple ruins, and the Viceroy's Palace where the palace of the last Aztec ruler had stood. The open space between them and outside the former temple walls became the center of power of the new colonial city. Until the start of the 20th century the Zócalo was the functional center of the city. Immense urban growth in the second half of the 20th century gave rise to new centers in the city's metropolitan area, and the Zócalo's significance as city center and as a mythological point of origin became increasingly symbolic. When, in the late 1950s, the old park on the square was concreted over, the remaining central portion measured a meager 240 x 240 meters. A physical void invites occupation by symbols, displays of power and narratives. Thus public space is continually being constructed, delimited and defined anew. In our case, the square was a field for research in two projects utilizing different forms of mapping that bring out its complexity. One aspect of public squares such as the Zócalo is the way different groups of users temporarily appropriate them.

AS PART OF AN observational experiment, a room in the Hotel »Majestic« overlooking the Zócalo served for 24 hours as an observation point to map spatial activities on the square.[24] The analysis of the observational data – photos, audio and film recordings – showed that the Zócalo has a definite daily rhythm. Diverse actors and groups occupy distinct points on the square at particular times. In the early morning, day laborers seeking work come and sit outside the Cathedral railing, awaiting offers. The first street traders prepare for the morning rush at the subway exits with cocoa, coffee and pastries. People and workers begin to emerge from the subway stations, first one by one, then in an increasing stream. The street traffic swells in volume. Around nine o'clock, international tourists in coaches start to arrive and the souvenir dealers put up their stalls. Vendors of audiocassettes, electrical appliances and bric-a-brac appear on the scene a bit later. The afternoon is the hour for buyers and strollers, while children play ball on the concrete area or fly plastic kites. Demonstrations are often held outside the National Palace or the City Hall at this time. At 6 p.m. a military flag-raising ceremony at the middle of the open space attracts the attention of considerable numbers. Full of movement and people by day, the square becomes noticeably quieter around 8 o'clock as night falls. Now the devotees of Aztec dance – their drums echoing off facades and turning the square into what seems like an enclosed space – are the loudest audible sound. By midnight, when the subway closes, the square is virtually deserted. Only occasional cars drive round it, and, by the time the sun rises, one can even hear birdsong.

These descriptive mappings structure the urban space according to specific forms of appropriation. Analysis of the material demonstrated that there are central nodes, e.g. the subway stations or flagpole, that function as »landmarks« or meeting places. There are areas used by the street traders, such as the sidewalk outside the Cathedral and the little side square outside the Templo Mayor Museum. By drawing up activity maps of the square its spatial structures, specific daily practices and the various rhythms of its actors can be characterized.

IN ANOTHER PROJECT IN JUNE 2000 we conducted an urban-ethnographic investigation of the electoral rallies of the three biggest political parties, the PRI, PRD and PAN, leading up to the presidential election 2000.[25] One of our aims was to study – by

22 Lucy Lippard, *The Lure of the Local. Senses of Place in a Multicentered Society* (New York, 1997), p. 9.

23 Maurice Halbwachs, *Das kollektive Gedächtnis* (Frankfurt/Main, 1991); English edition: *The Collective Memory*, trans. from the French by F.J. Ditter and V.Y. Ditter (New York, 1980).

24 The observational experiment described here was part of a fieldwork project conducted by Kathrin Wildner in Mexico City from August 1996 to November 1997. See Wildner, *Zócalo – Die Mitte der Stadt Mexiko*, op. cit.

25 The PRI – Partido revolucionario institucional (Institutional Revolutionary Party) – was the ruling state party of Mexico for 79 years. The left-wing liberal opposition PRD party – Partido de la Revolución democratica – was founded in 1988 after the fraudulent elections enabling the PRI to cling to power. It was the right-wing conservative, neoliberal PAN party – Partido de Acción Nacional – that finally put an end to the PRI's »dinosaurian« rule in 2000.

means of situational analysis[26] – the collective appropriation of public space by urban multitudes.[27] Three levels of investigation were involved: the spatial situation, the actors involved and the political context. The closing event in the conservative opposition PAN party's electoral campaign with presidential candidate Vincente Fox will be presented here by way of example. While participation in the rallies of all three parties was high (160,000 – 180,000 participants), the PAN rally was the one that attracted most attention.

By the early afternoon of June 24, crowds from all over the republic had begun gathering at architectural landmarks such as the Paseo de la Reforma, the Angel de la Independencia, the statue of the Huntress Diana, the monument to Cuauhtémos – historical figurehead of resistance against the Spanish conquerors – and at the Bellas Artes Palace at Alameda Park. The Zócalo was already packed with people four hours before the rally was due to begin.

A map of the square showing how its space was divided up together with the locations of physical objects and audience facilitates the reconstruction of the carefully organized events (FIG. 2, P. 114). The stage was erected facing the Cathedral, thus setting up a virtual axis of ideological alignment (the PAN is a member of the Christian Democrat International). The closed rear of the construction pointed symbolically at the City Hall, where the social-democratic PRD governed. On the open right-hand side was the National Palace, goal of the presidential candidate in the minds of organizers and audience.

The areas in front of the stage were occupied by groups and enthusiastic party supporters. The path from there to the flagpole at the middle of the square was completely blocked. To the east outside the National Palace, the crowds thinned out a little. But to the west, where a number of streets meet the square, columns of demonstrators streamed to the Zócalo in support of the candidate. The party colors adorned the entire square. Banners and the national flag were flying everywhere. There were also several loudspeaker towers and giant screens. The sky above the square was full of balloons, zeppelins and circling helicopters. Party supporters of the wealthier classes crowded to windows and onto the roof terraces of luxury hotels and were observed by people on the square. Social divisions manifested themselves spatially here. Yet at the same time it was a national celebration: blond-haired families, dark-skinned families, Creoles and Mestizos united in their enthusiasm for the conservative party. The hooting of car horns, chants, shouting and music filled the square. Toward evening the light of the setting sun gave way to an impressive display of illumination from spotlights and fireworks. A ritual political act turned into a multimedia show, whereby political issues seemed to recede in favor of an interactive entertainment program. Description of how the square was divided up during the rally facilitates the transition to a hermeneutic analysis illustrating how physical and social space determine each other mutually. The Zócalo's physical characteristics affect how groups organize themselves and behave. Its physical limits and surrounding buildings influence the political and social behavior of participants. One also sees how perception of the place is influenced by perceptions of the political event. Appropriated by political parties and their supporters, the physical space functions symbolically as a political space.

If one compares the election rallies of the other two parties, which were similar in terms of numbers, yet completely different in their structuring and utilization of the square, it becomes clearer still just how significant spatial appropriation is and how much it is an expression of a political program and ideology. The PRI for instance positioned the relatively high but open speaker's rostrum directly in front of the National Palace – seat of government of the then PRI President in office – with a big stage for the cultural events placed at its side. At the PRD's closing rally a number of low, open stages were spread around the square among the crowd and directed at the City Hall. The arrangement was designed to suggest a connection with democratic values. The stages were accessible to the public at large and there were always plenty of people on them. Nor were the various speakers distinguished visually in any special way.

This study of electoral campaign events at the Zócalo demonstrated the dynamic interrelatedness of physical space and social interaction, representation and discursive practice. Detailed mapping of constructions and objects facilitated the contextualization of the various political discourses and their positioning in local space. The combination of ethnographic and spatial analyses in the form of situational analysis offers ways of interpreting the different forms of collective behavior.

THE FINAL ILLUSTRATIONS (FIGS. 3–6, P. 116) represent a further kind of mapping. These maps are more like schematic sketches or route diagrams that show bits of buildings, streets and other architectural or structural elements such as the Cathedral, the National Palace or the flagpole. There is the occasional actor, or words indicating possible forms of appropriation and activities. These maps are visualizations of central landmarks and subjective perceptions of space. Object of study here in a wider ethnographic fieldwork project was Mexico City's central square in its capacity to shape the identity of the metropolis.[28] Our goal was to describe the complex functions of the Zócalo within the metropolitan context and to filter out and to analyze specific ideas and identity-constructs connected with this particular urban

26 Situational analysis is an ethnographic method developed to investigate complex urban situations. Taking a specific social or cultural event as point of departure, the spatial conditions, social interactions and cognitive interpretations of participants and the social context of the situation are explored. See Ulf Hannerz, *Exploring the City*, (New York, 1980); J. Clyde Mitchell, *Cities, Societies and Social Perception* (Oxford, 1987); Alisdair Rogers and Steven Vertovec (eds.), *The Urban Context. Ethnicity, Social Networks and Situational Analysis* (Oxford, 1995).

27 The project was carried out by a team of 12 researchers from different disciplines who formed interdisciplinary workgroups, each of which was assigned a specific location during the events on the Zócalo. Each team described the situation from its particular point of view, following five prescribed observational categories: the provision of audiovisual equipment in the area, the visual symbols of participants and parties, mass behavior, interaction between audience and speakers, and the discourses referred to in speeches. The following methods were used to gather information: observation and note-taking, the drawing up of temporal and spatial registers, spatial sketches, photography, listing of transparencies and slogans, collecting propaganda material, short interviews with participants before and after the event. The raw descriptions and ethnographic reports of the different groups were compared and experiences collectively discussed. The maps that were produced, short descriptions of specific situations, a selection of photos, the interview transcripts and a press analysis were incorporated into the evaluative stage.

28 Wildner, *Zócalo – Die Mitte der Stadt Mexiko*, op. cit.

ambience. The historical processes shaping and organizing the city were no less important here than to investigate everyday activities and practices in the present. Mental maps were employed to explore how the Zócalo is perceived and appropriated.

To begin with, in combination with interviews, these mental maps served to delimit the object of study. From the start the interviews showed that there were very different ideas as to the extent of the Zócalo. In certain mental maps the border of the square was marked by the street round the open space. Others included the buildings round the square or the side streets leading to it. Then there were mental maps that resembled a city map, linking the Zócalo with the entire historic downtown. Some interpreted the square spatiotemporally, defining it by the way it combines prehispanic, colonial and contemporary architectural styles. Others assigned the Zócalo a symbolic centrality, claiming that it extended from the flagpole across all of Mexico, or that it was limitless, its borders being political or economic in nature. Some mental maps visualized the dynamic relations between the square and its urban surroundings. They indicated a correspondence between the perceived limits of the square and subjective notions.

Mental maps also proved useful in obtaining cognitive data as to the significance of distinct elements for residents. In evaluating the results, the maps were sorted according to conspicuous differences and similarities. It transpired that certain symbols and characteristic features cropped up repeatedly (areas of land, streets). Symbols of power such as the flagpole and National Palace also stood out. In a second phase, data gleaned from the interviews was combined with the cognitive maps. A catalogue of elements relating to spatial organization, forms of perception and narrative interpretations was the result. The mental maps highlighted aspects of the square used by the interviewees for orientation or identification purposes. In most cases, they were linked to culturally encoded narratives such as the centrality of the Zócalo, or its significance in the construction of national identity.

THE EXCERPTS FROM CURRENT RESEARCH projects presented here illustrate the range of possible applications for cartography in spatial studies in the cultural and social sciences. Maps of this kind serve to relate quantitative and qualitative data to each other and, subsequently, to assign them a hermeneutic position within a social and cultural context.

Bewegungen durch nicht befestigtes Gelände

Astrid Wege

IN SEINER ERZÄHLUNG *Sylvie and Bruno Concluded* von 1889 lässt Lewis Carroll einen deutschen Professor auftreten, dessen Schilderung zufolge die Kartografen seines Landes mit immer größeren Landkarten experimentierten, bis sie schließlich bei einer Karte im Maßstab 1:1 angelangt waren. Der Professor fährt fort, dass diese Landkarte noch nie ausgebreitet worden sei, weil die Bauern dagegen protestiert hätten. Denn eine Karte in diesem Maßstab würde das ganze Land bedecken und die Sonne abschirmen. Daher, so weiter der Professor, würden sie nun die Landschaft selbst als deren eigene Karte benutzen, und dies, versichert er, wäre fast genauso gut.

An die Grenzen des Darstellbaren gelangt, beschließt Lewis Carrolls Wissenschaftler also, auf die kartografische Darstellung ganz zu verzichten und das, was zweidimensional repräsentiert werden sollte, nämlich die Landschaft selbst als »Karte« zu nutzen. Ähnlich wie Flauberts acht Jahre zuvor erschienene »Tragikkomödie des Intellekts« *Bouvard und Pécuchet*, eine Parodie wissenschaftlichen Erkenntnisdrangs, führt Lewis Carrolls Episode zu einer Kernfrage, die der Kartografie seit ihren Anfängen innewohnt: die Unmöglichkeit, ein exaktes Abbild zu schaffen, mithin die Frage nach den Mitteln der Darstellung und die Einsicht, dass Karten »Übertragungen« bzw. »Übersetzungen« sind. Wie also eine »maßstäblich verkleinerte, generalisierte und erläuterte kartografische Darstellung von Erscheinungen und Sachverhalten der Erde, anderer Weltkörper oder des Weltraums in einer Ebene« – so eine lexikalische Definition der Kartografie – aussieht[1] und welche Vor- und Darstellung der »Welt« eine Karte hervorbringt, hängt entscheidend von dem Standpunkt des Kartografen bzw. dem geopolitisch-strategischen Interesse seiner Auftraggeber ab sowie von den zur Verfügung stehenden technologischen Mitteln. Als zentrale Vorgehensweise der zeitgenössischen Kunst – der vorliegende Text wird nur einen kleinen Ausschnitt dieses weitläufigen Terrains skizzieren können – reflektieren künstlerische Aspekte des Kartografierens und des Mapping die Beziehungen und möglichen Bruchstellen zwischen kartografischen Ansätzen und ergänzenden Repräsentationssystemen.

IN SEINER ABHANDLUNG *A Museum of Language in the Vicinity of Art* (1968) bezieht sich Robert Smithson auf die erwähnte Episode Lewis Carrolls wie auch auf Roland Barthes, demzufolge es kein »Exterritorialrecht« des Kritikers – und, möchte man ergänzen, des Rezipienten wie auch des Produzenten im Allgemeinen – gibt. Smithson schildert die verschiedenen Einsatzweisen der Sprache bei seinen Künstlerkollegen, deren Gemeinsamkeit er in der Lockerung bzw. Aufkündigung der unhinterfragten Relation zu einem äußeren Referenten sieht. Zugleich konstatiert er, dass die Landkarte »von Orrelius' *Theatrum Orbis Terrarum* (1570) bis zu Jasper Johns' mit ›Farben‹ bekleisterten Karten« immer wieder den künstlerischen Intellekt fasziniere. »Inzwischen«, so Smithson, »scheint sich eine Kartografie der unbewohnbaren Stätten zu entwickeln, mit imitierten Diagrammen, abstrakten Rastersystemen aus Stein und Klebeband (Carl Andre und Sol LeWitt) und den elektronischen ›Mosaik‹-Fotokarten der NASA. Galeriefußböden werden in Ansammlungen von Längen- und Breitengraden verwandelt. In einer Ausstellung im Frühjahr 1967 in der kalifornischen Dependance der Dwan Gallery bedeckte Andre den gesamten Boden mit einer begehbaren ›Landkarte‹, in die ein regelmäßiges Muster von rechteckigen versunkenen ›Inseln‹ eingesetzt war. Landkarten werden zu gewaltigen, massiven Vierecken, topographische Grenzen als Embleme der Unendlichkeit, unendliche Rasterkoordinaten ohne Äquator und tropische Zonen.«[2]

Bemerkenswert an Smithsons Aufsatz ist unter anderem seine Zusammenführung eines nicht utilitaristischen Gebrauchs von Sprache mit kartografischen Elementen in der Kunst der 1960er Jahre. Denn ein solcher Einsatz von Sprache, so Smithson, würde Orte und Situationen eher »*ver*decken« als »*auf*decken«.[3] Bezogen sich diese Ansätze in der Minimal Art vor allem auf kunstimmanente Koordinaten, schließen Conceptual Art, Arte Povera und insbesondere die so genannte Earth oder Land Art auch Referenzen außerhalb des Kunstsystems ein. Beeinflusst wurden diese Vorgehensweisen nicht nur durch die avantgardistischen Kunstströmungen des frühen 20. Jahrhunderts, z.B. durch die Kartografien der Surrealisten wie die *Carte Surrealiste du Monde* von 1929 oder Max Ernsts *Europa nach dem Regen I* (1933), in denen Landkarten als Fragmente eines nicht mehr einheitlichen, bruchstückhaften (Bild-)Raumes genutzt wurden.[4] Wichtige Bezugspunkte hatten sie auch in den psychogeografischen Stadtentwürfen der Situationisten in den 1950er Jahren und in einigen Ansätzen der Fluxus-Bewegung. George Brechts Landmassenverlagerungen stehen hierfür paradigmatisch. So plante Brecht in *Land Mass Translocation: Information Sheet No. 1 (8 Sept. 1969)*, London näher an den Äquator heranzurücken, um einer von damaligen wissenschaftlichen Studien prognostizierten Absenkung der Landmassen Englands entgegenzuwirken, der zufolge London in 1.500 Jahren unter der Wasseroberfläche liegen würde.

Aus heutiger Perspektive mag ein solcher Vorschlag durchweg ironisch klingen und,

1 *dtv Brockhaus Lexikon*, Wiesbaden und München 1982, Bd. 9, S. 225.

2 Eva Schmidt und Kai Vöckler (Hrsg.), *Robert Smithson, Gesammelte Schriften*, Köln 2000, S. 120f.

3 Ebd. S. 110.

4 Vgl. Marie-Ange Brayer, »Atlas der Künstlerkartographien. Landkarten als Maß bildlicher Fiktion in der Kunst des 20. Jahrhunderts«, in: Paolo Bianchi und Sabine Folie (Hrsg.), *Atlas Mapping*, Offenes Kulturhaus Linz und Kunsthaus Bregenz/Magazin 4, Wien 1997, S. 20–32.

auch als Kritik der modernistischen Technikgläubigkeit, von vornherein in den Bereich der Utopie verweisen. Doch konnte George Brecht mit einer zumindest ambivalenten Rezeption rechnen angesichts der technizistischen Machbarkeitsfantasien der 1960er Jahre. Diese wähnten etwa die Nutzung des Mondes in ebenso naher Zukunft wie die Besiedelung des Meeresbodens – Allmachtsvorstellungen, mit denen man der sich bereits damals abzeichnenden Übervölkerung der Erde und der Verknappung natürlicher Ressourcen zu begegnen suchte. Wenige Jahre später nur, 1972, erschien Donella Meadows weltweit beachteter Bericht *Limit of Growth* an den Club of Rome. Ohne den damaligen technologischen Optimismus charakterisiert diese Vorstellung der Erde als einem begrenzten Ort mit endlichen Ressourcen, die ungleich verteilt sind, bis heute unsere Situation – eine Einsicht, die, wie der britische Soziologe Paul Gilroy in einem Vortrag im September 2002 ausführte, die Entwicklung einer transnationalistischen Perspektive sowie politisch-ethischer Formen der Globalisierung umso dringlicher erscheinen lässt.[5]

Der studierte Chemiker George Brecht jedenfalls, der in *Land Mass Translocation: Information Sheet No. 1 (8 Sept. 1969)* als »Bachelor of Science« firmiert, rekurrierte zwar auf wissenschaftliche Methoden, bezeichnete seine »Forschung« jedoch in erster Linie als »intuitiver Natur«.[6] Charakteristisch hierfür ist auch sein Einsatz von Sprache in *Untitled – Europa, Afrika, Asien, Australien* (1970): Auf einer Weltkarte sind einige europäische Länder mit dem Begriff »Blau« gekennzeichnet, notiert in verschiedenen europäischen Sprachen und Dialekten. Zugleich sind auf dieser Landkarte bekannte Grenzen und Landmassen ausradiert, so dass Madrid vom Meer überflutet wäre, kartografischen Konventionen entsprechend also blau eingefärbt würde. In *The Power of Maps* (1993) erläutert Dennis Wood am Beispiel des britischen Empire, dass der Einsatz von Farben in der Kartografie als ein Mittel dient, um einen Zusammenhang zwischen disparaten Kontinenten, Sprachen, Zeitzonen, Kulturen, Geschichten, Topografien und sozialen Organisationsformen zu behaupten.[7] George Brecht legt einen solchen Zusammenhalt zwar nahe, indem er verschiedene Länder und Regionen Europas mit einem gemeinsamen Begriff und Farbcode belegt, unterbindet zugleich jedoch eine vereinheitlichende Lektüre durch die Verwendung unterschiedlicher Sprachen und Dialekte.

WIE IRIT ROGOFF IN IHREM BUCH *Terra Infirma* (2000) ausführt, ist Kartografie ein Konzept, das im Zentrum der Macht entstanden ist, eine »bedeutungsschaffende Praxis in Hinblick auf Ort und Identität, eine Schreibweise, durch die wir eine Reihe allgemeiner Gesetzmäßigkeiten entdecken können.«[8] Künstlerische Ansätze des Kartografierens setzen daher meist bei jenen Taxonomien, Bedeutungs- und Zeichensystemen an, durch die Wissen hervorgebracht wird: bei der Beziehung zwischen Bedeutungsträger und Signifikat, woraus sich nicht nur die Verknüpfung von Kartografie und Sprache, sondern auch die Vorliebe für einen nicht zweckgebundenen Einsatz von Zeichensystemen in dem eingangs erwähnten Aufsatz von Robert Smithson erschließt. Tabellen, Auflistungen, Diagramme, Statistiken, Karten und Raster – unterschiedlichste epistemologische Modelle also – bilden den methodischen und ästhetischen Ausgangspunkt so unterschiedlicher Künstler wie Art & Language, Alighiero e Boetti, Douglas Huebler, Robert Smithson, Mel Bochner, Dennis Oppenheim,

Richard Long und, als eine der wenigen Künstlerinnen in diesem Umfeld, Nancy Holt. Sie nutzen diese Vorgaben als Readymade wie auch als strukturierendes Moment und entwerfen andere, imaginäre, explizit arbiträre und subjektive Kartografien. Dabei lassen sie das entscheidende Instrumentarium zur Decodierung einer »Karte«, die Legende, entweder ganz weg oder bieten andere Lesarten und Wahrnehmungsmodi an.

In vielen Fällen sind ihre Werke auf zwei Ebenen rezipierbar: zum einen als imaginäre oder reale Bewegung, Intervention oder Markierung im Raum; zum anderen als deren Repräsentation bzw. Dokumentation mittels Fotografien, Karten und Diagrammen im »Non-Site« der Galerie, um Smithsons dialektische Begrifflichkeit aufzugreifen. Dennis Oppenheims *Negative Board* (1968) z.B. bestand aus einer 1.500 cm langen Linie, die der Künstler durch verschiedene Schichten von Schnee und Eis fräste und anschließend mit Sägemehl bestreute. Es entstand ein dunkler Saum, den Oppenheim fotografisch dokumentierte und durch eine topografische Landkarte ergänzte, auf der der Ort seines Eingriffs eingetragen war: eine doppelte Markierung der Landschaft und der Karte, die zwei verschiedene visuelle Erfahrungen und Rezeptionsweisen ermöglicht. Ganz ähnlich pflügte er für *Time Line* (1968) mit einem Schneemobil zwei 4.827 Kilometer lange Schneisen in den Schnee an der kanadisch-US-amerikanischen Grenze zwischen Fort Kent, Maine und Clair, New Brunswick. Diese Grenze stellt auch den Übergang zwischen zwei Zeitzonen dar. Auf beiden Seiten der Linien ist die Zeit die gleiche und dennoch, in der Einteilung der Zeitzonen, eine andere. *Time Line* verschränkt demnach zwei Vorstellungen von Zeit, als abstrakte Größe und als erlebte, erfahrene Zeit durch die Bewegung im Raum.[9] Der amerikanische Kunsttheoretiker Alexander Alberro bezeichnete eine solche Bewegung, bezugnehmend auf Douglas Hueblers *Rochester Trip* (1968), als »Verflüssigung« des »gefrorenen Raums im kartografischen Dokument«. Ohne Vorkenntnisse der Gegend trug Huebler auf einer handelsüblichen Straßenkarte von Nordmassachusetts und Vermont eine Rundfahrt mit einem grünen Filzstift ein, eine »nicht kompositorische, nicht gestaltete« Operation.[10] In diesem Versuch, «das Mysterium der

5 Paul Gilroy auf der *Seventh International Metropolis Conference*, Oslo, September 2002, zur Entwicklung einer transnationalistischen Perspektive nach 9/11 und den politischen wie ethischen Formen der Globalisierung. Historische Vorläufer für eine solche Sichtweise seien drei »räumliche Revolutionen«: Die erste fiel mit der Entstehung der Kolonialmächte zusammen, als eine kriegerische Transmodernität die mittelalterliche Auffassung eines ortsgebundenen Lebens obsolet werden ließ. Die zweite Revolution im 18. Jahrhundert traf mit der Herausbildung der Anthropologie zusammen, die den Menschen als Ort und zugleich Gegenstand von Wissen und Macht etablierte. Die gegenwärtige postmoderne Perspektive schließlich beruhe auf der Vorstellung der Welt als einem Ort mit endlichen Ressourcen und dem Bewusstsein, dass ihr Erhalt auf dem Spiel stehe. Daraus, so Gilroy, resultiere eine wachsende Ablehnung des Turbo-Kapitalismus und seine Versuche, lebenswichtige Ressourcen wie Wasser oder Saatgut zu privatisieren.

6 Vgl. Ausst.-Kat. Friedemann Malsch und Christiane Meyer-Stoll (Hrsg.), *Migration*, Kunstmuseum Liechtenstein, Köln 2003, S. 87.

7 Dennis Wood, *The Power of Maps*, New York und London 1993, vgl. auch Irit Rogoff, *Terra Infirma. Geography's visual culture*, London und New York 2000, S. 75.

8 Rogoff 2000, S. 73.

9 Vgl. u.a. Jeffery Kastner und Brian Wallis (Hrsg.), *Land and Environmental Art*, London 1998, S. 48 und 50.

10 Vgl. Alexander Alberro, *Conceptual art and the politics of publicity*, Cambridge, Mass., London 2003, S. 66f.

kompositorischen Struktur niederzureißen, den Mythos der privilegierten ästhetischen Erfahrung zu entmythifizieren und die rationale Kontrolle über das Kunstobjekt zu dezentrieren« liegt Alberro zufolge auch eine politische Dimension.[11]

DIE ENDE DER 1960ER JAHRE vielfach geäußerte Forderung nach einer Demokratisierung der Kunstrezeption und ihrer Institutionen implizierte – nach Duchamp – eine nochmalige Stärkung der Rolle des Betrachters bzw. der Betrachterin. Hans Haackes *Besucher-Profile* (1969/1970) – soziogeografische »Porträts« der Galeriebesucher/innen, die er anhand der Parameter Geburts- und Wohnort sowie beruflicher Status erstellte – unterstreichen diese zentrale Bedeutung. Sein berühmtes *Schapolsky et al. Manhattan Real Estate Holdings, a Real Time Social System, as of May 1, 1971*, weist über eine solche »Kartierung« der Institution Kunst hinaus. Es koppelt die strukturelle Infragestellung der gegebenen Ordnung an eine konkrete (stadt-)politische Situation, nämlich an Grundstücksspekulationen durch die Shapolsky-Gruppe in Manhattan zwischen den frühen 1950er und 1970er Jahren. Fotografisch vergrößerte und kommentierte Stadtpläne der Lower East Side und von Harlem, kombiniert mit Fotos von Gebäudefassaden, Tabellen über stattgefundene Transaktionen und Angaben, z.B. zu den Eigentümern, zu Größe und Nummer der Wohnblöcke, lassen die immense Konzentration von Immobilien durch eine einzelne Interessengruppe anschaulich werden.[12]

Während Haacke sich empirisch-soziologischer Methoden bedient, stellen Werke wie Alighiero e Boettis *2 × 12 shapes of June 1967–1967/71* oder Michelangelo Pistolettos *Mappamondo* (1966–68) die Beziehung von kartografischen Darstellungen und Massenmedien in den Mittelpunkt. Pistolettos »Weltkarte«, so die deutsche Übersetzung des Titels, besteht aus einer Kugel, die aus Papiermaschee von Tageszeitungen geformt ist, und einem etwas größeren kugelförmigen Gitter, das an das Koordinatensystem aus Längen- und Breitengraden erinnert: Die »Weltkarte« wird folglich erst durch die Medien – im konkreten wie im übertragenen Sinn – plastisch.[13] Boetti wiederum übertrug die Umrisse von Landkarten, die während eines Zeitraums von vier Jahren auf der Titelseite der Turiner Tageszeitung *La Stampa* erschienen, auf Kupferplatten, wobei er die Position der Karte im Verhältnis zur Zeitungsseite beibehielt. Zu erkennen sind lediglich die Umrisse des betreffenden geografischen Gebietes, ergänzt durch das jeweilige Erscheinungsdatum – historische Daten, an denen sich die politischen Grenzziehungen in den fraglichen Regionen einschneidend veränderten. So beginnt Boettis Zyklus mit dem israelisch-arabischen Sechstagekrieg im Juni 1967 und endet mit der Gründung des Staates Bangladesch 1971 als Ergebnis der muslimischen Autonomiebewegung. Er setzt bei geschichtlichen Um- und Aufbrüchen an, bei historischen Daten, die in eine Neuordnung der politischen Weltkarte mündeten, und überführt das flüchtige Tagesgeschehen in eine traditionelle Technik: eine doppelte Mediatisierung durch die Darstellung in der Zeitung und die anschließende Übertragung auf den Bildträger.[14]

DIE FORTSCHREITENDE FRAGMENTIERUNG eines schon lange nicht mehr einheitlichen (Bild-)Raumes und Weltbildes[15], die Aufweichung der tradierten Distanz zwischen Künstler/in und Betrachter/in, die Aufmerksamkeit für Taxonomien, Bedeutungs- und

Zeichensysteme sowie die Rolle, die die (Massen-)Medien in diesen Prozessen der Bedeutungskonstruktion einnehmen – dieses hier in aller Kürze skizzierte methodische Instrumentarium gehört zu den Grundlagen auch gegenwärtiger künstlerischer Vorgehensweisen. Räumliches und kartierendes Denken wurde insbesondere seit den frühen 1990er Jahren zu einer zentralen Kategorie vor allem von Ansätzen, die auf ein kritisches Umschreiben der gängigen Ordnungssysteme, Geschichtsschreibungen, Darstellungsmodi, Sprechweisen und Wissenspraktiken zielen wie jene von Mark Dion, Renée Green, Luca Vitone, Christian Philipp Müller, Tom Burr, Ocean Earth/Peter Fend, Bob Braine und der Galerie für Landschaftskunst in Hamburg mit ihren Initiatoren und Betreibern Anna Guðjónsdóttir und Till Krause, um nur einige wenige Beispiele zu nennen. Ihre Formen des »Cultural Mapping«, die eine Vielfalt von Referenzen und Medien einbeziehen und produktiv machen für ihre Verknüpfung künstlerischer, gesellschaftlicher, politischer, ökologischer und medialer Räume, erweiterten das Feld der Untersuchung maßgeblich. Sie betrachteten die Institutionen der Kunst als Knotenpunkte unterschiedlicher Diskurse und Funktionen, die sich rhizomartig in verschiedene Richtungen verzweigen und mit anderen Disziplinen vernetzen können. Ob nun die von Ocean Earth/Peter Fend praktizierte Überblendung und Kontrastierung politischer, ökonomischer und ökologischer Kartografien; Christian Philipp Müllers acht illegale Grenzüberschreitungen zu den Nachbarstaaten Österreichs als kritische Reflexion des Nationalstaatenprinzips (*Illegal Border Crossing,* 1993); Tom Burrs modellhafte Neukartierung städtischer Räume wie auch des minimalistischen Formenvokabulars; Renée Greens Spurensuche auf den Pfaden von Robert Smithsons *Partially Buried* als Allegorie der Geschichtsschreibung, die zugleich eine Selbst-Verortung als Künstlerin bedeutet (*Partially Buried,* 1996); oder Luca Vitones ethnografische Wegführungen durch Mailand in *Wide City* (1998), die den touristische Blick mit der Alltagsrealität verschiedener dort lebender Kulturen kurzschließen: All diese künstlerischen Praktiken lassen andere Räume, Orte und Kartografien entstehen – im Sinne Foucaults, aber auch de Certeaus, die zu wesentlichen theoretisch-philosophischen Bezugsfiguren dieser Künstler/innengeneration avancierten. Auf der künstlerischen Ebene erlangten Robert Smithson und Marcel Broodthaers einen ähnlich überragenden Einfluss. So teilt Mark Dion in seiner selbst gewählten Rolle als Künstler-Forscher und Archäologe Broodthaers' Faszination am Vorgang des Benennens, an der Relation von Bild und Abbild, Wort und Bild und überführt seine durch Foucault geschärfte Aufmerksamkeit für die wissenschaftlichen und kulturellen Prozesse des Benennens und Kategorisierens in poetisch-skulpturale Installationen.

DIE GEGENWÄRTIG ZU beobachtende Konjunktur von Ausstellungen zum Thema Geografie bzw. Kartografie lässt sich als Manifestation dieses fortgesetzten künstlerischen

11 Ebd., S. 72.

12 Vgl. Hans Haacke, *Obra Social,* Fondació Antoni Tapies de Barcelona, 1995.

13 Vgl. Silvia Eiblmayr (Hrsg.), *Michelangelo Pistoletto, Azioni Materiali,* Galerie im Taxispalais, Innsbruck 1999.

14 Vgl. Marianne Van Leeuw und Anne Pontégnie (Hrsg.), *Origin and Destination. Alighiero e Boetti, Douglas Huebler,* Société des Expositions du Palais des Beaux-Arts de Bruxelles, 1997.

15 Metaphorisch gefasst z.B. in Marcel Broodthaers' *Carte du Monde en Puzzle* von 1971/72.

Interesses an unterschiedlichsten Formen des räumlichen Denkens und der kulturellen Kartografie lesen. Diese impliziert immer auch eine kritische Auseinandersetzung mit dem konkreten Ort, und damit der betreffenden Ausstellungsinstitution bzw. -situation. Wie Alice Creischer und Andreas Siekmann in ihrer Besprechung der Ausstellung *Territories* und anderer Ausstellungen des Jahres 2003 zum Thema argumentierten,[16] gerate dies jedoch zunehmend aus dem Fokus. Skeptisch zeigten sie sich in diesem Artikel vor allem gegenüber dem ihrer Ansicht nach ungeklärten Verhältnis zwischen dem Vertrauen in die Faktizität von Informationen und den Techniken ihrer Inszenierung.[17]

NUN IST, WIE IM BISHERIGEN SKIZZIERT, die Frage, wie Informationen ermittelt, verarbeitet, dargestellt und in Szene gesetzt werden, ein, wenn nicht *das* zentrale Thema künstlerischer Beschäftigung mit Aspekten des Kartografierens und des Mapping. Interessant für die gegenwärtige Diskussion sind in diesem Zusammenhang u. a. einige Ansätze, die in der von Ursula Biemann kuratierten Ausstellung *Geografie und die Politik der Mobilität*[18] zusammentrafen. Biemann, deren eigene Videoarbeiten sich aus unterschiedlichen Perspektiven mit dem Verhältnis von institutionellen, geschlechterspezifischen, ökonomischen und politischen Geografien und Austauschverhältnissen beschäftigen, versammelte in dieser Ausstellung Projekte, die sich mit der Relation von Geografie und den weltweit zu beobachtenden Reise- und Migrationsbewegungen auseinandersetzen. So präsentierte Bureau d'Etudes mit dem *World Monitoring Atlas* (2003) ein wandfüllendes Organigramm, das die Vernetzung von Informationssystemen abstrakt darstellte und den Wunsch nach der Übersichtlichkeit von Informationen zugleich unterlief: eine thematisch nachvollziehbare Verkomplizierung der Vorstellung von »Lesbarkeit«, die den Besucher/innen einiges abverlangte. *Solid Sea* (2002) von Multiplicity[19], ebenso wie Raqs Media Collective Teilnehmer der documenta 11 (die ihrerseits eine andere, deterritorialisierte Kartografie der Kunst zu entwerfen suchte), griff das Moment des Zugänglichmachens von Informationen in ihrer Raumgestaltung auf. Hintergrund von *Solid Sea Case 01: The Ghost Ship* ist ein Schiffsunglück vor der sizilianischen Küste im Dezember 1996, bei dem mehr als 280 Pakistani, Inder und Tamilen bei dem Versuch starben, illegal nach Europa einzureisen. Nachdem der Vorfall fünf Jahre von der italienischen Autorität geleugnet wurde, machte ihn der Journalist Giovanni Maria Bellu in der italienischen Tageszeitung *La Repubblica* öffentlich. *Solid Sea* stellte diese Hintergrundinformationen auf einer silberfarbenen Wand gleichsam aus. Der bzw. die Betrachter/in spiegelte sich in der Wand, wurde also auf einer symbolischen Ebene Teil der Geschichte. Vor der Wand waren Monitore aufgereiht, auf denen Interviews mit Augenzeugen zu sehen waren. Ergänzt wurde dieses Szenario in einem angrenzenden Raum durch wandfüllende Projektionen mit Unterwasseraufnahmen des gesunkenen Schiffes und Satellitenbildern des Mittelmeers. Ein blaues Quadrat markiert den Ort, wo das Schiff liegt. Der Standort ist fixiert mit N36° 25' 31", E14° 54' 34", die Zeit auf dem Display hingegen läuft weiter. Das Bestreben, mit Hilfe von Satellitenbildern den geografischen Raum als ständigen Fluss von Signalen und Daten, die jede Bewegung anzeigen, zu erfassen und zu kontrollieren, trifft demnach auf die persönlichen Erzählungen der Anwohner/innen dieses Raumes und der

Flüchtlinge – und bildet zugleich einen deutlichen Gegensatz zu der Selektion von Informationen, die an die Öffentlichkeit gelangen.

Ein solches Navigieren durch »elektronische Landschaften«[20], die durch Satellitenmedien und andere geografische Informationssysteme erzeugt werden, und die politischen Konsequenzen, die der Versuch eines totalen Erfassens des Raumes impliziert, sind Gegenstand auch der Initiative Frontera Sur RRTV, ein loser Zusammenschluss von Künstler/innen und Aktivist/innen.[21] Mehrere Teilprojekte richten das Augenmerk auf das spanisch-marokkanische Grenzgebiet, die »Naht« zwischen Südeuropa und Nordafrika. So ist das Video *Europlex* (2003) von Ursula Biemann und Angela Sanders den illegalen Passagen marokkanischer Schmugglerfrauen gewidmet. Die Diareportage des in Barcelona ansässigen Fotografen Alex Munoz Riera, *Temporary Existences, Fluctuating Spaces* (2000–02) zeigt Migrant/innen in verschiedenen Situationen eines erzwungenen Wartezustands. Regula Burris dreiteilige Videoarbeit *transmitting no 1–3* (2002) schließlich reflektiert unter den Schlagworten »Power«, »Desire« und »Body« verschiedene Einsatzweisen und Deutungen von »Technik«: wie Radarbilder als anonymes unsichtbares Überwachungsinstrument der Staatsmacht genutzt, wie medial vermittelte kulturelle Codes aufgegriffen und umgedeutet werden und wie sich Einzelne in diesen kontrollierten Räumen bewegen. Hier, in diesen konkreten körperlichen, aber auch sprachlichen Bewegungen könnten, bei aller vermeintlichen Virtualisierung durch die elektronischen Medien, Potenziale neuer Be-Deutungen und Momente des Sich-Entziehens liegen.

ES IST DIESES LEICHT STÖRBARE, ständig neu zu definierende Verhältnis zwischen medial und technologisch erzeugten, immer detaillierteren und umfassenderen Kartografien realer und virtueller Räume und ihren verschiedenen, teils »unangemessenen« Nutzungen und Deutungen, das zu reflektieren ein Anliegen der erwähnten künstlerischen Vorgehensweisen ist. Sie thematisieren das Streben nach einer vollständigen Kartierung der Welt in seiner ganzen Ambivalenz, als Versuch der Orientierung, der trügerischen Sicherheit und der Disziplinierung – und als totalitären Albtraum. Doch lassen sie vor allem auch (Handlungs-)Räume erkennbar werden, die noch nicht erfasst sind, die immer wieder generiert, und von denen aus die Grenzlinien des Terrains neu gezeichnet werden.

16 *Territories*, 1. Juni bis 25. August 2003, Kunstwerke Berlin, kuratiert von Anselm Franke mit Eyal Weizmann, Ralf Segal und Stefano Boeri. Creischer/Siekmann erwähnen u.a. auch *GNS (Global Navigation System)*, Juni bis September 2003, Palais de Tokyo, Paris, kuratiert von Nicolas Bourriaud.

17 Vgl. Alice Creischer und Andreas Siekmann, »Krishnas Karies. Zum Phänomen universeller Kartografie und Mode«, in: *Texte zur Kunst*, Nr. 51, September 2003.

18 *Geografie und die Politik der Mobilität*, Januar bis April 2003, Generali Foundation, Wien, kuratiert von Ursula Biemann.

19 Multiplicity wurde 2000 in Mailand von Stefano Boeri, Maddalena Bregani, Francisca Insulza, Francesco Jodice, Giovanni La Varra und John Palmesino gegründet als Netzwerk für »territoriale Forschung«, dessen Mitwirkende – u.a. Architekt/innen, Geograf/innen, Künstler/innen, Stadtplaner/innen, Fotograf/innen, Soziolog/innen, Ökonom/innen, Filmemacher/innen – in der jeweiligen geografischen Region gesucht werden. Die 2002 auf der documenta 11 präsentierte Version von *Solid Sea* (2002) entstand als Zusammenarbeit von Multiplicity und Giovanni Maria Bellu, Massimiliano Gherzi und Paolo Vari; in Wien erweiterte sich die Liste um Armin Linke mit *Solid Sea Case 02: World-Odessa*, ebenfalls 2002.

20 Biemann 2003, a.a.O., S. 16.

21 Mitwirkende bei Frontera Sur RRTV sind Regula Burri, Rogelio López Cuenca, Ursula Biemann, Angela Sanders, Alex Muñoz Riera, Helena Maleno Garzon, Valeriano López.

Maneuvering on Uncharted Terrain

Astrid Wege

LEWIS CARROLL'S SHORT STORY *Sylvie and Bruno Concluded* (1889) features a German Professor who reports that the cartographers of his country experimented with bigger and bigger maps until they arrived at the scale of 1:1. He goes on to say that this map was never spread out, because the farmers protested. The map would have covered the entire land and blocked out the sun. As a result, says the Professor, the countryside itself is now used as its own map, which is almost every bit as good.

Lewis Carroll's scientist, then, having reached the limits of representability, chooses to dispense with cartographic representation altogether and to use precisely the thing that was to be represented two-dimensionally – the countryside – as the »map.« Parodying the scientific thirst for knowledge as Flaubert's »tragicomedy of the intellect« *Bouvard and Pécuchet* had done eight years earlier, Lewis Carroll's episode broaches an issue central to cartography from the very start: the impossibility of creating a perfect likeness, hence interest in the means of representation and the recognition that maps are »renditions« or »translations.« The precise nature of any particular »scaled-down, generalized and annotated two-dimensional representation of phenomena and facts of the Earth, of other planets or of space« – thus one encyclopedia in its definition of cartography,[1] and just what ideas and pictures of the »world« it gives rise to, depend to a large extent on the cartographer's point of view and/or the geopolitical-strategic interests of his clients, as well as on the technological means he has at his disposal. Artistic aspects of cartography and mapping as a strategy central to contemporary art – the present essay can sketch only a small part of this extensive territory – reflect the links and discontinuities between cartographic and other systems of representation.

IN HIS TREATISE *A Museum of Language in the Vicinity of Art* (1968), Robert Smithson refers both to the Lewis Carroll episode already mentioned and to Roland Barthes, according to whom critics – and, one might add, recipients no less than producers in general – enjoy no extraterritorial rights. Smithson describes the different uses that language is put to by fellow artists united in his eyes by their loosening or abandonment of an unreflected relationship to an external referent. At the same time he notes that »[f]rom *Theatrum Orbis Terrarum of Orrelius* (1570) to the ›paint‹-clogged maps of Jaspers Johns, the map has exercised a fascination over the minds of artists.« In the meantime, he continues, »[a] cartography of uninhabitable places seems to be developing – complete with decoy diagrams, abstract grid systems made of stone and tape (Carl Andre and Sol LeWitt), and electronic ›mosaic‹ photomaps from NASA. Gallery floors are being turned into collections of parallels and meridians. Andre in a show in the Spring of '67 at Dwan Gallery in California covered an entire floor with a ›map‹ that people walked on – rectangular sunken ›islands‹ were arranged in a regular order. Maps are becoming immense, heavy quadrangles, topographic limits that are emblems of perpetuity, interminable grid coordinates without Equators and Tropic Zones.«[2]

Noteworthy about Smithson's essay among other things is the way he brings together the nonutilitarian use of language and cartographical elements in 1960s art. For such a use of language, according to Smithson, would tend to »cover« rather than to »discover« places and situations.[3] While in Minimal Art such strategies related primarily to art-imminent coordinates, Conceptual Art, Arte Povera and especially so-called Earth or Land Art also took in points of reference outside the art system. These strategies were not only influenced by early 20th-century avant-garde movements in art, e.g. Surrealist cartographies such as the *Carte Surrealiste du Monde* (1929) or Max Ernst's *Europe after the Rain I* (1933), which utilized maps as parts of a (picture) space that was no longer unitary but fragmented.[4] Other important reference points were the psychogeographical urban projects of the Situationists in the 1950s, and certain Fluxus movement schemes. George Brecht's landmass translocations are classic examples. In his *Land Mass Translocation: Information Sheet No. 1 (8 Sept. 1969)*, for instance, Brecht planned to shift London closer to the equator to counteract a drop in level of the British landmass that scientific studies were predicting at the time. London it was said would lie underwater in 1,500 years.

In retrospect, his proposal may seem like pure irony, and, furthermore, as a critique of modernistic faith in technology, utopian to boot. Yet George Brecht could count on an at least ambivalent reception given the technicist fantasies of the 1960s. These included for instance the exploitation of the moon's surface in the foreseeable future no less than settlement of the ocean floor – fantasies of omnipotence that aimed at combating the overpopulation and depletion of natural resources beginning to be felt at the time. A few years later in 1972, Donella Meadows's report to the Club of Rome *The Limits to Growth* appeared and received worldwide recognition. Stripped of the then prevalent technological optimism, this vision of Earth as a finite place with finite resources unevenly distributed is one that governs thinking

1 *dtv Brockhaus Lexikon*, Vol. 9 (Wiesbaden, München, 1982), p. 225.

2 Jack Flam (ed.), *Robert Smithson, The Collected Writings*, (Berkeley, 1996), p. 92.

3 Smithson, op. cit., p. 78.

4 See also Marie-Ange Brayer, »Atlas der Künstlerkartographien. Landkarten als Maß bildlicher Fiktion in der Kunst des 20. Jahrhunderts,« in Paolo Bianchi and Sabine Folie (eds.), *Atlas Mapping* (Vienna, 1997), pp. 20–32.

right up to the present. As pointed out by the British sociologist Paul Gilroy in a lecture September 2002, it makes the development of transnational perspectives and politico-ethical forms of globalization all the more urgent.[5]

George Brecht, who studied chemistry, appending BSc to his name in his *Land Mass Translocation: Information Sheet No. 1 (8 Sept. 1969)*, appealed to scientific methods, yet characterized his »research« as of primarily an »intuitive nature.«[6] Brecht's employment of language in *Untitled – Europe, Africa, Asia, Australia* (1970) is also typical here. Various European countries on a world map are labeled »blue« in different European languages and dialects. Familiar borders and landmasses have also been erased from the map, with the result that Madrid is underwater and hence, following cartographic convention, would be shaded blue. Taking the British Empire as an example, Dennis Wood shows in *The Power of Maps* (1993) how the use of colors in cartography serves to assert connections between disparate continents, languages, time zones, cultures, histories, topographies and forms of social organization.[7] George Brecht, on the one hand, implies the existence of such a connection by assigning a common label and color code to distinct countries and regions of Europe. But at the same time his use of different languages and dialects precludes any unambiguous reading.

AS IRIT ROGOFF HAS POINTED OUT in her *Terra Infirma* (2000), the concept of cartography was always intimately related to the centers of power, and »is the signifying practice of both location and identity, a mode of writing through which we can uncover a set of general laws.«[8] Hence artistic approaches to cartography tend to start from those taxonomic, semantic and semiotic systems that serve to generate knowledge – from the relation between signifier and signified. This explains not only the association of cartography and language, but also that fondness for nonutilitarian uses of language that we have already noted in the essay by Robert Smithson. Tables, lists, graphs, statistics, maps and grids – in other words the widest possible range of epistemological models – are the common methodological and aesthetic starting point for artists as different as Art & Language, Alighiero e Boetti, Douglas Huebler, Robert Smithson, Mel Bochner, Dennis Oppenheim, Richard Long and, one of the few women artists in this field, Nancy Holt. Using these patterns as ready-mades or as structures, they then produce other and imaginary mappings that are explicitly arbitrary and subjective. The element crucial to the decoding of a »map,« namely the key, is either omitted completely or else new readings/modes of perception are put forward.

Many of these works go to produce dual modes of reception. On the one hand, they are maneuvers, interventions or markings in space, whether imaginary or real. On the other hand, they are the representations or documentation of these by means of photographs, maps and diagrams in the »non-site« of the gallery (to use Smithson's dialectical terminology). Dennis Oppenheim's *Negative Board* (1968), for instance, consisted of a line 1,500 cm long that the artist cut through layers of snow and ice and sprinkled with sawdust. The result was a dark border which Oppenheim documented with photographs and supplemented with a map that charted his intervention – a double marking, of terrain and of map, facilitating two different visual experiences and modes of reception. For *Time Line* he proceeded similarly, plowing two tracks 4,827 km in length along the Canadian-U.S. border with a snowmobile, from Fort Kent in Maine to Clair in New Brunswick. The line also happens to mark the division between two time-zones. The time either side of the line is the same, yet, thanks to the time-zones, is different after all. *Time Line* thus brings together two ideas of time – time as an abstract magnitude and time as it is lived and experienced in motion through space.[9] Referring to Douglas Huebler's *Rochester Trip* (1968), the American art historian Alexander Alberro refers to such motion as the »liquefaction« of »frozen space in the cartographic document.« With no prior knowledge of the area, Huebler drew a circular tour in green felt-tip pen on a regular roadmap of North Massachusetts and Vermont, a »noncompositional, nondesignated« operation.[10] In »this artistic effort to break down the mystery of compositional structure, to dismantle the myth of privileged aesthetic experience and decenter the rational control over the art object,« Alberro detects a political dimension.[11]

THE FREQUENTLY VOICED DEMAND for the democratization of the reception of art and its institutions in the late 1960s implied a further strengthening of the viewer's role, after Duchamp. Hans Haacke's *Besucher-Profile* (*Visitor profiles*, 1969/1970) – sociogeographic »portraits« of gallery visitors based on birthplace, domicile and professional status – highlighted this central issue. His *Schapolsky et al. Manhattan Real Estate Holdings, a Real Time Social System, as of May 1, 1971* implied more than just a »mapping« of the institution »art.« It coupled the structural interrogation of an existing order to a concrete (urban-) political situation, namely the Schapolsky Group's real estate speculations in Manhattan from the early 1950s to the 1970s. Photographically enlarged and annotated maps of the Lower East Side and Harlem, combined with photos of facades, tables documenting transactions – detailing e.g. owners, size and number of tenement blocks – illustrated the immense concentration of real estate in the hands of just one interest group.[12]

While Haacke employed the methods of empirical sociology, works such as Alighiero e Boetti's *2 x 12 shapes of June 1967–1967/71*, or Michelangelo Pistoletto's *Mappamondo* (1966–68), focused on the interrelations between cartographic representations and the mass media. Pistoletto's »globe« consists of a papier-mâché ball made of newspaper

5 Paul Gilroy, *Seventh International Metropolis Conference*, Oslo, September 2002, speaking on the development of a transnational perspective following 9/11 and on political and ethical forms of globalization. Historical precursors of such a perspective are three »spatial revolutions.« The first coincides with the emergence of the colonial powers and the replacement of the medieval view of life as tied to a particular locality by an aggressive transmodernity. The second coincides with the development of anthropology in the 18th century, which established man as both site and object of science and power. Finally, underlying the contemporary, postmodern perspective is the idea of the world as a place of limited resources, whose continued existence is at stake. Hence, according to Gilroy, the growing opposition to turbocapitalism and its attempts at privatizing essential resources such as water and seed.

6 See Friedemann Malsch and Christiane Meyer-Stoll (eds.), *Migration*, Kunstmuseum Liechtenstein, 2003, p. 87.

7 Dennis Wood, *The Power of Maps* (New York and London, 1993); see also Irit Rogoff, *Terra Infirma. Geography's Visual Culture* (London and New York, 2000), p. 75.

8 Rogoff, *Terra Infirma*, op. cit., p. 73.

9 See e.g. Jeffery Kastner and Brian Wallis (eds.), *Land and Environmental Art* (London, 1998), pp. 48, 50.

10 See Alexander Alberro, *Conceptual Art and the Politics of Publicity* (Cambridge, Mass., London, 2003), p. 66.

11 Alberro, *Conceptual Art*, op. cit., p. 72.

12 See also *Hans Haacke, Obra Social*, Fundació Antoni Tapies de Barcelona, 1995.

inside a somewhat larger, spherical cage of what look like meridian and parallel lines. Hence it is only through the media, both literally and metaphorically, that the »globe« becomes tangible.[13] Boetti, on the other hand, transferred to copper plates the outlines of maps printed on the front page of the Turin newspaper *La Stampa* over a four-year period, preserving the positions of the maps in relation to the page. All one sees are the outlines of the various geographical areas and the publication dates – historic dates documenting major revisions in the political boundaries of the regions in question. Boetti's cycle begins with the Arab-Israeli Six-Day War of June 1967 and ends with the inauguration of Bangladesh as an independent state in 1971 as a result of the Muslim autonomy movement. Taking historical upheavals and awakenings as his points of departure, dates that led to a restructuring of the political world map, he translates the ephemera of daily politics into a traditional medium: a double mediatization – first the newspaper, then its transfer onto the copper plate.[14]

FURTHER FRAGMENTATION OF (picture) space as of world picture, both which have long since ceased to be unitary,[15] the blurring of traditional distinctions between artist and viewer, the interest in taxonomic, semantic and semiotic systems and in the role the (mass) media play in the processes by which meaning is constructed – this entire methodological apparatus is also fundamental to contemporary strategies in art. Since the early 1990s in particular, spatialization and mapping have become central to those strategies that aim at critically describing current orderings, historiography, modes of representation/speech and epistemological practices – such as those of Mark Dion, Renée Green, Luca Vitone, Christian Philipp Müller, Tom Burr, Ocean Earth/Peter Fend, Bob Braine and the Galerie für Landschaftskunst in Hamburg with its founding organizers Anna Guðjónsdóttir and Till Krause, to name only a few. Their forms of »cultural mapping,« which activate a wide variety of references and media and interrelate artistic, social, political, ecological and media spaces, substantially broadened the field of investigation. They treated art institutions as points of intersection between various discourses and spheres that can ramify interdisciplinarily in numerous directions. The juxtaposed and contrasted political, economic and ecological mappings of Ocean Earth/Peter Fend; Christian Philipp Müller's critical reflections on the principle of nation states in the form of eight illegal border crossings into Austria's neighbouring states (*Illegal Border Crossing,* 1993); Tom Burr's exemplary remappings of urban spaces and of the formal vocabulary of Minimalism; Renée Green's historiographical allegory on the tracks of Robert Smithson's *Partially Buried,* at the same time a thrust at locating her own artistic identity (*Partially Buried,* 1996); Luca Vitone's ethnographic guided tours through Milan in *Wide City* (1998), confronting the tourist's viewpoint with the everyday reality of the various cultures present there – all of these artistic strategies give rise to »other spaces« in the sense of Foucault or of Michel de Certeau, two of the leading theoretical-philosophical figures for this generation of artists. Among artists, the influence exerted by Robert Smithson and Marcel Broodthaers was no less outstanding. Mark Dion, for instance, in his self-appointed role of artist-researcher and archaeologist shares Broodthaers's fascination with the process of naming, with the relations between image and likeness, word and image, translating his Foucault-trained insights into the scientific and cultural processes of naming and categorization in installations both poetic and sculptural.

THE PRESENT BOOM IN EXHIBITIONS on geography or mapping/cartography is a sign of the continuing artistic interest in different ways of thinking about space and cultural mapping. This invariably entails critical engagement with specific sites, hence with the respective exhibiting institutions or situations. But – as Alice Creischer and Andreas Siekmann have argued in their commentary on the exhibition *Territories* and other exhibitions in 2003 dealing with these questions[16]– this sometimes seemed to shift out of focus. Their skepticism was directed above all at the, in their view, unexamined relationship betweenfaith in the factual correctness of information and the means employed for their presentation.[17]

HOW INFORMATION IS CREATED, processed, conveyed and presented is – as this essay has tried to sketch – one, if not *the* crucial theme of the artistic reflection of aspects of cartography and mapping. Interesting for the present debate are in this context, among others, some of the artistic approaches gathered in the exhibition *Geography and the Politics of Mobility* curated by Ursula Biemann.[18] In this exhibition Biemann – whose own video works examine from various angles the relations obtaining between institutional, gender-specific, economic and political geographies and relations of exchange – brought together projects dealing with geography and worldwide movements in travel and migration. Bureau d'Etudes' contribution *World Monitoring Atlas* (2003) was a wall-size organigram depicting information systems and their interrelations which at the same time undermined the general desire for clarity of information. Representing a complexification – arguably a thematically warranted one – of the notion of »readability,« it put viewers to the test. *Solid Sea* (2002) by Multiplicity[19] – a contributor to documenta 11 like Raqs Media Collective who also elaborated an alternative, deterritorialized mapping of art – thematized information and access thereto in its spatial organization. Backdrop to *Solid Sea Case 01: The Ghost Ship* was an incident in December 1996, when a ship aboard which Pakistani, Indian and Tamil refugees seeking illegal

13 See also Silvia Eiblmayr (ed.), *Michelangelo Pistoletto, Azioni Materiali*, Galerie im Taxispalais (Innsbruck, 1999).

14 See also Marianne Van Leeuw and Anne Pontégnie (eds.), *Origin and Destination. Alighiero e Boetti, Douglas Huebler*, Société des Expositions du Palais des Beaux-Arts de Bruxelles, 1997.

15 Metaphorically expressed in, for instance, Marcel Broodthaers's *Carte du Monde en Puzzle* of 1971/72.

16 *Territories*, 1 June – 25 August 2003, Kunstwerke Berlin, curated by Anselm Franke together with Eyal Weizmann, Ralf Segal and Stefano Boeri. Creischer and Siekmann also mention e.g. *GNS (Global Navigation System)*, June – September 2003, Palais de Tokyo, Paris, curated by Nicolas Bourriaud.

17 See Alice Creischer and Andreas Siekmann, »Krishnas Karies: Zum Phänomen universeller Kartografie und Mode,« *Texte zur Kunst*, no. 51, 2003.

18 *Geography and the Politics of Mobility*, January – April 2003, Generali Foundation, Vienna, curated by Ursula Biemann.

19 Multiplicity was founded by Stefano Boeri, Maddalena Bregani, Francisca Insulza, Francesco Jodice, Giovanni La Varra and John Palmesino in Mailand 2000 as a network for »territorial research.« Participants in projects are sought locally in the respective geographical regions, and include architects, geographers, artists, urban planners, photographers, sociologists, economists, filmmakers. The version of *Solid Sea* (2002) presented at documenta 11 in 2002 was a collaborative venture by Multiplicity and Giovanni Maria Bellu, Massimiliano Gherzi and Paolo Vari; a further collaborator, Armin Linke, joined the list in Vienna with *Solid Sea Case 02: World-Odessa*, also 2002.

entry to Europe went down off the Sicilian coast with the loss of over 280 lives. Hushed up by the Italian authorities for five years, the incident was eventually brought to light by the journalist Giovanni Maria Bellu in the newspaper *La Repubblica. Solid Sea* arrayed this background information on a silver wall that also mirrored the viewers standing before it, thus symbolically incorporating them into the story. A row of monitors set up in front of the wall played videos of interviews with eyewitnesses. Wall-size projections with underwater shots of the wreck and satellite pictures of the Mediterranean Sea were shown in an adjoining room. A blue square marked the spot where the sunken ship lay, its location fixed at N36° 25' 31", E14° 54' 34", while time on the display continued to run. Thus satellite pictures to record and control geographical space as a stream of movement-registering signals and data and the personal narratives of residents of the area and refugees come together here – and also contrast sharply with the selective information reaching the public domain.

Navigating »electronic landscapes«[20] generated by satellite and other geo-information systems, and the political implications of attempts at the total electronic enregistration of space, are likewise the concern of the informal group of artists and activists Frontera Sur RRVT.[21] A number of related projects focus on the »seam« between southern Europe and North Africa – the Spanish-Moroccan border region. The video *Europlex* (2003) by Ursula Biemann and Angela Sanders, for instance, deals with Moroccan women smugglers and their traffic routes. Barcelona-based photographer Alex Muñoz Riera's slide report *Temporary Existences, Fluctuating Spaces* (2000–2002) depicts migrants in various situations of enforced waiting. And, under the headings »Power,« »Desire« and »Body,« Regula Burri's three-part video work *transmitting no 1–3* (2002) examines various applications of technology and their significance: the use of surveillance radar as an anonymous, invisible instrument of state power; the appropriation and reinterpretation of cultural codes via the media; the movements of individuals in these controlled spaces. For all the purported virtualization of the electronic media, precisely these specifically bodily – but also linguistic – movements/maneuvers may facilitate the generation of new meanings and modes of evasion.

THE RELATIONSHIP BETWEEN THE increasingly detailed and comprehensive mappings of real and virtual spaces that the media and other technologies produce and the various, sometimes »inappropriate,« applications and interpretations of these – a relationship that is both sensitive and in constant need of redefinition – is what many of the artistic strategies mentioned above reflect. They bear witness to contemporary attempts at a total mapping of the world's complexity in the interests of orientation, illusory security and discipline – and as a totalitarian nightmare. Above all, however, they highlight the spaces/sites of action that continue to elude detection. In constant process of generation, it is by their means that the boundaries of the terrain are redefined.

20 Biemann, *Geography and the Politics of Mobility*, op. cit., p. 16.

21 Participants in Frontera Sur RRVT are Regula Burri, Rogelio López Cuenca, Ursula Biemann, Angela Sanders, Alex Muñoz Riera, Helena Maleno Garzon, Valeriano López.

Bewegliche Kamera. Zur Kartierung in Film und Video

Dirck Möllmann

KARTIERUNG IM KLASSISCHEN SINNE ist eine Form der visuellen Aufklärung. Sie geht zurück auf die Absicht, unbekannten Raum, eine »terra incognita«, neu zu erschließen und zu überliefern.[1] Die heutigen weltumspannenden Netzwerke und Medienanschlüsse charakterisieren Raum nicht mehr allein nach territorialer oder perspektivischer Systematik. Künstler haben darauf reagiert und die traditionelle Kartierung in den letzten Jahren um Interessengebiete erweitert, die mit Raum unter psychischen, subjektiven, sozialen oder auch geopolitischen Gesichtspunkten arbeiten.[2] Eine in unserer Zeit allgegenwärtig gewordene Kamera hat nicht unerheblich zu diesem veränderten Raumbegriff beigetragen. Meine kommentierte Auswahl von Künstlervideos, Spielfilmszenen und dokumentarischen Videoessays folgt letztlich der Überlegung, ob mit dem Einsatz der beweglichen Kamera eine gesellschaftlich wirksame Tendenz zur visuellen Selbstkontrolle bewirkt wird. Video trägt aufgrund des technischen Closed-Circuit-Verfahrens zur Verbreitung eines kontrollierenden Kamerablicks wesentlich bei. Eine bis in private Lebensbereiche hinein videografierte Welt führt zu einer veränderten Auffassung vom Bild, das als Produkt eines zurückblickenden Kameraobjektivs stetiger, manchmal gar zwanghafter Anlass zur Überprüfung des Selbstbildes diesseits der üblichen Abgrenzung von privat und öffentlich wird. Die Impulse zur Aufklärung, Imagination und Paranoia, welche sowohl die Kartierung als auch den Film charakterisieren, erscheinen wiederkehrend in den Beispielen, die in drei Kapiteln als Raumerkundung, Raumfiktion und Raumkontrolle vorgestellt werden. Die Auswahl der Filmausschnitte geht zurück auf eine Reihe von Videoabenden in der Galerie für Landschaftskunst, Hamburg, und folgt persönlichen Vorlieben.

I. Raumerkundung

Kartografie und Film arbeiten mit dem Mittel der Raumprojektion. Maßstab, Rahmung, Auswahl und Kodierung einer Karte[3] entsprechen den Grundelementen des Bildfelds im Film: Bildeinstellung (Totale bis Großaufnahme), Kadrierung (Begrenzung des Filmbildes und Auswahl seiner Elemente), Bildensemble (Gesamtheit ausgewählter Bild- und Toninformationen) und Bildinformation (das

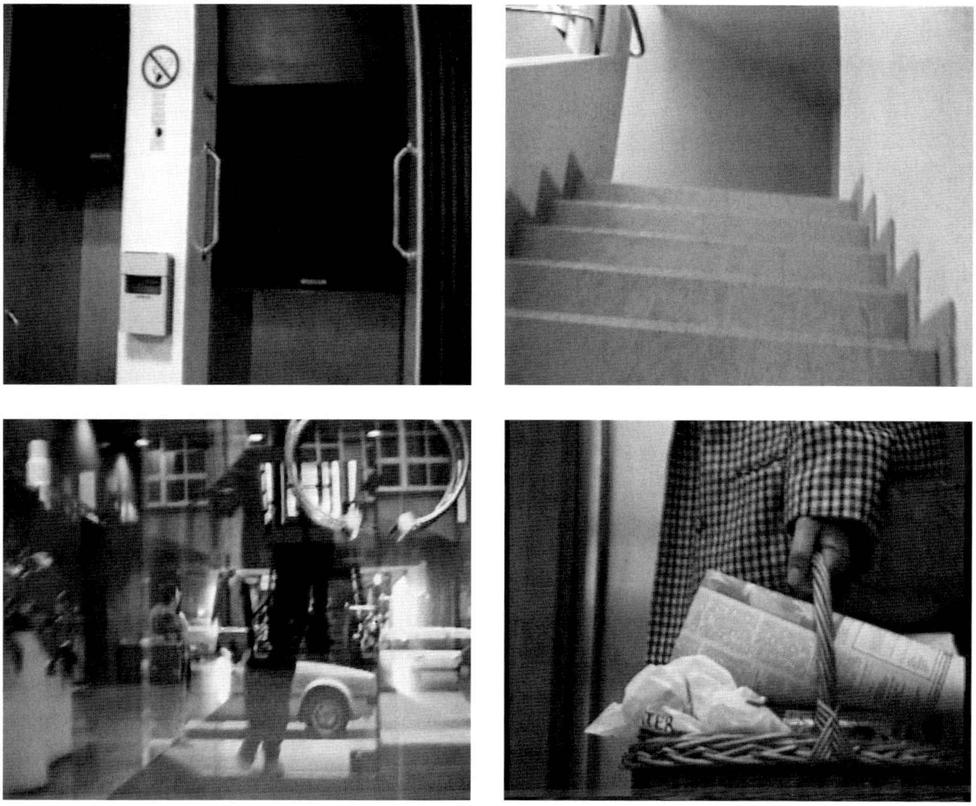

1–4 _ Till Krause, *Durchgänge in der Hamburger Innenstadt*, 1991
_ Till Krause, *Passageways in downtown Hamburg*, 1991

verknappt oder gesättigt eingesetzte visuelle Zeichensystem).[4] Eine Karte stellt objektiv die möglichst exakte Verortung eines Terrains dar, mithin einen Bezug zwischen Punkten oder Orten, der realiter mit einer beweglichen Kamera ganz subjektiv zu einem filmischen Raum transformiert werden kann.

Till Krause führt 1991 mit einer Videokamera in der Hand eine Erkundung der *Durchgänge in der Hamburger Innenstadt* durch (ABB. 1–4). Ohne Schlüssel passiert er Korridore, Hinterhöfe, Plätze, Dächer, Treppenhäuser, Paternoster oder Fahrstühle, Parkdecks, Tiefgaragen und Einkaufszonen in einem weitläufigen Gebiet zwischen Binnenalster und Alsterfleet. Für Betriebsfremde

1 Christian Jacob verweist auf die vermutlich erste Landkarte durch Anaximander und interpretiert sie vor dem Hintergrund antiker Aufklärung und Naturerkenntnis, vgl. Christian Jacob, »Mapping in the Mind«, in: Denis Cosgrove (Hrsg.), *Mappings*, London 1999, S. 24–49.

2 Beispielsweise *Geografie und die Politik der Mobilität*, Generali Foundation, Wien, Januar–April 2003; *It's not geography that is structuring*, halle_für_kunst, Lüneburg Mai–Juli 2003; *Territories*, Kunstwerke, Berlin, Juni–August 2003; *real.-Mapping@Learning from*. Kritisches Topografieren politischer Ökonomie*, NGBK, Berlin, September–Oktober 2003; *Die Sehnsucht des Kartografen*, Kunstverein Hannover, 13.12.2003–25.01.2004.

3 Vgl. Denis Cosgrove, »Mapping Meaning«, in: ders., 1999, a.a.O., S. 9ff.

4 Vgl. Gilles Deleuze, *Kino, 1. Das Bewegungs-Bild*, Frankfurt/Main 1997, S. 27ff.

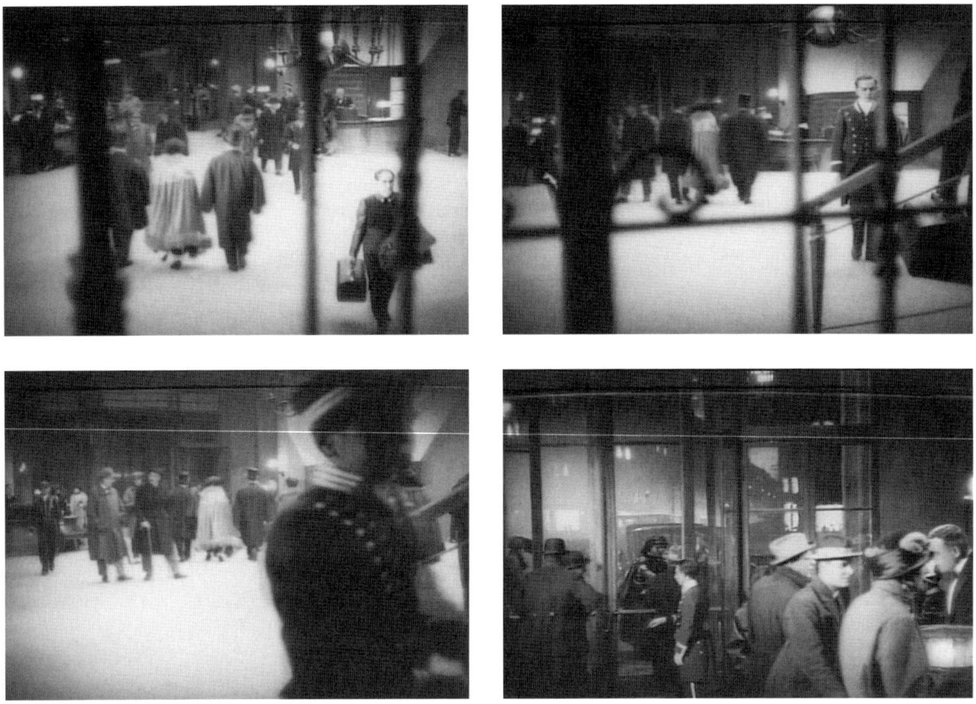

5–8_ Friedrich W. Murnau, *Der letzte Mann*, 1924
_ Friedrich W. Murnau, *The Last Laugh*, 1924

ist dieses mikrologische Wegesystem nicht vorgesehen. Die Architektur wird in seinem Film gewissermaßen als Vorhof eines sozialen und repräsentativen Raums gezeigt, der so genannten Hamburger City. Das Video dokumentiert seinen Gang mit einer willkürlich durch die Linse bestimmten Kadrierung. Die Kamera wählt selten eine Totale und bringt den Protagonisten selbst nur beiläufig im Spiegel eines Fahrstuhls oder im Glas einer Tür zur Ansicht. Aus der Langeweile dieser an sich ereignisarmen Raumpassage resultiert eine eigenartige bildliche Spannung, denn das Video konzentriert sich auf das Verhältnis eines sich in der Zeit bewegenden Körpers zum Raum, der sich für den Betrachter hinter jeder nächsten Ecke, ja eigentlich bei jedem Schritt mit der Handkamera neu erschließt. Krause selbst ist für Passanten als Kameramann kaum zu erkennen und tritt für den Betrachter fast vollständig zurück hinter das kontinuierliche Bewegungsbild. Die Kamera wird zum Hauptakteur einer Inszenierung der Körper-Raum-Relation in einem Video, das fast ohne Schnitte auskommt. Dieses Charakteristikum der ersten Generation von Videokünstlern aus den 1970er Jahren, die Körperexerzitien und Raumerkundungen oft privat im Studio vollzogen, wendet Krause zur Dokumentation der eigenen Bewegung im öffentlichen Raum an. Die Kamera auf Kniehöhe mitgeführt zeigt kleinteilig gewählte Ausschnitte der teils privaten Wege zwischen öffentlichen Räumen. Bildwürdig wird das Heben und Senken der Schritte, das Streiflicht, die Detailbeobachtung und die architektonischen Besonderheiten der Durchgänge.

Krauses Video steht beispielhaft für eine Form der subjektiven Raumerkundung mit einem ausgeprägt lokalen Bezug, wie sie im Umfeld der Künstler der Galerie für Landschaftskunst betrieben wird.

Die bewegliche Kamera kommt bereits in der Frühzeit des Kinos zum Einsatz, was die These nahelegt, auf technischem Wege eine Konsequenz aus bildnerischen Strategien der industriellen Epoche zu ziehen, die zur Einübung einer wachsenden visuellen Informationsaufnahme dient.[5] Dem Publikum der Londoner Weltausstellung, 1851, diente das »Moving Panorama« beispielsweise als mehr oder weniger bequeme Ansicht der Gesamtschau, die ansonsten mühsam hätte durchschritten werden müssen. Im Film der zwanziger Jahre wurde der Zusammenhang von Mobilisierung und Beschleunigung weiter ausgestaltet. Von Bedeutung ist weniger die panoramatische Überschau, sondern die visuelle Verwicklung des Zuschauers in das Geschehen durch Bewegung, Geschwindigkeit und Imagination. Der Schnitt erzeugt zusätzlich eine Mehransichtigkeit im Bildraum, um die Filmwirklichkeit plausibel zu machen. Beide Faktoren (Schnitt und bewegliche Kamera) tragen dazu bei, dass nicht nur der Raum selbst mobil wird, sondern aufgrund der besonderen imaginären Situation im Kino die Wirklichkeitswahrnehmung sich öffnet für psychische Ebenen der Ich-Identität.[6] Mobilität und Identität gehen im erzählenden Film eine imaginäre Verbindung ein.

Friedrich W. Murnaus Stummfilmklassiker *Der letzte Mann* vermochte es als einer der ersten Filme, das Publikum mit »entfesselter Kamera«[7] und gleichsam musikalischer Montagerhythmik in seinen Bann zu ziehen. Der kostenträchtige Stummfilm der UFA-Studios war zu seiner Weihnachtspremiere 1924 ein Sensationserfolg. Er galt in der deutschen Kritik aufgrund der Verschmelzung von Ästhetik und Politik als einer der weltbesten Filme seiner Zeit. Die Geschichte der Ersetzung eines älteren Portiers (Emil Jannings) durch einen jüngeren spielt in einer aufwändigen Kulisse des Berlins der zwanzigerer Jahre und beginnt mit einer Kamerafahrt (ABB. 5–8). Gleich die erste Einstellung bricht die Einheit des Leinwandbildes auf: eine Fahrt im Lift hinunter zur Hotellounge zersetzt das Bild mehrfach durch die Querstreben des Fahrstuhlgitters, um dann mit sanftem Schwung auf eine gläserne Drehtür zuzugleiten. Die mobile Kamera, befestigt auf einem Fahrrad,[8] suggeriert auf dem Weg in den Bildhintergrund einen Raumeindruck und rekonstituiert so aus vertikaler und horizontaler Bewegung das zunächst aufgebrochene raumzeitliche Bildfeld. Die Kamera erreicht eine gläserne Drehtür, die von einem

5 Zu dieser These und den Vorläufern der Kinowahrnehmung vgl. Monika Wagner, »Bewegte Bilder und mobile Blicke. Darstellungsstrategien in der Kunst des neunzehnten Jahrhunderts«, in: Harro Segeberg (Hrsg.), *Mediengeschichte des Films*, Bd. 1, München 1996, S. 169–188. Wagner unternimmt eine Historisierung des Sehens und analysiert das Bewegungsmotiv mit dem »Moving Panorama« der ersten Weltausstellung (1851) und J. M. W. Turners Malverfahren.

6 Der gesamte Kino-Apparat – Projektor, Dunkelraum und Screen (Leinwand/Bildschirm) – wird aufgrund des unbeweglichen Betrachters und der Dominanz des Visuellen filmtheoretisch in Verbindung gebracht mit den imaginären Effekten des Spiegelbilds zur Ausbildung der Ich-Funktion nach Lacan, vgl. Jean-Louis Baudry, »Ideological Effects of the Basic Cinematographic Apparatus«, in: Theresa Hak Kyung Cha (Hrsg.), *Apparatus*, New York 1980, S. 25–40.

7 Karl Prümm, »Die bewegliche Kamera im mobilen Raum. ›Der Letzte Mann‹ von Friedrich Wilhelm Murnau«, in: Thomas Koebner (Hrsg.), *Diesseits der »Dämonischen Leinwand«. Neue Perspektiven auf das späte Weimarer Kino*, Augsburg 2003, S. 41–55, hier S. 43. Prümm weist zugleich auf den disziplinierten Erzählmodus der Kamerabewegung hin. Die Kamera führte Karl Freund.

8 Prümm 2003, a.a.O., S. 54, erwähnt weiter den Gebrauch einer Seilwinde und einer Rotationsscheibe.

Pagen mechanisch bedient wird und als funktionaler Zwischenraum die Zirkulation der Gäste zwischen Hotel und Straße reguliert. Wie nebenbei wird der Anblick der Straße immer wieder neu durch einen Ausschnitt gerahmt. Die rotierende Glastür wird darüber hinaus zur Metapher einer unbarmherzigen Ökonomie, wenn der alte dem neuen Portier in diesem architektonischen, rahmenden wie metaphorischen Zwischenraum begegnet und sich dessen Ablösung symbolisch ankündigt. Kurz danach bekommt der alte Portier sein Entlassungsschreiben ausgehändigt und wird beim Lesen von der Kamera wiederum durch einen Fensterrahmen beobachtet. Sie nähert sich ihm langsam und schwebt wie von Geisterhand durch das Glas hindurch in den Innenraum, um mit einem Einstellungswechsel den Brief zu erfassen. Dieses transitorische »Zwischen« ist bei Murnau psychologisch motiviert und kommt der Simmel'schen Definition des sozialen Raums in Form einer »Raumerfüllung«[9] durch zwischenmenschliche Handlungen sehr nahe. Nicht nur in der Milieuschilderung von Grand-Hotel und Mietskaserne gelangt der soziale Raum zur Darstellung, sondern darüber hinaus als psychologisch konnotierter Zwischenraum vermittels der Filmtechnik selbst. Beweglichkeit und Schnitt ermöglichen die Konstruktion spezifisch filmischer Räume, die emotionale Stimmungen repräsentieren und im Falle Murnaus eine »Verflüssigungsdynamik«[10] der Moderne als gesellschaftlich-sozialen Konflikt im Bewegungsbild technisch realisieren. Die Kinematografie weist hier auf sich selbst zurück als die eigentliche Neuerung der Epoche. Die Raumerkundung mit der Kamera nutzt das Bewegungsbild zur Einfühlung in den filmisch konstruierten Raum als eine neue Qualität der Subjektivierung des Sehens. Mit unterschiedlicher Informationsdichte übt sie die von Apparaten gesteuerte Sinneswahrnehmung ein und eröffnet neue Darstellungsräume.

Die Stadt war immer schon ein beliebtes Motiv der filmischen Repräsentation von Dynamik, Zerstreuung und gesellschaftlichen Konflikten.[11] Der Dokumentarfilmer Arnold Fanck holt in den zwanziger Jahren mit den gleichen technischen Mitteln alpine Eiswüsten in die Kinos der Städte, um eine Antwort auf Inflation und Werteverlust durch wirtschaftliche Depression zu suchen. Sein virtuoser Einsatz der Kamera erschließt dem Auge neue, bis dahin unzugänglich geglaubte Drehorte. Rückblickend gibt sich Fancks moralisierende Umwertung von Naturelementen in »handelnde Gestalten«[12] als eminent politisch zu erkennen: Er belässt eine »kontingente, heikle und unverlässliche«[13] Natur nicht in der ihr wesentlichen Ambivalenz, wie er es in *Stürme über dem Montblanc* (1930) zwischenzeitlich andeutet, sondern er personalisiert Natur, die nur im Durchgang durch Gefahr und heroische Opferbereitschaft besiegt werden kann. Das Wetter, veranschaulicht in Wolkenbildern und Statistiken, entpuppt sich als die eigentliche Gefährdung. Das ruhige Alpenpanorama beginnt seine gewaltige Macht im Gewittersturm zu entfalten, den ein Rettungsflieger wie ein schwankender »Raumanzeiger«[14] im Wolkenfeld durchquert. Die Wolkendarstellungen bleiben mehrdeutig: einerseits kommt mit Blitz und Donner in ihnen eine ikonografische Tradition des Herrscherbildes zur Ansicht,[15] andererseits sind sie im Film das Ergebnis der meteorologischen Vorhersage[16] und drittens waren sie im Sinne einer Wegbereitung des deutschen Faschismus lesbar.[17] Die Flugszene wird zum kinematografischen Ereignis, weil die Doppeldeutigkeit von

Natur als drohende und gleichgültige Landschaft verstärkt wird durch die aufgewühlte Kameraführung, die Tonspur mit Trommelwirbeln und Geräuschen von Wind und Propeller. Der »freie Schnitt«[18] rhythmisiert in einfacher Parallelmontage aus vier Perspektiven den langen Weg zur Rettung im Wechsel zwischen Luft- und Bodenansichten. Montage und bewegliche Kamera lassen in Kombination mit der neuartigen Luftaufnahme eine gefährliche Landschaft erwachsen, die in sich hoch ambivalent ist – ebenso gleichgültig wie bedrohlich – aber dräuend inszeniert wird, um zum Schluss befriedet und besiegt zu werden. Dies geschieht mit den Mitteln des Films. Die semantische Ebene der mobilen Kamera bringt Natur, Landschaft und »verstädterte Gesellschaft«[19] in eine unaufhebbare Wechselbeziehung. Die filmische Erschließung von Natur als Landschaft lässt die Übergänge zwischen den vermeintlich klaren Gegensätzen Stadt und Land deutlich hervortreten.

Bezeichnenderweise wird die Land Art, die abgelegene Naturräume mit Pionieranspruch für die Kunstwelt erschließt, einige Jahrzehnte später Teil eines einzigartigen Projekts, das Kunst erstmals im Fernsehen überträgt. Gerry Schum initiiert und produziert 1969 die *Fernsehgalerie Land Art*, um acht Beiträge von Landschaftskünstlern ohne pädagogische Vermittlung im ersten Programm aus Berlin zu senden.[20] Die Aufgabe des Fernsehens, die Sendung und Verbreitung von

9 Georg Simmel entwickelt einen ersten Begriff vom sozialen Raum in der Interaktion zwischen Menschen: Es »erscheint der Raum zwischen ihnen erfüllt und belebt. Natürlich ruht dies nur auf dem Doppelsinn des Zwischen: dass eine Beziehung *zwischen* zwei Elementen, die doch nur eine, in dem einen und dem anderen immanent stattfindende Bewegung oder Modifikation ist, *zwischen* ihnen, im Sinne des räumlichen Dazwischentretens stattfinde.« Georg Simmel, »Der Raum und die räumlichen Ordnungen der Gesellschaft« (1908), in: Ottrein Rammstedt (Hrsg.), Gesamtausgabe, Bd. 11, *Soziologie. Untersuchungen über die Formen der Vergesellschaftung*, Frankfurt/Main, 1992, S. 687–790, hier: S. 689.

10 Prümm 2003, a.a.O., S. 54.

11 Vgl. Guntram Vogt, *Die Stadt im Kino. Deutsche Spielfilme 1900–2000*, Marburg 2001.

12 Béla Balázs, »Der Fall Dr. Fanck«, in: Frank Amann, Ben Gabel und Jürgen Keiper (Hrsg.), »Revisited. Der Fall Dr. Fanck. Die Entdeckung der Natur im deutschen Bergfilm«, *Film und Kritik*, Heft 1, Juni 1992, S. 4–7, hier: S. 6.

13 Martin Seel, *Eine Ästhetik der Natur*, Frankfurt/Main, 1991, S. 198.

14 Martin Seel, »Arnold Fanck oder die Verfilmbarkeit von Landschaft", in: ders., *Ethisch-ästhetische Studien*, Frankfurt/Main 1996, S. 73.

15 Warnke liest das Motiv des Blitzes aus einer Wolke auf einer Münze von 1546 als kriegerisches Herrschaftszeichen. Martin Warnke, *Politische Landschaft*, München 1992, S. 144.

16 Der Bergwart liest zu Beginn Föhngefahr und Wetterumschwung von einem Windmesser ab.

17 Kracauer begründet in seiner Mentalitätsgeschichte die Verurteilung des deutschen Bergfilms mit dieser Szene, vgl. Siegfried Kracauer, *Von Caligari zu Hitler. Eine psychologische Geschichte des deutschen Films*, Frankfurt/Main 1984, S. 271f.

18 Seel 1996, a.a.O., S. 74

19 Vgl. die Raumanalyse bei Henri Lefebvre, *Die Revolution der Städte*, Limitierte Ausgabe, Dresden 2003, darin 1. Kapitel, »Von der Stadt zur verstädterten Gesellschaft«, S. 11–36, der mit diesem Begriff die wechselseitige Durchdringung industrieller und agrarischer Kultur umschreibt.

20 Gesendet am 15. April 1969, 22.40 Uhr, im 1. Programm (SFB), ca. 100.000 Zuschauer. Ein zweites Projekt, *Identifications*, wird 1970 ausgestrahlt, vgl. Dorine Mignot, »Gerry Schum – Die Idee einer Fernsehgalerie«, in: Ausst.-Kat. *Videokunst in Deutschland 1963–1982*, Wulf Herzogenrath (Hrsg.), Stuttgart 1982, S. 44–54; und: Ursula Wevers, »Fernsehgalerie Berlin Gerry Schum – Land Art«, in: Ausst.-Kat. *Stationen der Moderne*, Berlin 1988, S. 532–541. Wevers erwähnt eine begleitende Veranstaltung für Besucher in den Fernsehstudios, die allerdings nicht übertragen wurde. Eine Retrospektive in der Kunsthalle Düsseldorf würdigte die Arbeit von Gerry Schum, Ausst.-Kat. *Fernsehgalerie Gerry Schum, Videogalerie Schum. Ready to Shoot*, Ulrike Groos, Barbara Hess, Ursula Wevers (Hrsg.), Düsseldorf u.a.O. 2003–2004.

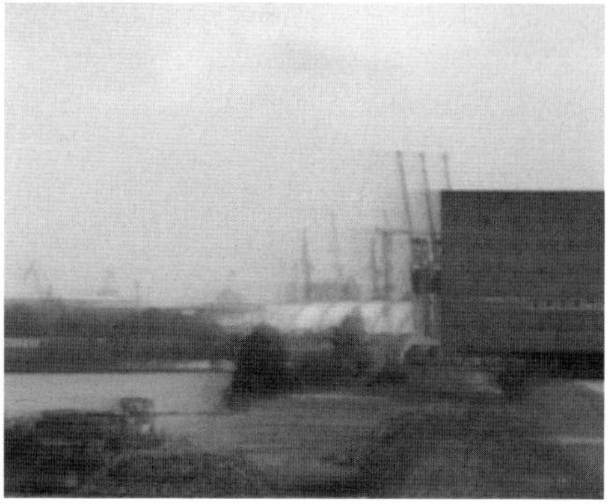

9–12 _Oliver Gemballa, *Kaispeicher*, 2002
_Oliver Gemballa, *Kaispeicher (Quayside warehouse)*, 2002

Information, wird selbstbezüglich umgesetzt; denn Schum verfolgt die Idee, dass »die Kunstobjekte oder Kunstideen nur im Augenblick der Ausstrahlung wirklich [sind].«[21] Alle Filme werden in enger Zusammenarbeit mit den Künstlern erstellt. Richard Longs Beitrag *Walking a 10 Mile Line Forward And Back Shooting (Filming) Every Half Mile* ist mit Stativkamera gedreht: Der Titel nennt alle wesentlichen Informationen. Die Kamera schwenkt zu Beginn einmal im Kreis durch das flache Panorama und zoomt dann mit jeder neuen Einstellung ca. sechs Sekunden lang auf den Horizont. Sie durchmisst die Landschaft so mit einer optischen Linie. Der topografische Raum schmilzt zusammen in der Kadrierung durch die Kamera und weitet sich virtuell mit der Bewegung des Zoomobjektivs. Der Marsch des Künstlers wird auf sechs Minuten Filmzeit verkürzt und mit seinen Atem- und Schrittgeräuschen unterlegt. Ähnlich wie Schums Realisierung eines Kunstwerks, das nur in der Ausstrahlung besteht, existiert die Markierung der Landschaft als künstlerischer »Eingriff« nur im Film. Longs subjektive Kartierung entsteht in der Kamera, deren Zoombewegung das Bild der Landschaft verräumlicht. Die Brennweitenveränderung des Zooming entfaltet ihre physikalisch-dynamische Raumwirkung[22] durch die fließenden Übergänge der Kadrierung.

Die Kamera bewirkt unter anderem durch die Subjektivierung des Bildfeldes eine filmische Raumwahrnehmung. Die suggestive Kraft von Kameraführung, Zooming, Schnitt und Überblendung dient dazu, Filmwirklichkeit einleuchtend zu machen. Solche Plausibilität wird im narrativen Film bei Murnau, neben dem ausdrucksstarken Schauspiel, durch filmtechnisch erzeugte, aber psychologisch wirksame Übergangssituationen erreicht. Film und Video erschließen damit nicht nur neue Darstellungsräume, sondern verleihen auch jeder dokumentarischen Erkundung ein Moment des Fiktiven, wie es beispielsweise Arnold Fanck in seinen Naturfilmen einsetzt.

II. Raumfiktion

Die Kreisbewegung einer Kamera kann als formales Gestaltungselement die Filmerzählung oder den Bericht fiktionalisieren. Es entbehrt nicht der spöttischen Ambivalenz, einen Gegenstand lauernd zu beobachten und visuell genau zu umreißen, um den

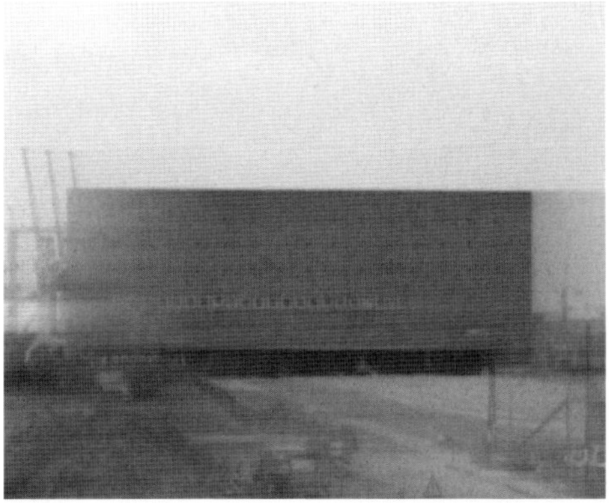

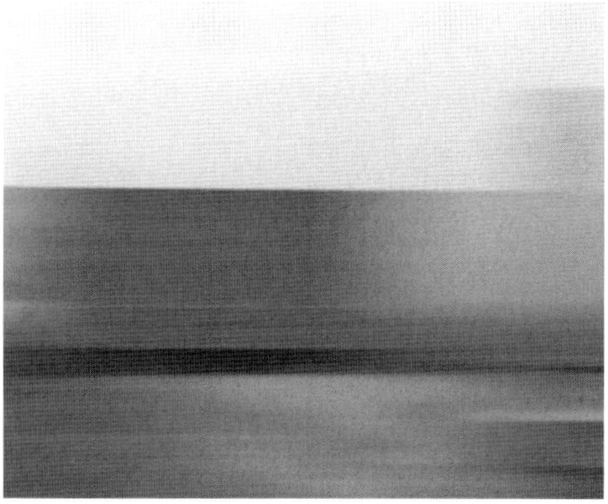

Zuschauer zugleich die Orientierung verlieren zu lassen. Diesen möglich gewordenen Verlust des eigenen Standpunkts in der Kreisbewegung zeigt Laurent la Gambas schwindelerregend holperiges Kreisen um eine Person, die vor geöffnetem Kühlschrank in der prallen Mittagshitze eines französischen Gartens steht (*To Be Dizzy,* 2002). Genau entgegengesetzt verfährt Oliver Gemballa mit *Kaispeicher* (2002), der die Kamera auf dem Dalmannkai – dem umstrittenen Baugelände der künftigen HafenCity in Hamburg – um sich selbst kreisen lässt und die Aufnahme per Shutter zusätzlich experimentell zerdehnt (ABB. 9–12). Mit dem Belichtungsverschluss seiner digitalen Kamera ist die Aufnahmezeit so verkürzt, dass in Kombination mit der Drehbewegung ein Rutscheffekt des Bildes erzielt wird. Die Einstellung lässt die Aufnahme zu horizontalen Farbstreifen verschwimmen, unterbrochen von abrupten Stopps, so dass die Drehbewegung das Bild rhythmisierend in horizontale Farbstreifen verwischt.

Raumdarstellungen können mit der Kamera auf diese Weise zur abstrakten Fläche umgestaltet werden. Analog zum physikalisch-dynamischen Bildfeld steht der Begriff des geometrischen Bildfeldes[23] für die Flächengestaltung. Der Musiker und Experimentalfilmer Michael Snow kombiniert die dynamische Raumdarstellung und die Geometrisierung des Bildfeldes auf der Fläche mit seinem monumentalen Film *La Région Centrale* von 1971. In der menschenleeren Einöde Kanadas, auf einem unbenannten Berggipfel etwa 100 Kilometer nördlich der Sept Isles in Quebec, stellt Snow eine Maschine auf, um mit einer Folge einzigartiger Bewegungen von sphärischen 360° Grad, die per Schwenkarm ausgeführt werden, die menschenleere Landschaft quasi abzutasten (ABB. 13–16). Er aktiviert das Bildfeld mit Kreisen, Achten, Schwenks, Loops, Zooms, Zickzacks, gegenläufigen Drehungen von Kamera und Schwenkarm,

21 Gerry Schum, »Brief an Gene Youngblood 1969«, in: Herzogenrath 1982, a.a.O., S. 59.

22 Zum physikalisch-dynamischen und dem geometrischen Bildfeld vgl. Deleuze 1997, a.a.O., S. 30ff.

23 Beide Bildfeld-Attribute gehen zurück auf Deleuze 1997, a.a.O., S. 28.

überkopf, im 90°-Winkel zum Horizont, Diagonalen etc.[24] Der Film ist in 17 Sektionen unterteilt, von denen jede mit einem grellgelben Diagonalkreuz auf Schwarzbild beginnt. Die Länge der Abschnitte liegt zwischen 30 Minuten und 30 Sekunden. *La Région Centrale* beginnt mit den Tongeräuschen und endet nach 190 Minuten mit einer etwa 60 Sekunden langen, hellweißen Einstellung auf die Mittagssonne. Das Steuerungsprogramm läuft automatisch ab und wird zusätzlich per Fernsteuerung reguliert. Die Maschine objektiviert zwar den Standpunkt, der aber zugleich suspendiert wird durch den Bewegungsfluss der Kamera. Es wird ein topografischer Standpunkt angeboten, ohne eine Situierung vorzunehmen – ausgenommen bleibt das gelbe Diagonalkreuz, das den Fluss der Bilder immer wieder unterbricht und dem Zuschauer die Gegenwart des Films anzeigt. Die wechselnden Bewegungsrhythmen und Brennweiten nötigen dazu, dem endlos scheinenden Kamerablick die Bewegung der eigenen Augen entgegenzusetzen, um die angebotene Fülle bis zur Überreizung aufnehmen zu können. Die gleichwertigen Bildinhalte weisen folglich auf die Kadrierung als bildkonstituierende Bedingung zurück. Die Raumtiefe, unabdingbares Element der perspektivischen Verortung des Betrachters in der Geschichte des Sehens, ist nahezu eliminiert. Thema ist nicht mehr die Darstellung von Landschaft oder das Beschreiben von Natur, sondern das ent-

13–16 _ Michael Snow, *La Région Centrale*, 1971

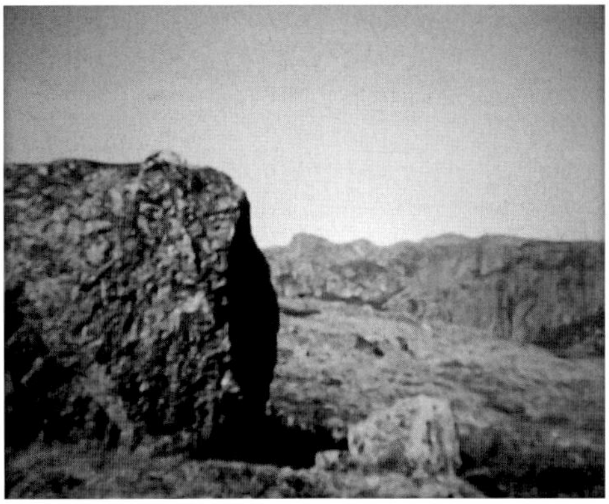

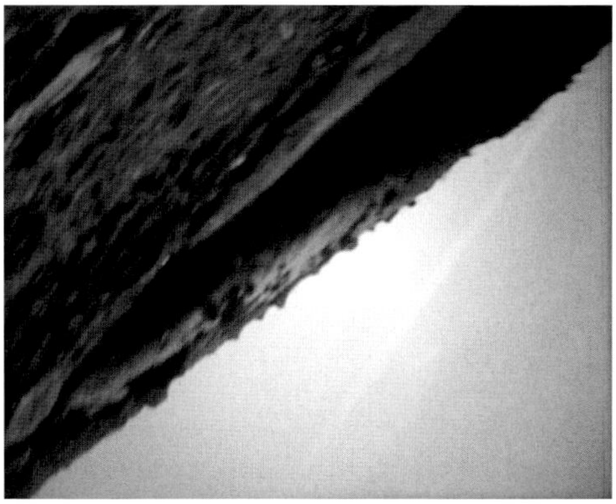

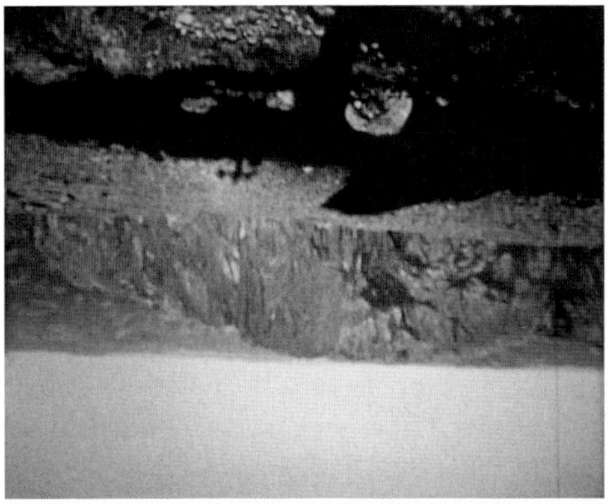

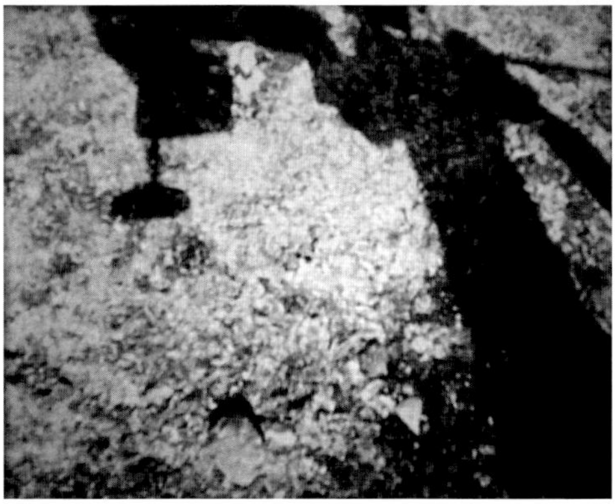

hierarchisierte Bewegungsbild in der Tradition des strukturalistischen Films.[25] Kino und Maschine werden zum Vermittler des visuellen Verhältnisses von Mensch und Natur – nur ist das der Landschaft egal: »It just goes on without us.«[26] Hier findet sich eine klare Gegenposition zur oben erwähnten Emotionalisierung von Landschaft im Werk von Arnold Fanck, die zugleich den Übergang zum fiktiven Landschaftsraum markiert. Wenn die Kartierung mit beweglicher Kamera dazu dient, einen landschaftlichen Raum zu verorten und zu erkunden, dann setzt Snow die Orientierung durch schiere Mobilität außer Kraft. Das Bild selbst erscheint mitunter fiktional, wie schwerelos schwebend, fast psychedelisch, und ruft damit das populäre Bildrepertoire nicht nur von Raumfahrtmissionen und Drogenkultur Ende der sechziger Jahre auf, sondern erinnert auch an Stanley Kubricks *Space Odyssey* aus dem Jahr 1968.[27]

Am 21. Juli 1969 betritt Neil Armstrong als erster Mensch den Mond. So behauptet und zeigt es die NASA mit Filmaufnahmen, die im Fernsehen weltweit live ausgestrahlt werden. Bald nach der Veröffentlichung kommen erste Zweifel auf, zunächst aus der damaligen UdSSR und nachfolgend auch durch Verschwörungstheorien im Westen. Die vorgebrachten Argumente, gut nachvollziehbar im Internet, stützen sich ausschließlich auf Fotos und nennen falschen Schattenwurf, unmögliche Fußabdrücke, Spiegelungen von zwei Personen im Helmvisier der dritten (es gab nur zwei Menschen auf dem Mond), sichtbare Schnittkanten auf Fotografien, enorme Temperaturschwankungen, die kein Filmmaterial der damaligen Zeit überstanden hätte, zusätzlich ein vielfach höherer Wert an Radioaktivität, den die Astronauten nicht überlebt hätten etc. Regisseur des »moon hoax« (Mondschwindel) in streng geheimen Bunkern unter der Wüste von Nevada sei Stanley Kubrick gewesen. Die Bildlegende der Schwerelosigkeit in Mondanzügen, vielmehr noch die Vorstellung vom All und der Blick auf den blauen Planeten (Yuri Gagarin am 12. April 1961) zeitigt eine historische Zäsur, deren Einfluss auf die zeitgenössische Kunst von Thomas Kellein mit »Sputnikschock und Mondlandung« umschrieben wurde.[28] Ihm zufolge fühlen sich die Vertreter von Konzeptionen der Immaterialität und visionärer Entwürfe im großräumlichen Maßstab (Entwürfe zur Luftarchitektur bei Yves Klein, Großskulpturen der Gruppe Zero, Buckminster Fullers geodätische Kuppel u.a.) durch die Berichte und Bilder aus dem All

24 Die Maschine wurde großteils von Tonfrequenzen gesteuert, die zugleich den Soundtrack des Films bildeten. Der Techniker »Pierre [Abeloos] worked out a system of supplying the orders to the machine to move in various patterns by means of sound tapes. Each direction has a different frequency of an electronic sine wave assigned to it. It makes up a layer of tones divided into five sections starting very high, about 10,000 cycles per second, down to about seventy cycles. The speed information is in terms of beats or pulses going from slow to fast. […] The machine can be operated with a set of dials and switches.« Michael Snow zit. n. Regina Cornwell, *Snow seen*, Toronto 1980, S. 110. Technische Probleme erforderten später eine Nachsynchronisation.

25 Vgl. die ausgezeichnete Beschreibung und filmhistorische Einordnung des Films bei Cornwell 1980, a.a.O., S. 105–122.

26 Michael Snow, zitiert in: Bart Testa, »An Axiomatic Cinema: Michael Snow's Films«, in: *The Michael Snow Project, Bd. 3, Presence and Absence. The Films of Michael Snow 1956–1991*, Ontario 1995, S. 68.

27 Michelson stellt die »framing strategy« im Werk von Snow heraus, seine enormen Anregungen für Kollegen (insbesondere Richard Serra) und weist auf den Einfluss der Weltraumbilder hin, vgl. Annette Michelson, »About Snow«, in: *October*, Nr. 8 (Frühling 1979), S. 111–124, hier: S. 122. Cornwell betont neben der Langsamkeit die vergleichbar minimalen Geräusche im Soundtrack beider Filme, Cornwell 1980, a.a.O.,

28 Thomas Kellein, *Sputnik-Schock und Mondlandung. Künstlerische Großprojekte von Yves Klein zu Christo*, Stuttgart 1989.

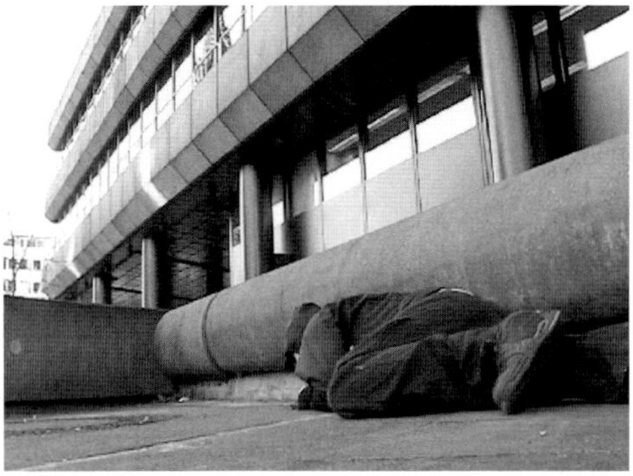

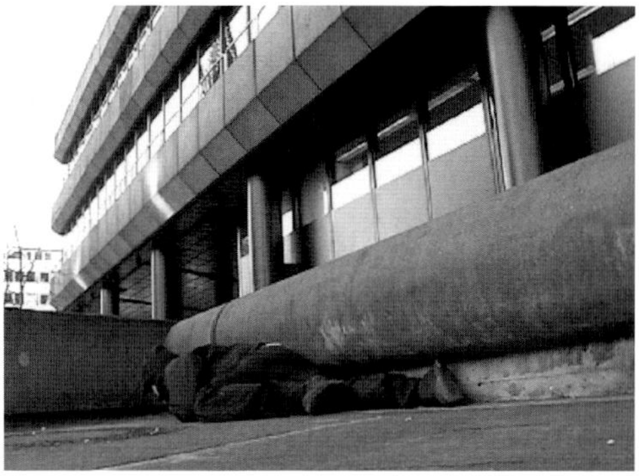

17–20_ Mark Wehrmann, *Ost-West*, 2001

bestätigt und inspiriert. Die reale Erfahrung der Leere, die Astronauten mit Unbeweglichkeit, sensorischem Reizentzug und automatisiertem Handeln machten, gibt gleichfalls Anstoß zu Vergleichen mit Drogenerfahrungen und psychedelischem Sciencefiction, wie sie in dieser Zeit bei W. S. Burroughs, La Monte Young, Robert Smithson u.a. verarbeitet wurden.

Seit der Bodenstation Mission Control ist die Überwachungskamera aus dem geläufigen Bildrepertoire der Raumfahrt ebenso wenig wegzudenken wie die Schwerelosigkeit. Sie trägt wesentlich dazu bei, Fiktion und Wirklichkeit stärker einander überlagern zu lassen. Die Dramaturgie von Kubricks *Space Odyssey* entwirft aus dieser Konstellation einen existentiellen Konflikt, in dem es um die Auslöschung des Erblickt-Seins durch das allgegenwärtige Objektiv geht.[29] Die Überwachungskamera bannt die Astronauten in der entfremdeten und funktional gewordenen Binnenwelt des Raumschiffs. Erst als ihre Funktion mit dem Moment erlischt, da HAL deaktiviert ist, beginnt Dave Bowman »wirklich« zu sehen. Auf seiner Reise zum Jupiter durch ein Kraftfeld der vierten Dimension betrachtet er seinen eigenen Tod und wird anschließend wiedergeboren als raumfüllender Embryo, der seinerseits den Planeten Erde mit seinem Blick umschließt. Der Embryo wendet sich en face der Kamera/dem Zuschauer zu. Kubrick deutet damit an, dass der Dämon, wie HAL, das Objekt seiner Beobachtung, den Zuschauer, unter seinem Blick formen könnte. Mit einem zyklischen Spiralgang, wie überhaupt das Kreisen ein zentrales Motiv der *Space Odyssey* ist, würde der Film nun wieder von vorne beginnen können auf einer neuen Entwicklungsstufe. Was aus diesem nächsten Sprung resultiert, bleibt in Kubricks Schlussbild offen – vielleicht ist es der Blick des Satelliten, der neue Wege strukturiert.

Die Raumfiktionen der genannten Filme generieren sich selbst, ähnlich einer Möbius-Schleife, als Bilder aus Bildern. Es ist nicht nur die Imagination für den fiktiven Charakter einer Darstellung verantwortlich, sondern das Prinzip der unendlich ineinander verschachtelten sich selbst repräsentierenden und sich selbst aufhebenden Bildbezüge. Die vorgängige Wirklichkeit ist zweitrangig für die Aussagekraft dieser Bilder und trifft sich hier mit einem Wesensmerkmal der Paranoia.

III. Raumkontrolle

Der allgegenwärtige Kamerablick leitet über zur Raumkontrolle durch visuelle Überwachung. Joseph Loseys selten gezeigter Film

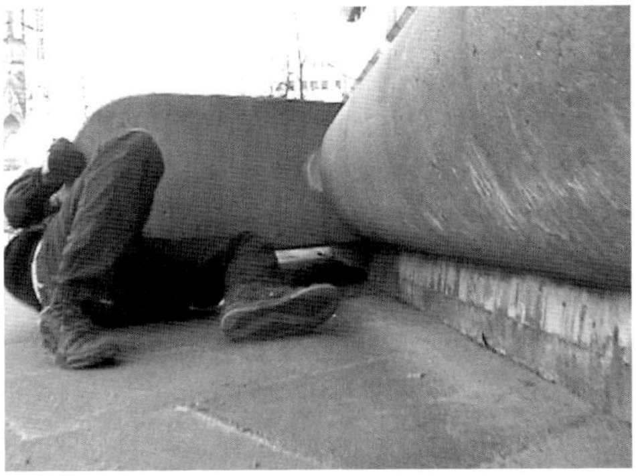

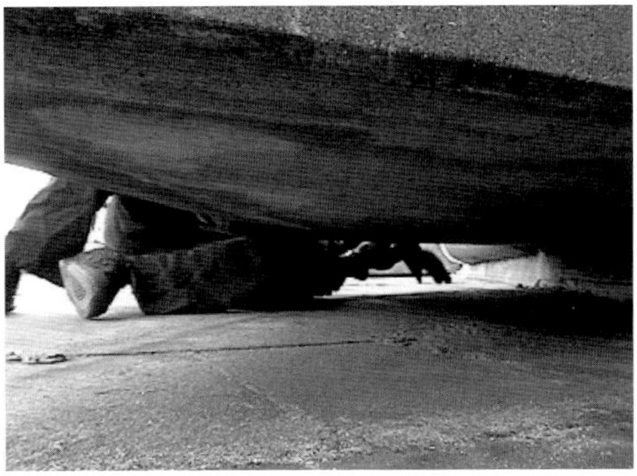

Figures in a Landscape (1970), erzählt die hermetische Geschichte der Flucht zweier an den Händen gefesselter Männer vor einem Hubschrauber. Die Gründe der Hetzjagd bleiben ungenannt. Überlebenswichtig ist die Distanz zum Flugobjekt und sich der Landschaft und ihren Verwerfungen möglichst anzupassen, um unentdeckt zu bleiben.[30] Die Kamera wird zur Waffe, die aus der Hubschrauberkanzel heraus die Landschaft und die zwei Figuren ins Fadenkreuz nimmt, wie sie umgekehrt so eng in das Geschehen verwickelt wird, dass sich das Gefühl einstellt, sie würde selbst zum Verteidigungsinstrument gegen den Angreifer. Dieses existentielle Verhältnis von Distanzierung und körperlichem Angriff wird visuell ausgetragen auf einem Bildfeld, das dem subjektivierten Blickfeld der Kamera nahezu entspricht. Die Besonderheit dieses Films, vergleichbar etwa mit der Regiearbeit Kubricks, ist der Umgang mit der Herstellung von Wirklichkeit, die sich zwar aller möglichen Kinosuggestionen bedient, aber nie den Eindruck hervorruft, der Film würde Wirkliches erzählen. Im Gegenteil gelingt es beiden Regisseuren, die Plausibilität ihrer Wirklichkeit aus den Filmbildern selbst und deren Handlung zu gewinnen, was sie mitunter verschlossen und rätselhaft macht.

Die Objektivität des Überwachungsinstruments, so zeigt Losey, hat ihre nicht einsehbaren Ränder und Zonen. Der Hamburger Künstler Mark Wehrmann hat diesen Umstand zu einer kurzen Studie über den toten Winkel genutzt, *Ost-West* (2001), die im Kunstverein in Hamburg anlässlich der Ausstellung *In aktion. Performance heute* zu sehen war (ABB. 17–20). Er kriecht in unkenntlich machender Schutzkleidung vor dem Gebäude der Landeszentralbank an der Ost-West-Straße, in der zum damaligen Zeitpunkt kurz vor der Währungsumstellung Millionen von Euros lagerten, in einem für Überwachungskameras verdeckten Bereich über den Boden. Natürlich verfolgt von einer Kamera, die sich unverhältnismäßig glatter bewegt, als es die körperliche Anstrengung des Akteurs vermuten lässt. In Wehrmanns Sinn lag nicht nur, das Sichtfeld der objektiven Überwachungstechnik zu umreißen, sondern auch mit dem eigenen Körper die subjektive Wahrnehmung der Bodenunebenheiten beim BMX-Radfahren oder Skaten an

29 Vgl. die anregende Interpretation bei Georg Seeßlen, Fernand Jung, *Stanley Kubrick und seine Filme*, Marburg 1999, S. 180.

30 Darauf verweist insbesondere Paul Virilio, *Krieg und Kino. Logistik der Wahrnehmung*, Frankfurt/Main 1989.

diesem dafür sehr beliebten Platz zu veranschaulichen. Der Film erlaubt zudem einen ironischen Rückschluss auf die absurden Fluchtmöglichkeiten, wollte man dem beobachtenden Blick der Kameras zu entkommen versuchen.

Die gesellschaftlich wirksame und konkret eingesetzte Engführung von Video als Waffe[31] zeigt Harun Farocki mit seinem Fernsehfilm *Gefängnisbilder,* 2000. Eng angelehnt an Foucaults These zum Panoptismus im Gefängnisbau des 18. Jahrhunderts trägt Farocki Found-Footage-Bilder und ausführliches Recherchematerial aus Stätten der Aussonderung zusammen. Irrenhaus, Strafanstalt, Hochsicherheitstrakt, aber auch Supermärkte werden thematisch mit dem Einsatz von Überwachungskameras zusammengebracht, die Verhalten kodifizieren helfen, Regelabweichungen erkennen und verfolgen lassen. Umgekehrt bleibt die Lust am Exhibitionismus oder am Bild nicht unberücksichtigt. Es geht Farocki immer auch um die kritische Reflexion des eigenen Zugangs und Umgangs mit Bildern und Blicken, die durch eine Kamera geworfen werden. Wenn Mark Wehrmann sich mit städtischer Architektur und ihren Überwachungsbereichen sportlich auseinandersetzt, ihr Vorhandensein aufzeigt und kommentiert, dann verdeutlicht Farocki das in Beton gegossene Blickfeld als überdeutliche Konstruktion von kontrolliertem Raum. Die Disziplinargesellschaft, die Foucault mit den züchtigenden Eingriffen in die Körper von Delinquenten, Irren oder Schülern historisch analysiert, scheint sich in eine Kontrollgesellschaft mehr oder weniger freier Teilhaber am Blickregime verwandelt zu haben. Farockis Parallelisierung von Gefangenen, Konsumenten und Soldaten, die alle mit der gleichen Technik beobachten und beobachtet werden, folgt der Idee kritischer und politischer Aufklärung. Das Medium Video birgt darüber hinaus, neben seiner gesellschaftlichen Präsenz im öffentlichen Leben, auch die Möglichkeiten der Selbstkontrolle, Gegen-Überwachung und sogar der »Gegen-Geografie«,[32] wie sie Ursula Biemann als kritische Methode für den Umgang mit dem Phänomen globaler Migration vorschlägt.

Die Fernerkundung durch Satelliten versorgt heute diverse Industrie- und Wissenschaftszweige, Militärabteilungen und das Internet mit enormen Datenmengen zur Raumbestimmung und Objektlokalisierung in Realzeit. Der Begriff »Remote Sensing« (übersetzbar als »Fernerkundung« oder »Fernabtastung«) steht für die elektromagnetisch übermittelte Information von einem physikalischen Phänomen (Licht, Wärme, Radarwellen), ohne in physischem Kontakt mit ihm zu sein. In ihrem gleichnamigen Videoessay *Remote Sensing* (2001) fasst Biemann mit dem orbitalen Blick der Satellitenkamera Geografie als ein Modell auf, das es ihr ermöglicht, Verbindungswege einer global handelnden Sexindustrie zu visualisieren. Die gesellschaftliche Relevanz vermittelt sich als ein Zusammenhang von Migration und Observation, der die Spuren des Geldflusses nachzeichnen lässt. Die bewegliche Kamera ist in Biemanns Video in die weitestmögliche Ferne einer kreisenden Satellitenbewegung gerückt. Sie stellt der sphärischen Erdsicht die konkreten Reisewege und Erzählungen einzelner Sexarbeiterinnen gegenüber. Die Territorien der Sexarbeit, Migration oder des Schmuggels, von denen die Interviewten erzählen, verlaufen nicht entlang bekannter Grenzen. Sie strukturieren eine neue, stets wandelbare und mobile Kartografie der Verschickung von Körpercargo, der Wege des Geldes, ihrer Umgehung und Ent-Ortung. Die offene Essayform arbeitet mit assoziativen Erzählanschlüssen, mit Text-Bild-Kombinationen und der videospezifischen Splitscreen-Technik, um die Mehrdeutigkeit dieses Handels, seiner Regularien und ihren Abweichungen in einer neu zu bestimmenden Gegen-Geografie zu konstellieren. Solche Zusammenhänge sucht Biemann in der »Entwicklung einer theoretischen Plattform, die Gender, Subjekt, Mobilität und Raum in ihrem Zusammenspiel artikuliert«, zu bündeln.[33]

Die Tendenz zeitgenössischer Künstler/innen der letzten Dekade, in bestehenden institutionellen oder öffentlichen Räumen zu intervenieren, bedeutet auch, die eigene Handlung gegenüber der Betrachtung aufzuwerten. Der heutige umfassende Einsatz von Kameras zur Raumsicherung, Personenüberwachung oder Zielerfassung in militärischer, ziviler oder industrieller Nutzung lässt bloße ästhetische Distanz fragwürdig werden. Die Betrachtersituation ist durch die vollständige visuelle Kartierung unseres Lebensraumes in einer Weise vorstrukturiert, dass ein Spiel der ästhetischen Ferne ganz konkret immer schon in die Registrierung des eigenen Standpunkts einbegriffen ist. Man stelle sich nur vor, zu versuchen, der Erfassung durch die Sichtfelder aller möglichen fixierten oder mobilen Kamerablicke, die einem im Alltag begegnen, auszuweichen. Welch merkwürdige Bewegungen nötig wären, um dieser Aufforderung Folge zu leisten, zeigt Mark Wehrmann. Die Mutmaßungen über eine umfassende Videografie durch Kameras in alltäglichen Lebensbereichen führen letztlich zu der Annahme, dass deren Bilder eine normierende Wirkung entfalten. Möglicherweise blicken die toten Augen zurück.

Mein besonderer Dank für die Realisierung der Videoabende geht an Till Krause und Christina Gröninger (Galerie für Landschaftskunst), Frank Barth (Hamburger Kunsthalle), Galerie Kurimanzutto (Mexiko Stadt), Galerie Peter Kilchmann (Zürich) und Christiane Mennicke (Kunst-Haus, Dresden).

31 Zum technikgeschichtlichen Zusammenhang von Militär und Video siehe Joseph Hoppe, »Fernsehen als Waffe«, in: *Ich diente nur der Technik*, Schriftenreihe des Museums für Verkehr und Technik Berlin, Bd. 13, Berlin 1995, S. 53–88. Im Film setzt meines Wissens Gábor Bódy als Erster Bildfeld, Filmkader und kartografische Vermessungstechnik in eins mit dem Sichtfeld des Visiers der Schusswaffe. Gábor Bódy, *Der amerikanische Kartograf*, 1976.

32 Ursula Biemann, »Remotely Sensed. A Topography of the Global Sex Traden«, http://www.geobodies.org/video/sensing/sensingtxt1.html, Zugriff am 10.10.2003.

33 Ursula Biemann, *Geografie und die Politik der Mobilität*, anlässlich der Ausstellung vom 17. Januar bis 27. April 2003, Generali Foundation, Wien 2003, S. 16.

Mobile Camera. Cartography in Film and Video

Dirck Möllmann

CARTOGRAPHY IN ITS CLASSICAL SENSE is a form of visual enlightenment. It originates in the desire to open up and to record unknown territory, »terra incognita.«[1] Today's global and media networks no longer characterize space in terms of its territorial and three-dimensional properties alone. Responding to this, artists in recent years have extended traditional cartography to include fields of interest that work with psychical, subjective, social or even geopolitical notions of space.[2] A camera that has become ubiquitous in our age has contributed considerably to our changing conceptions of space. Underlying my commentated selection of art videos, feature film excerpts and documentary video essays is the question whether the mobile camera has led to any significant trend toward visual auto-regulation. Video's contribution, on the basis of closed-circuit technology, to the growth of a regulatory camera perspective has been considerable. A through-videographed world, all the way into private spheres of life, has led to changes in how we view the image. Product of a »backward-looking« lens, it leads to a constant, and sometimes even obsessive, concern with our »self-picture« this side of current distinctions between private and public. The elements of enlightenment, imagination and paranoia that are found in cartography no less than they are in film inform the examples presented here under three headings: Spatial Reconnaissance Exploration, Spatial Fictions and Spatial Control. The selection of film excerpts goes back to a series of video evenings at the Galerie für Landschaftskunst, Hamburg, and is based on personal preferences.

I. Spatial Reconnaissance Exploration

Cartography and film both operate with spatial projection. Scaling, framing, selection and encoding of a map[3] correspond to the basic formal visual elements that are met with in film: Shot (from close-up to distance shot), framing (isolating and selecting the contents of a shot), frame ensemble (totality of image and sound information) and visual information (the compressed or intensified visual sign system employed).[4] Objectively speaking, maps aim to chart as exactly as possible a particular terrain. As such they establish relations between points, or places, which may be transformed into a purely subjective filmic space by means of a mobile camera.

In 1991 Till Krause explored *Passageways in downtown Hamburg (Durchgänge in der Hamburger Innenstadt)*, using a hand video camera. In the extensive area between Binnenalster and Alsterfleet, he freely traversed passages, courtyards, squares, rooftops, stairways, paternosters and elevators, multistory and underground car-parks and shopping malls (FIG. 1–4, P. 147). It is a microcosm of ways not designed for the uninitiated. Architecture in his film figures as a kind of forecourt to the social and representative space officially designated as Hamburg City. It is the camera lens that arbitrarily frames the shots documenting his route. Total views are rare, and the protagonist himself is only occasionally glimpsed, reflected in an elevator mirror or glass doorway. The boredom inherent in this otherwise uneventful spatial odyssey generates a distinctive visual tension. For the video focuses on the relation between a body moving in time and the space that opens up for the viewer around each new corner, if not with every step the hand camera takes. Passersby scarcely perceive Krause himself as cameraman, and for the viewer he vanishes almost totally behind the continuously moving images. In this enactment of the body-space relationship, in a video that dispenses almost entirely with cuts, the camera is the protagonist. It is a feature of the work of the first-generation video artists of the 1970s, whose bodily and spatial explorations were often conducted in the privacy of their own studios, that Krause has used to document his own movement through public space. Carried at knee-height, the camera picks out minutiae and details of the sometimes private routes between public places. Image-worthy are the rising-falling footsteps, the glancing lights, the details observed and the architectural features of the terrain. Krause's video is a good example of the kind of subjective spatial reconnaissance exploration with distinct local reference as it is practiced by a circle of artists loosely associated with the Galerie für Landschaftskunst.

The mobile camera was already in use in the early days of the cinema, suggesting that technical consequences were being drawn from visual strategies of the industrial period in order to handle the burgeoning volume of visual information.[5] The »moving panorama,« for instance, provided visitors to the Great Exhibition of 1851 with a more or less comfortable overview of the entire show, which otherwise had to be covered labori-

1 Christian Jacob draws attention to what was probably the first map of the inhabited world made by Anaximander, setting it in the context of early Greek scientific endeavor and natural philosophy. Christian Jacob, »Mapping in the Mind,« in Denis Cosgrove (ed.), *Mappings* (London, 1999), pp. 24–49.

2 For instance *Geografie und die Politik der Mobilität*, Generali Foundation, Vienna, January–April 2003; *It's not geography that is structuring*, halle_für_kunst, Lüneburg May–July 2003; *Territories*, Kunstwerke, Berlin, June–August 2003; *real.-Mapping@Learning from*: Kritisches Topografieren politischer Ökonomie*, NGBK, Berlin, September–October 2003; *Die Sehnsucht des Kartografen*, Kunstverein Hannover, 13.12.2003–25.01.2004.

3 See Denis Cosgrove, »Mapping Meaning,« in Cosgrove 1999, op. cit., p. 9ff.

4 See Gilles Deleuze, *Kino 1: Das Bewegungs-Bild* (Frankfurt/Main, 1997), pp. 27ff. (English edition: *Cinema 1: The Movement-Image*, tr. H. Tomlinson & B. Habberjam (Minneapolis, 1997).

5 On this thesis and the precursors of cinematic modes of perception, see Monika Wagner, »Bewegte Bilder und mobile Blicke. Darstellungsstrategien in der Kunst des neunzehnten Jahrhunderts,« in Harro Segeberg (ed.), *Mediengeschichte des Films*, Vol. 1 (Munich, 1996), pp. 169–88. Wagner undertakes an historicization of vision, analyzing the motif of movement with reference to the »Moving Panorama« of the Great Exhibition 1851 and J.M.W. Turner's innovative techniques in painting.

ously on foot. The cinema of the early '20s took the connection between mobilization and acceleration yet further. Important here is not so much the panoramic overview as the use of movement, speed and imagination to involve viewers in the action. Furthermore, editing generates a multiplicity of viewpoints within the pictorial space, which helps render the film-reality plausible. Both factors, editing and mobile camera, not only contribute toward the mobilization of space, but also – thanks to the distinctively imaginary element inherent to cinema – to a perceptual opening up to psychic, ego-identity levels of reality.[6] Mobility and identity merge in narrative cinema.

Friedrich W. Murnau's classic silent movie *The Last Laugh* was one of the first films to bring an audience under its spell using an »unleashed camera«[7] and almost musically rhythmic montage. This high-budget UFA studio production, premiered Christmas 1924, was a sensational success. Its fusing of aesthetics and politics led German critics to rate it one of the best films of its time worldwide. The story of an ageing hotel porter (Emil Jannings) demoted in favor of a younger man plays against a lavish 1920s Berlin backdrop and opens with a moving camera sequence (FIG. 5–8, P. 148). The very first shot disrupts the unity of the screen picture: fractured by the metal bars of the grille, an elevator ride down to the hotel lobby pans out into a smooth motion toward a revolving glass door. As the mobile camera fixed to a bicycle[8] moves into the imaged background, it creates a sense of spatiality, thus reconstructing from vertical and horizontal motions the initially fragmented spatiotemporal picture. The camera reaches the revolving glass door which is mechanically operated by a page. A functional, intervening space, it regulates the flow of guests between hotel and street. As if unintentionally, a view of the street keeps appearing, framed in its panels. Moreover, when the old and new porters meet in this structural, framing and metaphorical interspace, and the old porter's replacement is symbolized, the rotating glass door functions as metaphor for a ruthless economic system. Shortly after this, the old porter is handed his letter of dismissal. As he reads it, the camera observes him through a window-frame. It floats closer through the glass pane into the room, slowly, as if moved by an invisible hand, then cuts to the letter. Rooted in psychological factors, this transitory »between« in Murnau comes very close to Simmel's definition of social space as the »spatial plenitude«[9] of human interaction. Social space is not only depicted in the Grand Hotel and tenement block scenes, but also appears as a psychologically connoted interspace, thanks to the movie's cinematographic techniques. Mobility and editing facilitate the construction of specifically filmic spaces that transport moods and emotions, and, in the case of Murnau, technically realize, in the moving picture, modernism's »flow dynamics«[10] as conflict that is both societal and social. Cinematics here points toward itself as the real innovation of the era. The spatially-exploratory camera utilizes the moving picture to feel a way into the constructed filmic space and subjectivize vision in new ways. Operating with variable information densities on device-regulated sense-perception, it opens up new representational spaces.

The city was ever a popular motif for filmic representations of dynamism, diversion and social conflict.[11] In response to the inflation and devaluation of economic depression in the 1920s, the documentary filmmaker

Arnold Fanck used similar techniques to render frozen alpine wastes accessible to metropolitan moviegoers. His virtuoso camerawork opened up new locations that hitherto had been considered unreachable. In retrospect it is clear that his moralizing revaluation of nature's elements into »active figures«[12] was eminently political. Rather than leave »contingent, fickle and undependable«[13] nature in the essentially ambivalent state that occasionally shows through in his *Storms over Mont Blanc* (1930), Fanck personalizes nature, which can be bested only by pitting oneself against it and heroically facing danger and potential destruction. Conveyed by cloud-shots and statistics, weather turns out to be the real threat. The tranquil alpine panorama starts to unleash its prodigious might in a thunderstorm, which a rescue plane like a wobbling »spatial pointer«[14] crosses in a field of clouds. The cloud shots are polysemic: on the one hand, the lightning and thunder they harbor evoke an iconographical tradition of depictions of the supreme ruler;[15] on the other hand, they are the outcome of a meteorological forecast in the film;[16] thirdly, they could be read at the time as a harbinger of German fascism.[17] The aerial scene is a powerful cinematic event, because the turbulent camerawork and soundtrack with drum-rolls, propeller noise and wind intensify the ambiguity of nature as a landscape both menacing and indifferent. Fanck's »free editing«[18] rhythmicizes the long road to rescue in a straight parallel montage from four points of view, with

6 In virtue of the immobility of the viewer and the dominance of the visual, Lacan compares the entire cinematographic apparatus of projector, darkened room and screen to the imaginary effects of the mirror image in ego-identity formation. See Jean-Louis Baudry, »Ideological Effects of the Basic Cinematographic Apparatus,« in Theresa Hak Kyung Cha (ed.), *Apparatus* (New York, 1980), pp. 25–40.

7 Karl Prümm, »Die bewegliche Kamera im mobilen Raum. ›Der Letzte Mann‹ von Friedrich Wilhelm Murnau,« in Thomas Koebner (ed.), *Diesseits der ›Dämonischen Leinwand‹. Neue Perspektiven auf das späte Weimarer Kino,* (Augsburg, 2003), p. 43. Prümm also draws attention to the disciplined narrative approach of the camera's movements. Karl Freund was the cameraman.

8 Prümm also mentions the use of a cable winch and rotating disc, in Koebner (ed.), *Diesseits der ›Dämonischen Leinwand,‹* op. cit., p. 54.

9 Georg Simmel developed an initial concept of social space in human interaction: »... the space *between* them seems replete and living. Of course, this depends entirely on the ambiguity of the between: that a relationship between two elements, a relationship that is in fact only one movement, or modification, in the one or in the other, takes place between them in the sense of spatially coming between them.« Georg Simmel, »Der Raum und die räumlichen Ordnungen der Gesellschaft« (1908), Ottrein Rammstedt (ed.), in Gesamtausgabe, Vol. 11, *Soziologie. Untersuchungen über die Formen der Vergesellschaftung* (Frankfurt/Main, 1992), pp. 687–790; p. 689.

10 Prümm, in Koebner (ed.), *Diesseits der ›Dämonischen Leinwand,‹* op. cit., p. 54.

11 See Guntram Vogt, *Die Stadt im Kino. Deutsche Spielfilme 1900–2000* (Marburg, 2001).

12 Béla Balázs, »Der Fall Dr. Fanck,« in Frank Amann, Ben Gabel and Jürgen Keiper (eds.), »Revisited: Der Fall Dr. Fanck. Die Entdeckung der Natur im deutschen Bergfilm,« *Film und Kritik 1,* 1992, pp. 4–7; 6.

13 Martin Seel, *Eine Ästhetik der Natur* (Frankfurt/Main, 1991), pp. 198.

14 Martin Seel, »Arnold Fanck oder die Verfilmbarkeit von Landschaft«, in Martin Seel, *Ethisch-ästhetische Studien* (Frankfurt/Main, 1996), p. 73.

15 Warnke reads the motif of the lightning bolt issuing from a cloud on a coin of 1546 as a symbol of military supremacy. Martin Warnke, *Politische Landschaft* (Munich, 1992), p. 144.

16 At the beginning of the film a member of mountain rescue reads imminent foehn and a meteorologcal turn for the worse from a wind indicator.

17 In his psychological history, Kracauer adduces this scene as explanation for the censure of the German mountain film. Siegfried Kracauer, *Von Caligari zu Hitler. Eine psychologische Geschichte des deutschen Films* (Frankfurt/Main, 1984), p. 271f. (English edition: *From Caligari to Hitler. A Psychological History of the German Film,* ed. and intro. Leonardo Quaresima (Princeton, 2004).

18 Seel 1996, op. cit., p. 74.

aerial and ground views alternating. Together with the novel aerial shots, montage and mobile camera create a hazardous landscape which – while in fact inherently ambivalent, both indifferent and menacing – is staged as a threat, so that it may ultimately be subdued and pacified. All this occurs cinematographically. At a semantic level, the mobile-camera pictures endow nature, landscape and »urbanized society«[19] with an essential interrelatedness. The cinematographic opening up of nature as landscape serves to bring out the points of contact between the supposed opposites of town and country.

Significantly enough, a few decades later, Land Art, which opened up remote tracts of nature to art in a pioneering spirit, became part of a unique project televising art for the first time. In 1969 Gerry Schum initiated and produced the *Fernsehgalerie Land Art,* broadcasting from Berlin without any pedagogical intervention eight contributions by land artists.[20] Television's role as broadcaster and disseminator of information became self-referential; for the idea underlying Schum's project was that »the art objects or art ideas [were] only real at the moment when they were being broadcast.«[21] All of the films were produced in close collaboration with the artists. Richard Long's contribution *Walking a 10 Mile Line Forward And Back Shooting (Filming) Every Half Mile* was filmed with a stand camera. All the essential information is contained in the title. To begin with the camera pans through a 360° flat panorama. Then, with each new shot, it zooms in on the horizon for some six seconds. Thus it traverses the landscape in a visual line. Topographical space contracts in the camera/film frame and expands virtually when the zoom is adjusted. The artist's hike is abridged to six minutes and dubbed with the sounds of his breathing and footsteps. As with Schum's artwork that only obtains while it is being broadcast, the artistic »intervention« of marking out the landscape exists in the film alone. Long's subjective framing originates in the camera, which spatializes the landscape by means of its zoom. Alteration of the zoom's focal length develops a physical, dynamically three-dimensional effect[22] in virtue of the fluidity of transition between frames.

The camera generates a filmic percep tion of space, among other things by subjectivizing the frame. The suggestive power of camerawork, zooming, editing and superimpositions serve to render the filmic reality convincing. Aside from expressionistic acting, Murnau's film narrative achieves this plausibility by means of filmically-produced transitional situations that are also psychologically compelling. It is not just that film and video open up new representational spaces. They also endow any documentary inquiry with a fictive element, which Arnold Fanck for instance exploited in his nature films.

II. Spatial Fictions

Deployed as a formal element, a camera moving in a circle can fictionalize a film narrative or report. Dogged, visually precise observation of an object can lead the viewer to lose his orientation. It is also not without a certain taunting ambivalence. Laurent la Gamba's *To Be Dizzy* (2002), in which the camera circles a figure standing before an open fridge in a garden in France in the blazing heat of midday, illustrates this potential loss of orientation. Oliver Gemballa's procedure in *Kaispeicher* (Quayside warehouse, 2002) is the exact opposite – here the camera turns on its own axis on the Dalmannkai, controversial development area of Hamburg's future HafenCity. By adjusting the shutter speed of the digital camera, Gemballa achieves in combination with the rotation a blurring of the image. Each shot smears the image out into horizontal strips that are interrupted by abrupt halts and rhythmicized by the rotating camera (FIG. 9–12, PP. 152F).

Thus the camera can be used to convert spatial representations into abstract, planar surfaces. Alongside the dynamic three-dimensional frame, the geometrical frame[23] stands for surface area modeling. Musician and experimental filmmaker Michael Snow combines dynamic-three-dimensional and geometrical-planar frame techniques in his monumental film *La Région Centrale* (1971). On an unnamed mountain peak in the deserted Canadian wastes some 100 kilometers north of Sept Iles in Quebec province, Snow installed a machine with swivel arm designed to »scan« the deserted landscape through 360° with a sequence of highly unusual movments, activating the frame with circles, eights, panning, loops, zooms, zigzags, contrarotation of camera and arm, upside-down and 90°-to-horizon shots, diagonals, and so on (FIG. 13–16, P. 154).[24] The film is divided into 17 sections, each of which begins with a bright yellow diagonal cross on a black frame. The duration of the sections varies from 30 minutes to 30 seconds. *La Région Centrale* begins with audible sound frequencies and ends 190 minutes later with a pale white shot of the midday sun lasting some 60 seconds. The control program runs automatically and is remote controlled. While the machine objectivizes a standpoint, the camera's uninterrupted movements effectively suspend it. The film posits a topographical standpoint yet refrains from situating it – with the exception of the yellow cross that repeatedly interrupts the stream of images and alerts the viewer to the existence of the film. The switching rhythms of movement and focal length force one to counter the camera's seemingly interminable gaze by moving one's eyes to take in what amounts to an excessive abundance. The equivalence of image-contents points back to the image-constitutive role of framing. The element

19 See Henri Lefebvre's analysis of space in *Die Revolution der Städte*, Dresden 2003, limited edition, in particular Chapter 1: »Von der Stadt zur verstädterten Gesellschaft.« Lefebvre employs the concept of urbanized society to describe the mutual interrelations of industrial and agrarian cultures.

20 Televised 10.40 pm, 15th April, 1969, on the first channel (Staatliches Fernsehen, Berlin), approx. 100,000 viewers. A second project, *Identifications*, was broadcast in 1970. See Dorine Mignot, »Gerry Schum: Die Idee einer Fernsehgalerie,« in exh. cat. *Videokunst in Deutschland 1963–1982*, Wulf Herzogenrath (ed.) (Stuttgart, 1982), pp. 44–54; and Ursula Wevers, »Fernsehgalerie Berlin Gerry Schum – Land Art,« in exh. cat. *Stationen der Moderne* (Berlin, 1988), pp. 532–541. Wevers mentions a companion event for visitors to the TV studios, which, however, was not broadcast. A retrospective at the Kunsthalle Düsseldorf honoured the work of Gerry Schum, see exh.cat. *Fernsehgalerie Gerry Schum, Videogalerie Schum. Ready to Shoot*, Ulrike Groos, Barbara Hess, Ursula Wevers (eds.), (Düsseldorf, 2003–2004).

21 Gerry Schum, »Brief an Gene Youngblood 1969,« in Herzogenrath (ed.), *Videokunst in Deutschland*, op. cit., p. 59.

22 For physical-dynamic and geometrical frames, see Deleuze, *Kino 1: Das Bewegungs-Bild*, op. cit., pp. 30ff.

23 Both trace back to Deleuze 1997, op. cit., p. 28

24 The machine was controlled almost entirely by sound frequencies that also provide the soundtrack of the film. The technician »Pierre [Abeloos] worked out a system of supplying the orders to the machine to move in various patterns by means of sound tapes. Each direction has a different frequency of an electronic sine wave assigned to it. It makes up a layer of tones divided into five sections starting very high, about 10,000 cycles per second, down to about seventy cycles. The speed information is in terms of beats or pulses going from slow to fast. ... The machine can be operated with a set of dials and switches.« Michael Snow, cited in Regina Cornwell, *Snow seen* (Toronto, 1980), p. 110. Technical problems necessitated subsequent redubbing.

of depth indispensable to perspective and viewer-orientation in the history of vision has been all but eliminated. What is at stake is no longer the depiction of a landscape or a description of nature, but de-hierarchized motion images in the tradition of the structuralist film.[25] Cinema and machine are vehicles for the visual relationship of man and nature – only the landscape couldn't care less: »It just goes on without us.«[26] This is the very opposite of the emotionalization of landscape as we have seen it in the work of Arnold Fanck, which at the same time marks the boundary to fictive landscape. If cartography with the mobile camera aims at charting and exploring landscape space, Snow annuls orientation with sheer mobility. Now and then the images themselves seem fictional – weightlessly hovering, psychedelic almost, they call to mind images from the popular collective image stock, not only of space missions and of late '60s drug culture, but also from Stanley Kubrick's *Space Odyssey* (1968).[27]

On 21st July 1969 Neil Armstrong became the first man to set foot on the moon. At least so NASA claimed, supporting their words with live images that went round the world. Doubts soon arose, to begin with in the former USSR, and then in the West, where they took the form of conspiracy theories. The arguments, available through the Internet, are plausible enough and rely chiefly on photos. Among the inconsistencies adduced are false shadows, impossible footprints, reflections of two people in the visor of the third's helmet (only two people were actually on the moon), evidence of cut edges in photos, enormous temperature fluctuations that no film material available at the time could have withstood, and far higher radioactivity than astronauts could have survived. Stanley Kubrick, working in top secret subterranean bunkers in the Nevada desert, is said to have directed the moon hoax. The pictorial legends of weightlessness in outer space, but even more so the visions of space and views of the blue planet (Yuri Gagarin, 12th April 1961), precipitated an historic watershed whose impact on contemporary art Thomas Kellein describes in his *Sputnik-Schock und Mondlandung*.[28] In his view, proponents of immateriality and of large-scale visionary spatial conceptions (e.g. Yves Klein's air architecture, Gruppe Zero's large sculptures and Buckminster Fuller's geodesic dome) were inspired and felt corroborated in their ideas by reports and images from outer space. The emptiness actually experienced by astronauts as a result of enforced immobility, sensory deprivation and automatization likewise invites parallels to drug-induced experiences and psychedelic science fiction as dealt with at the time by e.g. William S. Burroughs, La Monte Young and Robert Smithson.

Since the advent of ground station mission control the security camera has become no less inseparable an element of pictorializations of space travel than weightlessness. It plays a crucial role in inducing further blurring of the boundaries of fiction and reality. The dramatic structure of Kubrick's *Space Odyssey* exploits this situation to stage an existential conflict that involves eliminating the surveillance of the omnipresent lens.[29] The security camera spellbinds the astronauts in their space capsule's alienated and functionalized interior. Only when deactivating HAL puts it out of action does Dave Bowman begin to »really« see. On his journey to Jupiter through a force field of the fourth dimension, he witnesses his own death and is finally born again as a fetus that takes its place in the universe encompassing the planet Earth in its gaze. The fetus turns to face the camera/viewer. Kubrick intimates here how the demon, like HAL, may shape the object it observes, namely the viewer, under its gaze. Thus the film might spiral round – orbiting is anyway a central theme in *Space Odyssey* – to begin again at a new developmental level. Kubrick's closing shot leaves open what exactly this new leap might result in – conceivably the gaze of the satellite, structuring new paths.

The spatial fictions in the films discussed generate themselves, rather like a Möbius strip, as images from images. It is not only imagination that is responsible for the fictive nature of a representation, but the principle of self-representing, self-superseding images that endlessly contain and are contained in each other. Narrative reality is of secondary importance to the expressive power of these images, which brings us to a distinguishing feature of paranoia.

III. Spatial Control

The camera's omnipresent eye clears the way for spatial control in the form of surveillance. Joseph Losey's seldom screened film *Figures in a Landscape* (1970) tells the hermetic tale of two men handcuffed together and on the run from a helicopter. Why exactly the hunt is on is never revealed. Survival depends on preserving distance to the flying object and adapting to the features of the terrain so as to remain undetected.[30] The camera in the helicopter cockpit is like a weapon lining up its telescopic sight on the landscape and the two figures. However, it becomes so closely involved in the action that it starts to be seen itself as an instrument of defense against attack. The existential conflict between distance and bodily threat thus enacted is so framed as to be practically equivalent to the camera's subjectivized point of view. Distinctive about the film, comparable to Kubrick's work in this respect, is the way it goes about producing its reality, utilizing the entire gamut of suggestive power inherent to the cinema, yet without ever giving the impression that the film is narrating anything real. On the contrary, both directors succeed in rendering film reality plausible by means of images and their interrelations alone, which can also make them seem obscure and enigmatic.

Losey demonstrates that the supposedly objective instrument of surveillance has its inscrutable edges and zones. Hamburg artist Mark Wehrmann exploited this circumstance for his short study of the blind spot *Ost-West* (*East-West*, 2001), shown in the context of the exhibition *In aktion. Performance heute* at the Kunstverein Hamburg (FIG. 17–20, PP. 156F).Wearing protective camouflage dress, he crawled over a stretch of ground that was inaccessible to the security cameras outside the Landeszentralbank

25 See the excellent description and historical evaluation of the film in Cornwell, *Snow seen*, pp. 105–122.

26 Michael Snow, cited in Bart Testa, »*An Axiomatic Cinema: Michael Snow's Films,*« in *The Michael Snow Project. Vol. 3, Presence and Absence. The Films of Michael Snow 1956–1991* (Ontario, 1995), p. 68.

27 Michelson brings out the »framing strategy« in Snow's work, his enormous impact on colleagues (Richard Serra in particular) and points to the influence of space pictures; see Annette Michelson, »About Snow,« *October*, no. 8, 1979, pp. 111–124; p. 122. aside from their slowness, Cornwell draws attention to the minimal noises in the soundtracks of both films; Cornwell, *Snow seen*.

27 Thomas Kellein, *Sputnik-Schock und Mondlandung. Künstlerische Grossprojekte von Yves Klein zu Christo* (Stuttgart, 1989).

28 See the thought-provoking interpretation of Georg Seesslen and Fernand Jung, *Stanley Kubrick und seine Filme* (Marburg, 1999), p. 180.

29 Brought out in particular by Paul Virilio, *Krieg und Kino: Logistik der Wahrnehmung* (Frankfurt/Main, 1989).

on Ost-West-Strasse. At the time, shortly before the currency switchover, millions of Euros lay in storage here. Yet he was filmed, of course, by a camera whose movements were disproportionately smoother than Wehrmann's physical exertions would lead one to expect. Wehrmann aimed not only to chart objective surveillance technology and its blind spots. He also wished to illustrate using his own body the subjective experience of the ground in BMX cycling and skating, for which the square in question is highly popular. The film also throws an ironic light on the absurd possibilities for flight, were one to try fleeing the camera's watchful eye.

Harun Farocki's TV film *Gefängnisbilder (Penitentiary pictures,* 2000*)* illustrates the socially efficacious, concrete ways in which the video camera has come close to being a weapon.[31] Drawing on Foucault's thesis of panopticism in 18th-century prison architecture, he collocates found footage and extensive research material relating to sites of segregation. Asylums, penal institutions, high-security wings and even supermarkets are brought into thematic relation via their use of surveillance cameras to help codify behavior and detect and track down deviations from the norm. Conversely, a certain exhibitionistic pleasure as well as pleasure in the picture is also in evidence. Farocki is always keen to critically reflect his/one's own relations to the images and points of view generated by a camera. If Wehrmann examines urban architecture and its zones of surveillance athletically, demonstrating and commenting on their existence, Farocki points to concrete-molded viewpoints as patent fabrications of controlled space. The disciplinary society analyzed historically by Foucault, with its punitive encroachments on the bodies of delinquents, the insane and schoolchildren, seems to have given way to a society of control composed of more or less free partners in the visual regime. Underlying Farocki's juxtaposition of prisoners, consumers and soldiers is a notion of critical and political enlightenment. In addition, aside from its presence in public life, video also harbors a potential for self-surveillance, countersurveillance and even »countergeography,«[32] as Ursula Biemann has proposed as a critical means of grappling with the phenomenon of global migration.

Reconnaissance satellites today furnish diverse branches of industry and science, the military and Internet included, with vast amounts of data for topographical purposes and for localizing objects in real time. »Remote sensing« refers to the electromagnetic conveyance of information from physical phenomena (light, heat, radar waves) without any physical contact to the object. In her video essay *Remote Sensing* (2001) Biemann uses the satellite camera's orbital eye to make geography a model by means of which routings in the global sex trade can be imaged. Social relevance is conveyed in the interrelation of migration and observation as it traces money flow. The mobile camera in Biemann's video is placed out at an immense distance – on a satellite's orbit. Set against this view of Earth are the specific routes and narratives of individual female workers in the sex industry. The regions the interviewees talk about where sex-labor, migration and smuggling take place follow no known borders. A new, constantly changing, mobile topography of human cargo dispatched, money flow, evasion of borders and dislocation is the result. The video's open essay form works with associative narrative links, text-image combinations and video-specific split-screen sequences to position this ambivalent trade, its regularities and deviations therefrom, in a new countergeography. Biemann seeks to bundle these factors by »developing a theoretical platform that articulates the interplay of gender, the subject, mobility and space.«[33]

The tendency of contemporary artists in the past decade to intervene in existing institutions and public space involves, among other things, an upvaluing of their own activity relative to the act of viewing. The exhaustive deployment – military, civil and industrial – of cameras for security, surveillance and targeting purposes makes mere aesthetic detachment seem questionable. The total visual charting of our environment prestructures the viewer position, so that a play of aesthetic detachment is always included quite concretely in the way one registers one's own standpoint. Imagine trying to avoid being picked up by all the camera eyes, fixed or mobile, that lie along one's path in the course of a day. Mark Wehrmann demonstrates the remarkable movements that must be performed in order to succeed. Speculation as to an exhaustive videography of everyday spheres of life leads one to assume ultimately that the images these cameras produce do exert a normative effect. Conceivably the dead eyes are looking back at us.

My special thanks go to Till Krause and Christina Gröninger (Galerie für Landschaftskunst), Frank Barth (Hamburger Kunsthalle), Galerie Kurimanzutto (Mexiko City), Galerie Peter Kilchmann (Zurich) and Christiane Mennicke (Kunst-Haus, Dresden) for making the video evenings possible.

31 On the technical links between military and video, see Joseph Hoppe, »Fernsehen als Waffe,« in *Ich diente nur der Technik*, Museum für Verkehr und Technik Berlin publications, Vol. 13, 1995, pp. 53–88. As far as concerns film, Gábor Bódy is, to my knowledge, the first to have equated frame, viewfinder and cartographic measurement technology with the field of view through the sights of a firearm; Gábor Bódy, *Der amerikanische Kartograf*, 1976.

32 Ursula Biemann, »Remotely Sensed: A Topography of the Global Sex Trade,« http://www.geobodies.org/video/sensing/sensingtxt1.html, accessed 10.10.2003.

33 Ursula Biemann, *Geografie und die Politik der Mobilität*, for the exhibition 17th January–27th April 2003, Generali Foundation, Vienna 2003, p. 16.

Hamburg-Kartierung
Hamburg Mapping

Zwischenbericht zur Hamburg-Kartierung und Anmerkungen zur Kartografie

Till Krause

JEDER VON MENSCHEN BELEBTE ORT kann dazu dienen, exemplarisch Zusammenhänge zwischen Lebens- und Denkweisen von Menschen und der Ausformung ihrer Lebensräume zu bedenken. Die Galerie für Landschaftskunst hat sich dafür Hamburg als Dauerbeobachtungsgebiet ausgesucht.[1]

Aus einem gewissen Abstand betrachtet, ist Hamburg eine gut geordnete Stadt. Wie bei einer am Reißbrett entworfenen Idealstadt ist das Welt- und Gesellschaftsbild, dem sie angehört, an ihrer Gliederung und ihren Bauten ablesbar. Das Zentrum ist seit bald 100 Jahren weitgehend vom Wohnen entleert und den Geschäften, den Büros, der Politik, der Verwaltung und den konsumierenden Ausflüglern vorbehalten. Um das Zentrum herum liegen Gürtel, Schneisen und Flecken, die jeweils unterschiedlichen Formen des Wohnens, der Erholung, des Verkehrs und des Gewerbes gewidmet sind. Die meisten dieser Gebiete scheinen aus einem maßvoll proportionierten Verhältnis von organischer Entwicklung und wohlmeinender Planung zu resultieren. Jedes von ihnen hat seinen klaren Charakter, seine passende Architektur, zeigt seine Bestimmung als Teil des einheitlichen Gesamtplans für das Funktionieren der Stadt und für ein gesundes, ökonomisch sinnvolles Lebens in ihr.

Bei genauerem Hinsehen stimmt das so allerdings nicht. Unendlich viele Details sind uneinheitlich, widersprüchlich, unauflösbar und unterschiedlich deutbar. Im Überblick jedoch ist das Vielfältige und Unstimmige (vielleicht stärker als in vielen anderen Städten) eingefriedet in einen Gesamtplan. Der Stadtkörper Hamburg mit seinen Gebäuden, Grünanlagen und Verkehrswegen wirkt gediegen und gesättigt, ist großzügig angelegt – und so etwas rührt das Schönheitsempfinden an. Wie aber einem solchen Terrain begegnen, dessen Details dem Ganzen widersprechen, mit dessen Ordnungen man unzufrieden ist und dessen Schönheiten man als zwiespältig empfindet? Unser Projekt der Hamburg-Kartierung[2] beobachtet und beschreibt solche Phänomene, um näher an sie heranzukommen und sie so handhabbar zu machen. Es geht um die vielfältige Betrachtung, die in Phänomenen das Vieldeutige heraussieht und in der die Ressourcen für neue und andere Möglichkeiten liegen. Und schließlich interessiert uns die Frage, ob und wie Stadt durch Beobachtungs- und Darstellungsmethoden – also nicht über physische Eingriffe, sondern über die Arbeit an Vorstellungen von Stadt – verändert werden kann.

MIT EINER VIELZAHL verschiedener Herangehensweisen versuchen wir, dies zu verfolgen. Da es sich dabei nicht lediglich um eine Aneinanderreihung von Aktivitäten handelt, sondern um Konzepte von Kartierung, dem Kartierungsgegenstand und künstlerischer Arbeit, sei hier ein kurzer Überblick gegeben.

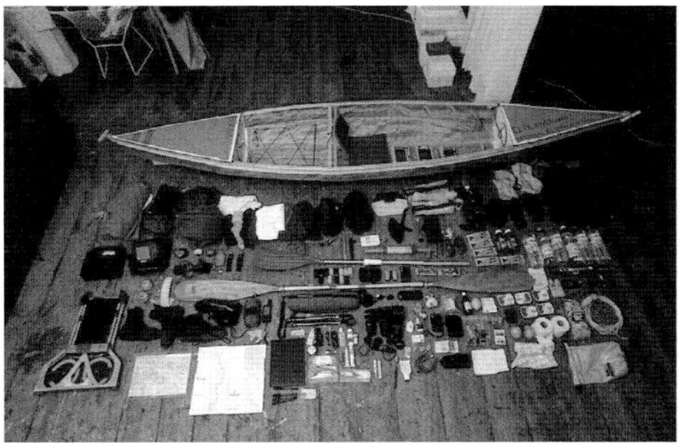

1 _ Bob Braine: »Elbe River Personal Research Vessel« incl. Equipment, 1998

1998 erkundete Bob Braine (s. 216) mit seinem *Elbe River Research Vessel* Hamburg von den Gewässern aus. Seine Ergebnisse wurden an unterschiedlichen Orten und in unterschiedlichen Medien präsentiert: im hiesigen Landeskundemuseum (Altonaer Museum), in unseren eigenen Räumen und in der Publikation *Two Waters*[3]. Das Altonaer Museum, weil es *der* Ort in Hamburg ist, der sich mit hiesigen Landschaften und Gebräuchen beschäftigt. Das Buch (eine Mischung aus Expeditionsbericht und Städteporträt), weil dieses Medium über verzweigte Bahnen Eingang in unterschiedlichste Zusammenhänge findet und auf diesem Weg an öffentlichen Vorstellungen einer Stadt arbeiten und Unerwartetes anstoßen kann.

Für mich persönlich ist die Publikation *Durchgänge in der Hamburger Innenstadt*[4] von 1991 eine wichtige Grundlage für meinen Beitrag zur Hamburg-Kartierung. Sie beschreibt alle Möglichkeiten, in der Innenstadt (jenem wohnentleerten Einkaufs-, Büro- und Verwaltungsviertel) quer durch die Häuser zu gehen, ohne einen Schlüssel zu benutzen. Zunächst

1 Es gibt auch einen kunstbezüglichen Grund für die lokale Orientierung eines Teils unserer Arbeit. Wir haben die Galerie für Landschaftskunst als eine Art Forschungsinstitut in der Absicht gegründet, thematisch und in größtmöglicher Eigenmächtigkeit zu arbeiten. Der Kunstbetrieb folgt weniger Ideen als sozialen und monetären Prozessen. Soll es um Ideen gehen, muss für sie ein angemessenerer Kontext geschaffen werden. Aus dieser Absicht ergab es sich wie von selbst, dass ein Teil unserer Tätigkeit sich auf Hamburg konzentriert, denn hier können wir mit größerer Leichtigkeit, Intensität und billiger arbeiten als in der Ferne.

2 Meine Äußerungen beziehen sich auf das Projekt, nicht notwendigerweise auf die Teilnehmer, die jeweils ihre eigenen künstlerischen Zielsetzungen verfolgen.

3 Erschienen im Salon Verlag, ISBN 3-89770-009-3.

4 Als unüberarbeiteter Nachdruck in der Galerie für Landschaftskunst erhältlich.

orientierte sich das Heft etwas eng am Kunst- und Ausstellungskontext, in dem es zuerst erhältlich war. Als aber einige lokale Zeitungen darüber berichteten, geriet es in breitere Zusammenhänge und Anwendungen (ABB. 2). Solche offenen Anwendungen sind auch für unsere gegenwärtigen Kartierungen ein wesentliches Anliegen.

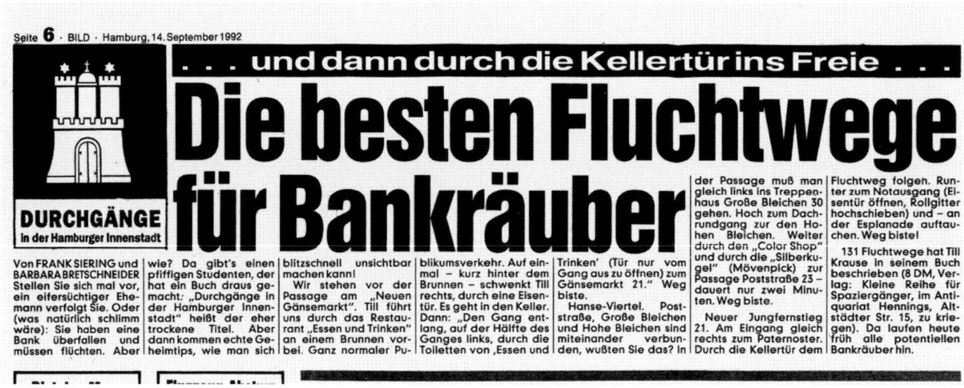

Seite 6 · BILD · Hamburg, 14. September 1992

. . . und dann durch die Kellertür ins Freie . . .

Die besten Fluchtwege für Bankräuber

DURCHGÄNGE in der Hamburger Innenstadt

Von FRANK SIERING und BARBARA BRETSCHNEIDER

Stellen Sie sich mal vor, ein eifersüchtiger Ehemann verfolgt Sie. Oder (was natürlich schlimm wäre): Sie haben eine Bank überfallen und müssen flüchten. Aber wie? Da gibt's einen pfiffigen Studenten, der hat ein Buch draus gemacht: „Durchgänge in der Hamburger Innenstadt" heißt der eher trockene Titel. Aber dann kommen echte Geheimtips, wie man sich blitzschnell unsichtbar machen kann!

Wir stehen vor der Passage am „Neuen Gänsemarkt". Till führt uns durch das Restaurant „Essen und Trinken" an einem Brunnen vorbei. Ganz normaler Publikumsverkehr. Auf einmal – kurz hinter dem Brunnen – schwenkt Till rechts, durch eine Eisentür. Es geht in den Keller. Dann: „Den Gang entlang, auf der Hälfte des Ganges links, durch die Toiletten von ‚Essen und Trinken' (Tür nur vom Gang aus zu öffnen) zum Gänsemarkt 21." Weg biste.

Hanse-Viertel. Poststraße, Große Bleichen und Hohe Bleichen sind miteinander verbunden, wußten Sie das? In der Passage muß man gleich links ins Treppenhaus Große Bleichen 30 gehen. Hoch zum Dachrundgang zur den Hohen Bleichen. Weiter durch den „Color Shop" und durch die „Silberkugel" (Mövenpick) zur Passage Poststraße 23 – dauert nur zwei Minuten. Weg biste.

Neuer Jungfernstieg 21. Am Eingang gleich rechts zum Paternoster. Durch die Kellertür dem Fluchtweg folgen. Runter zum Notausgang (Eisentür öffnen, Rollgitter hochschieben) und – an der Esplanade auftauchen. Weg biste!

131 Fluchtwege hat Till Krause in seinem Buch beschrieben (8 DM, Verlag: Kleine Reihe für Spaziergänger, im Antiquariat Hennings, Altstädter Str. 15, zu kriegen). Da laufen heute früh alle potentiellen Bankräuber hin.

2

Nach diesen unregelmäßigen, vereinzelten Hamburg-Kartierungen fokussierte sich ab 2001/02 die Tätigkeit der Galerie für Landschaftskunst für längere Zeit auf unterschiedliche Formen des Mapping. Hamburger und auswärtige Künstler wurden zu Studien eingeladen. Als eine zweite lokale Plattform neben unserem Veranstaltungsraum in der Innenstadt nahm unser Schiff, die *Biologische Forschungsstation Alster,* seine Arbeit auf. In der Galerie richteten wir eine Hamburg-Plankammer ein und veranstalteten eine Ausstellungsreihe zu Künstlerkartografie[5]. In monatlichen Videoabenden stellte Dirck Möllmann kartografische Ansätze in Film und Video vor (S. 146). Später, parallel zur Ausstellung *Mapping a City: Hamburg-Kartierung* im Kunstverein, diente die Galerie als Studienraum mit einer Materialsammlung zur Kartografie. In einer Arbeitsgruppe um die Kulturwissenschaftlerin Simone Eberhardt (Hamburg) bearbeiteten wir diese und diskutierten insbesondere die Verhältnisse von Kartografie und Komplexität bzw. mögliche Festschreibungen durch kartografische Parameter. Einen Zwischenstand dieser Diskussion stellten wir im Januar 2004 im Bibliotheksraum des Kunstvereins Hannover als Teil der Ausstellung *Die Sehnsucht des Kartografen* vor.[6]

Ein weiterer Ort zur Beobachtung bzw. Spiegelung der Stadt war die Hamburger Kunsthalle. Im Rahmen unseres Beitrages für die Ausstellung *gegenwärtig: Feldforschung*[7] stellte

5 Ausstellungen von Bob Braine (New York), Ingeborg Lockemann (Berlin), Gennaro Ghirardelli (München) gemeinsam mit Florian Hüttner (Hamburg). Die Kuratorin Denise Markonish (New Haven) stellte in der Ausstellung *Territories* Kartierungsarbeiten amerikanischer Künstler vor.

6 Langfristig wird diese Materialsammlung im Archiv der Galerie für Landschaftskunst in Hamburg-Altona zugänglich sein.

7 August 2003 bis März 2004, kuratiert von Nina Zimmer und Christoph Heinrich.

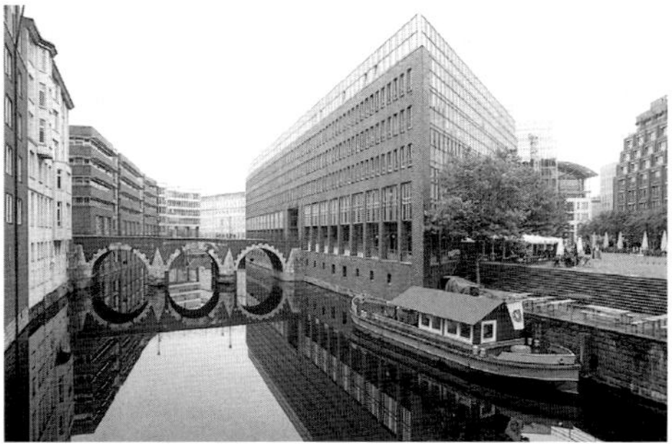

3 _ *Biologische Forschungsstation Alster* auf dem Herrengrabenfleet in der Hamburger Innenstadt (Juni 2002)
_ *Alster Biological Research Station*, on Herrengrabenfleet in downtown Hamburg (June 2002)

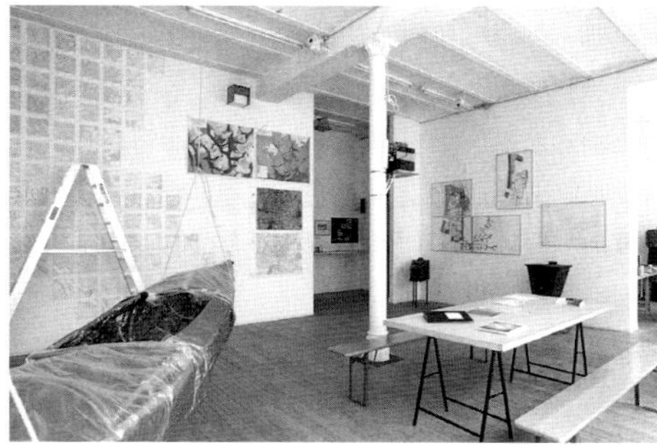

4 _ Hamburg-Kartenraum in der Galerie für Landschaftskunst (2003)
_ Hamburg Map Room at Galerie für Landschaftskunst (2003)

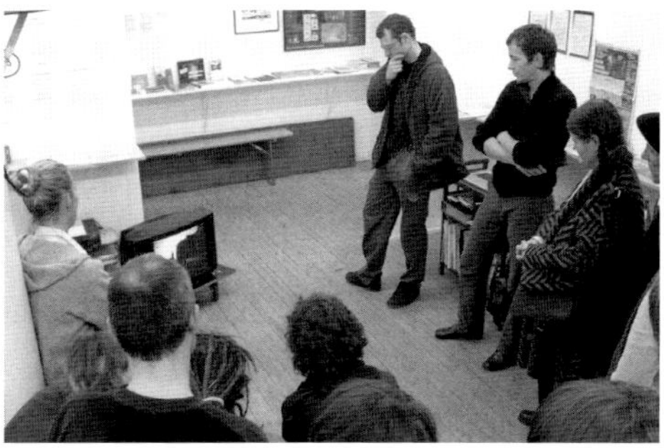

5 _ Videoabende zum Thema »Kartierung« mit Dirck Möllmann in der Galerie für Landschaftskunst (2003–2004)
_ Video evenings on »Mapping«, with Dirck Möllmann at Galerie für Landschaftskunst (2003–2004)

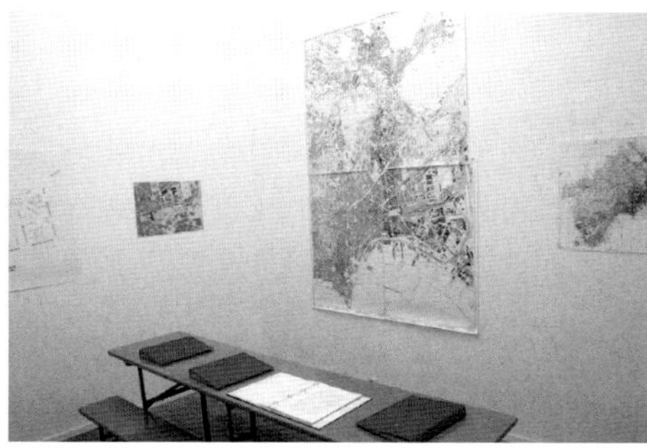

6 _ Ausstellungsreihe *Künstlerkartographie Teil IV: Vasto – der weite Osten Neapels*, Florian Hüttner und Gennaro Ghirardelli, Galerie für Landschaftskunst, Herbst 2003
_ *Artist Cartography* exhibition series, *Part IV: Vasto – the Wide East of Naples*, Florian Hüttner and Gennaro Ghirardelli, Galerie für Landschaftskunst, Fall 2003

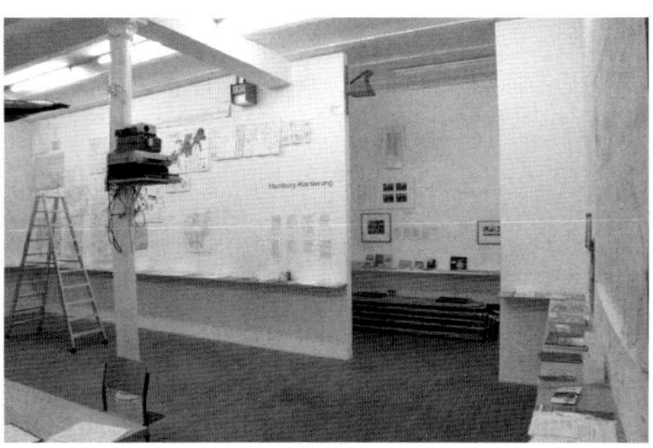

7 _ Ausstellungsreihe *Künstlerkartographie Teil V: Materialsammlung zu Künstler-Kartierungen* (eingerichtet von Dorothee Brettschneider, Simone Eberhardt, Bianca Hobusch, Till Krause, Daniel Maier-Reimer und Ralf Weißleder), Galerie für Landschaftskunst, 2003/2004
_ *Artist Cartography* exhibition series, *Part V: Collection of Materials on Artist Chartings*, Galerie für Landschaftskunst, 2003/2004

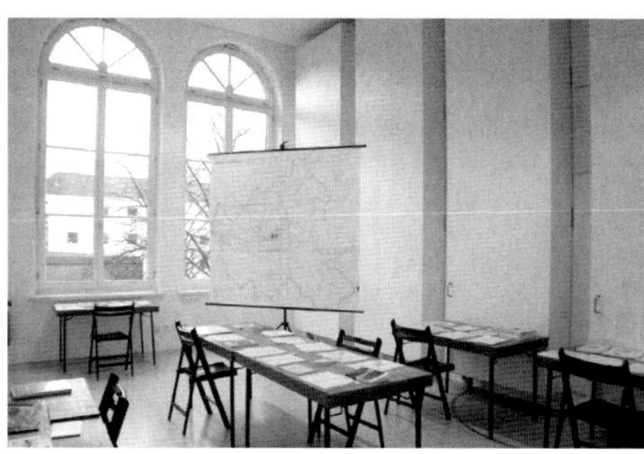

8 _ »UN-MAPPING. Materialsammlung zur Frage des Kartografierens als nicht-hierarchische Handlung«, Beitrag der Galerie für Landschaftskunst für die Ausstellung *Die Sehnsucht des Kartografen*, Kunstverein Hannover, Januar 2004
_ »UN-MAPPING. Collection of Materials on Issues of Cartography as a Non-Hierarchical Act,« contribution by Galerie für Landschaftskunst to the exhibition *Die Sehnsucht des Kartografen*, Kunstverein Hannover, January 2004

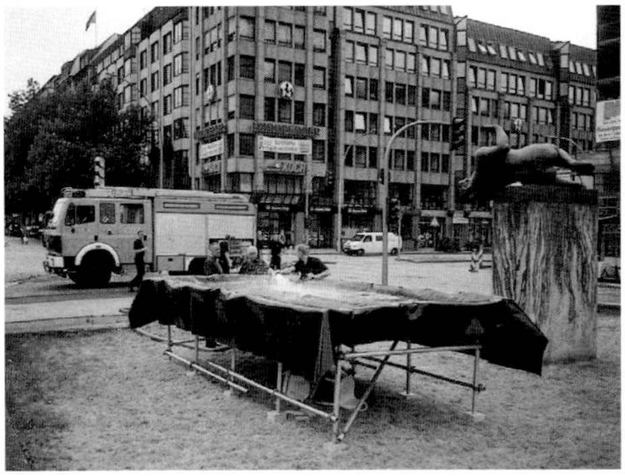

9 _ Der *Insektenbeobachtungstisch II* von Jochen Lempert wird von der Feuerwehr gefüllt, Verkehrsinsel Glockengießerwall, 2003
_ Jochen Lempert's *Insect Observation Table II* is filled by the Fire Dept., central traffic island, Glockengießerwall, 2003

Jochen Lempert (Hamburg) den *Insektenbeobachtungstisch II* auf, während Ingeborg Lockemann (Berlin) ihre Aufzeichnungen der *Eingänge und Begrenzungen von Kaufhäusern und Geschäften in der Mönckebergstraße in Hamburg* präsentierte, kommentiert von einem Text von Kathrin Wildner über die Beziehung von Beobachtung und erkundender Bewegung im Raum.

WEITERE KARTIERUNGEN der letzten zwei Jahre konzentrierten sich auf die Zusammenarbeit mit dem Kunstverein in Hamburg anlässlich des Projektes *Mapping a City: Hamburg-Kartierung*. Der Kunstverein ist als Institution eine Plattform, wo Stadt anders reflektiert werden kann als z.B. im heimatkundlichen Altonaer Museum, in unseren eigenen Räumen oder in einem Stadtführer. Die Diskussion ist an einem Ort wie dem Kunstverein zunächst kunstimmanent. Diese Ebene mit ihren speziellen Erkenntnismöglichkeiten betonten wir mit einer unsere ortspezifische Arbeit übergreifenden Reflexion des Themas Mapping etwa in einer ganzjährigen Vortragsreihe[8] oder dem Theorieteil dieses Kataloges. Der Katalog stand zunächst als reiner Ausstellungskatalog zur Disposition. Eine entgegengesetzte Definition wäre es gewesen, einen Stadtführer oder -atlas zu machen.

Anders als das vorliegende Buch war die Ausstellung *Mapping a City: Hamburg-Kartierung* im Kunstverein selbst als eine große Karte der Stadt lesbar. Eine Karte aus verschiedenartigsten Zeichen und Themen, die doch irgendwie zusammenfinden und ineinander greifen. Räumliche Bezüge zwischen Arbeiten in der Ausstellung bildeten räumliche Bezüge in der Stadt ab und formten vage einen parallelen Stadtraum. Und immer wieder führten Exkursionen hinaus. Mögen die einzelnen Künstlerkartierungen der Komplexität der Stadt hilflos gegenüber gestanden haben, kann der Versuch, in der Einheit unterschiedlicher Blickpunkte, Tätigkeiten und Diskussionen eine Art Atlas der Stadt zu zeichnen, als eine kartografische Annäherung an Komplexität gelesen werden.[9] In der Ausstellung wurden vielfältige Bewegungslinien durch die Stadt gezogen[10]– jede Bewegungsart eine eigene Methode, um zu speziellen Erfahrungen und Beobachtungen zu kommen. Daniel Maier-Reimer umging die Stadt auf ihrer Grenze. Kristinn G. Harðarson durchstreifte sie in einem weiten, von Zufällen bestimmten Bogen. Ich selbst durchquerte sie auf einer schnurgeraden Linie. Bob Braine folgte einer sowohl historischen als auch imaginierten und fantasierten Figur, Anna Guðjónsdóttir einem Wasserlauf, Ralf Weißleder einer gewaltsam in den Stadtraum geschlagenen Straßenschneise. Patrick Rieve umkreiste ein Gebäude in der Rolle des Scharfschützen. Als einziger beschrieb Malte Urbschat eine augenscheinlich wirre Bewegungsfigur, als er diversen Sicherheitsdiensten auf ihren Kontrollfahrten folgte. Mark Wehrmann vollführte zwar mit seiner Arbeit nicht selbst eine Bewegung, aber beobachtete disfunktionale Bewegungsspuren und -möglichkeiten an den Baukörpern der Stadt. Und auch Florian Hüttners akustische Sammlung vom Heiligengeistfeld, die nicht direkt Bewegungslinien, aber Vorstellungen von Peilen, Empfangen und Raumabtastung beinhaltet, beschrieb eine Form von Bewegung im Raum.

Einige dieser Bewegungen mögen, ähnlich dem situationistischen dérive, nicht lediglich Methoden geografischer Erkundung, sondern zugleich auch der Stadt- oder Raumproduktion sein. Vielleicht die Durchquerung von Stadt und Landschaft auf gerader Linie. Vielleicht das Abscannen der Häuser und Dächer nach Scharfschützenpositionen und -zielen und die fiktive und reale Setzung von Schüssen. Patrick Rieves Arbeit war eine der wenigen im Kunstverein, die sich nicht nur auf den Ausstellungsraum verließen, sondern physisch – mit einem Schuss auf unsere Galerieräume in der Innenstadt[11] – in die Stadt eingriffen (S. 268).

Eine ganz andere Art von Beziehung zum Stadtraum entwarf die Arbeit *City as a Map (of Ideas)* von Matt Mullican (S. 260). Über Stadtpläne von Hamburg legte er eine enzyklopädische Begriffssammlung, ein System der Welt. Stadtgebieten sind Oberbegriffe, Häuserblocks Unterbegriffe, jedem einzelnen Haus Namen und Bezeichnungen zugeordnet. Studiert man diese Pläne, kommen einem die Zuordnungen zunächst willkürlich und gänzlich abstrakt vor. Nur an wenigen, zufällig scheinenden Stellen ergeben sich nachvollziehbare Verbindungen zwischen Orten oder Gebäuden und den ihnen zugeordneten Begriffen. Allerdings befinden sich die Karten, so wie sie in der Ausstellung und dem vorliegenden Buch präsentiert waren und sind, in einer Entwurfsphase. Sie sind Grundlage und Skizze für eine potentiell endlose Kartierung. Gebäude wären näher erfasst. Jedes Stockwerk, alle Flure und Zimmer, sämtliche Gegenstände in den Zimmern und schließlich das Innere, die Bestandteile dieser Gegenstände würden benannt. Derzeit ist noch offen, welche Darstellung diese Weiterführung finden

8 Yilmaz Dziewior initiierte die Vortragsreihe, regte uns aber auch zu den Führungen durch Hamburg an und betonte so die sehr lokale Seite des Projektes. Damit arbeitete er zugleich an der Definition des Arbeitsfeldes der Institution Kunstverein.

9 In diesem Sinne sind die Autoren dieser großen Karte nicht nur die beteiligten Künstler, sondern auch die Mitarbeiter des Kunstvereins Janneke de Vries, Yilmaz Dziewior, Corinna Koch und Christina Gröninger von der Galerie für Landschaftskunst.

10 Nicht alle (wie z.B. Anke Haarmann [AHA], Stephan Dillemuth oder Malte Willms), aber viele Ausstellungsbeiträge gingen physisch-geografisch vor. Unser Projekt ist also sehr territorial orientiert und sollte sich vielleicht in Zukunft gleichgewichtiger nicht-physischen Bedingungen widmen, unter denen Stadt sich konstituiert und erfahren wird, um seinem Gegenstand näher zu kommen.

11 Eine Planzeichnung und ein Foto dieses Schusses war Teil der Ausstellung im Kunstverein und ist als permanente Arbeit in unserer Galerie zu sehen.

könnte. Aber es scheint mir, als könne aus der Weiterarbeit, einhergehend mit dem für sie notwendigen intensiven physischen Studium der Orte, ein näheres Verhältnis zwischen den Dingen und den ihnen zugeordneten Bezeichnungen hergestellt werden. So entstünden Karten oder Stadtführer, mittels derer nicht die Begriffe den Gebäuden, sondern umgekehrt die Gebäude den Begriffen zugeordnet wären. Mit einem solchen Stadtführer könnte man durch die Stadt gehen und in ihr ein System der Welt, einen Kosmos lesen.

EIGENTLICH WAR GEPLANT, im Rahmen der Hamburg-Kartierung mit mehr Projekten aus dem Kunst- und Ausstellungsraum hinaus in den Stadtraum zu gehen: Wie könnten Beobachtungen und Schlussfolgerungen – die vernünftigen, aber auch die abseitigen und absurden, die unsere Vorstellungen und Wahrnehmungen umdrehen – versuchsweise in einen direkten Bezug mit der Stadt gestellt werden? Die Ausstellung im Kunstverein dagegen war in ihren Präsentationsformen verhältnismäßig hermetisch und eng auf die Wahrnehmung des spezialisierten Kunstpublikums bezogen. Vielleicht war das auch gut so.[12] Aber es wäre interessant gewesen, Projekte vielfach lesbar werden zu lassen, sowohl in Kunst- als auch in außerkünstlerischen Zusammenhängen. Nur so können die künstlerischen Kartierungen aus ihrem engen Kontext heraustreten und vielfach relevant werden.

Ein Werkzeug für eine solche Arbeit außerhalb des White Cube ist unser Forschungsschiff (s. 228). 2001/02 haben wir es als Plattform für die Erkundung der Stadt und eine interdisziplinäre Arbeit an Vorstellungen von Natur in der Stadt eingerichtet. Hilmar Schäfer (Kulturwissenschaftler, Lüneburg), Barbara Engelschall (Biologin, Hamburg), Susanne Schröder (Kunsthistorikerin, Hamburg), die Galerie für Landschaftskunst und viele weitere Beteiligte konzipierten Arbeitsthemen und Veranstaltungen. Mark Dion (s. 224) entwarf ein Haus für das Schiff, die *Biologische Forschungsstation Alster.* Dessen Gelungensein war (neben sozialer Präsenz und Liegeplatzwahl) ein wichtiger Grund, warum im Sommer 2002 eine interdisziplinäre, weit aus unseren engeren Kunstzusammenhängen hinausführende Arbeit gelang und Personen und Gruppen aus verschiedensten Richtungen zu dem Projekt hinzustießen. Das Haus war zum einen begehbares Kunstwerk, das eine Arbeitsrichtung formulierte und Parameter für dessen Reflektion aus künstlerischer Perspektive setzte. Zum anderen war es einfach ein angenehmer, gemütlicher, Wärme

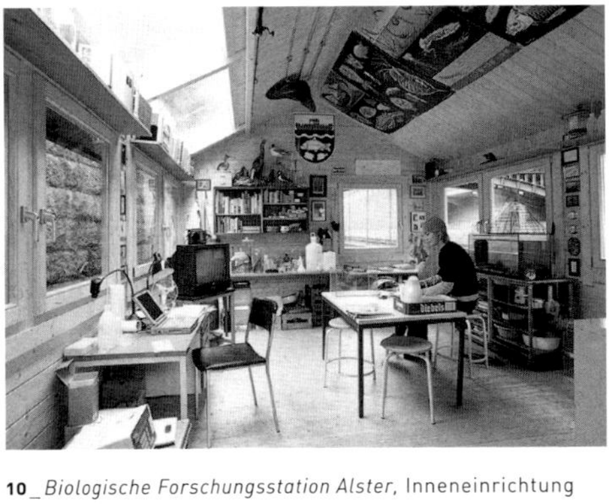

10_*Biologische Forschungsstation Alster*, Inneneinrichtung von Mark Dion
_*Alster Biological Research Station*, interior design by Mark Dion

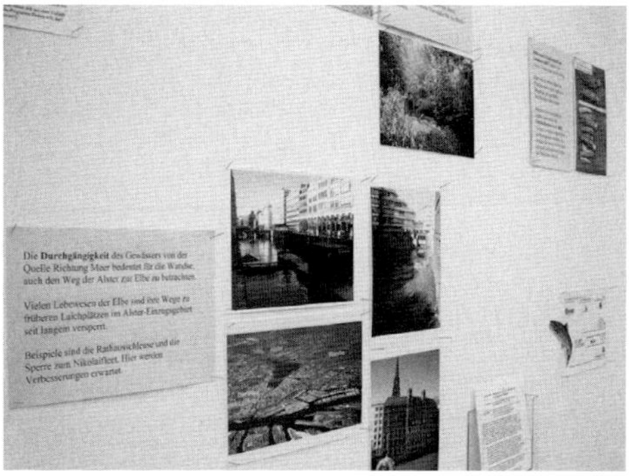

11_Ludwig Tent: Darstellung von *Forelle 2010* für das Wandse-Projekt in der Ausstellung *Mapping a City: Hamburg-Kartierung*
_Ludwig Tent: Presentation of *Trout 2010* for the Wandse Project in the exhibition *Mapping a City: Hamburg-Kartierung*

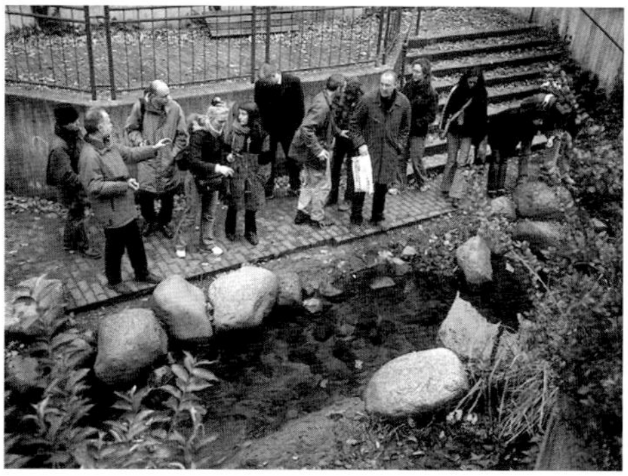

12_Workshop mit Ludwig Tent und Verena Raabe an der Wandse im Osten Hamburgs, 22.11.2003
_Workshop with Ludwig Tent and Verena Raabe on the River Wandse in the East of Hamburg, November 22, 2003

ausstrahlender, mit neugierig machenden Gegenständen gefüllter Ort, an dem sich die unterschiedlichsten Fragen und Interessen anschließen konnten.

Dieses Projekt war ursprünglich nur für einen Sommer geplant. Dann sollte das Schiff zwar für dieselbe Arbeitsthematik, aber für ganz andere künstlerische Vorhaben genutzt werden. Doch hatte es sich zu einem so guten Ort für die Arbeit in der Stadt und an Naturvorstellungen entwickelt – Kooperationen hatten sich eingestellt sowie Perspektiven auf Folgeprojekte –, dass wir beschlossen, das Forschungsschiff zu einer permanenten Dépendance zu machen. Alte Arbeitsfäden (Natur in der Stadt) sollten fortgesetzt und durch neue erweitert werden, für deren Entwicklung Corinna Koch zum Team kam. Malte Urbschat (s. 272) entwarf ein zweites Gebäude für das Schiff, das als Mehrzweckhaus offen sein wird für unterschiedliche Nutzungen (s. 228).

Dergestalt sollte das Schiff als zentrales Werkzeug der Hamburg-Kartierung und als Außenstelle der Ausstellung *Mapping a City: Hamburg-Kartierung* im Hamburger Hafengebiet vor Anker gehen. Aber aus bürokratischen Gründen konnte es nicht rechtzeitig wieder genutzt werden. Ersatzweise richteten wir im Kunstverein eine Entwurfs- und Arbeitsecke mit Informationen über seine zukünftigen Einsatzgebiete ein.[13] Hier wurden verschiedene, in den Startlöchern befindliche Vorhaben versammelt, die sich auf dem Schiff entwickelt hatten. So

12 Dieser gesonderte, distanzierte Standort machte Sinn, da Kunst ihre gesellschaftliche Kraft gerade aus ihrer Nicht-Übereinkunft mit Begriffen und Funktionen anderer Gesellschaftsbereiche schöpft. In modellhafter Distanz zu diesen kann Kunst in ihrer eigenen Sprache dominante Sichtweisen, Begriffe, Zwecksetzungen beschreiben, kritisieren und jenseits von ihnen forschen.

13 Parallel war die vergangene Tätigkeit des Schiffes in der Ausstellung *gegenwärtig: Feldforschung* in der Hamburger Kunsthalle ausgestellt.

auch Material über das im Osten Hamburgs verlaufende Gewässer Wandse – in Kooperation mit *Forelle 2010*, einem Projekt, das sich um die Renaturierung des Baches bemüht. Während der Ausstellung fand ein Workshop zur Wandse statt, geleitet von Ludwig Tent (Biologe, Hamburg),[14] mit vielen an der Ausstellung Beteiligten sowie der argentinischen Künstlergruppe Ala Plástica, die dort ab dem Sommer 2004 eine Arbeit realisieren wird. Und schließlich thematisierte auch die Arbeit von Anna Guðjónsdóttir in der Ausstellung die Wandse (S. 232).

DA SICH VERSCHIEDENE BEITRÄGE zur Hamburg-Kartierung kartografischer Darstellungsweisen bedienen, sollten abschließend die Begrifflichkeiten und deren Möglichkeiten definiert werden. Grundsätzlich unterscheiden wir zwischen Kartierung und Kartografie. Kartografie ist die Wissenschaft und Technik von der Herstellung von Karten. Dagegen verwenden wir den Begriff Kartierung in unserem Projekt eher so, wie das Wort Mapping[15] im Alltagsenglisch gebraucht wird, nämlich losgelöst von der Assoziation des Kartenzeichnens. So meint er nicht bestimmte Darstellungs-, sondern Vorgehensweisen: räumlich und zeitlich ausgedehntes Erkunden, Beobachten und Sammeln. Wie diese Beobachtungen dargestellt werden, ist dagegen mit Mapping bzw. Kartierung nicht benannt. Karten sind ebenso eine Möglichkeit der Umsetzung wie Diagramme, Listen, unterschiedlichste Bildformen, Medien, Texte, Erzählungen oder Handlungen.

Die Karte (Landkarte) ist besonders als ein Medium der Wirklichkeitsveränderung über die Imagination interessant, als Ding zwischen Bild und Text. Sie porträtiert einen spezifischen Gegenstand, aber nicht indem sie ihn lediglich abbildet. Sie übersetzt ihn und macht ihn allgemein lesbar. Dabei nutzt sie ein Repertoire von Zeichen, die unterschiedliche Grade von Abstraktionen und Verallgemeinerungen aufweisen. Manche Kartenelemente sind verhältnismäßig abbildhaft, andere stark abstrahiert, manche ganz Schriftsprache. Die Übersetzung des Gegenstandes in Zeichen macht es für den Kartografen notwendig, den Gegenstand zu analysieren, einzuordnen, zu verbegrifflichen. Schließlich muss man die Karte in der Benutzung lesend zusammensetzen wie einen nicht linearen Text und darüber ihren Gegenstand rekonstruieren. Weil die Karte also bild-, zeichen- und texthaft zugleich ist, kann sie als Bild oder Porträt eines Gegenstandes gelesen werden. Oder als seine Interpretation und Analyse. Oder als sein Leitbild (Modell). Oder als seine Einordnung in ein Begriffssystem. Von all dem hat die Karte etwas, und es liegt an unserer jeweiligen Interpretation, welcher Lesart wir den Vorrang geben.

Für eine gute Karte ist es – entgegen allgemeiner Auffassung – nicht wesentlich, wie dicht und genau sie an ihren Gegenstand herankommt, sondern wie sie Differenzen zu ihm fasst. Denn die Karte ist eine Darstellungsform der Übersetzung und der Transformation, nicht der 1:1 Annäherung. Lesen von Karten ist nur scheinbar ein Lesen von Erfassungen und Kategorisierungen. Beobachtet man diesen Lesevorgang genauer, wird deutlich, dass es sich weit mehr um ein Lesen von Lücken und Differenzen handelt. Was zum Beispiel bezeichnet und behauptet die Karte? Was nehme ich dagegen wahr? Was weiß ich? Was sehe ich? Was fehlt? Was ist falsch? Was richtig? Das Lesen von Karten basiert auf Erfahrungen und Wissen, vorausgesetzten Begriffen, Übung – und einem beständig neuen Prozess des Abwägens und Interpretierens. Lesen von Karten ist Lesen und Bedenken von Differenzen.

Zur Differenz gehören immer auch die Lücke, der Fehler, die Unzulänglichkeit. Sie zu bedenken ist Teil des Leseprozesses. Sie sind zwar durchaus ein Problem, nicht aber ein Mangel, sondern Thema und Teil der spezifischen Qualität des Mediums. Das Merkwürdige an einer Karte ist also, dass sie Kraft der Leseleistung, die sie voraussetzt, und aufgrund des Umstandes, dass sie aus Markierungen von Differenzen besteht, auch von Nichtgemeintem handeln kann, von dem, was sie eigentlich nicht im Blick hat. Die Karte legt alles in die Kunst und Perspektive des Lesens.

Wer Karten allein über die Kategorisierungen beschreibt, die Kartografie (wie jede Sprache) immer vornehmen muss, wer sie vorrangig über ihre Festschreibungen begreift und kritisiert, versteht nicht, sie zu lesen. Karten werden, aufgrund ihres oben beschriebenen vieldeutigen Verhältnisses zum Gegenstand, erst über die produktive Lesart der Nutzerinnen und Nutzer zu Karten. Ohne den Lesevorgang sind sie lediglich mit Zeichen übersäte, fixe Grafiken. Gute Karten sind Partituren, Werkzeuge der Deutung. Bei jedem Gebrauch müssen ihre Gegenstände neu gesehen, verstanden und gebildet werden.

Karten setzen weder Wirklichkeit voraus, noch legen sie sie fest. Vielmehr arbeiten sie an ihrer immer neuen Reflexion und Produktion über die Imagination. Damit mögen sie an mancher Stelle ein machtvollerer Eingriff sein als der physisch vorgenommene. Dieser Aspekt macht die Karte zu einem interessanten Mittel, heute künstlerisch an gesellschaftlicher Wirklichkeit zu arbeiten. Sie kann ein strategisches Mittel sein, mit dem man einerseits in Wahrung von Modellhaftigkeit mit künstlerischen Begrifflichkeiten Wirklichkeit scharf und eigenständig beobachtet und mit dem man andererseits diese Beobachtungen in Form von Orientierungsplänen in unmittelbare Konfrontation mit Wirklichkeit bringen kann.

DARUM SOLL aus der Hamburg-Kartierung noch ein Stadtatlas entstehen.

14 Gemeinsam mit Verena Rabe (Biologin) hatte Ludwig Tent uns zu der Zusammenarbeit über die Wandse eingeladen.

15 u.a. deshalb der englisch-deutsche Ausstellungstitel *Mapping a City: Hamburg-Kartierung*.

Hamburg Mapping Interim Report and Notes on Mapping & Cartography

Till Krause

EVERY HUMANLY INHABITED LOCALE can serve to illustrate the interplay between how people live and think and the shaping of the spaces in which they live. To this end the Galerie für Landschaftskunst has made Hamburg its permanent object of study.[1]

Seen at a certain distance, Hamburg is a well-ordered city. Like some ideal town laid out on the drawing board, the world view and image of society it embodies can be read off its structure and its buildings. For almost 100 years now its center has been largely cleared of habitable space and given over instead to stores, offices, politics, administration and consumption-oriented excursionists. Around the center lie belts, corridors and zones, each of which is devoted to various forms of habitation, to recreation, traffic, business and industry. Most of these areas look as if they were the upshot of a balanced correlation between organic development and benevolent planning. Each of them has its own character and appropriate architecture. Each holds its appointed place in the unified overall scheme for a well-functioning city and for a healthy, economically meaningful existence therein.

But a closer look reveals that this is not so. Countless details are nonuniform, contradictory, irreducible and variously interpretable. All in all, however, and more perhaps than in many cities, the diversity and inconsistencies are embraced in an overall plan. The urban fabric of Hamburg with its buildings, green spaces and traffic routes impresses for its solidity and affluence; laid out on a liberal scale, it touches our sense of beauty. But how are we to address a terrain whose details conflict with the whole, whose organization we are dissatisfied with and whose beauties are felt to be two-sided? Our Hamburg Mapping project[2] observes and describes such phenomena with a view to getting closer to and coming to grips with them. It is a matter of using multifaceted observation to bring out the multifacetedness of phenomena and to provide resources for new, alternative options. What interests us finally is whether and how a city can be changed by techniques of observation and representation, in other words not by physical means but by working on how the city is seen.

A WIDE RANGE of different approaches that seek to follow these aims is presented here. But it is not simply a question of documenting activities. Concepts of mapping, of the object mapped and of artistic work are involved, and a short overview of these will be expedient.

In 1998 Bob Braine (P. 216) explored Hamburg from the water using his *Elbe River Research Vessel* (FIG. 1, P. 173). His results were exhibited at various venues and in various media – at the Hamburg Landeskundemuseum (Altonaer Museum), our own premises, and in the monograph *Two Waters.*[3] The Altonaer Museum is *the* museum in Hamburg for regional geography and customs. The monograph, a cross between field report and urban portrait, is an apt medium for reaching highly disparate interest groups via diverse channels. In this way it can work on how a city is seen publicly and can spark unexpected developments.

The booklet *Passageways in downtown Hamburg (Durchgänge in der Hamburger Innenstadt)*[4] is fundamental to my own Hamburg Mapping contribution. It describes all the possible routes through the buildings in the nonresidential, shopping, business and administrative district of Hamburg, namely its downtown, without using a key. To begin with the booklet was exclusively linked to the art and exhibition context where it was first available. But it received attention from local newspapers, and this broadened the conditions of its reception and its applications (FIG. 2, P. 174). Openness of application is a central concern of our present mappings as well.

Following these irregular, isolated Hamburg mappings, the activities of the Galerie für Landschaftskunst focused as of 2001/2002 on a variety of forms of mapping. Hamburg and nonlocal artists were invited to take part in studies. Our ship the *Biological Research Station Alster* entered service as a local platform in addition to our downtown premises (FIG. 3, P. 175). A Hamburg map room was set up in the gallery (FIG. 4, P. 175) and we mounted a

1 There are also art related reasons for the local slant of part of our work. We founded the Galerie für Landschaftskunst as a kind of research institute in order to work thematically and as independently as possible. The art world is dominated less by ideas than by social and monetary processes. If ideas are to become more central, a more appropriate context must be created for them. Given this, it was almost inevitable that part of our work focused on Hamburg, for we can work here more easily, more intensively and more cheaply than far away.

2 My comments hold for the project and not necessarily for the participants, all of whom follow their own respective art aims and objectives.

3 Salon Verlag, ISBN 3-89770-009-3.

4 Unrevised reprint, available at the Galerie für Landschaftskunst.

series of exhibitions on art mappings (FIG. 6, P. 175).[5] In a series of monthly video evenings Dirck Möllmann presented various approaches to mapping in film and video (FIG. 5, P. 175). Later, and parallel to the exhibition *Mapping a City: Hamburg-Kartierung* at the Kunstverein, the gallery served as a study center with a collection of materials on cartography and mapping (FIG. 7, P. 175). A workgroup led by cultural scientist Simone Eberhardt (Hamburg) processed the materials, discussing in particular the relations between cartography and complexity or the use of cartographic parameters to indicate complexity. An interim state of the debate was on show in the library of the Kunstverein Hannover in January 2004 as part of the exhibition *Die Sehnsucht des Kartografen* (FIG. 8, P. 175).[6]

The Hamburger Kunsthalle served as another site from which to observe and reflect the city. As part of our contribution to the exhibition *gegenwärtig: Feldforschung*,[7] Jochen Lempert (Hamburg) set up the *Insektenbeobachtungstisch II (Insect observation table II)* (FIG. 9, P. 176), while Ingeborg Lockemann (Berlin) presented her drawings of *Entrances and boundaries of department and other stores in Mönckebergstraße, Hamburg (Eingänge und Begrenzungen von Kaufhäusern und Geschäften in der Mönckebergstraße in Hamburg)* with a text commentary by Kathrin Wildner on the interplay of observation and exploratory movement in space.

Other mapping projects over the past two years related to the collaborative joint project with the Hamburg Kunstverein *Mapping a City: Hamburg-Kartierung*. As an institutional platform the Kunstverein facilitates a different kind of approach to reflecting the city than does, say, the Altonaer Museum for Regional History, the Galerie für Landschaftskunst or a city guide. In a place like the Kunstverein the debate is, above all, art immanent. This aspect and its peculiar epistemological potential was stressed in a critical examination of mapping accompanying our site-specific work in the form of a year-long lecture series[8] and the theoretical section of the present catalogue. The catalogue is first and foremost an exhibition catalogue. To have made a city guide or atlas would have involved a completely different set of presuppositions.

Unlike the present publication, the exhibition *Mapping a City: Hamburg-Kartierung* at the Kunstverein could indeed be read as a large-scale map of the city made up of different signs and themes that come together and interrelate. The way the works in the exhibition were spatially related reflected spatial relations in the city and thus set up a kind of parallel urban space. Then there were the many study trips. No matter how inadequate individual art mappings may seem in the face of the city's complexity, the attempt to unite different viewpoints, activities and debates so as to draw up a kind of city atlas can be read as an attempt at grasping complexity cartographically.[9] The lines of movement through the city described in the exhibition were manifold.[10] Each type of movement was a special method for coming by particular experiences and observations. Daniel Maier-Reimer walked the boundary of the city. Chance determined the path Kristinn G. Harðarson took as he roamed through it. I myself crossed the city in a straight line. Bob Braine followed an historical as well as an imaginary and fantasy route, Anna Guðjónsdóttir a watercourse, Ralf Weißleder a traffic route's violent incursion on urban space. Patrick Rieve circled a building in the role of a sniper. Malte Urbschat was alone in describing a seemingly random path as he trailed diverse security agencies on their motorized rounds. Mark Wehrmann's work described no movement as such but sought traces of and openings for dysfunctional movement among the city's architectural structures. Not direct lines of movement but notions of probing, receiving, sounding inform Florian Hüttners acoustic inventory from the Heiligengeistfeld, and yet it too describes a form of movement through space. Certain of these movements may be ways of not just exploring geographical space but, like the Situationist dérive, of producing (urban) space as well. Crossing the city and countryside in a straight line maybe. Scouring buildings and roofs for sniping positions and targets, together with fictive or real shooting. Patrick Rieve's was one of the few works in the Kunstverein that did not rely on the exhibition space alone but intervened in the city by actually firing a shot at our downtown gallery premises (P. 268).[11]

Matt Mullican's work *City as a Map (of Ideas)* proposed an entirely different kind of relationship to urban space (P. 260). He superimposed encyclopedia concepts – a world system – onto maps of Hamburg: generic terms for town districts and subcategories for blocks of houses. Each individual house is assigned a name or term. At first, studying these maps, the labels seem arbitrary and abstract. Only at a few apparently random points do the connections between areas or buildings and the concepts assigned to them seem to make sense. Yet Mullican's maps as presented both in the exhibition and in the present volume are

5 Exhibitions with Bob Braine (New York), Ingeborg Lockemann (Berlin), Gennaro Ghirardelli (Munich) together with Florian Hüttner (Hamburg). The curator Denise Markonish (New Haven) presented mapping works by American artists in the exhibition *Territories*.

6 The materials will be accessible on a long-term basis in the Galerie für Landschaftskunst archive in Hamburg-Altona.

7 August 2003–March 2004, curated by Nina Zimmer and Christoph Heinrich.

8 The idea for the series came from Yilmaz Dziewior, who also encouraged us to organize the excursions through Hamburg, thus stressing the highly local side of the project. At the same time he effectively worked at redefining the Kunstverein's field of work as an institution.

9 Thus understood, the authors of this big map are not just the artists but also the staff of the Kunstverein – Janneke de Vries, Yilmaz Dziewior, Corinna Koch – and Christina Gröninger of the Galerie für Landschaftskunst.

10 Not all (e.g. Anke Haarmann [AHA], Stephan Dillemuth and Malte Willms) but many of the exhibition contributions proceeded physicogeographically. Our project's slant is thus highly territorial and we should perhaps in future – in order to come to grips with our object – shift the balance in favor of the nonphysical conditions constituting the city and how it is experienced.

11 A plan drawing and a photo of this shot were in the exhibition at the Kunstverein and are on show as a permanent exhibit in our gallery.

just a provisional stage. They are the foundation and outline for a potentially endless mapping project. Buildings would be more minutely categorized; every story, corridor and room, all the objects in the rooms and, finally, the constituents of these objects, would receive names. How such an elaboration might be presented must remain moot for the time being. Yet it seems to me it – and the intensive study of physical locations it would necessitate – might lead to the creation of a closer relationship between things and the concepts assigned to them. Maps and city guides would arise which assigned buildings to concepts rather than concepts to buildings. With such a city guide as companion one could walk through the city and read in it a world system, a cosmos.

THE ORIGINAL HAMBURG MAPPING PLAN was for more of the projects to leave the art/exhibition space behind and go out into urban space. How, experimentally, to bring observations and inferences – the rational no less than the absurd and far-out ones that turn our notions and perceptions upside down – into direct relation to the city? The presentational modes in the exhibition at the Kunstverein, however, bore a relatively hermetic, close relation to a specialist, art-interested public's ways of seeing. Maybe that was good.[12] But it would have been interesting had projects been allowed to be variously readable, in both art and extra-art contexts. Only thus can art mappings escape their narrow frame of reference and achieve more widespread relevance.

Our research ship (P. 228) is a tool for this kind of work outside the white cube. In 2001/2002 it was set up as a platform to explore the city and conduct interdisciplinary research into ideas on nature in the city. Hilmer Schäfer (cultural scientist, Lüneburg), Barbara Engelschall (biologist, Hamburg), Susanne Schröder (art historian, Hamburg), the Galerie für Landschaftskunst and many other participants came up with research topics and events. Mark Dion (P. 224) designed a house for the ship dubbed the *Biological Research Station Alster.* It – aside from the ship's social presence and mooring – was largely responsible for an interdisciplinary project in summer 2002 that went way beyond narrower artistic concerns, attracting individuals and groups from widely divergent spheres. On one hand the house was a walk-in artwork articulating a particular working perspective as well as parameters for its reflection from the art point of view. On the other it was just a pleasant, cozy place radiating warmth and full of curiosity-arousing objects, to which widely divergent issues and interests could relate (FIG. 10, P. 178).

This project was originally intended to last one summer. Afterwards the ship was to be used in the same field of work but for completely different artistic ends. Yet it had become such a good site for working on the city and conceptions of nature – collaborations had arisen, ideas for future projects had opened up – that we decided to turn the ship into a permanent subsidiary. Old working strands (nature in the city) would be continued and augmented by new ones, to develop which Corinna Koch joined the team. Malte Urbschat (P. 272) designed a second house for the ship, a multipurpose structure that would be variously used (P. 228).

As such, the ship was to lie at anchor in the Hamburg harbor area, a central Hamburg Mapping tool and outpost of the exhibition *Mapping a City: Hamburg-Kartierung*. However, red tape prevented our reusing it in time. As an alternative, a planning/working niche was set up in the Kunstverein with information on its future operational areas.[13] Projects still at an early stage and developed on board the ship were brought together here, as also material on the Wandse beck that flows through east Hamburg – in cooperation with *Forelle 2010 (Trout 2010)* (FIG. 11, P. 179), a project dedicated to restoring the stream. During the exhibition Ludwig Tent (biologist, Hamburg)[14] conducted a workshop on the Wandse beck together with many other exhibition participants (FIG. 12, P. 179) and the Argentine artist group Ala Plástica who will realize a work there in summer 2004. And, finally, Anna Guðjónsdóttir's contribution to the exhibition also took the Wandse beck as its subject (P. 232).

VARIOUS CONTRIBUTIONS TO the Hamburg Mapping project made use of cartographic modes of representation. In conclusion, I shall take a look at some conceptual distinctions, their range and scope. We make a fundamental distinction between mapping and cartography. Cartography is the science and technology of map production. Mapping, on the other hand, is understood as it is frequently met with in everyday English in a sense distinct from the actual drawing of maps.[15] It thus refers not to particular modes of representation but to procedures: spatially and temporally extended research, observation and the gathering of data. How these observations and data are then presented is not fixed. Maps are just one possible mode of presentation, alongside diagrams, lists, all kinds of pictures, media, texts, narratives and scripts.

Maps are especially interesting considered as a medium for the changing of reality in imagination, as hybrids between picture and text. They depict a specific object, but not simply by illustrating it. They translate it and render it universally legible. To do so they employ a

12 This detached, aloof standpoint made sense because it is precisely from its incommensurability with the concepts and functions of other social areas that art draws its social force. Standing at an exemplary remove from them, art is able to describe and critique dominant viewpoints, concepts and objectives in its own language and to probe beyond them.

13 Parallel to this, the ship's past activities were on show in the exhibition *gegenwärtig: Feldforschung* at the Hamburger Kunsthalle.

14 It was Ludwig Tent who, together with Verena Rabe (biologist), invited us to collaborate on the Wandse.

15 One reason, among others, for the English-German exhibition title *Mapping a City: Hamburg-Kartierung*.

repertoire of signs that display varying degrees of abstraction and generalization. Some elements of maps are relatively pictorial, others highly abstract, others again are pure text. In order to translate an object into signs the cartographer must study it, categorize it and furnish it with concepts. When, finally, it is used, a map must be read and pieced together as a nonlinear text and its object reconstructed. Because a map is picture, sign and text all at once, it can be read as an image or portrait of its object. Or as its interpretation or analysis. Or as its paradigm or model. Or it may assign its object to a conceptual system. Maps contain all of these things and which reading we favor in a particular situation depends ultimately on our interpretative standpoint.

Contrary to the general view it is not important for a good map to closely and precisely mirror its object, but rather to grasp differences with respect to it. A map's presentational mode is translational and transformational and not 1:1 correspondence. To read a map is only apparently to read data and categorizations. Attending more closely to the reading process, one sees that it is much more a question of reading lacunae and differences. What, for instance, does a map indicate and assert? What on the other hand do I perceive? What do I know? What do I see? What is missing? What is wrong? What is right? Map reading is based on experience and knowledge, on presupposed concepts and practice, and on an ongoing process of assessment and interpretation. To read a map is to read and to reflect on differences.

Difference includes omissions, mistakes, inadequacies. Reflecting upon them is part of the reading process. While problematic, they do not constitute a lack, rather they are part and parcel of the medium's specific qualities. The remarkable thing about maps is that – thanks to the act of reading that they presuppose and the fact that they consist of notations of difference(s) – they can also be about what was never intended, what they are not really looking at. With maps, everything depends on the art of reading and the perspective adopted.

People who define maps in terms of the categorizations that cartography, like languages, must make use of and who see and criticize maps primarily in terms of what they fix and record do not read them correctly. Thanks to their multifaceted relation to their object, maps cannot be read without their users bringing a creative element to them. Without this reading process they are simply lifeless diagrams strewn with signs. Like musical scores, good maps are interpretative tools. Each time a map is used, its objects have to be seen, grasped and created anew.

Maps neither presuppose nor do they define reality. Rather they work continuously at reflecting and creating it via imagination. Under certain circumstances they can function as more potent interventions even than physical ones. It is this that makes them an interesting medium in contemporary art for working on social reality. Maps can be a strategic tool for, on the one hand, envisaging reality sharply and independently with the concepts of art while preserving model character, on the other for directly confronting reality with these observations in the form of orientational plans.

HENCE OUR ULTIMATE INTENTION is to produce a city atlas based on the Hamburg Mapping activities.

Mapping a City: Hamburg-Kartierung. Ein Projekt der Galerie für Landschaftskunst

Yilmaz Dziewior

DIE GALERIE FÜR LANDSCHAFTSKUNST ist ein von Anna Guðjónsdóttir und Till Krause 1993 gegründetes Künstlerkollektiv, das in jeweils wechselnden Formationen Projekte, Vorträge, Filmabende und Ausstellungen veranstaltet. Diese finden sowohl in ihren eigenen Räumen, als auch in anderen Institutionen oder im öffentlichen Raum statt. Im Mittelpunkt der von den beteiligten Künstlerinnen und Künstlern initiierten Anlässe, Arbeitsfelder und Versuchsanordnungen stehen Vorstellungen über Natur und Landschaft und deren Verhältnis zur Stadt. Ihre häufig interdisziplinären Gemeinschaftsprojekte untersuchen dabei landschaftliche und urbane Strukturen auf ihre ökologischen, sozialen und politischen Bedeutungen.

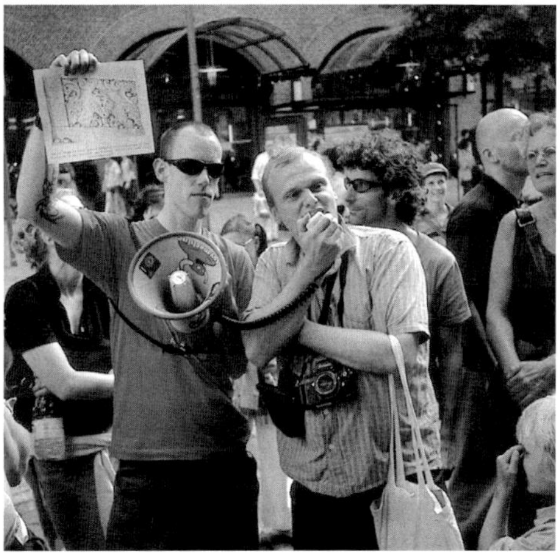

1 _ Exkursion mit Till Krause, Jochen Lempert, Patrick Rieve und Ralf Weißleder am 15.07.2003: »Die zehn besten Orte der Hamburger Innenstadt« (Patrick Rieve und Jochen Lempert auf der Mönckebergstraße)
_ Excursion with Till Krause, Jochen Lempert, Patrick Rieve and Ralf Weißleder on July 15, 2003: »The Ten Best Places in Downtown Hamburg« (Patrick Rieve and Jochen Lempert at Mönckebergstraße)

Bei dem sich über ein Jahr erstreckenden Projekt *Mapping a City: Hamburg-Kartierung*, das die Galerie für Landschaftskunst in Zusammenarbeit mit dem Kunstverein in Hamburg entwickelte, diente die Hansestadt als exemplarische Wirklichkeit einer westlichen, saturierten Durchschnittsmetropole. Wie wird heute in einem solchen Zusammenhang Stadtraum wahrgenommen? Welche ökonomischen, sozialen und ökologischen Faktoren konstituieren öffentlichen Raum und wie unterscheidet sich dieser vom priva-

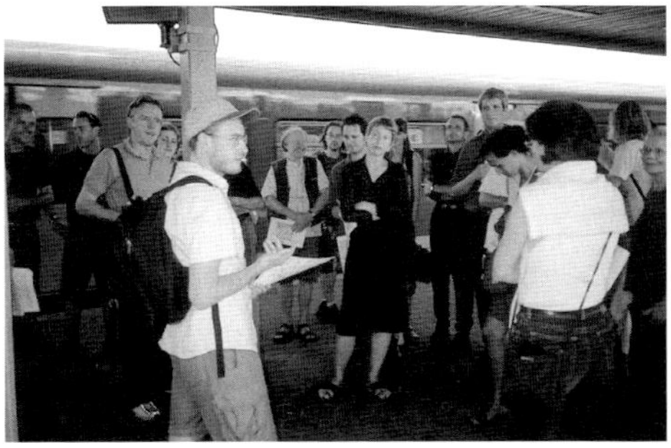

2 _ Exkursion mit Malte Willms am 29.07.2003: »Vor Ort auf der Veddel – Partizipation im Stadtteil« (auf dem S-Bahnhof Veddel)
_ Excursion with Malte Willms on July 29, 2003: »On Location at Veddel – Participating in a District« (at the Veddel rapid transit station)

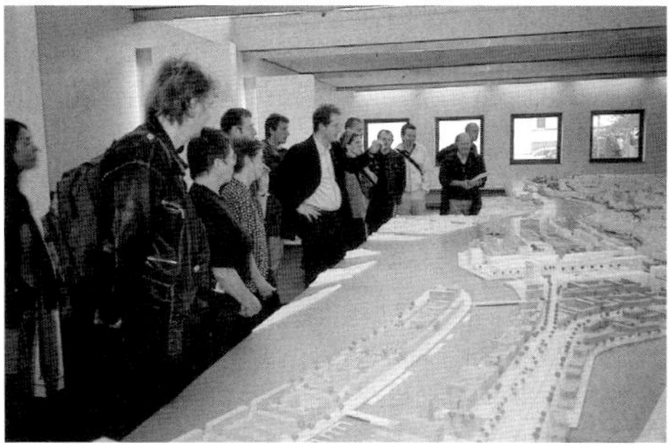

3 _ Exkursion mit Till Krause und Patrick Rieve am 23.09.2003: »Modelle von der Stadt in der Stadt« (am Hamburg-Modell der Baubehörde)
_ Excursion with Till Krause and Patrick Rieve on September 23, 2003: »Models of the City within the City« (taking the building authorities' model of Hamburg)

ten? Vor diesem Hintergrund wurden Ein- und Ausschluss- sowie Kontrollmechanismen untersucht. Wie sehen Grenzen und Übergänge zum Beispiel zwischen ländlicher und urbaner Realität aus, und wie verhalten sich aktuelle Raumkoordinaten zu ihren historischen Vorläufern? Nicht zuletzt stand aber auch immer die Frage nach den adäquaten künstlerischen Strategien im Umgang mit solchen Themen im Raum. Neben diesen inhaltlichen Aspekten ist für den Kunstverein das Format des Projektes, seine Prozesshaftigkeit und sein interdisziplinärer Ansatz von besonderem Interesse. Im Gegensatz zu einem herkömmlichen Begleitprogramm, das in der Regel eine statuarische Präsentation auf theoretischer Ebene kommentiert, waren die Vorträge, Exkursionen, Filmabende und Atelieraufenthalte auswärtiger Künstler im Rahmen von *Mapping a City: Hamburg-Kartierung* konstitutive Bestandteile des Gesamtprojektes.

Während ihrer mehrwöchigen Aufenthalte in Hamburg stellten zum Beispiel Bob Braine, Mark Dion, Kristinn G. Harðarson, Jussi Kivi und Nils Norman in Vorträgen ihre Arbeit vor, konzipierten hierfür relevante Führungen und entwickelten spezielle Projekte. Über den gesamten Zeitraum zeigte Dirck Möllmann in den Räumen der Galerie für Landschaftskunst regelmäßig Filme und Videos zum Thema Kartografie, hielt einen Vortrag hierüber im Kunstverein und veranstaltete dort einen Abend mit dem dreistündigen Experimentalfilm *La Région Centrale* von Michael Snow.

Im Zuge der von den beteiligten Künstlerinnen und Künstlern konzipierten Exkursionen wurden »die zehn besten Orte der Hamburger Innenstadt« aufgesucht oder am Beispiel des strukturschwachen Arbeiterviertels Veddel mit Politikern vor Ort über Möglichkeiten einer partizipatorischen Praxis diskutiert. Parks und Grüngürtel Hamburgs waren bei den Streifzügen ebenso Objekte der genaueren Betrachtung, wie »Modelle von der Stadt in der Stadt«.

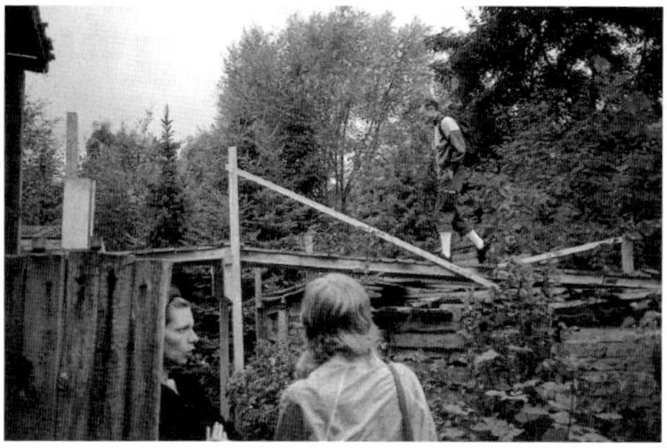

4_ Exkursion mit Till Krause, Jochen Lempert, Ton Matton und Nils Norman am 09.09.2003: »Parks, Gärten, Grüngürtel« (auf dem Abenteuerspielplatz im Schanzenviertel)
_ Excursion with Till Krause, Jochen Lempert, Ton Matton and Nils Norman on Sept. 9, 2003: »Parks, Gardens, Green Belt« (at the adventure playground in the Schanzenviertel)

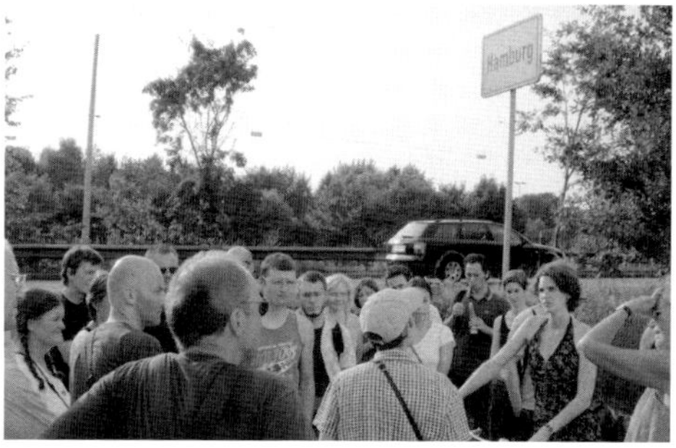

5_ Exkursion mit Barbara Uppenkamp und Ralf Weißleder am 12.08.2003: »Rund um den Bahrenfelder Marktplatz. Neues Bauen in Hamburgs Westen«
_ Excursion with Barbara Uppenkamp and Ralf Weißleder on August 12, 2003: »Around the Bahrenfelder Marktplatz. New Buildings in the West of Hamburg«

Nils Normans Vorschlag, Hamburg in eine Stadt mit 50.000 Abenteuerspielplätzen zu verwandeln (den er später in der Ausstellung anhand eines drei mal fünf Meter großen Transparents visualisierte), wurde auf einer Exkursion zu einem aus aufgestelzten Holzbauten krude zusammengezimmerten selbst organisierten Spielplatz vorbereitet. Der historisch bedingte Wandel unterschiedlicher Nutzungskonzepte und die damit einher gehende Bedeutungsverschiebung von Architektur waren Fragestellungen, die bei dem Besuch eines heute zum Firmensitz umfunktionierten Flackbunkers erörtert wurden. Architekturhistorische, politische und soziale Zusammenhänge wurden auch während eines Ausflugs mit dem Titel »Rund um den Bahrenfelder Marktplatz. Neues Bauen in Hamburgs Westen« diskutiert. Zusätzlich zu den dezidiert künstlerischen Beiträgen beteiligten sich neben den erwähnten Lokalpolitikern auch Stadtteilforscher, Soziologen und Biologen. Dieser interdisziplinäre Ansatz wurde in der Ausstellung im Kunstverein weitergeführt. Dort gab es zwei Arbeitsbereiche: einen zum Thema des Hamburger Gewässers Wandse und dem damit verbundenen biologischen Projekt *Forelle 2010* sowie einen mit allgemeinem Informationsmaterial, wo öffentliche und interne Treffen, Vorträge und Seminare mit Studierenden aus Bremen, Hamburg und Lüneburg abgehalten wurden. Zusammenfassend lässt sich feststellen, dass sich die Beteiligten im Rahmen von *Mapping a City: Hamburg-Kartierung* über einen längeren Zeitraum mit Hamburg als exemplarischem kulturellen, sozialen, politischen und ökologischen Handlungsraum beschäftigten und dabei mit unterschiedlichen Ansätzen eine Auseinandersetzung mit dem öffentlichen Raum erprobten. Viele der hieraus resultierenden Ergebnisse schlugen sich unmittelbar in der Ausstellungspräsentation im Kunstverein nieder.

Deren Auftakt bildete eine von zwölf Fotografien von DANIEL MAIER-REIMER, die er gegenüber dem Eingang zur großen Halle platzierte. Die atmosphärisch aufgeladenen Landschaftsaufnahmen, die der Künstler parcoursähnlich im gesamten Raum verteilt hatte, spiegeln seine Eindrücke beim exakten Abschreiten der Hamburger Landesgrenze wider. Da die meisten der Farbfotos in der Morgen- bzw. Abenddämmerung entstanden und ihre Motive ebenfalls Übergangscharakter zwischen Stadt und Land besitzen, betonen sie auch formal die inhaltlich intendierte transitorische Ausrichtung des Konzeptes. Dabei oszillieren die Aufnahmen produktiv unentschieden zwischen reflektierter Sozialstudie und affirmativer Landschaftsromantik.

Die Arbeiten von JUSSI KIVI entstanden während seiner Streifzüge durch die Besenhorster Sandberge. Dort fotografierte er die Überreste der ehemaligen Pulverfabrik, die im Stadium des Verfalls Assoziationen an Ruinenbilder des 19. Jahrhunderts wecken. Im Gegensatz zu diesen historischen Verweisen, die neben der romantischen Titelgebung und den formalen Analogien zu klassischen Landschaftsbildern auch im Motiv der aus der Zeit kurz nach dem Ersten Weltkrieg stammenden Nobel-Pulverfabrik auftauchen, stellen aktuelle Graffiti und Schriftzüge auf den Mauern der Ruine einen unmittelbaren Gegenwartsbezug her. Ähnlich wie die parallel präsentierten Nachtaufnahmen des jüdischen Friedhofs in Altona arbeiten sie mit speziellen Ansichten, Lichtstimmungen und erzeugen so Wirkungen eines kinematografischen Blicks. Dieser wird bei einigen der in den Besenhorster Sandbergen aufgenommenen Bilder auch in den extremen, an eine Kinoleinwand erinnernden Querformaten zitiert.

Als Orte der Natursehnsucht im städtischen Raum kann man auch die Motive der Gemälde und Fensterbilder von ANNA GUÐJÓNSDÓTTIR deuten. Ausgehend von Wasserphänomenen an den Wehren und Schleusen von Alster und Wandse entstanden Farbkompositionen auf den großen Fenstern des Kunstvereins, die sich zwischen Abstraktion und Gegenständlichkeit bewegten und je nach Sonneneinfall den Raum in schimmerndes blaues Licht tauchten. Das Aufeinanderstoßen von Natur und Stadt, das sich in ihrer gesamten Installation sowohl in Kontrasten als auch in harmonischen Ergänzungen vollzog, verdichtet sich in den Arbeiten der isländischen Künstlerin zu einer metaphorischen Bildsprache, die Motive ihrer ursprünglichen Heimat mit ihrem aktuellen Wohnort gleichwertig vereint. Demzufolge machte man beim Durchblättern ihrer in Vitrinen präsentierten Fotos die unerwartete Erfahrung, dass es in Bezug auf die verwendeten Aufnahmen oft irritierend schwer fiel, zwischen Landschaftselementen Islands und Hamburgs zu unterscheiden.

In unmittelbarer Nähe zur Installation von Guðjónsdóttir hatte MALTE URBSCHAT eine Arbeitsstation eingerichtet, in der er mit Skizzen, Fotos und schriftlichen Aufzeichnungen die Ergebnisse seiner im Geschäftsviertel Hammerbrook gemachten Observationen von Hamburger Überwachungsdiensten vorstellte. Aus den Kontrollierenden macht Urbschat Kontrollierte und thematisiert mit dem zeitlich begrenzten Vertauschen der Machtverhältnisse beiläufig das sich immer stärker ausformulierende Bestreben, den öffentlichen Raum durch private, kapitalistische Interessen zu reglementieren. Mit dem Titel *watching u watching me* verknüpft er darüber hinaus die popkulturelle Referenz eines legendären Abba-Songs mit einer Orwell'schen Überwachungsfantasie.

Während sich Urbschat mit seinem Projekt auf Hammerbrook konzentrierte, fokussierte MALTE WILLMS sein Interesse zunächst in einer Exkursion auf den Hamburger Stadtteil Veddel, um dann in seinem Ausstellungsbeitrag Altona ins Zentrum seiner Recherche zu stellen. Anhand der Monatszeitschrift des Altonaer Bürgervereins (ABV) zeichnete er die Entwicklung selbstorganisierter Strukturen nach. Dabei gaben allein die Titelblätter vom Ende der vierziger Jahre bis heute einen exemplarischen Eindruck von der sozialen und urbanen Entwicklung des Stadtteils. Die Beschäftigung des Künstlers mit partizipatorischen Ansätzen manifestierte sich im Rahmen von *Mapping a City: Hamburg-Kartierung* in unterschiedlichen Vermittlungsformen: angefangen mit der Exkursion über einen Vortrag, der die eigene Arbeit erläuterte, bis zum Involvieren des Vorsitzenden des Altonaer Bürgervereins nicht nur in eine öffentliche Vorstellung der 1848 gegründeten Initiative, sondern auch in die Auswahl der in der Ausstellung zwischen einfachen Holzleisten präsentierten Hefte.

Anders als diese eher nüchterne Bestandsaufnahme arbeitete PATRICK RIEVE bewusst mit inszenatorischen Mitteln, als er kletternderweise Scharfschützenpositionen und deren Blick auf den Kunstverein ermittelte. In der Ausstellung konnten die Besucher die Positionen und Blickrichtungen der Schützen anhand von Zeichnungen und Fotografien rekonstruieren. Die Ebene der Fiktion kommt vor allem in den in Stil und Technik einer Comic-Bildsprache verwandten Zeichnungen zum Ausdruck, während die schnappschussartigen Fotos einen stärker dokumentarischen Charakter besitzen. Vereint werden alle Arbeiten durch dieselbe Art der einfachen schwarzen Rahmung. Nicht zuletzt erinnert das Beschießen einer Ausstellungsinstitution an die radikal institutionskritische Arbeit von Gordon Matta-Clark.

ANKE HAARMANN [AHA] untersuchte mit ihrem Beitrag die Verwobenheit von Selbstbildern und Eigenheimvorstellungen. Unter dem Spitzdach eines als archetypisches Haus gestalteten Raumes trug sie die Ergebnisse eines Projekts zusammen, das sie in Zusammenarbeit mit Wohnungs- und Hausbesitzern realisierte. Fotos, Videos und Bücher gaben Auskunft über das Verhältnis von gesellschaftlichen Vorbildern und persönlichen Selbstdarstellungen. Die Diskrepanz zwischen dem privaten Ambiente des mit einem Sofa und Sesseln wohnlich eingerichteten Raumes und dem wissenschaftlichen, recherchierenden Ansatz, der sich in den präsentierten Videos und Audioarbeiten manifestierte, bildete eine produktive Spannung in der Wahrnehmung. Die Teilnehmer des partizipatorischen Projekts tauchten nicht nur in den Videos und Fotos auf, sondern wurden auch namentlich auf den Klingelschildern des Hauses genannt.

Im Gegensatz zu dieser streng soziologischen Vorgehensweise spielte die Bodenarbeit von STEPHAN DILLEMUTH mit irrationalen und humorvollen Vorstellungen. Er übersetzte einen Code, die so genannte Arecibo-Message, die 1974 als Information über die Erde an Außerirdische ins All gesendet wurde, in Lichtsignale und richtete sie auf einen Berg gekochter Spaghetti – eine Reminiszenz an die Formen, die sich hin und wieder in Getreidefeldern zeigen und von manchem Wissenschaftler als Antwort der Außerirdischen interpretiert werden. Mit seiner Installation hinterfragt Dillemuth nicht nur einen positivistisch geprägten Wissenschaftsbegriff, er verbindet zugleich Science-Fiction, Pseudowissenschaft und Kunst zu einer schwer zu durchschauenden Einheit. Teil des Projektes war auch ein performativ anmutender Vortrag mit dem Titel »Die Arecibo-Message: Gründe, Eigenschaften und Bestimmungen von Codes, Botschaften und Karten«, den Dillemuth zusammen mit dem als Astrophysiker vorgestellten Martin Raue und dem Künstler Jörn Zehe hielt.

Ebenfalls einen Blick von oben – jedoch auf topografische Karten von Hamburg – warf MATT MULLICAN. Er collagierte in bereits existierende, wissenschaftlich exakte Karten assoziativ anmutende Begriffe, die sich auf historische und naturwissenschaftliche Gegebenheiten beziehen. Darüber hinaus versah er gefundene Stadtansichten mit handschriftlichen Kommentaren. In beiden Fällen kombinierte er Karten, beziehungsweise Abbildungen Hamburgs mit den Kapitelüberschriften einer Enzyklopädie und verkehrte so die herkömmliche Leserichtung in Bezug auf Karten, bei der man in der Regel Informationen aus ihnen heraus liest. Mullican ordnete dagegen scheinbar willkürlich einzelne Kapitel und Überschriften Stadtteilen, Straßen und einzelnen Gebäuden zu. Dieses Work-in-Progress ist theoretisch ewig fortführbar, da die Einheiten immer kleiner von Stadtteilen, Straßen und Wohnblöcken über Häuser und Stockwerke bis hin zu einzelnen Zimmern denkbar sind. Eine Steigerung dieses Projektes wäre für den Künstler eine Bustour oder Exkursion, die sich durch die Stadt bewegt und performativ die Gebäude, wenn nicht gar deren einzelne Räume, mit ordnenden Überschriften benennt.

Landkarten waren auch das Ausgangsmaterial von TILL KRAUSE. Auf einem über zwanzig Meter langen Tisch hatte er einige von ihnen ausgerollt und dort seinen schnurgeraden Fußmarsch von Hamburg nach Kiel eingezeichnet. Krause kartografierte seinen Handyempfang dabei ebenso wie die Hindernisse, die sich ihm in den Weg stellten, oder mögliche Blickachsen und Areale, die großflächig zu überschauen waren. Seine Arbeit entwirft Vorstellungen darüber, wie unterschiedlich die Blickintentionen sein können, die man auf ein- und denselben Landschaftsabschnitt wirft und relativiert den objektiven Charakter, der jeder Karte scheinbar innewohnt. Die Betonung einer subjektiven Sichtweise spiegelt sich auch in der formalen Umsetzung der einzelnen Bestandsaufnahmen, die von gestisch-expressiv wirkenden Setzungen bis hin zu minimalistischen Linienkombinationen variiert.

In den aus einiger Höhe mit einem Infrarotfilm aufgenommenen Fotografien von BOB BRAINE erscheinen die mit Pflanzen, genauer mit Chlorophyll, bewachsenen Stellen im urbanen Raum rot. Dem Verlauf der ehemaligen Wall- und Befestigungsanlage folgend dokumentiert der Künstler anhand von Bodenproben und den Luftaufnahmen deren Eckpunkte im heutigen Stadtbild und kommentiert so das Auftreten und Fehlen von Vegetation im öffentlichen Raum. Es entsteht eine eigenartige Diskrepanz in der Verwendung einer aus dem militärischen Kontext stammenden Technik für zivile Zwecke, wobei Braine die Beziehungen von Herstellungsverfahren und Sujet mit der Wahl des Streckenverlaufs rückkoppelt. Und auch die Art der Präsentation greift zwei unterschiedliche Darstellungsformen auf: die von Naturkundesammlungen in Vitrinen und die einer formal durchkomponierten Kunstpräsentation mit sorgfältig gerahmten Fotografien auf der Wand.

Aus einem anderen Blickwinkel, nämlich aus der Perspektive von BMX-Fahrern und Skatern deutet MARK WEHRMANN Stadtarchitektur und untersucht Oberflächen, zum Beispiel von architektonischen Barrikaden und Gebäudekomplexen, auf ihre Tauglichkeit für das Befahren mit Sporträdern und Skateboards. Seine abstrahierten Computergrafiken präsentierte er sowohl in einer kleinen Publikation wie auch als C-Prints. Während die Texte in der Publikation im Ton eines Reiseführers geschrieben waren, zeichnete die Anordnung der Drucke auf der Wand die reale Lage der Orte in der Stadt nach. Trotzdem erkannte man den ursprünglichen Zusammenhang der ansonsten als abstrakte Farbfeldkompositionen deutbaren Bilder erst bei genauerer Betrachtung.

KRISTINN G. HARÐARSON übertrug mit figurativ-malerischen Mitteln Hamburger Stadtlandschaften auf die Außenwand einer Videobox, in deren Innern er Projektionen eines mehrtägigen Spazierganges von Pinneberg nach Ohlstedt präsentierte. Für seine Untersuchungen nutzte er neben der Malerei zusätzliche Medien wie Fotografie und Text. Seine tagebuchartigen Aufzeichnungen kommentieren lapidar das Gezeigte und verdeutlichen so das Verhältnis zwischen alltäglichen Gegebenheiten und ihrer mitunter durch den Künstler soziologisch oder psychologisch gedeuteten Hintergründe.

Ein weiteres Medium innerhalb der Ausstellung war Sound. So machte FLORIAN HÜTTNER über zwei Monate akustische Aufnahmen im Bereich des Heiligengeistfelds – dem Ort, wo der berühmte Dom stattfindet, an den das Stadion des legendären FC St. Pauli sowie ein alter Bunker angrenzen und der oberflächlich gesehen doch nicht mehr ist als eine riesige, betonierte Fläche. In der Ausstellung platzierte Hüttner an vier zusammen ein Rechteck definierenden Positionen Lautsprecher, von denen die Geräusche des Platzes, wie etwa das Vorbeifahren der Autos, Hundegebell und Polizeisirenen, direkt übertragen wurden. Nicht selten war der Effekt äußerst irritierend, da sich häufig der Eindruck einstellte, es handele sich um Geräusche aus der unmittelbaren Nachbarschaft des Kunstvereins.

An den unterschiedlichen Bedeutungen eines bestimmten Ortes ist auch RALF WEISSLEDER interessiert, wenn er anhand von Archivmaterial die Ost-West-Straße als städtebauliche Schneise der Nachkriegszeit untersucht. Aufnahmen von Häusern mit eigenartigen Grundrissen und Fassadengestaltungen ließen sich mit Hilfe der von Weißleder auf einem großen Tisch bereit gelegten Mappen, Karten und historischen Aufnahmen auf ihre ursprüngliche Positionierung und Gruppierungen mit heute nicht mehr existierenden Gebäuden zurückführen. Seine nüchterne, mit den Mitteln des Archivs und der Dokumentarfotografie arbeitende Vorgehensweise erläutert visuell die historisch, sozial und kulturell determinierten Veränderungen und überträgt sie mit allen ihren Widersprüchen und Brüchen in den Kunstkontext.

Die Arbeit von MARK DION stellt ein Porträt spezifischer Biotope, beziehungsweise unterschiedlicher städtischer Orte dar, nämlich der bisherigen Anlegeplätze der *Biologischen Forschungsstation Alster.* Dieses Work-in-Progress wurde mit Wasser- und Schlickproben, mikroskopischen Aufnahmen und leeren Gläsern für zukünftige Untersuchungen vorgestellt. Dion bedient sich einer pseudo-wissenschaftlichen Vorgehensweise und verknüpft sie mit archetypischen Präsentationsformen des Museums. Auf diese Weise thematisiert er auch die institutionell geprägte Rezeption und die Überschneidung unterschiedlicher Kontexte.

An der Stirnwand der Halle schließlich verschmolzen Fiktion und Realität im großformatigen Transparent von NILS NORMAN, in dem er seine Idee von Hamburg als riesigem Abenteuerspielplatz in eine grafische Darstellung überträgt. Dabei nutzt er bewusst ein ansonsten in der Werbung eingesetztes Medium, indem er seine utopisch anmutenden Vorstellungen in Form eines in leuchtenden Farben entworfenen Plakats propagiert. Das Ergebnis ist eine Städtewerbung, die Aspekte des Abenteuerlichen, Unkontrollierten in den sorgfältig domestizierten und reglementierten urbanen Raum zurückholt.

Bei aller Unterschiedlichkeit der versammelten Positionen lassen sich immer wieder Fragestellungen ausmachen, die vielen der in der Ausstellung versammelten Projekte eigen sind. Im Gegensatz zu dem in anderen, meistens wissenschaftlich bestimmten Bereichen weit verbreiteten Phänomen, Stadt aus der Strukturebene heraus zu betrachten, das heißt, gesellschaftliche Ursachen von Städtewachstum oder -schrumpfung und Segregationsprozesse zu untersuchen, wird bei den hier vorgestellten Ansätzen Stadt stärker als ein durch Handlung definierter Raum aufgefasst. Häufig ging es in der Ausstellung weniger um die Aufteilung des urbanen Umfelds in verschiedene Zonen und deren gesellschaftliche Funktionen, als vielmehr darum, zu sehen, inwiefern spezifische Handlungsmuster die Wahrnehmung von Raum bestimmen. Bewegung war ein zentraler Aspekt von *Mapping a City: Hamburg-Kartierung,* verbunden mit dem Bewusstsein, dass Raum immer auch eine prozesshafte Konstituierung in Form von Handlungsverläufen darstellt.

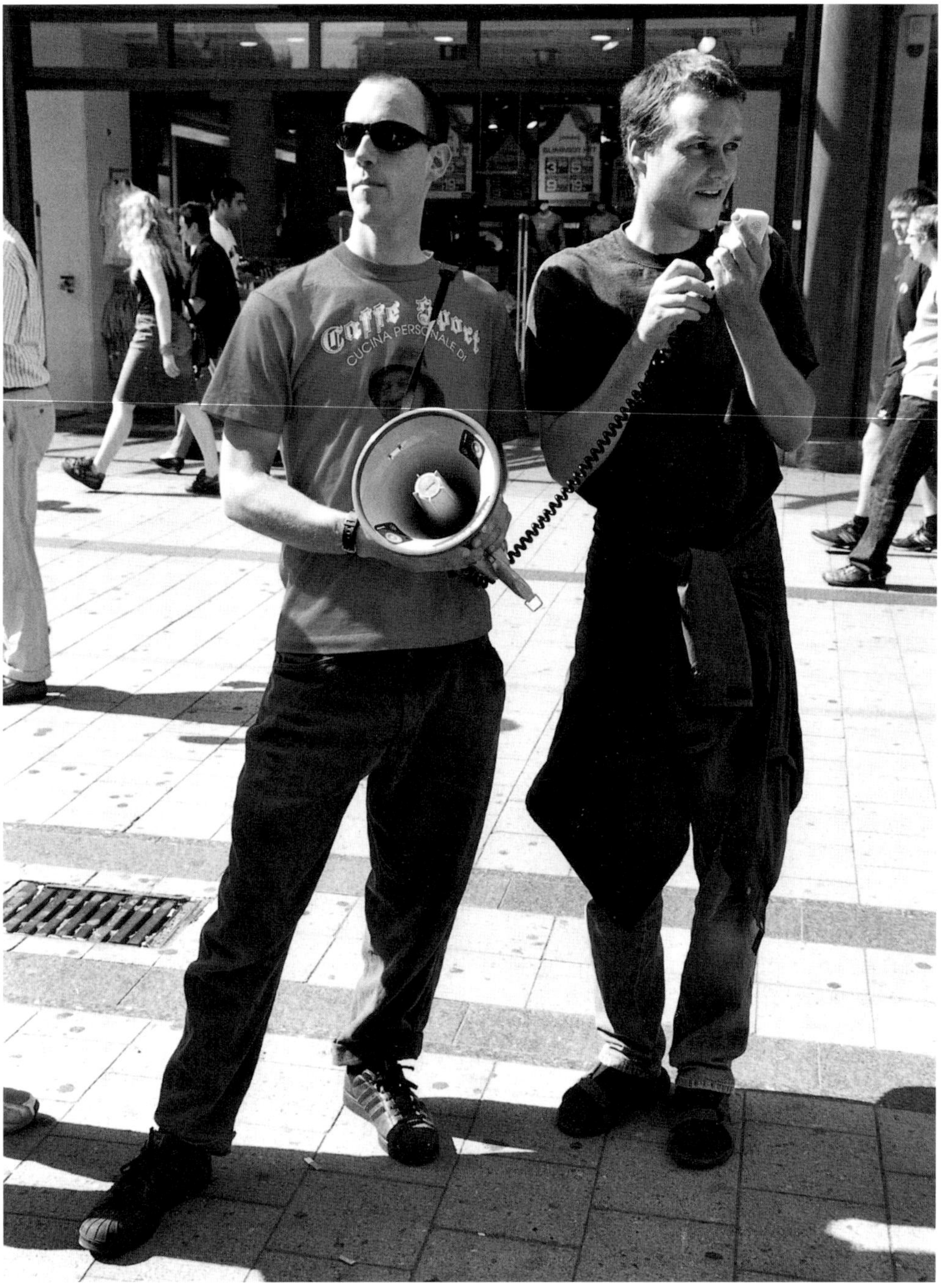

7 _ Exkursion mit Till Krause, Jochen Lempert, Patrick Rieve und Ralf Weißleder am 15.07.2003: »Die zehn besten Orte der Hamburger Innenstadt« (Patrick Rieve und Till Krause auf der Spitalerstraße)
_ Excursion with Till Krause, Jochen Lempert, Patrick Rieve and Ralf Weißleder on July 15, 2003: »The Ten Best Places in Downtown Hamburg« (Patrick Rieve and Till Krause at Spitalerstraße)

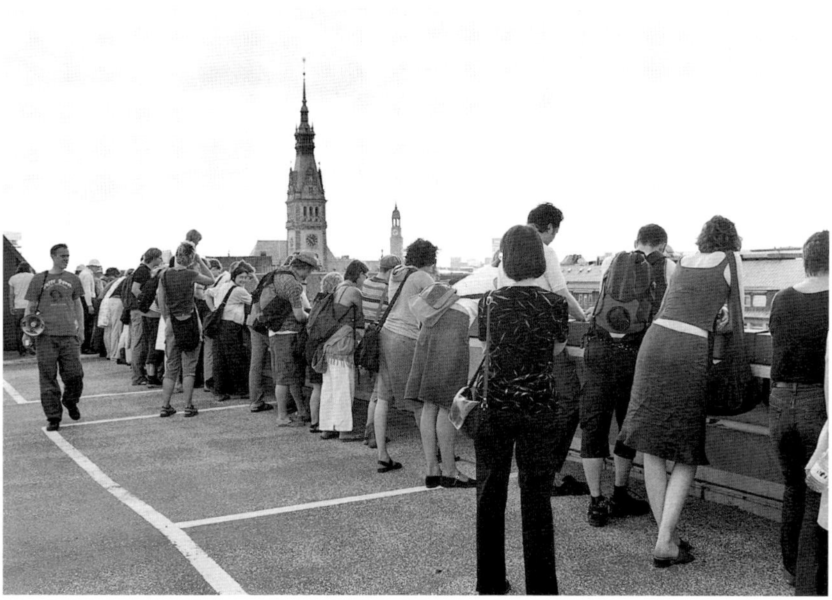

8_ Exkursion mit Till Krause, Jochen Lempert, Patrick Rieve und Ralf Weißleder am 15.07.2003: »Die zehn besten Orte der Hamburger Innenstadt«
_ Excursion with Till Krause, Jochen Lempert, Patrick Rieve and Ralf Weißleder on July 15, 2003: »The Ten Best Places in Downtown Hamburg«

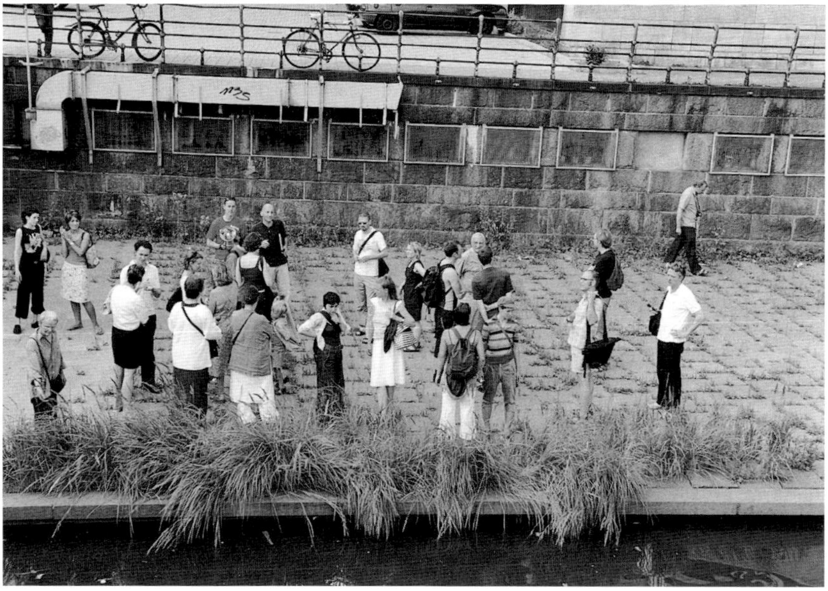

9_ Exkursion mit Till Krause, Jochen Lempert, Patrick Rieve und Ralf Weißleder am 15.07.2003: »Die zehn besten Orte der Hamburger Innenstadt«
_ Excursion with Till Krause, Jochen Lempert, Patrick Rieve and Ralf Weißleder on July 15, 2003: »The Ten Best Places in Downtown Hamburg«

Mapping a City: Hamburg-Kartierung. A Galerie für Landschaftskunst Project

Yilmaz Dziewior

FOUNDED BY ANNA GUÐJÓNSDÓTTIR AND TILL KRAUSE in 1993, the Galerie für Landschaftskunst is an artists' collective that runs a wide range of projects, lectures, film evenings and exhibitions. These take place in their own premises as well as at other institutions and in public space. Central to the events, areas of work and experimental arrangements initiated by the artists involved are ideas about nature and landscape and how these relate to the city. Their frequently interdisciplinary joint projects examine regional and urban structures in respect of their ecological, social and political significance.

In the case of the project *Mapping a City: Hamburg-Kartierung,* which ran for over a year, the Hanseatic City served as an exemplary instance of a typical Western affluent metropolis. How under such circumstances is urban space perceived today? What economic, social and ecological factors constitute public space, and how does it differ from private space? Against this backdrop, mechanisms of inclusion/exclusion and of control were investigated. What do the boundaries and transitions between regional and urban reality look like, for instance, and how do current spatial coordinates relate to their historical precursors? The question as to adequate artistic strategies in dealing with such issues was an abiding concern too, however. Aside from these thematic aspects, the Kunstverein's interest in the project lay in its format – its processual character and interdisciplinary approach. In contrast to conventional accompanying programs that generally comment theoretically on an iconic presentation, the lectures, tours, film evenings and working sojourns of artists abroad within the context of *Mapping a City: Hamburg-Kartierung* were an essential part of the overall project.

In the course of their several-weeks stays in Hamburg, Bob Braine, Mark Dion, Kristinn G. Harðarson, Jussi Kivi and Nils Norman, for instance, presented their work, put on tours in connection with it, and developed special projects. For the duration of the project Dirck

Möllman regularly screened films and videos on cartography at the Galerie für Landschaftskunst. He also gave a lecture on the subject at the Kunstverein and organized an evening with Michael Snow's three-hour experimental film *La Région Central.*

Among the tours organized by the various artists, »the ten best locations in downtown Hamburg« were visited (FIG. 1, P. 190, FIG. 7–9, P. 198, 199), or, taking the structurally-weak working-class district of Veddel as an example, on-site discussions were held with politicians as to the potential for participatory practice (FIG. 2, P. 191). In the course of the excursions, Hamburg's parks and green belts also came in for scrutiny as »models of the city within the city.« (FIG. 3, P. 191) Nils Norman's proposal – later pictorialized in the exhibition in a 3×5-meter banner – that Hamburg be turned into a city of 50,000 adventure playgrounds, was prepared on one tour in the form of a roughly-fashioned playground of wooden structures on stilts (FIG. 4, P. 192). Historically-determined changes in use and concomitant shifts in the significance of buildings were the subject of a visit to a former World War II bunker that today houses business premises. The interplay of architectural, social and political factors was also discussed on a tour titled »Bahrenfelder Marktplatz and Environs: New Building in West Hamburg.« (FIG. 5, P. 192) In addition to the specifically artistic contributions, sociologists, biologists and local historians were involved in projects as well as the local politicians already referred to. This interdisciplinary approach carried over to the Kunstverein exhibition, which comprised two areas of work: one the river Wandse and the related bio-project *Forelle 2010,* the other with general information material which included public and internal meetings, lectures and seminars with students from Bremen, Hamburg and Lüneburg. In summary, one can say that those taking part in *Mapping a City: Hamburg-Kartierung* involved themselves with Hamburg as an exemplary theater of action – cultural, social, political and ecological – over an extensive period of time and prosecuted an examination of public space via a range of strategies. Many of the attendant results found direct presentation in the Kunstverein exhibition.

A series of twelve photographs by DANIEL MAIER-REIMER opposite the entrance to the big exhibition hall formed a sort of prelude. The atmospherically charged landscape photos that the artist distributed round the room suggested a trail or circuit and represented impressions gleaned from walking the length of the Hamburg state boundary. As most of the color photographs were taken in the twilight hours of dawn or dusk and display motifs intermediary between city and country, they corroborate at a formal level their deliberate thematization of the transitory. The photographs hover indefinitely – and productively – between reflected social studies and affirmative Romantic landscapes.

JUSSI KIVI's works resulted from a tour of the Besenhorster Sandberge. Here he photographed the remains of a former powder mill whose dilapidated state calls to mind 19th-century pictures of ruins. While historical references are picked up in the romantic titles, in the formal analogies to classical landscape pictures, and in the motif (the Nobel gunpowder factory is immediately post-World War I), a direct link to the present is set up by graffiti and other writing on the walls of the ruin. Like the nocturnal photographs of the Jewish cemetery in Altona that were presented in parallel, they work with unusual angles and moods of light to create a cinematic effect. A number of the Besenhorster Sandberge photographs reflect this in their extreme horizontal, movie-screenlike format.

The motifs of ANNA GUÐJÓNSDÓTTIR'S paintings and window pictures can also be seen as loci of nostalgia for nature in urban space. Starting from aquatic phenomena at weirs and locks on the Alster and Wandse, her color compositions for the big windows of the Kunstverein oscillated between abstraction and figuration and, depending on the position of the sun, bathed the interior in vibrant blue light. The nature/city dichotomy running through the installation as a whole, both in its contrasts and its harmonic developments, is distilled in this artist's work to a metaphorical pictorial language where motifs from her Icelandic homeland and her current domicile are equal in value. Leafing through the photographs displayed in showcases, it was surprising to find how difficult it was to know if certain landscape elements belonged to Iceland or to Hamburg.

In the immediate vicinity of Guðjónsdóttir's installation MALTE URBSCHAT set up a workstation with sketches, photos and written notes presenting the results of his surveillance of Hamburg security agencies in the business quarter of Hammerbrook. Urbschat turns the spies into the spied upon. His temporary inversion of the balance of power thematizes, en passant, the increasingly blatant endeavor to regulate public space according to private, capitalist interests, while his title *watching u watching me* brings together the popcultural reference to a song by Abba and Orwell's totalitarian fantasy *1984*.

If Urbschat's project centered on Hammerbrook, MALTE WILLMS concentrated his tour on Hamburg's Veddel district and made Altona the focal point of his exhibition contribution. By means of the monthly magazine of the Altona Citizens Association he traced the development of privately organized urban structures. With nothing more than the title pages from the late 1940s through to the present he gave an exemplary overview of the social and urban development of the district. The artist's commitment to participatory methods came out in the context of *Mapping a City: Hamburg-Kartierung* in various ways. There was the tour and a lecture in which Wilms elucidated his work. In addition, he involved the Chairman of the Altona Citizens Association in a public presentation of the action group founded in 1848 and in selecting the issues of the magazine, which were displayed between simple strips of wood.

In contrast to this rather matter-of-fact stocktaking, PATRICK RIEVE opted for something more flamboyant, seeking out and scaling vantage points from which to train sights on the

Kunstverein. Drawings and photographs enabled exhibition visitors to picture his sniping positions and angles of view. A fictional element is conveyed chiefly by the comic strip style and technique of the drawings, while the snapshot-like photos are more strongly documentary in tone. The black frames surrounding all the works confer an overall unity. Rieve's bombardment of an exhibiting institution puts one in mind not least of Gordon Matta-Clark's radical works of institutional critique.

ANKE HAARMANN [AHA] in her exhibition contribution investigated the interplay of home ownership and how people see themselves. The results of her project, which she realized together with house and apartment owners, were presented in a room designed to look like an archetypal house with a pointed roof. Photos, videos and books supplied information on social models and how private individuals wish to see themselves and/or be seen. The discrepancy between the private atmosphere of the room, which was furnished with a sofa and armchairs, and the scientific-investigative approach of the video and audio works presented set up a fruitful tension. The people taking part in this participatory project figured not only in the videos and photos, but also as names on bell plaques outside the house.

In stark contrast to this sociological approach, STEPHAN DILLEMUTH's flo or-work made play with irrational and humorous elements. He translated a code – the so-called Arecibo Message, which was beamed into space at putative extraterrestrial beings in 1974 – into light signals, which he then trained on a mountain of boiled spaghetti which create forms reminiscent of those sometimes found in wheat fields and have been interpreted by certain scientists as the extraterrestrials' response. Dillemuth's installation not only calls into question positivistically oriented concepts of science. It also knits science fiction, pseudo-science and art into a not easily grasped unity. A lecture of performative aspect titled »The Arecibo Message: Foundations, Properties and Definitions of Codes, Messages and Maps,« held by Dillemuth together with Martin Raue (introduced as an astrophysicist) and artist Jörn Zehe, was also part of the project.

MATT MULLICAN likewise looked down from above, but onto topographical maps of Hamburg. Onto already existing, scientifically exact maps he superimposed suggestive concepts pertaining to historical and scientific facts. He also furnished found views of the city with handwritten commentaries. In both cases he combined the maps and/or views of Hamburg with chapter headings from an encyclopedia, thus inverting the traditional direction of reading maps. As a rule, one reads information off them. Mullican, by way of contrast, assigned chapter headings and captions to districts, streets and individual buildings, apparently arbitrarily. It is a work in progress that theoretically can never be finished, since ever smaller units can be imagined, from districts, streets and apartment blocks to houses, stories and individual rooms. An intensification of the project for the artist would be a bus (or other) tour through the city, assigning categorizing captions to the buildings, or even to their individual rooms.

Topographical maps were also TILL KRAUSE's point of departure. Laying out several on a table over twenty meters long, he marked in a straight walking-route from Hamburg to Kiel. Krause mapped the reception of his cell phone, obstacles in his path, potential lines of view and the more extensive regions of countryside that could be surveyed. His work brings out just how various the readings of one and the same section of countryside can be, depending on one's interests, and relativizes the objectivity that apparently seems to inhere in maps. The way he presents the different inventories, varying from the gestural-expressive to minimalist combinations of lines, also reflects the emphasis Krause lays on a subjective view.

In BOB BRAINE's infrared photographs taken from a few meters above the ground, those parts of urban space where plants – or chlorophyll – are present show up in red. His soil samples and aerial photographs taken along the city's onetime wall and fortification line document its former bastions in the context of the modern cityscape, reflecting the presence and absence of vegetation in public space. A curious incongruity arises from Braine's employment of a process developed for military purposes for a civil end, whereby his selection of the former fortification line reflects back on this original intent and subject. His exhibition display also relied on a binary mode of presentation – the natural history showcase on the one hand, and, on the other, a formally sophisticated art presentation of carefully framed photographs on a wall.

MARK WEHRMANN reads urban architecture from a different angle, that of BMX-bikers and skaters. He investigated surfaces – of architectural barriers and complexes for instance – as to their suitability for biking and skating. His abstract computer graphics were presented in the form of a small publication and as C-prints. The tone of the texts in the publication was that of a travel guide, while the arrangement of prints on the wall mirrored the actual locations of sites in the city. And yet the pictures, otherwise readable as abstract color-field compositions, had to be examined more closely in order for one to recognize the underlying arrangement.

KRISTINN G. HARÐARSON painted figurative depictions of Hamburg cityscapes onto the outside of a video box in which projections of his several-day walk from Pinneberg to Ohlstedt were shown. In addition to painting he used other media for his investigations as well, such as photography and text. His diarylike notes provide lapidary commentaries on the pictures and bring out the relationships between everyday phenomena and their backgrounds together with the occasional sociological or psychological interpretation.

A further medium encompassed in the exhibition was sound. Over a two-month period FLORIAN HÜTTNER made audio recordings in and around the Heiligengeistfeld – site of the celebrated Dom festival – adjoining the legendary FC St. Pauli stadium and a World War II bunker, an area that seems on the face of it little more than a giant concreted surface. In the exhibition, Hüttner set up a rectangle of four loudspeakers over which sounds from the square were relayed direct, for instance the noise of cars, barking dogs and police sirens. Often enough the effect was highly irritating, since one had the impression that the sounds were coming from the immediate vicinity of the Kunstverein.

The different meanings of a particular place are also what interest RALF WEISSLEDER, who used archive material to investigate the postwar urban development zone of Hamburg's Ost-West-Strasse. With the aid of portfolios, maps and historical photos spread out on a large table, one could make out the positions that various buildings with unusual ground plans and facades which Weißleder had photographed once occupied among the surrounding, no longer existing structures. His matter-of-fact working methods relying on archive material and documentary photos give visual expression to historical, social and cultural changes, translating them directly into the context of art.

MARK DION's exhibition contribution portrayed specific biotopes and urban sites – the former docking points of the *Biological Research Station Alster.* Water and silt samples, microscopic photographs and empty jars for future research gave an idea of the work in progress. Dion operates with pseudoscientific procedures, combining them with archetypal forms of museum presentation to thematize, among other things, institutional conditioning in the reception of art as well as the overlap of different contexts.

Finally, on the end wall of the exhibition hall, fiction and reality merged in NILS NORMAN's banner which gave graphic expression to his vision of Hamburg as a giant adventure playground. Norman deliberately used a medium best known from advertising, translating his utopian-seeming ideas into luminescent colors in a poster. The result is an urban advertisement that reintroduces the elements of adventure and spontaneity into carefully domesticated, regimented urban space.

For all their many dissimilarities, it is possible to make out certain concerns that are common to almost all of the projects in the exhibition. In contrast to the widespread practice found in other, mainly scientific contexts of considering the city structurally and examining urban growth, contraction and segregation processes from the point of view of their social causes, the approaches presented here see the city more as a space that is defined by action. Often enough in the exhibition it was less a question of dividing up urban space into zones and social functions than of seeing to what extent specific patterns of action determine how space is perceived. Movement was a central aspect of *Mapping a City: Hamburg-Kartierung,* coupled with the awareness that space always also implies a constitutive processual component in the form of patterns of action.

Ausstellungsansichten/ Exhibition Views

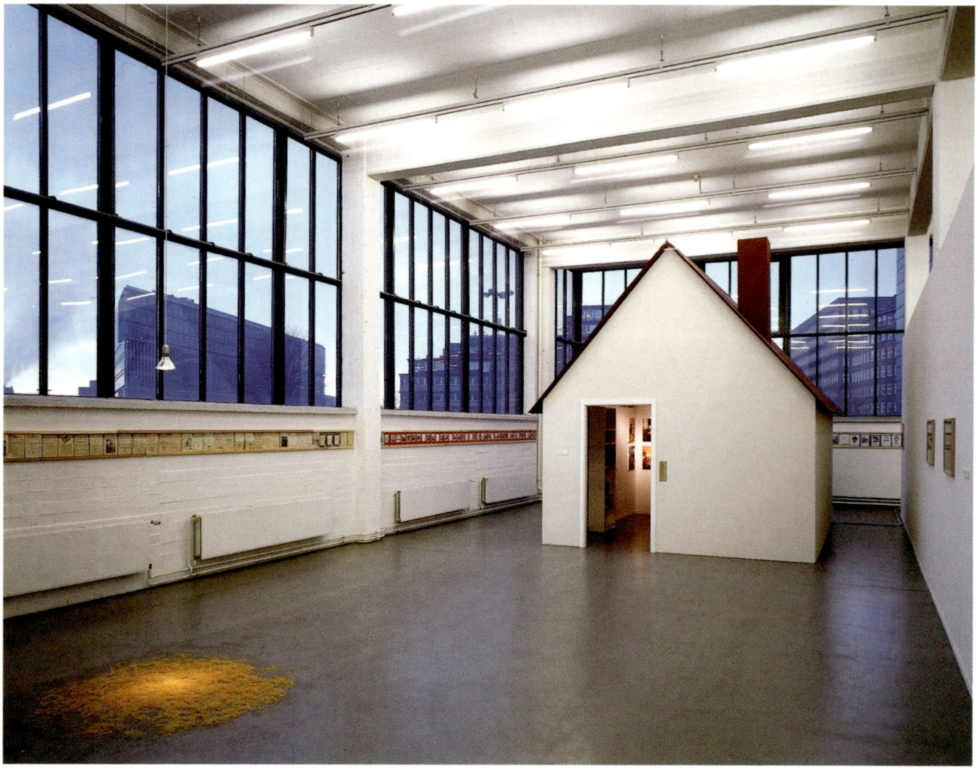

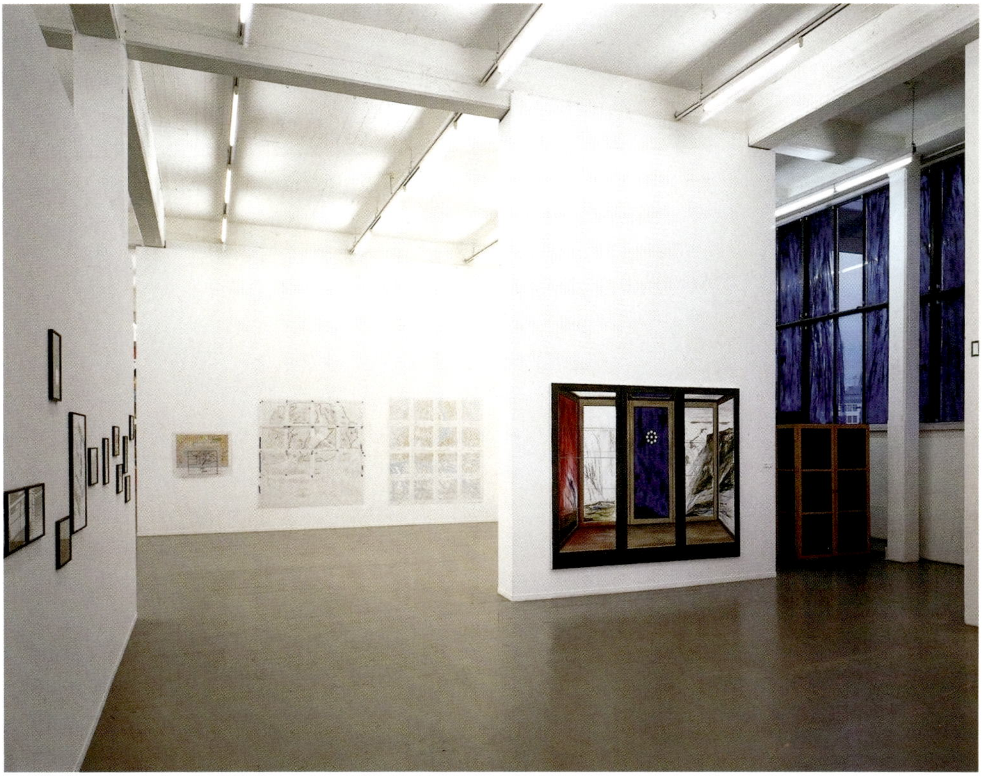

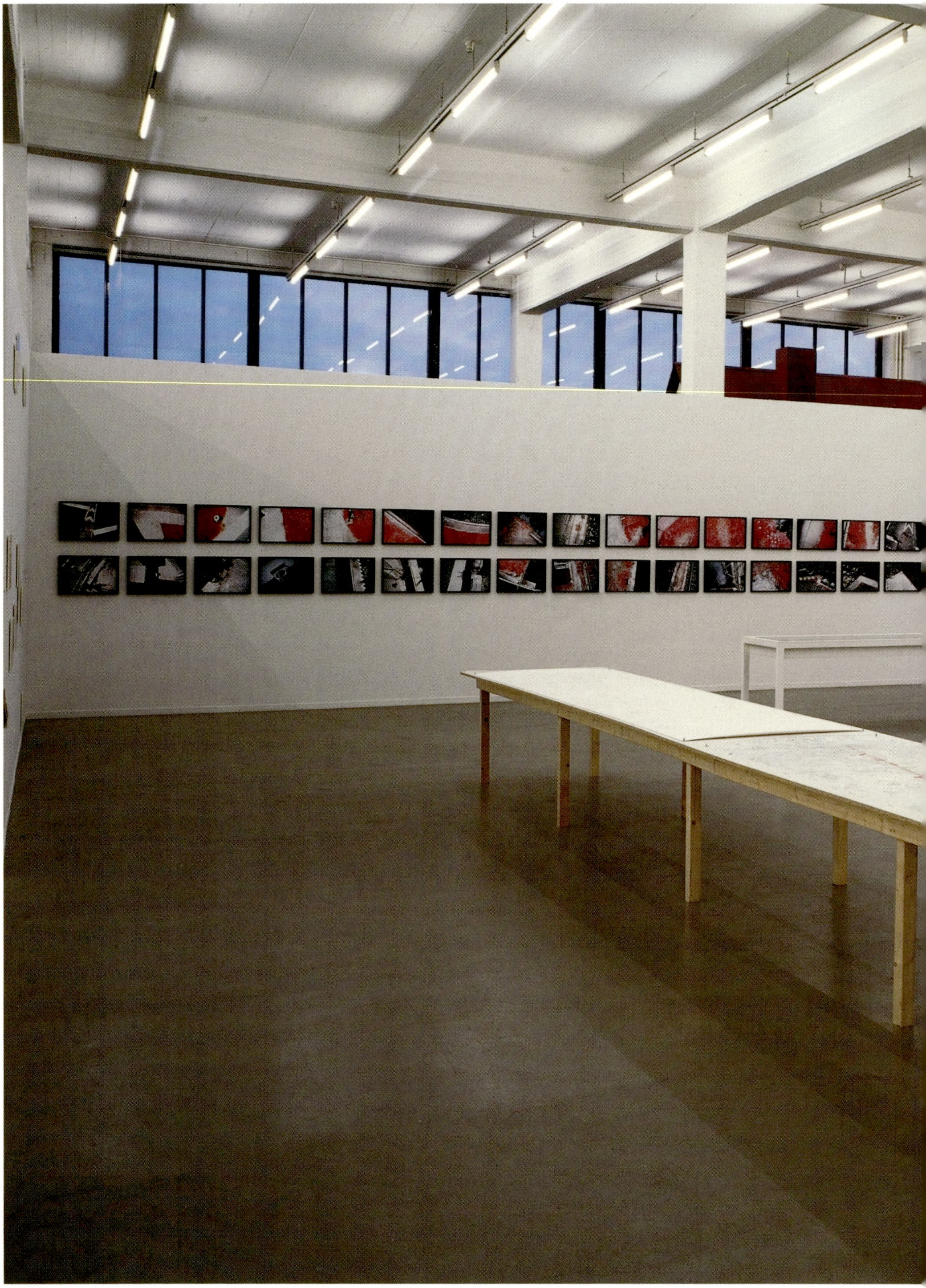

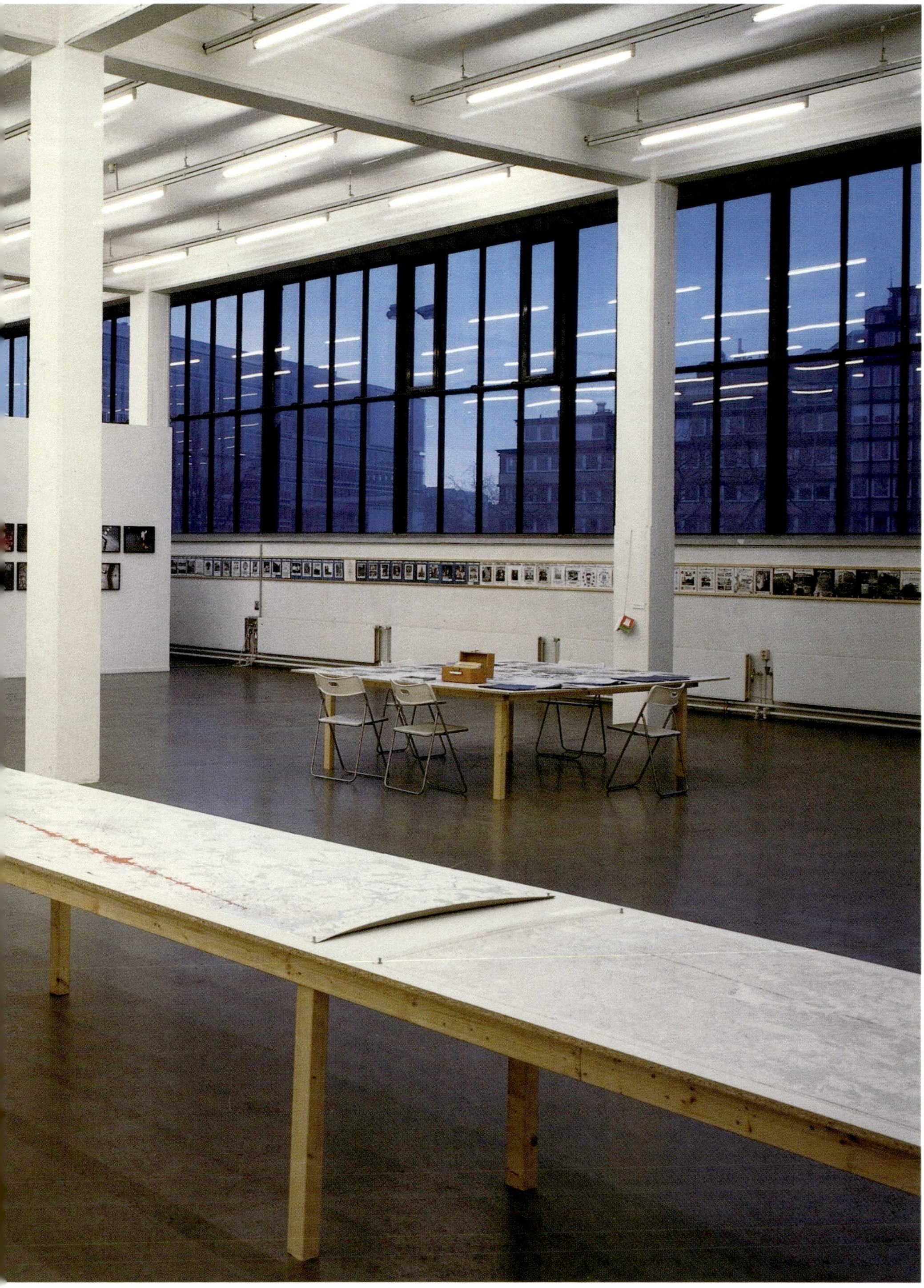

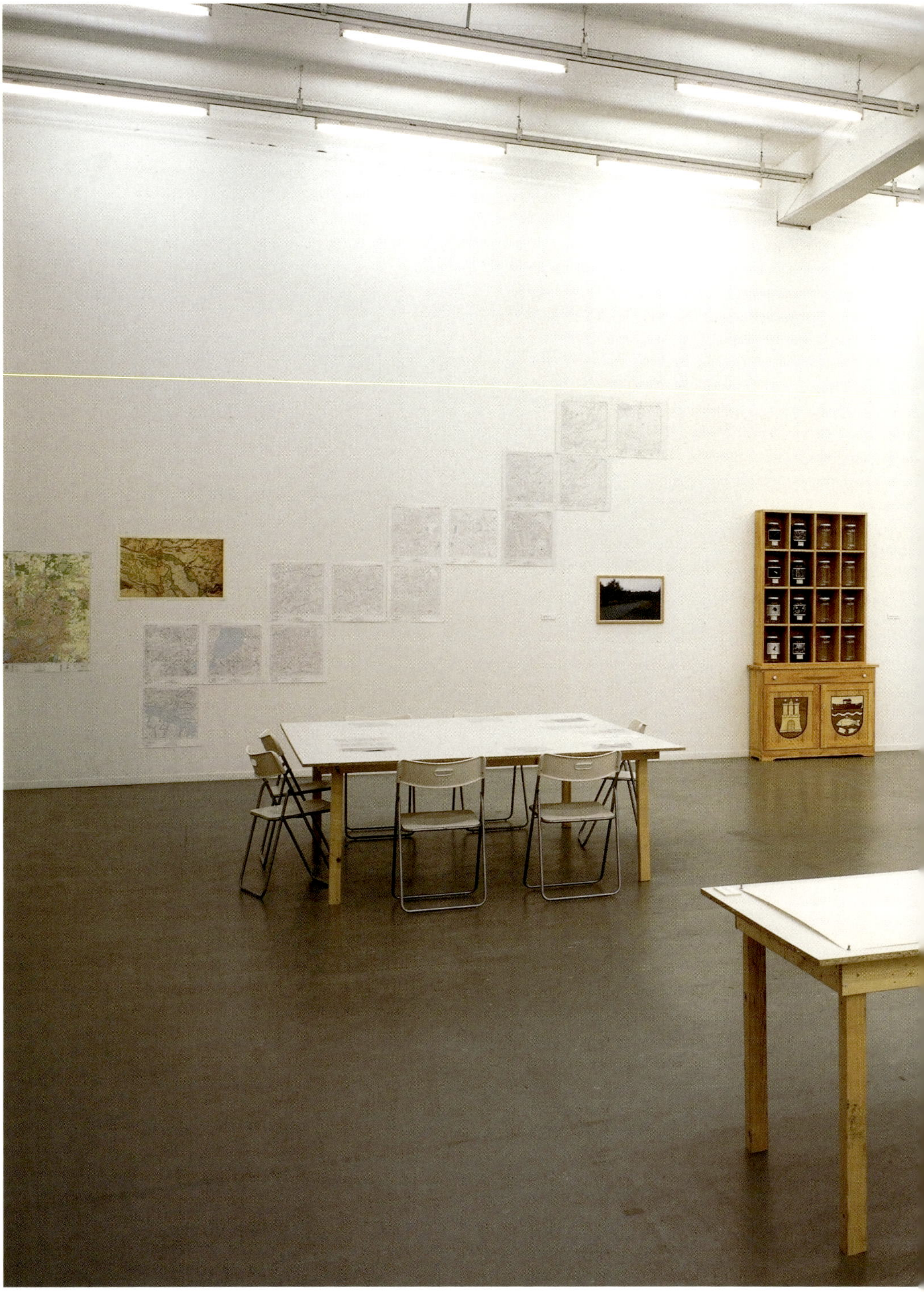

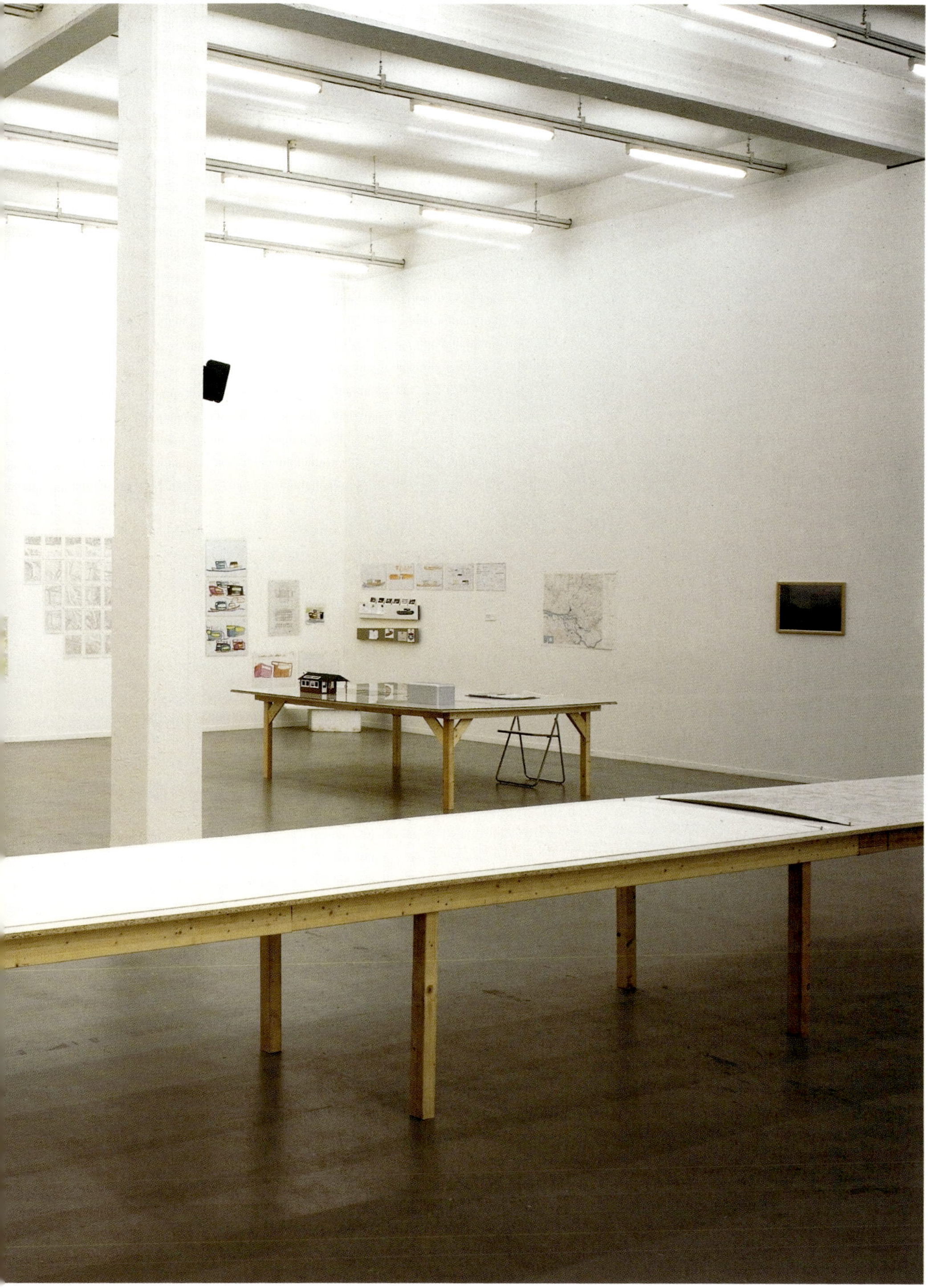

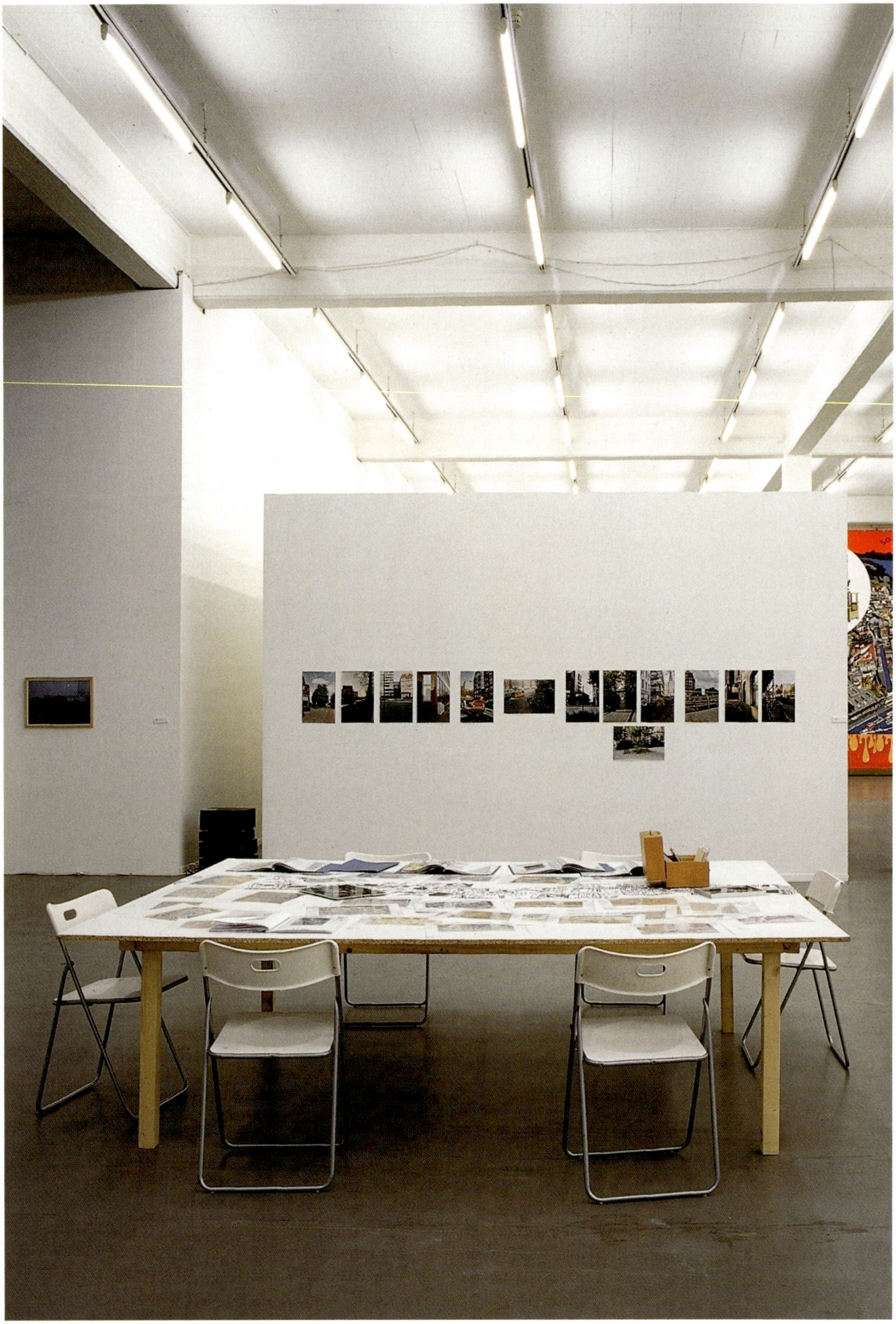

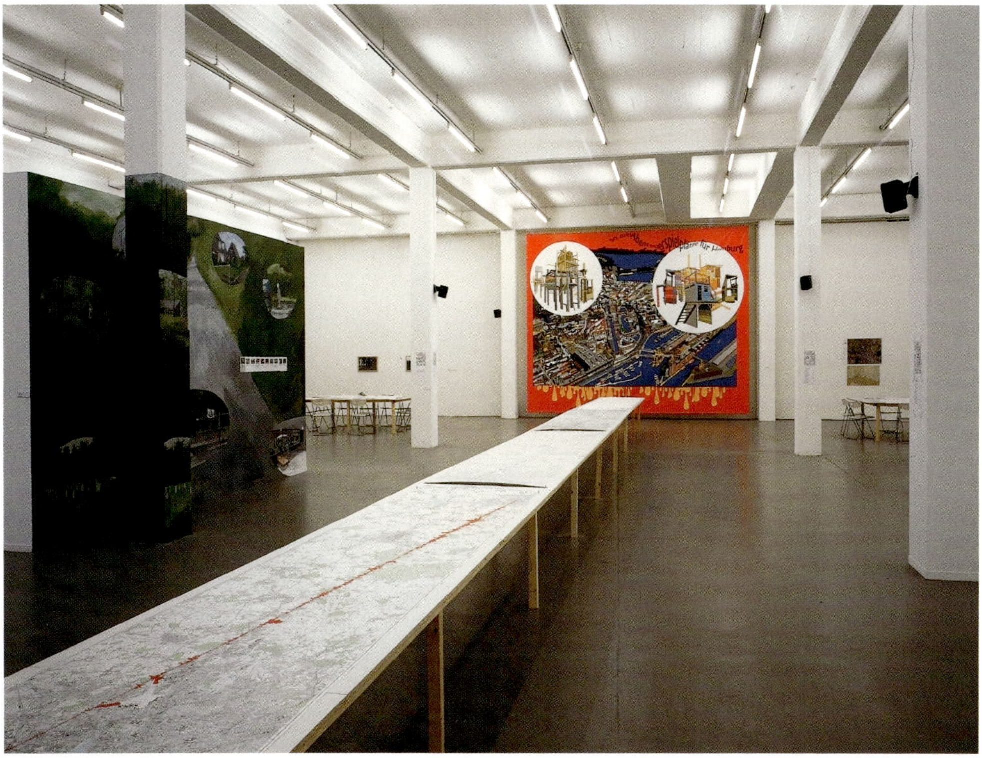

Künstlerseiten
Artists' Pages

Bob Braine

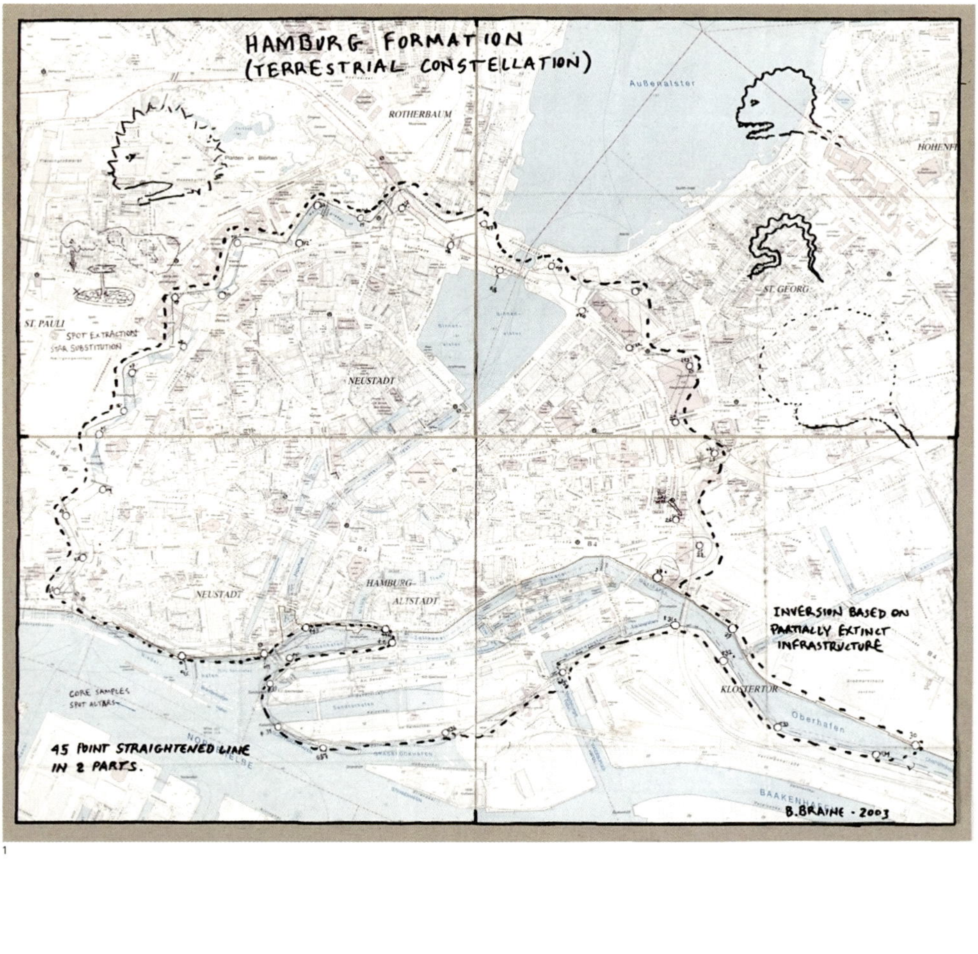
HAMBURG FORMATION
(TERRESTRIAL CONSTELLATION)
ROTHERBAUM
Außenalster
ST. PAULI
SPOT EXTRACTION
STAR SUBSTITUTION
ST. GEORG
NEUSTADT
NEUSTADT
HAMBURG-
ALTSTADT
INVERSION BASED ON
PARTIALLY EXTINCT
INFRASTRUCTURE
KLOSTERTOR
Oberhafen
CORE SAMPLES
SPOT ALTARS
45 POINT STRAIGHTENED LINE
IN 2 PARTS.
B.BRAINE - 2003

1

Bob Braine ist als Künstler Limnologe und Limenologe. Er beschäftigt sich mit Gewässern (limnos) und mit Grenzen (limes oder limen). Und meist mit beidem, denn Gewässer sind natürliche Grenzbildner. Hamburg, die amphibische Stadt, musste deswegen sein bevorzugtes Betätigungsfeld werden. Das Projekt, das Braine ihr diesmal widmet, ließ sich weitestgehend auf dem Lande verwirklichen. Es geht um die letzte harte Grenze der Stadt, die bastionäre Befestigungslinie, die von 1615 bis 1626 um das vergrößerte Innenstadtgebiet Hamburgs gezogen wurde und bis heute die City von den Stadtteilen merklich trennt: als Grüngürtel, als Ringstraße und als »Institutionengürtel« – man mache sich einmal klar, wie viele öffentliche Institutionen hier auf diesem Streifen und nicht etwa in der City angesiedelt sind. Der Kunstverein ist eine von ihnen.

In gewisser Weise dokumentiert Braine das Nachleben dieser Grenze in neuer und sich ständig verändernder Form. Er tut es nicht, indem er im dreidimensionalen Maßstab und quasi im Modell die Besetzung und Nutzung der Grenze abbildet. Er hält sich ganz eng an die Vorgaben des »City Mapping« und nimmt »Proben« vom Grenzverlauf, so wie ein Geograf und ein Geologe es tun würden. Sein bevorzugtes Mittel ist auch hier wieder die Infrarot-Fotografie, die er in einem Apparat einsetzt, den er aus der Höhe weniger Meter, meist lotrecht auf 45 Positionen gerichtet hat. Deren Lage hat er sich weitestgehend durch den Verlauf der alten Grenzlinie vorgeben lassen. Sie liegen jeweils auf dem äußersten und dem innersten Punkt der bastionären Zacken. Diese Bollwerke sind natürlich nicht mehr vorhanden, und doch ist das, was wir zu sehen bekommen in diesen Ausschnitten weniger Quadratmeter, eine Grenzlandschaft im Kleinformat. Das Terrain ist durch Kanten, Einfassungen, Gitter, Mauern, symbolische Linien zerschnitten. Bilder von einem hohem abstraktem Reiz entstehen so, die in die Sprache der Stadtgeografie zurückübersetzt besagen: Die Grenze wird auch im Close-Up als das wiedergefunden, was sie schon immer war und weiterhin ist, als ein ebenso lineares wie flächiges Gebilde, ein Territorium eigener Art, auf dem sich die denkbar verschiedensten Transaktionen zwischen Funktionsbereichen, Zuständigkeiten, Eigentumsverhältnissen ereignen, in Figuren der Öffnung und der Schließung, der kulturellen Setzung und der natürlichen Aufweichung.

Wolfgang Kemp

Bob Braine is as an artist a limnologist and a limenologist. He is concerned with waters (limnos) and with boundaries (limes/limen), and usually with both, since waters often constitute natural boundaries. It was thus only natural that the amphibian city of Hamburg become a favorite theater of action. His latest project relating to the city was realized broadly speaking »on land.« The site in question is the city's last »hard« boundary – the line of fortification drawn round the enlarged inner city area 1615–1626 which even today separates the city from its outlying districts as a green belt, ring road and »institutional belt« (when one bears in mind the number of public institutions situated here and not in the city, the Kunstverein included).

In a sense Braine documents the afterlife of this boundary in its new and ever changing forms. He does this not by showing how the boundary has been appropriated and used via any kind of three-dimensional, scaled-down model. Instead he follows the principles of »city mapping« closely, taking »samples« from along the border, much as a geographer or geologist might do. Once again, infrared photography is his preferred technique, the camera some few meters above the ground at 45 locations, and for the most part pointing straight down. These locations are determined by the course of the former boundary and mark the outermost and innermost points of the bastions along the old fortification line. Of course, the bastions no longer exist. But what we get to see in these details of just a few square meters is a border zone in miniature. The terrain is intersected by margins, enclosures, railings, walls, symbolic lines. Pictures whose abstract qualities lend them a high degree of visual attractiveness are the result. Translated back into the language of urban geography, these pictures tell us that the boundary in close-up is what it always was, namely, a construct that is both linear and planar, a sui generis territory where diverse transactions – between functional spheres, spheres of responsibility, property relations – become visible in figures of opening and closure, in cultural artifacts and in places where nature takes over.

Wolfgang Kemp

1 _ Übersichtskarte *Hamburg Formation (Terrestrial Constellation)*
_ Map of *Hamburg Formation (Terrestrial Constellation)*

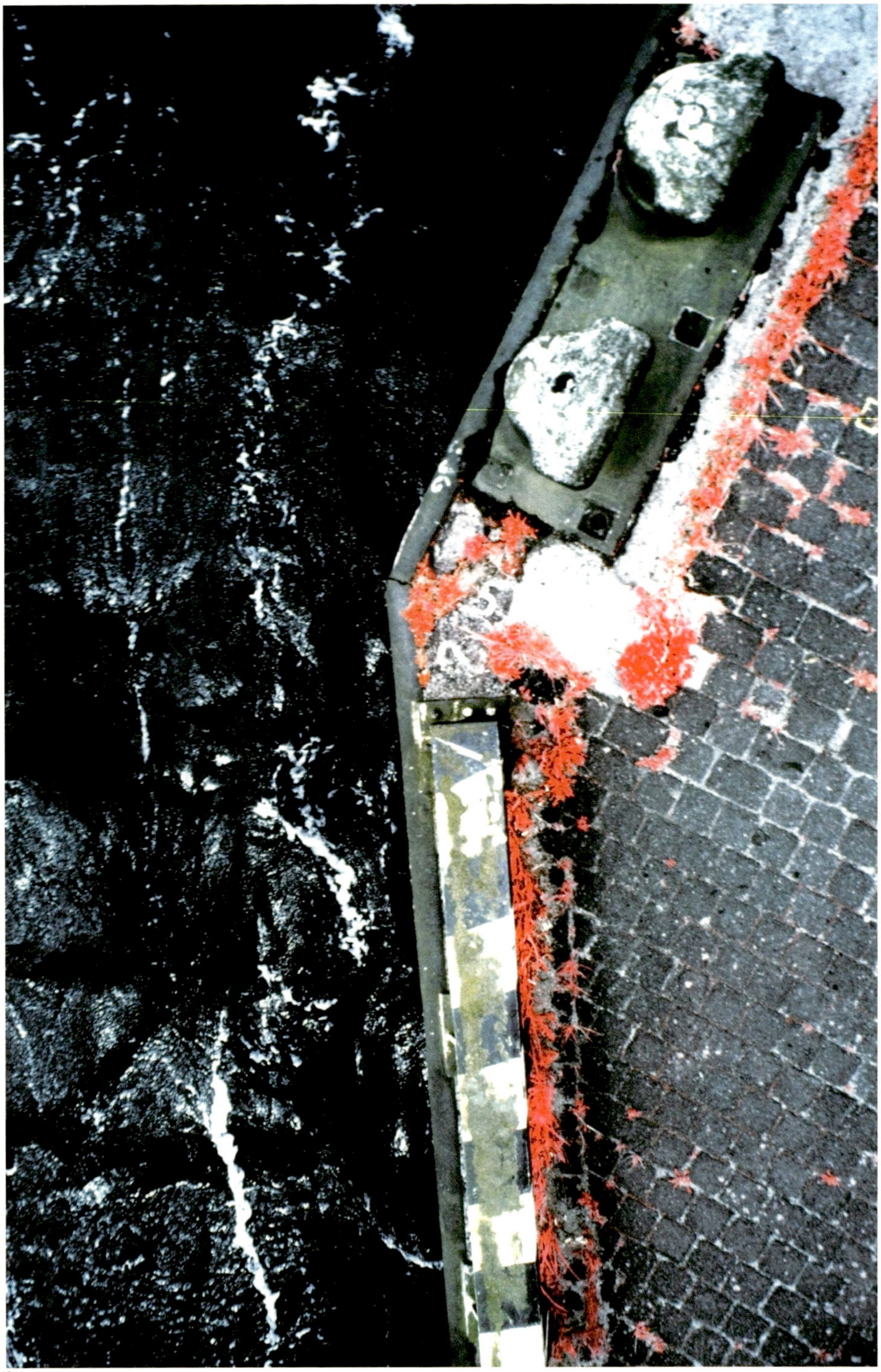

2

2 _ Punkt #37 von 45, *Hamburg Formation (Terrestrial Constellation)*
_ Point #37 of 45, *Hamburg Formation (Terrestrial Constellation)*

3 _ Vitrine mit Karte, Fotos und Bodenproben (Detail)
_ Show case with map, photos and soil core samples (detail)

4 _ Installationsansicht *Hamburg Formation (Terrestrial Constellation)*
_ Installation view *Hamburg Formation (Terrestrial Constellation)*

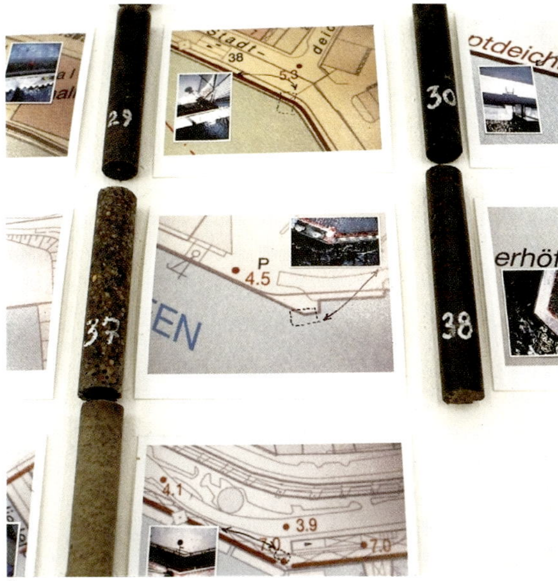

3

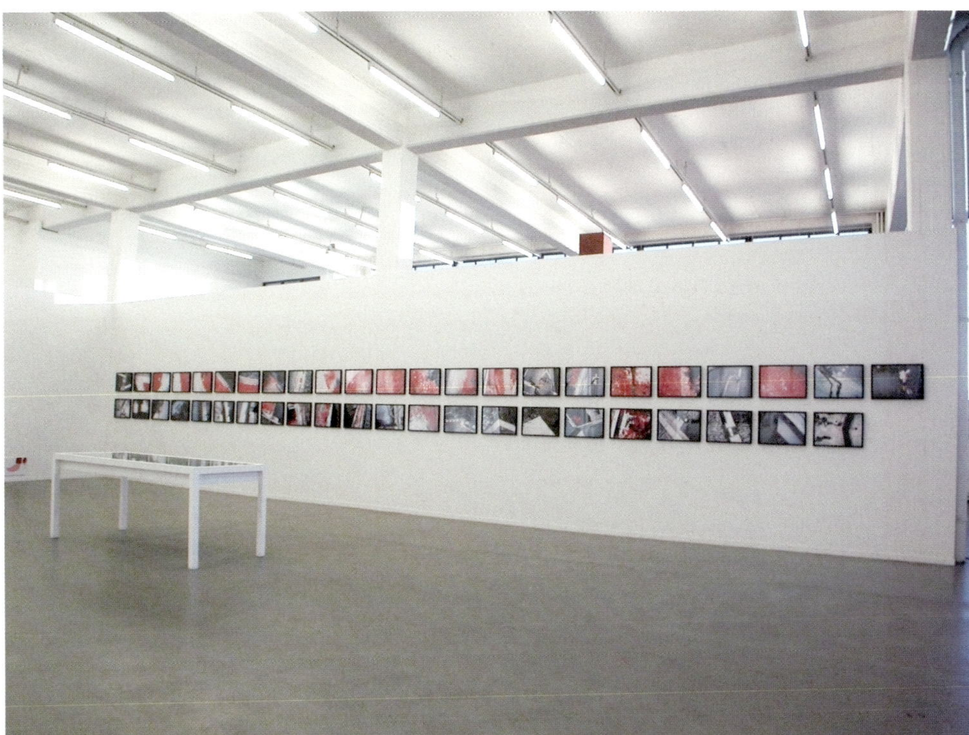
4

Stephan Dillemuth

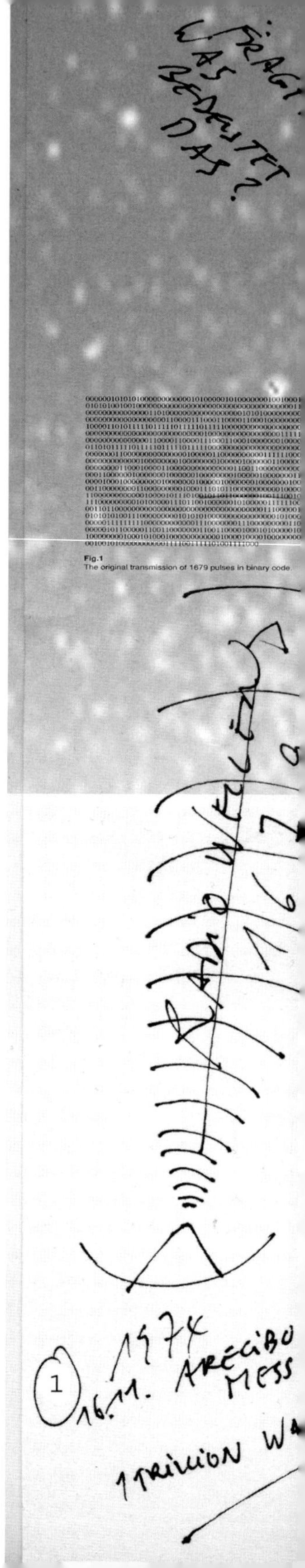

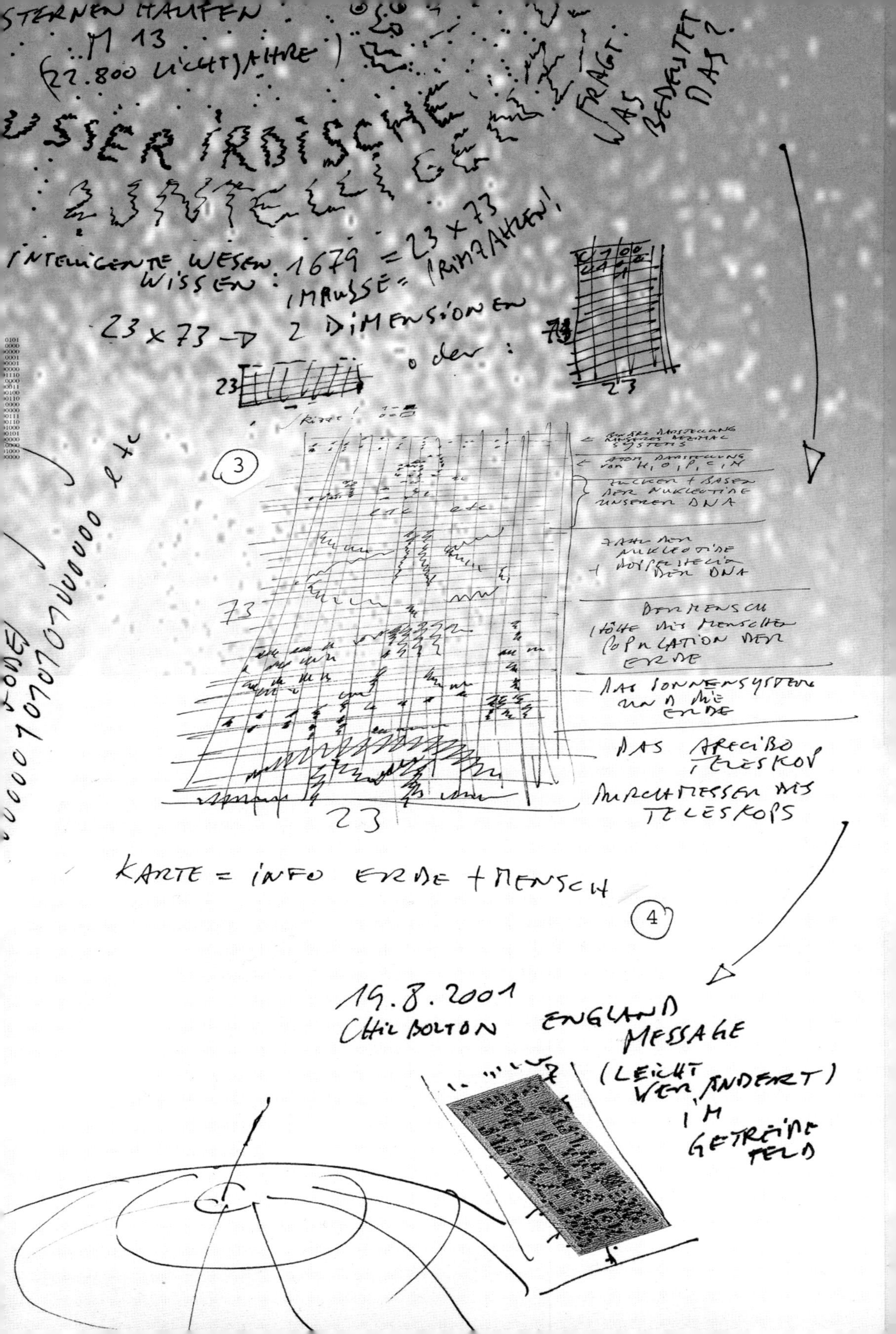
STERNENHAUFEN
M 13
(22.800 LICHTJAHRE)
AUSSERIRDISCHE
FRAGT: WAS BEDEUTET DAS?
INTELLIGENTE WESEN WISSEN: 1679 = 23 x 73
IMPULSE = PRIMZAHLEN!
23 x 73 → 2 DIMENSIONEN
oder:
23
73
SKIZZE!
3
UNSERE DARSTELLUNG UNSERES DEZIMALSYSTEMS
ATOM DARSTELLUNG VON H, O, P, C, N
ZUCKER + BASEN DER NUKLEOTIDE UNSERER DNA
ZAHL DER NUKLEOTIDE + DOPPELHELIX DER DNA
DER MENSCH
HÖHE DES MENSCHEN
POPULATION DER ERDE
DAS SONNENSYSTEM UND DIE ERDE
DAS ARECIBO TELESKOP
DURCHMESSER DES TELESKOPS
ODER 1010101000000 etc
KARTE = INFO ERDE + MENSCH
4
19.8.2001
CHILBOLTON ENGLAND
MESSAGE
(LEICHT VERÄNDERT)
IM GETREIDEFELD

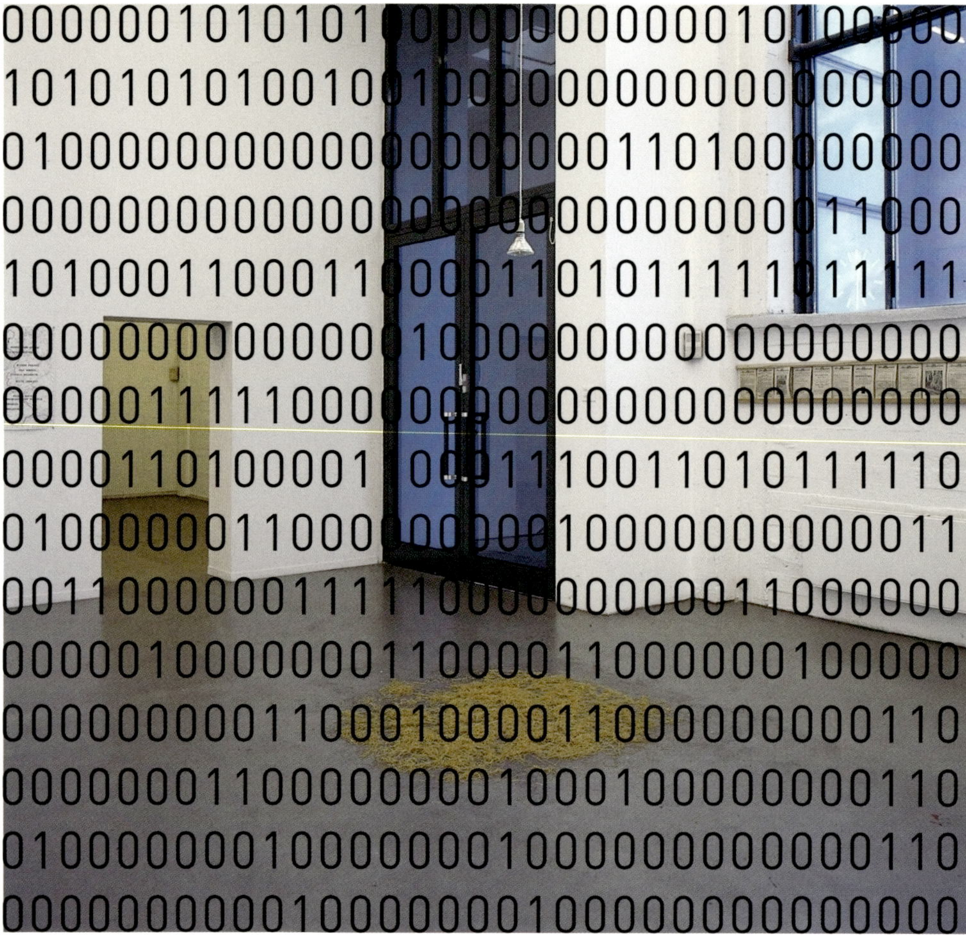

000000101010100000000000010100000101
101010101001001000000000000000000000
010000000000000000000110100000000000
000000000000000000000000000011000011
101000110001100001101011111011111011
000000000000001000000000000000000000
000001111100000000000000000000000110
000011010000110001110011010111110111
010000001100000000010000000000001100
001100000011111000000000001100000000
000001000000011000011000000100000000
000000000110001000011000000000110000
000000011000000001000100000000011000
010000000100000001000000000000011000
000000000010000000100000000000000100
110000001001110010011111110111000011
000001010000011111100100000001010000
000000000000000111000001000000000000
101010000000000000000101000000000000
000001110000000111000000000110000000
110000000110011000010001010000010100
100010000000000001000010000100000000
00000001111001111101001111000

000010010001000100010010110010101010
000000000000011000000000000000000011
000010101000000000000000000111110000
011000001100010000000000001100100001
011111000000000000000000000000001000
000010000000000000000011111100000000
110000111000110001000000001000000001
111110111110000000000000000000000000
000000000100000110000000000111110000
010000000010000000100000010000001100
100010000110000000000000001100110000
000001000000010000000100000000100001
010001000000000100000001000000100000
001100000000110000000001000111010110
111110000000000000100010111010010110
000110111000000000010000001110110010
000001000000110110000000000000000000
110101000101010101010011100000000010
111100000000000000011111111110000000
011000000011010000000010110000001100
000100010010001001000100000000100010
010000000001000000000000001001010000

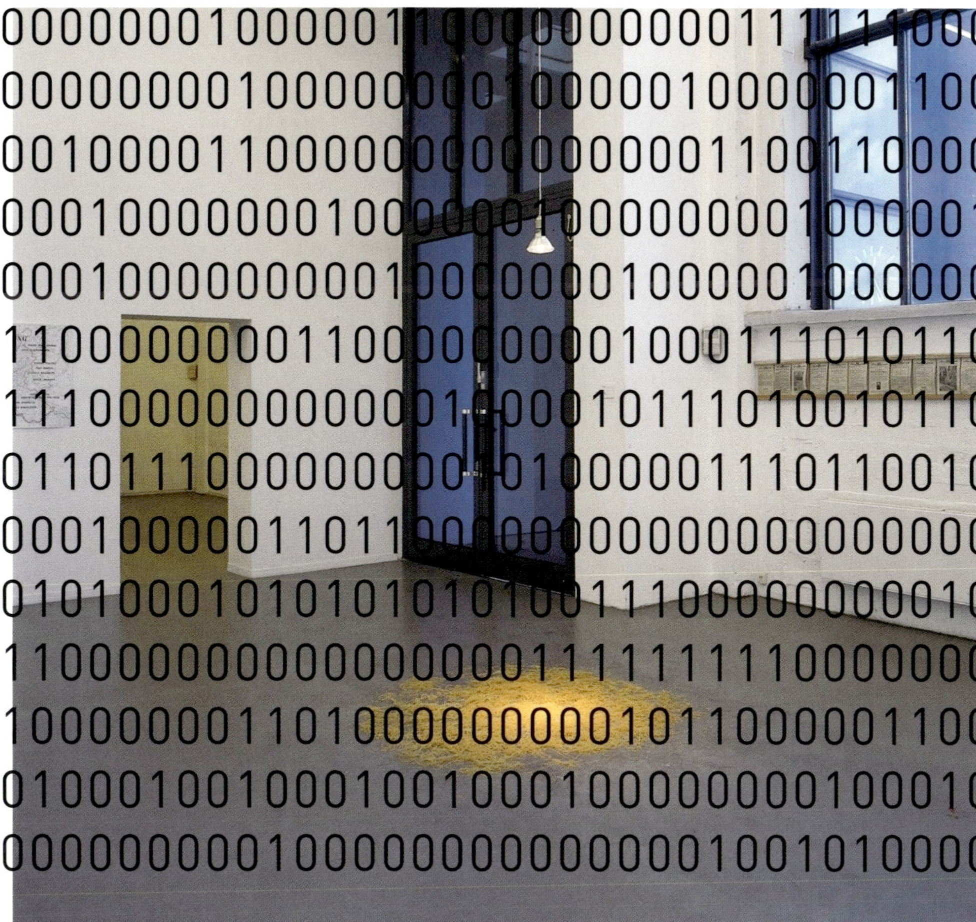

Mark Dion

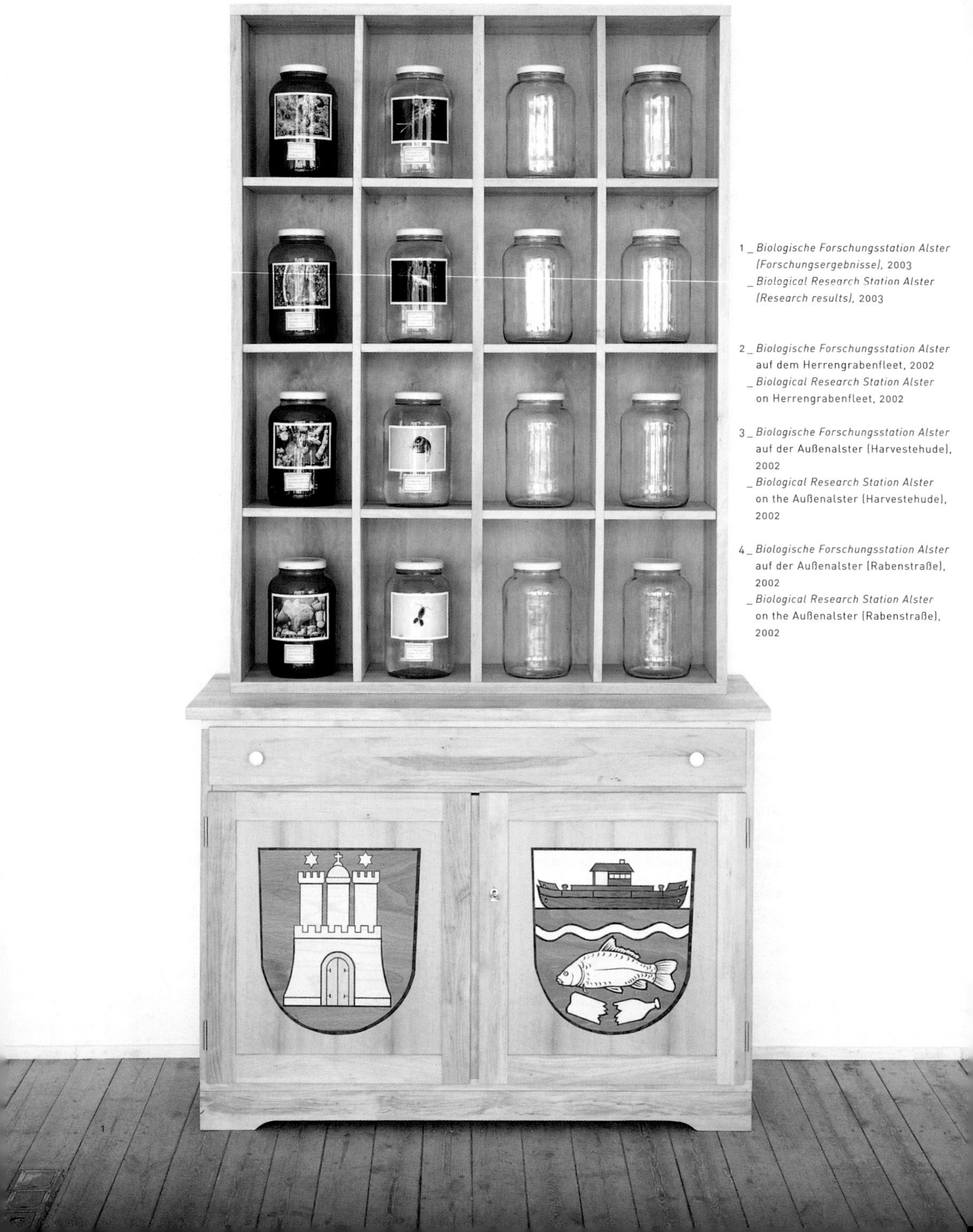

1 _ *Biologische Forschungsstation Alster (Forschungsergebnisse)*, 2003
_ *Biological Research Station Alster (Research results)*, 2003

2 _ *Biologische Forschungsstation Alster* auf dem Herrengrabenfleet, 2002
_ *Biological Research Station Alster* on Herrengrabenfleet, 2002

3 _ *Biologische Forschungsstation Alster* auf der Außenalster (Harvestehude), 2002
_ *Biological Research Station Alster* on the Außenalster (Harvestehude), 2002

4 _ *Biologische Forschungsstation Alster* auf der Außenalster (Rabenstraße), 2002
_ *Biological Research Station Alster* on the Außenalster (Rabenstraße), 2002

1

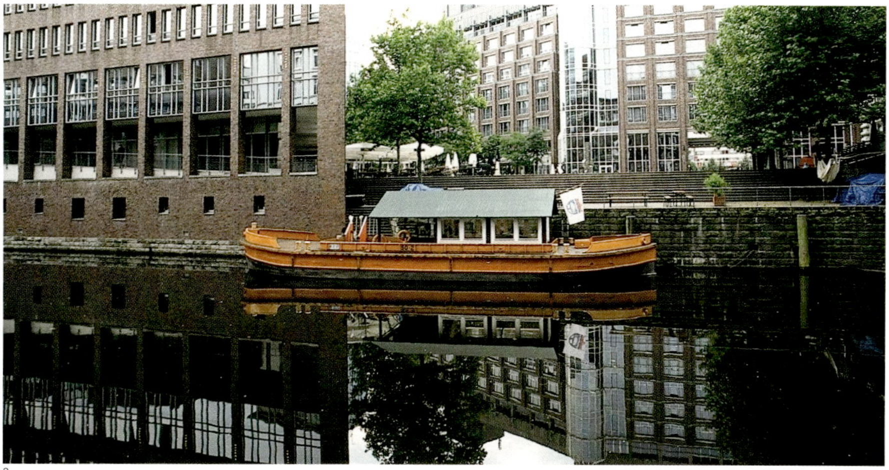

2

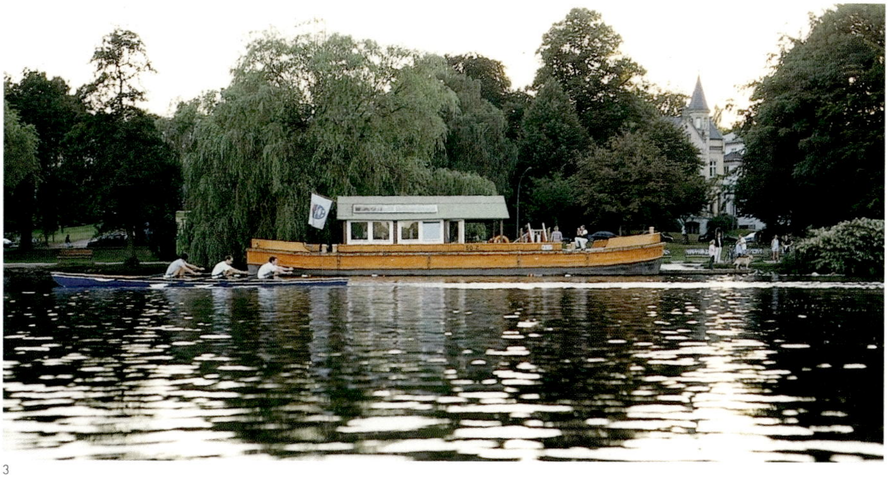

3

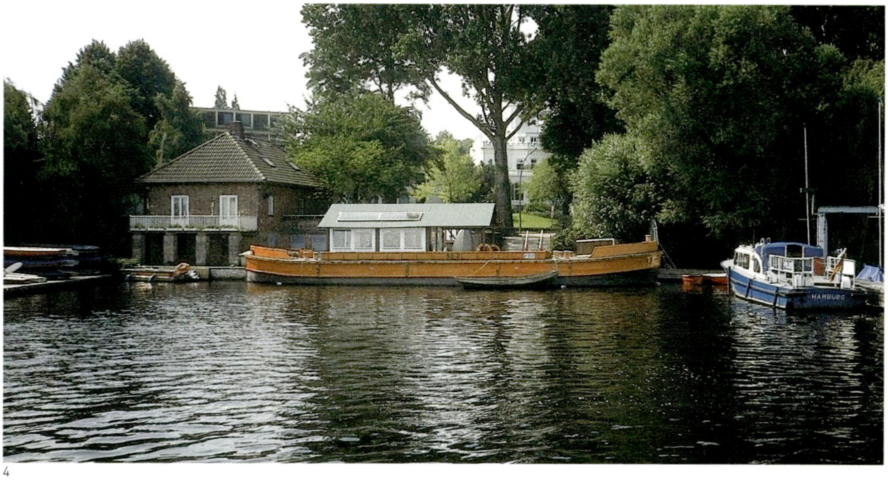

4

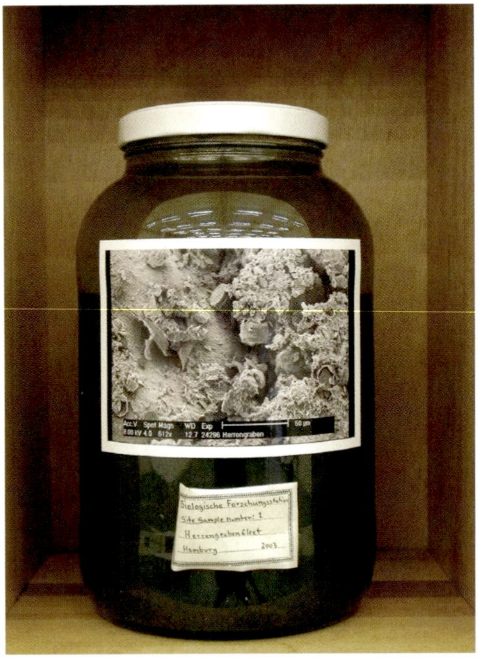
Acc.V Spot Magn WD Exp 50 µm
8.00 kV 4.0 612x 12.7 24296 Herrengraben
Biologische Forschungsstation
Site Sample number: 1
Herrengrabenfleet
Hamburg 2003

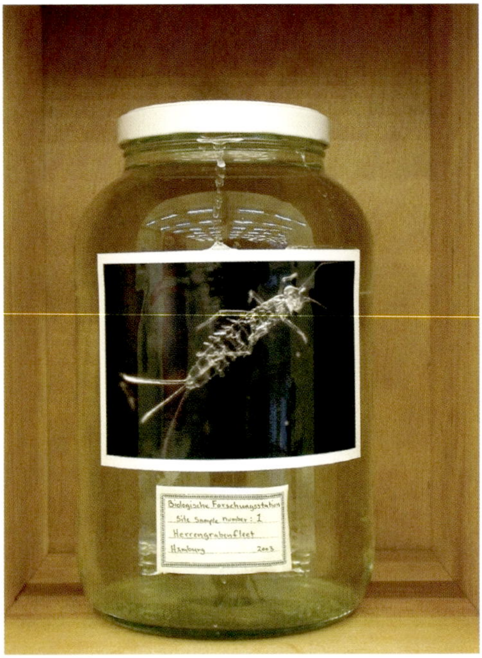
Biologische Forschungsstation
Site Sample number: 1
Herrengrabenfleet
Hamburg 2003

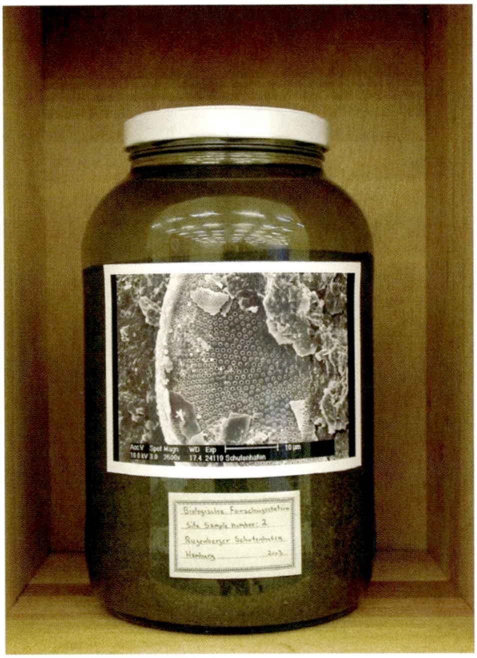
Acc.V Spot Magn WD Exp 10 µm
10.0 kV 3.0 2500x 17.4 24119 Schutenhafen
Biologische Forschungsstation
Site Sample number: 2
Rugenberger Schutenhafen
Hamburg 2003

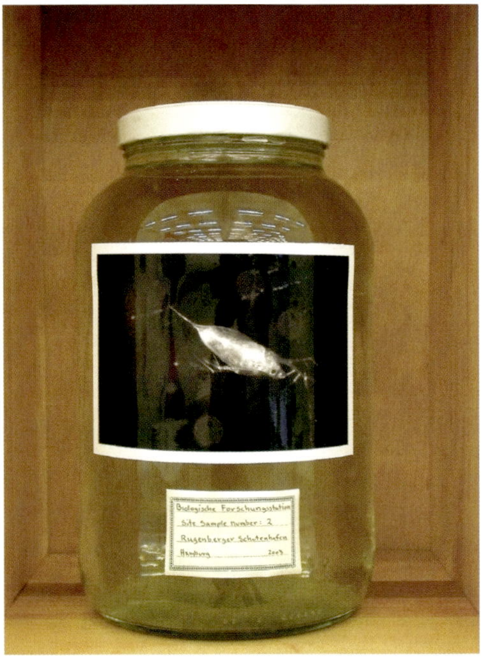
Biologische Forschungsstation
Site Sample number: 2
Rugenberger Schutenhafen
Hamburg 2003

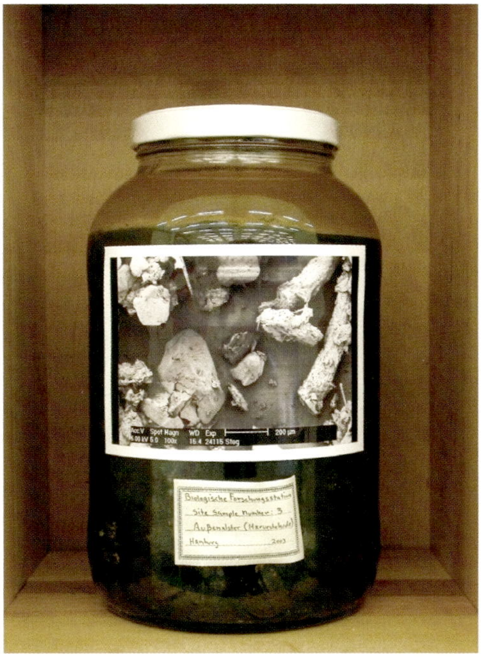
Spot Magn WD Exp 200 µm
5.0 100x 16.4 24115 Steg
Biologische Forschungsstation
Site Sample Number: 3
Außenalster (Harvestehude)
Hamburg 2003

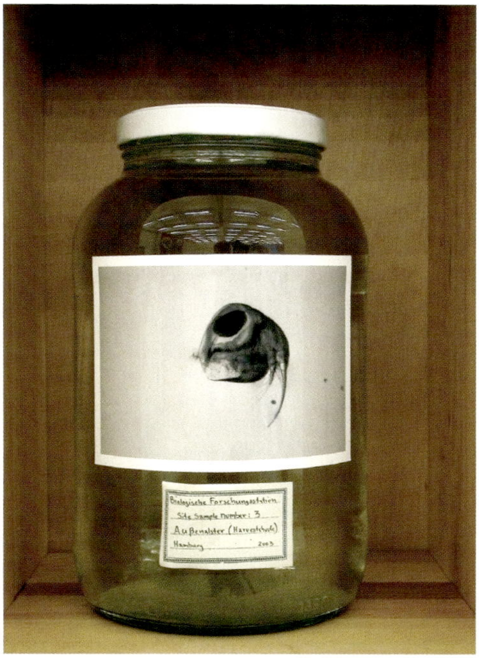
Biologische Forschungsstation
Site Sample Number: 3
Außenalster (Harvestehude)
Hamburg 2003

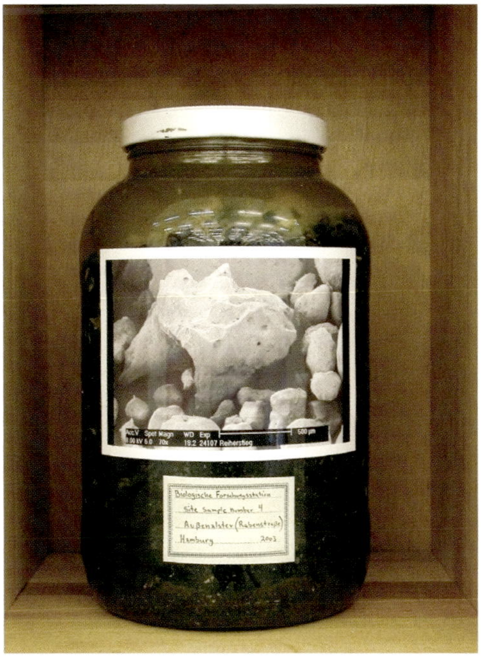
Spot Magn WD Exp 500 µm
5.0 70x 19.2 24107 Reiherstieg
Biologische Forschungsstation
Site Sample Number 4
Außenalster (Rabenstraße)
Hamburg 2003

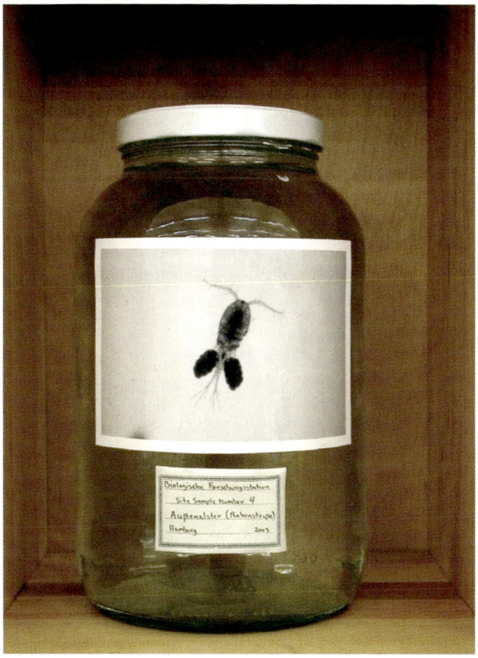
Biologische Forschungsstation
Site Sample Number 4
Außenalster (Rabenstraße)
Hamburg 2003

Forschungsschiff/Research Ship

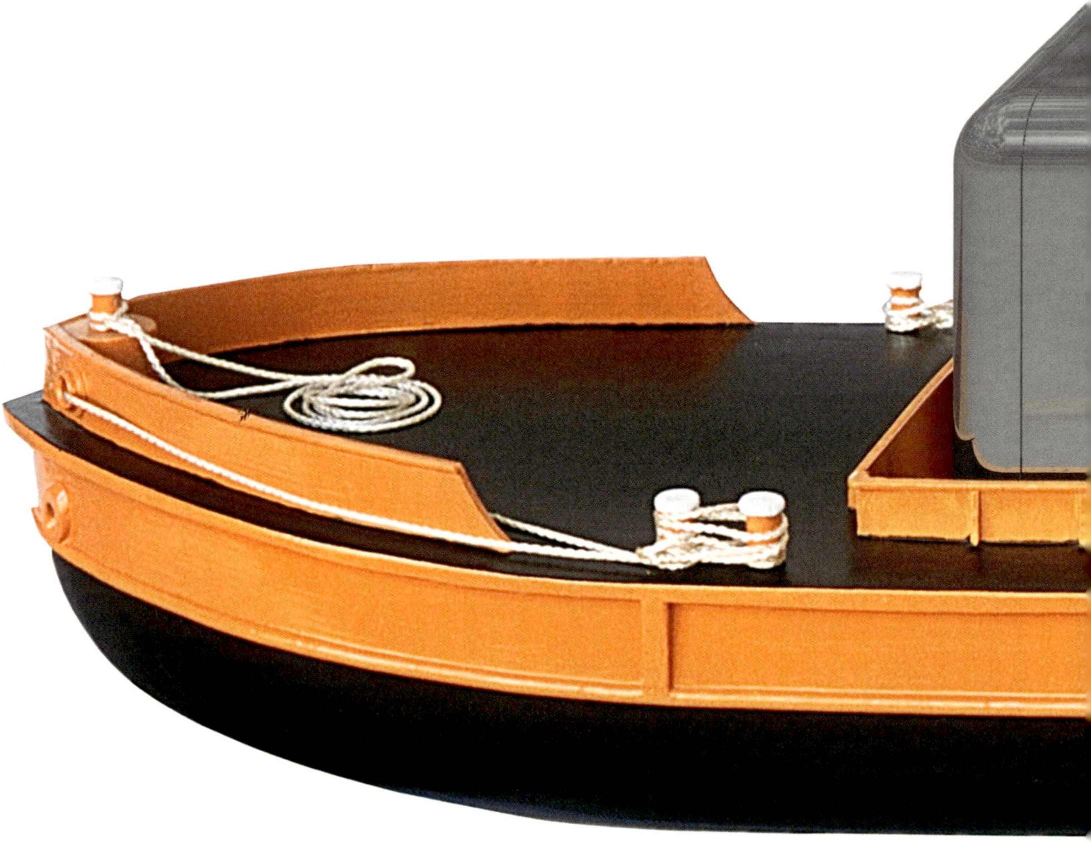

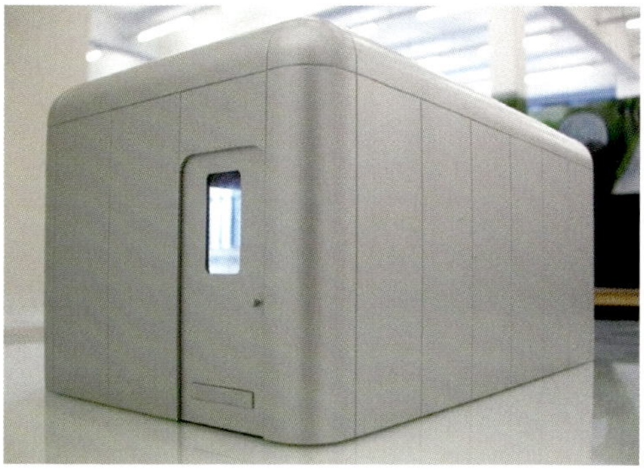

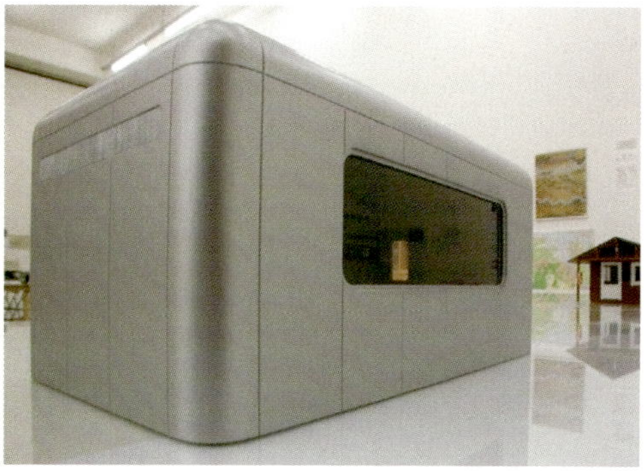

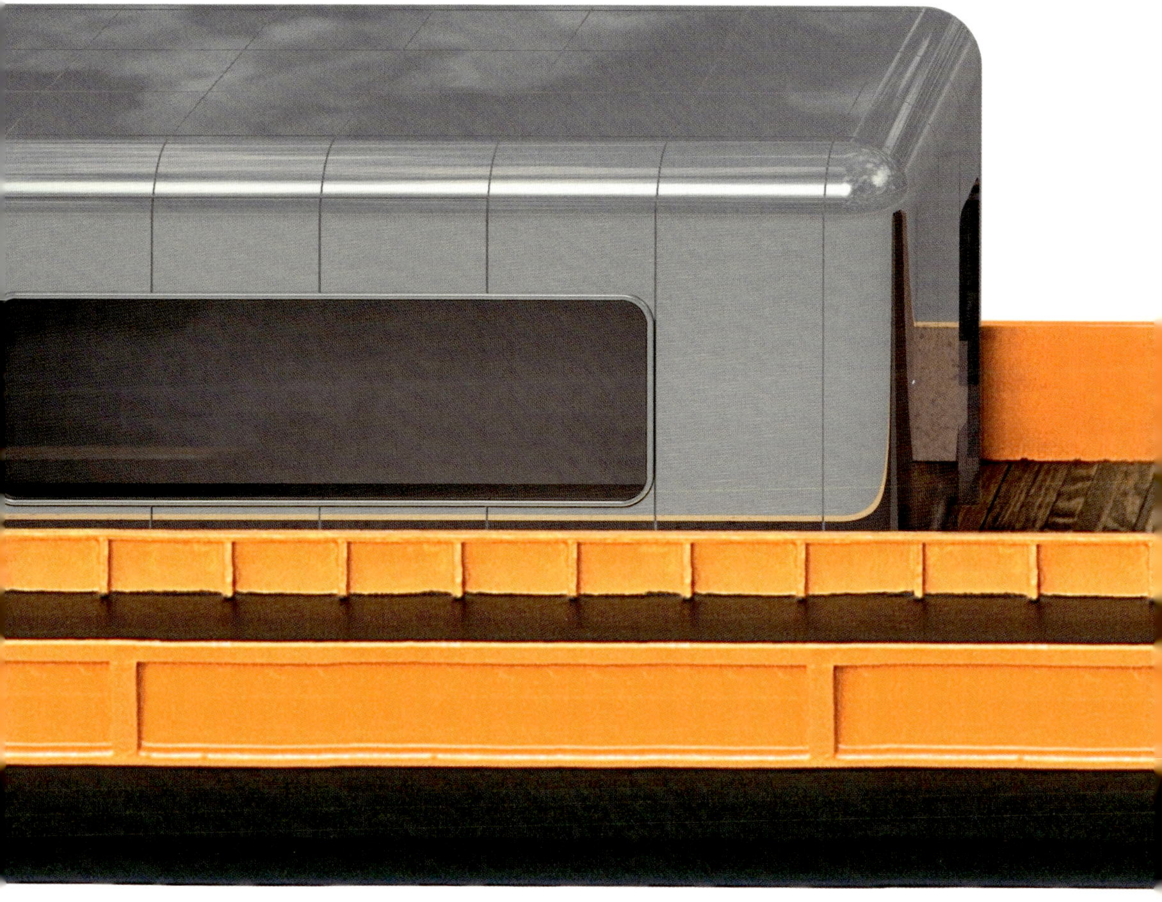

»Der Forscher ist definitionsgemäß jemand, der etwas sucht, das er nicht in der Hand hat, das sich ihm entzieht, nach dem er strebt.«
Didi Hubermann, 2001

Keine Produkte, sondern Ideen, Suche nach Gemeinsamkeiten, Befragungen von gesellschaftlichen Veränderungen, Haltungen, Praktiken, Untersuchungen, wie Natur die Städte formt, Kulturproduktion als eine eigene subjektive Produktionsweise – all das sind wesentliche Aspekte, die die Arbeit auf der *Forschungsstation Alster* definierten.

Im Verlauf des Projektes, das sich seit 2002 kontinuierlich weiterentwickelt hat, haben sich Allianzen zwischen Künstlern, Naturwissenschaftlern und Beteiligten aus anderen Bereichen gebildet und zu neuen, gemeinsamen Vorhaben geführt. Zukünftig wird sich das *Forschungsschiff,* ergänzt um das *Mehrzweckhaus* von Malte Urbschat, im Gebiet des Hamburger Hafens bewegen.

Zunächst wird in Wilhelmsburg angelegt. Dieser Stadtteil ist ein Beispiel dafür, wie unterschiedliche Kulturen aufeinander treffen und sich über die Jahre, mit all den dazugehörenden Problemen, nebeneinander entwickeln. Der Bau der »Hafencity« scheint diesen Ort nun in ein neues Licht zu rücken. Wilhelmsburg ist zum Sanierungsgebiet geworden. Man spricht vom grünen Osten, wo es sich lohnt, zu bauen und zu investieren – was wieder weitreichende kulturelle und ökologische Konsequenzen hat. Die Auswirkungen der Vergrößerung einer Großstadt auf ein so genanntes Randgebiet wird wesentlich die inhaltliche Arbeit auf dem *Forschungschiff* vor Ort bestimmen. Die Kooperation mit Menschen aus dem Stadtteil wird dabei eine große Rolle spielen.

Corinna Koch

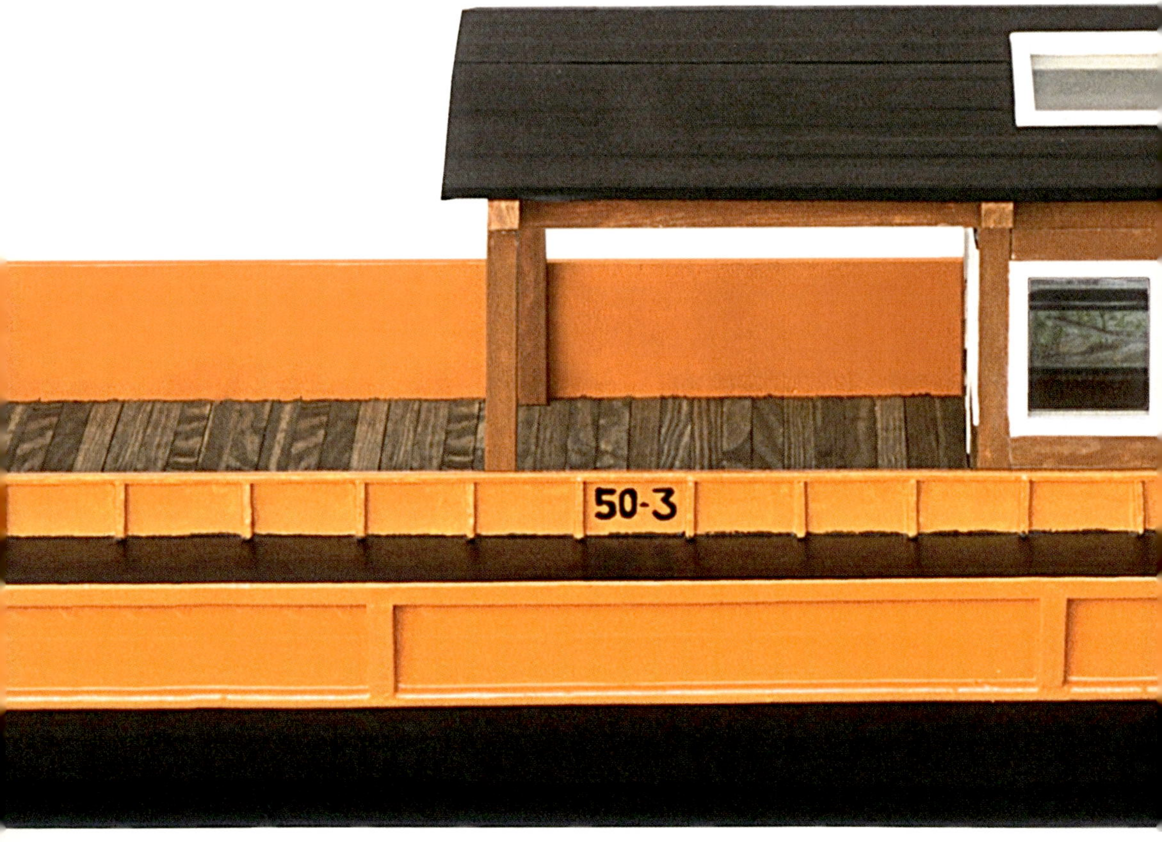

»A researcher is, by definition, someone who is looking for something that he does not have in his hands – something that withdraws from him and that he quests after.«

Didi Hubermann, 2001

Not products but ideas, the search for common factors, examination of social changes, attitudes and practices, the investigation of nature's shaping power in cities, cultural production as a distinct subjective mode of production – all these have been significant aspects defining the work performed at the *Research Station Alster*. In the course of this project's continuous development since 2002 alliances have sprung up among artists, scientists and workers from other areas and have given rise to new joint projects. Supplemented by Malte Urbschat's *Multipurpose House*, the *Research Ship* will in future move around the Hamburg harbor area.

Its first port of call will be Wilhelmsburg. This city district exemplifies the way different cultures come up against each other and develop side by side over the years, with all the attendant problems. The construction of the »Hafencity« has cast a new light on the locality. Wilhelmsburg is now a redevelopment area. People talk of a »green east« where building and investment are worthwhile, which in turn has far-reaching cultural and ecological repercussions. The impact of a major city expanding into a so-called outlying district will determine the content of the on-site work aboard the *Research Ship* to a large extent. As ever in this project, collaboration with residents of the city district will play a big role.

Corinna Koch

_ *Forschungsschiff* mit *Mehrzweckhaus* von Malte Urbschat und *Biologische Forschungsstation Alster* von Mark Dion, Modell
_ *Research Ship* with *Multipurpose House* by Malte Urbschat and *Biological Research Station Alster* by Mark Dion, model

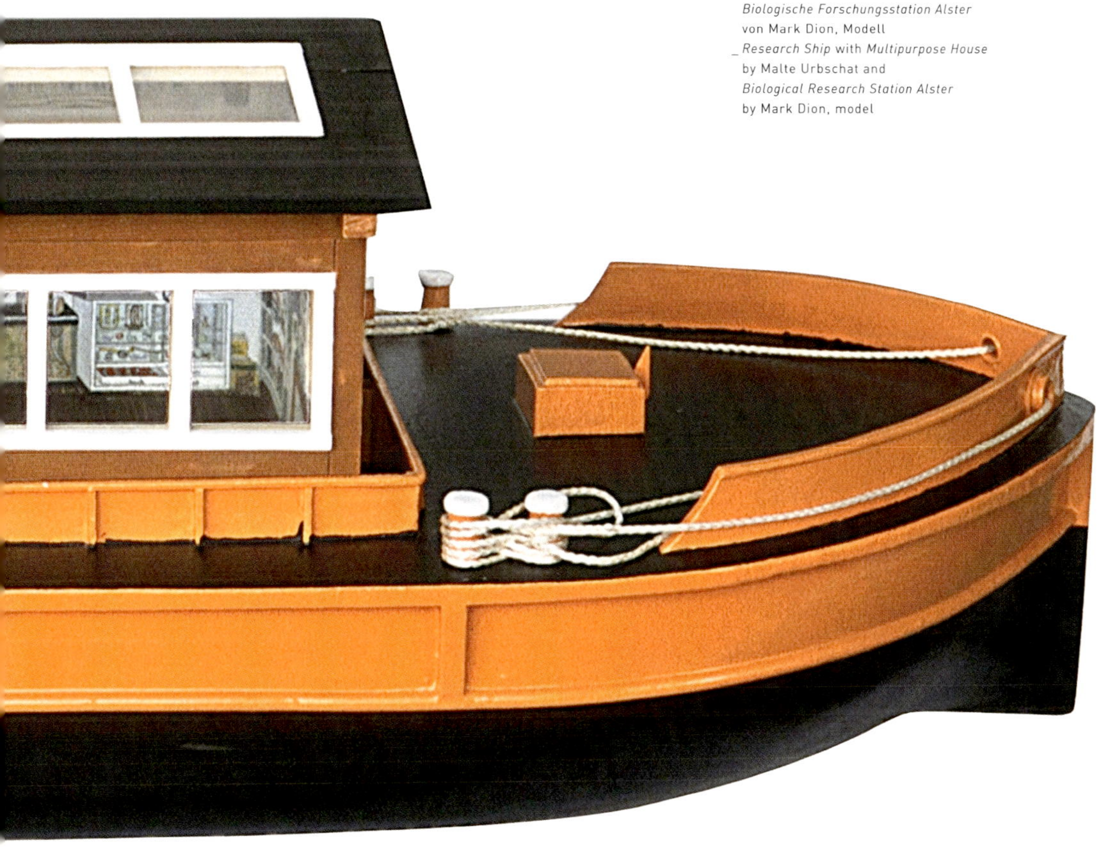

Anna Guðjónsdóttir

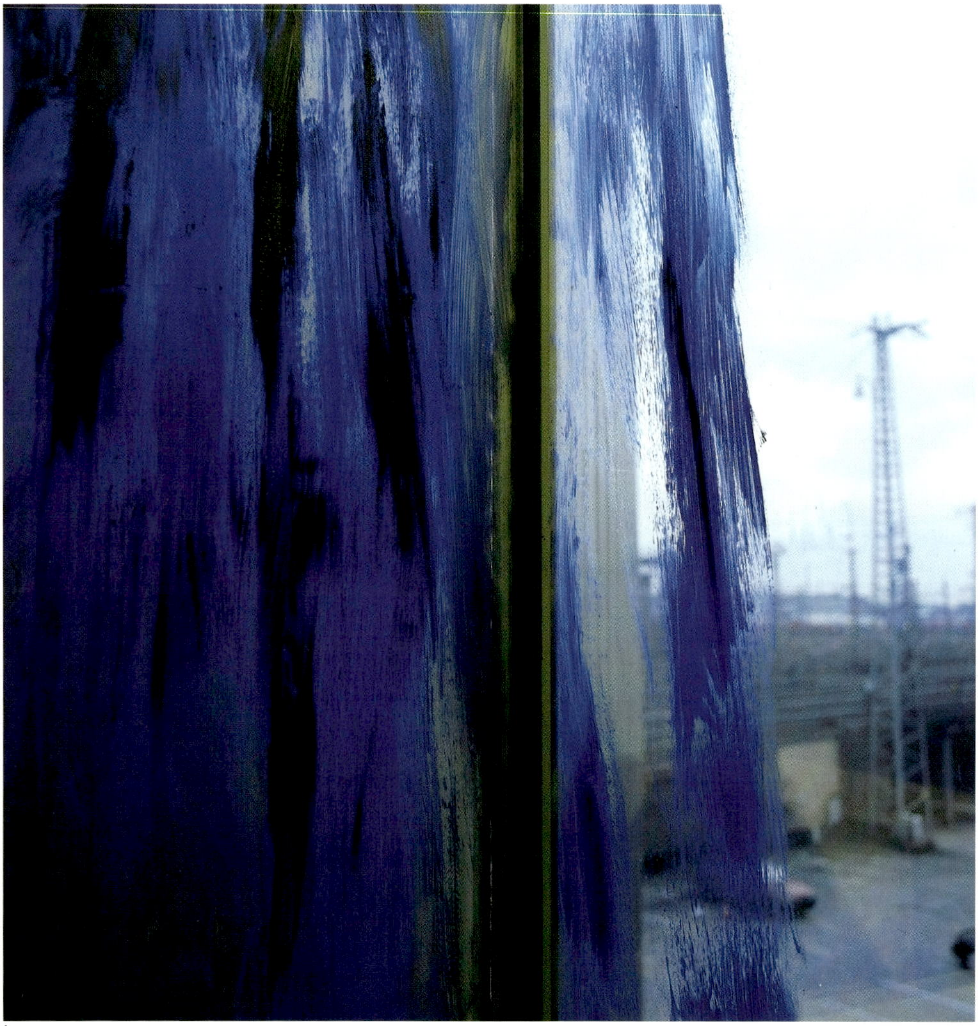

1

Übergänge in die Weite

In der Vitrine des Sammlers ruht die Natur. Sortiert in Kategorien und hinter Glas verschlossen werden natürliche Phänomene gezähmt und handhabbar gemacht. Anna Guðjónsdóttirs gemalte und bemalte Vitrinen hingegen sind Schauplätze multipler Übergänge – von der Ordnung zur Dynamik der offenen Landschaft, vom Innen- zum Außenraum, von der präzisen gegenständlichen Darstellung zur expressiven Abstraktion. Das mehrteilige Ensemble der Künstlerin für die Ausstellung *Mapping a City: Hamburg-Kartierung* führt von der Nähe in die Weite. Sie hat die verborgene Natur inmitten der Stadt aufgespürt, immer den Turbulenzen nach, die den vielfach in Schach gehaltenen Fluss Wandse punktuell in Unruhe versetzen.

Fotografien ihrer Flusserkundung sind in zwei Schränken versammelt, die in unterschiedlicher Hinsicht als Bildträger fungieren: Einerseits sind sie – wie die Vitrine des Sammlers und Forschers – Aufbewahrungsstätte visueller Fundstücke. Andererseits dienen sie als Grund für eine gestische Malerei auf Glas, die in waldigen Grüntönen und leuchtendem Blau Landschaft, Wasser, Himmel evoziert. In den Fächern der Vitrinen treffen die Hamburger Aufnahmen auf Ansichten aus der isländischen Heimat der Künstlerin. Die geheime Natur des kultivierten städtischen Terrains wird durch die ungebändigte Natur Islands konterkariert und in einen größeren Rahmen transferiert.

Zentraler Ansatz der Künstlerin ist die Untersuchung der Vorstellungen und Bilder, die unsere Wahrnehmung von Natur und Landschaft bestimmen. Sie untersucht die Repräsentationen der Natur im Wandel der Kunstgeschichte bis hin zu den medial vermittelten Landschaftsimages unserer Zeit, auf denen die ästhetischen Konstrukte heutiger Naturbetrachtung basieren. Im großformatigen Gemälde *Vitrine der privaten Neigungen* (2003) bündeln sich mehrere Stränge ihrer Ausstellungsinstallation: Durch das leere Interieur einer partiell transparenten Vitrine hindurch eröffnet sich ein zerklüftetes isländisches Landschaftspanorama. Im Mittelpunkt des Bildes leuchtet eine Fläche in jenem vibrierenden Blau, das sich in einer der realen Vitrinen wiederfindet und an den Fenstern des Kunstvereins als lichtdurchströmte Farbkaskade erstrahlt. Die blaue Wand im Gemälde birgt ein strenges, kreisförmiges Ornament aus Perforationen: Öffnungen für den Blick in eine andere Welt.

Belinda Grace Gardner

Thresholds to Distant Expanses

In the collector's display cabinet nature is at rest. Categorized and confined behind glass, natural phenomena are domesticated. Anna Guðjónsdóttir's painted vitrines, however, are sites of multiple transitions – from order to the dynamism of the open landscape, from interior to exterior, from precise figurative depiction to expressive abstraction. The multi-dimensional ensemble produced by the artist for *Mapping a City: Hamburg-Kartierung* leads from the immediate environment to farway places. She has tracked down hidden nature at the heart of the city, following the turbulences punctuating the river Wandse, which is largely held in check.

Photographs of her fluvial explorations are brought together in two cabinets that function as pictorial vehicles in different ways. On the one hand, like the display cabinet of a collector or researcher, they are repositories for visual discoveries. On the other hand, they also serve as a ground for gestural painting on glass, sylvan hues of green and luminous blue evoking landscape, water, and sky. On the shelves inside the cabinets, photographs of Hamburg are juxtaposed to views of the artist's native Iceland. The hidden nature of the cultivated urban terrain is countered by the untamed nature of Iceland and translated into a broader context.

One of the artist's central interests is to explore the ideas and images that influence how we perceive »nature« and »landscape.« She investigates representations of nature in the flux of art history, all the way down to the contemporary media-informed images of the landscape underlying today's aesthetic constructs of nature. The large-format painting *Vitrine der privaten Neigungen (Cabinet of Private Inclinations,* 2003) brings together several strands of her exhibition installation. Behind the empty interior of a partially transparent showcase the fissured panorama of an Icelandic landscape unfolds. At the center of the picture a surface glows in the same vibrant blue that radiates from one of the actual display cabinets and illuminates the Kunstverein windows as a cascade of light-flooded color. The blue wall in the painting contains a circular ornament marked by perforations – thresholds for views into another world.

Belinda Grace Gardner

1 _ o.T., 2003, Öl auf Fensterscheiben, (Detail)
_ Untitled, 2003, Oil on window pane, (detail)

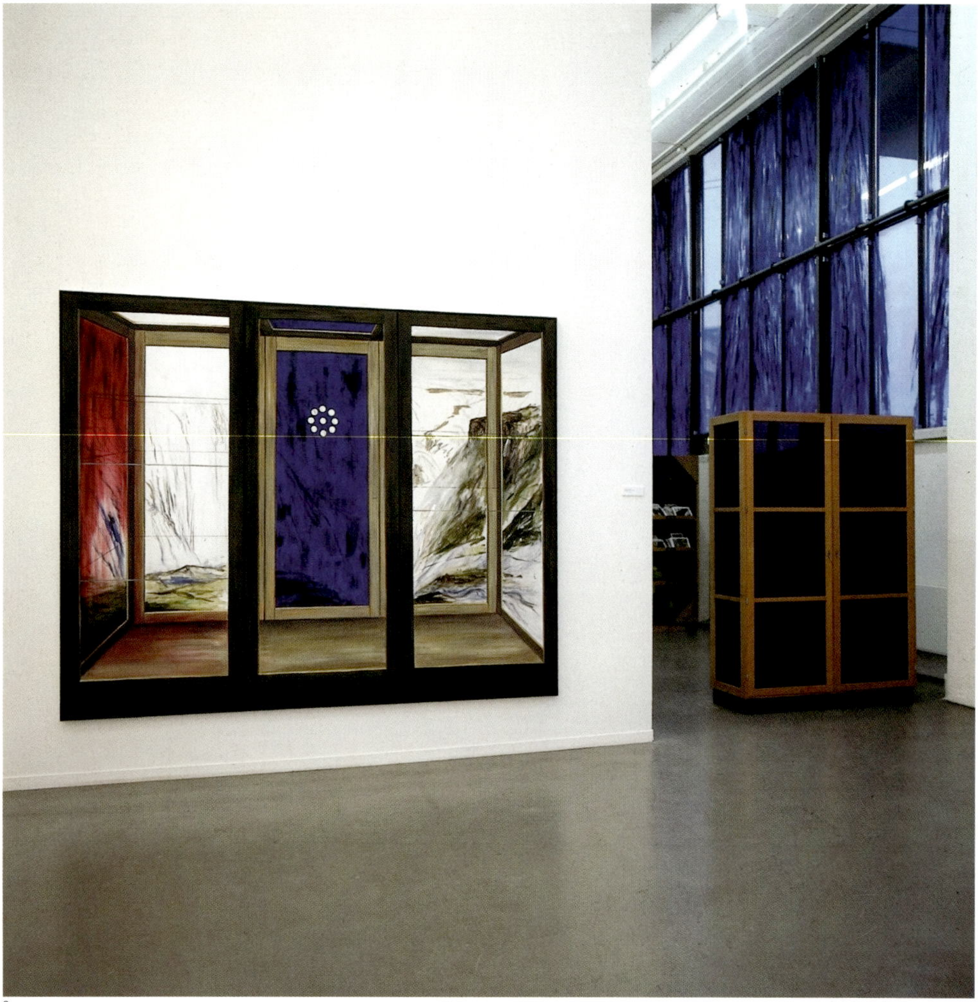

2

2 _ *Verborgene Wasserfälle entlang der Wandse*, 2003, Installationsansicht
_ *Hidden Waterfalls alongside the Wandse*, 2003, Installation view

3 _ *Vitrinenschränke*, 2003, Öl auf Glas, Fotografien
_ *Show-Case Cabinet*, 2003, Oil on glass, photographs

3

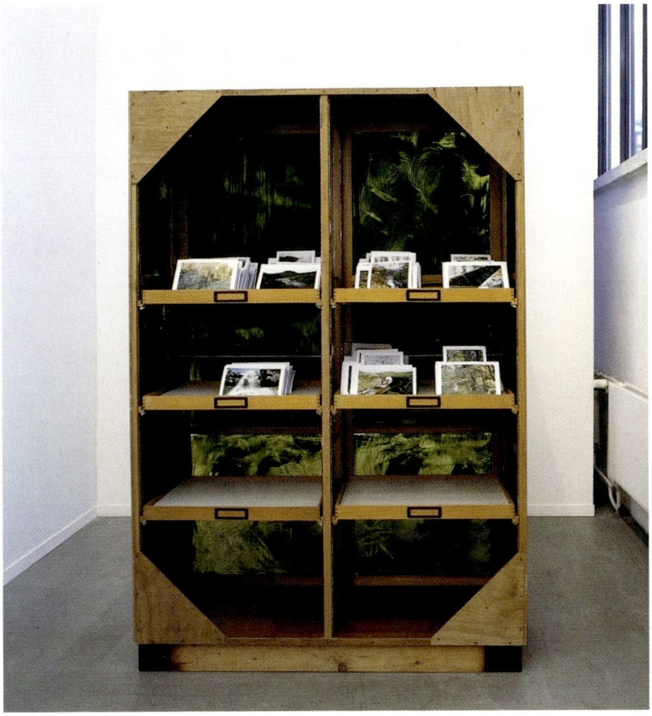

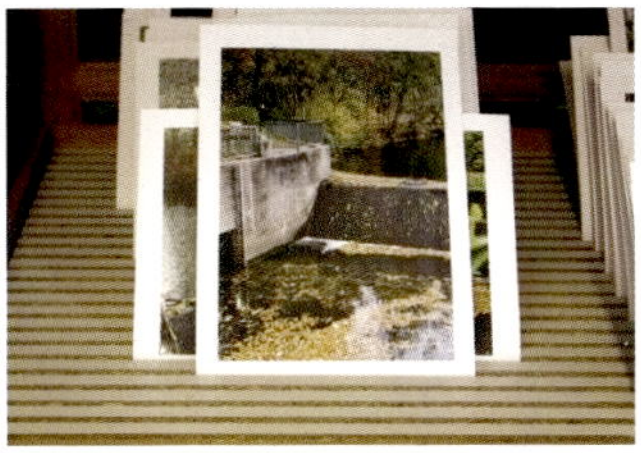

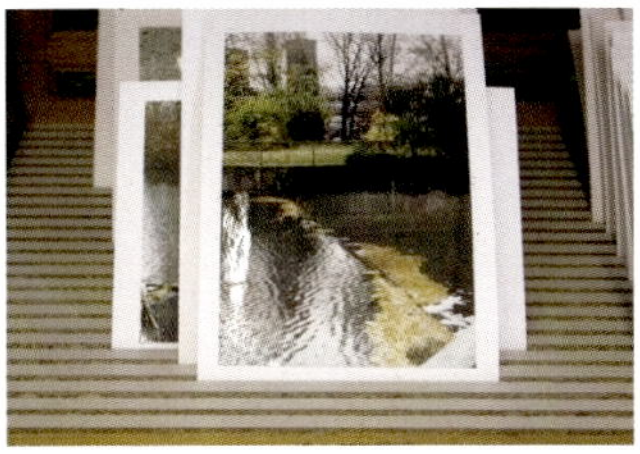

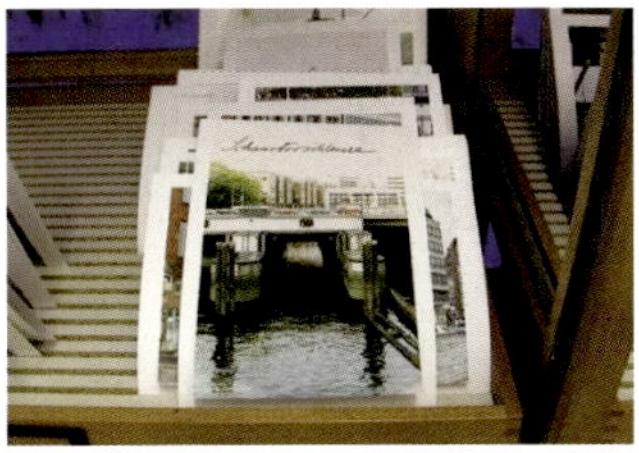

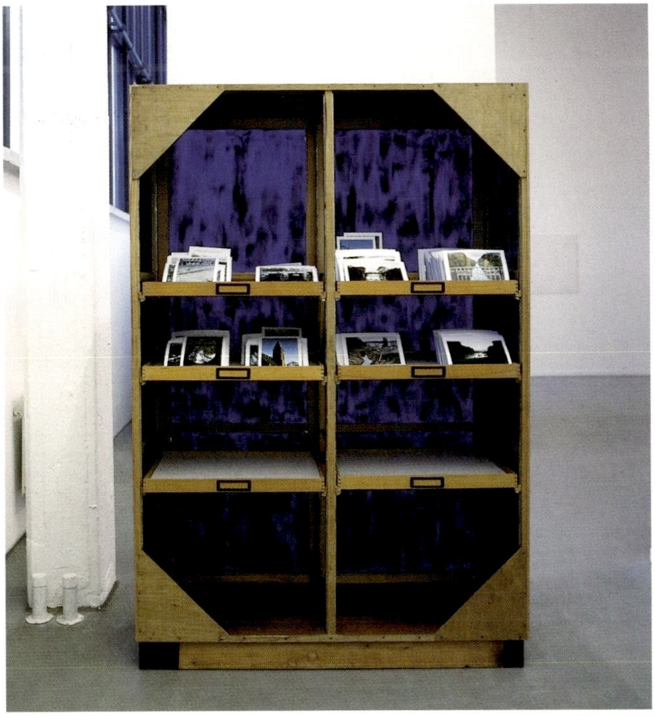

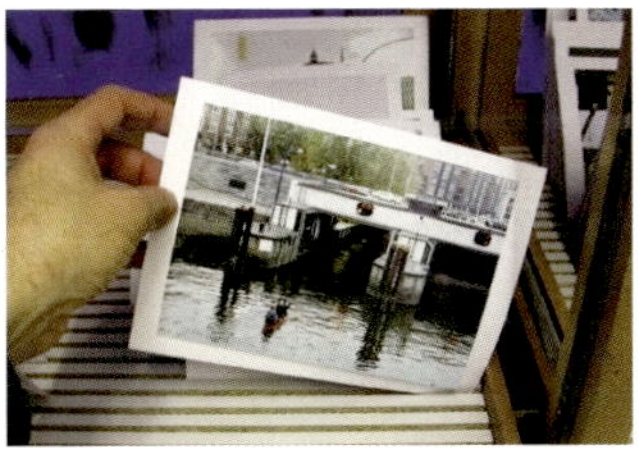

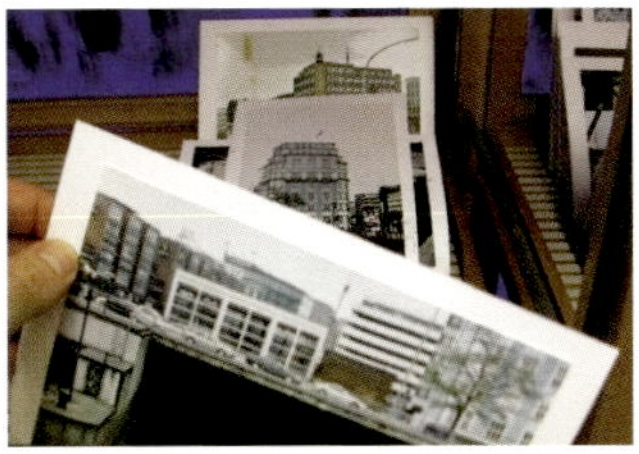

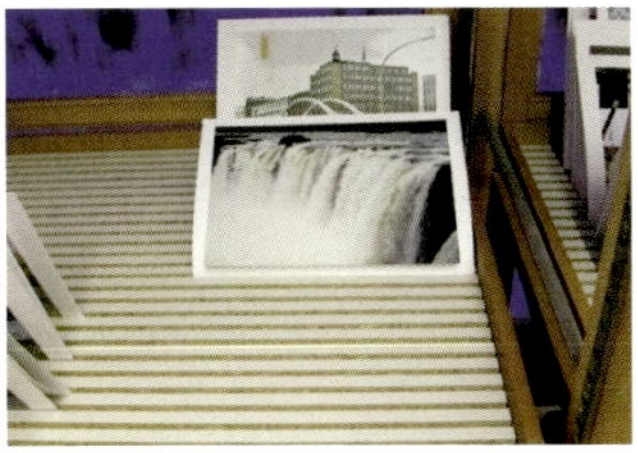

Anke Haarmann [AHA]

in der Zusammenarbeit mit Hamburger EigenheimerInnen und Wohnprojekten

**Paul Drayling • Irene Bude • Christoph Deneke • Simone Griesel • Andreas Henke • Uschi Linke
Renate Leonhardt • Alfons Lukas • Dirk Mescher • Sabine Stövesand • Walter Stahl • Rosa und Rubina Suhrbier
Harald Lemke • B. und K. Burmeister • Budelmann / Phillips**

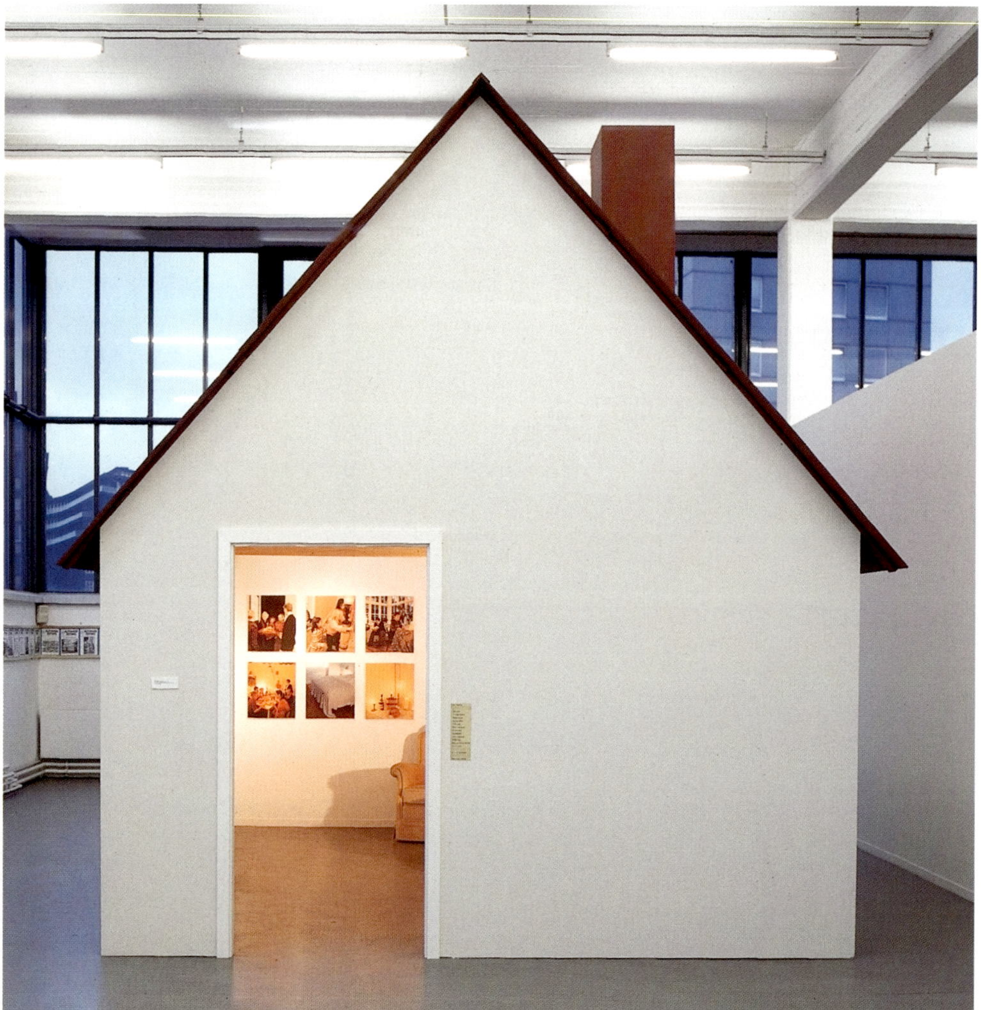

Das Projekt *Eigenheim*
aus der Projektreihe ***Selbst/Bilder***

Das Projekt *Eigenheim* ist in Hamburg in der Zusammenarbeit mit Personen realisiert worden, für die das eigene Haus oder das gemeinsame Wohnen von Bedeutung ist. Paul Drayling (Name geändert) hat im Stadtteil Wilhelmsburg eine ehemalige Fabrikhalle ausgebaut, um in der Nähe eines Kanals ruhig und zugleich großzügig leben zu können. Das Ehepaar Burmeister hat vor über 30 Jahren ein Reihenhaus in Meiendorf gekauft, um mit den Kindern am Stadtrand zu leben und sich im Alter keine Sorgen über Mietzahlungen machen zu müssen. Die Beteiligten der Wohnprojekte Parkhaus und Markthof in St. Pauli haben im Kollektiv große Stadthäuser errichtet, um Stadt als sozialen Raum mitzugestalten. Die Familie Budelmann/Philipps hat mit ihren beiden Kindern ein altes Jugendstilhaus in Hamburg-Fuhlsbüttel bezogen, um es stilgerecht zu renovieren und in der Schönheit dieses Hauses ihr Familienleben zu genießen.

Die Bilder, Videos und Hörstücke, die in der Zusammenarbeit entstanden, wurden für die Ausstellung in einem idealtypischen kleinen Haus versammelt, das gleichzeitig Wahrzeichen und Hülle des Projekts ist. Wie in ein Klischee zum Thema »Eigenheim« geht der Besucher hinein, um sich mit vorgefundenen Bildern und eigenen Vorstellungen auseinander zu setzen. Präsentiert werden eine Fotoserie, die inszenierte Familienidylle im Jugendstilhaus zeigt; ein Wohnmagazin, in dem die ausgebaute Fabrikhalle zur Schöner-Wohnen-Kulisse geworden ist; ein Interviewtext, der von den Schwierigkeiten und Erfolgen des Eigenausbaus berichtet; ein Hörstück, in dem die Geschichte des eigenen Reihenhauses am Wohnzimmer-Nachmittagskaffee-Tisch erzählt wird, sowie ein Video, ein Fotoalbum und ein Vortragstext, in denen die Wohnprojekte erklärt, diskutiert und bebildert werden. Das Interieur des Ausstellungshauses wurde durch Recherchematerial komplettiert.

Für das Projekt war das Haus nicht so sehr als Architektur von Bedeutung, sondern als Ort, innerhalb dessen menschliches Miteinander gestaltet wird, als freies Singelterrain, geschützter Familienhort, kollektiver Verbund oder souveräner Raum. Die Individuen platzieren sich innerhalb dieser sozialen Räume wie in einem Bild. Diese unterschiedlichen »Bilder« sind als kulturelle Muster im öffentlichen Raum in der einen oder anderen Weise bereits vorhanden. Der Prozess der Bildung des individuellen Selbst ist daher auch ein Prozess der Auseinandersetzung zwischen Vor- und Selbstbildern, genauer zwischen öffentlichen und privaten Bildern, an denen sich kulturelle Normen ästhetisch niederschlagen. In der Projektreihe *Selbst/Bilder* geht es um die Spannung, die zwischen Selbstbild und Vorbild besteht. Die Einzelnen suchen nicht alleine als passive Rezipienten, sondern auch als aktive Produzenten ihres Selbst im Spektrum der zeitgenössischen Bildangebote eine spezifische Projektionsfläche, an der sie sich orientieren und thematisch inszenieren.

Die *Selbst/Bilder*-Projekte sind als Reihe angelegt, in deren Rahmen verschiedene Themen in einer partizipatorischen Arbeitsform umgesetzt werden. Die Reihe wächst mit jedem neuen Projekt zu einem kulturellen Archiv. Neben *Eigenheim* wurden bisher *HipHop, Fitness* und *Visionen& Utopien* realisiert. In der jeweiligen Projektarbeit besteht die konkrete Zusammenarbeit darin, die Selbstbilder der Beteiligten als Ideale in Szene zu setzen. Ein wesentlicher Aspekt der Projektarbeit ist von daher nicht, die Bilder als künstlerische Artefakte für den Kunstraum zu produzieren, sondern eine »Rückkopplungsschleife« zu realisieren, vermittels derer die Projektteilnehmer ihre *Selbst/Bilder* für sich erhalten.

Anke Haarmann [AHA]

The project *Home of One's Own*
from the ***Selbst/Bilder*** projects

The *Self/Images projects* deal with various different themes following a collaborative approach. Each new project brings the series closer to being a cultural archive. Projects so far have covered the areas of *Hip-Hop, Fitness* and *Visions & Utopias*. What invariably transpires is a tension between self-image and model. The work is collaborative when it comes to presenting the various ideal self-images of participants in provocative ways.

The *Home of One's Own* project was carried out with people who value having their own home or communal living. Paul Drayling, for instance, converted an old factory in order to live in quiet and on the scale he desired. The Burmeisters bought a terraced house to avoid the worries of having to pay rent in old age. The participants in the housing projects Parkhaus and Markthof put up apartment blocks so they could have a hand in shaping urban social space. The Budelmann/Philipps family moved into an art nouveau house with a view to enjoying family life.

The pictures, videos and audio recordings produced by those involved were gathered together in a small, ideal-typical house that is both a symbol and an »envelope« for the project. Visitors enter as into some stereotypical »home of one's own« where the exhibits can be examined. Home-of-one's-own architecture was not fundamental to the project, but the idea of home as a social place. Viewers place themselves within the constructed social spaces as in some image of society. The formation of the individual Self can be seen as a process of mediation between models and self-images, or between public and private images in which cultural norms are aesthetically reflected.

Anke Haarmann [AHA]

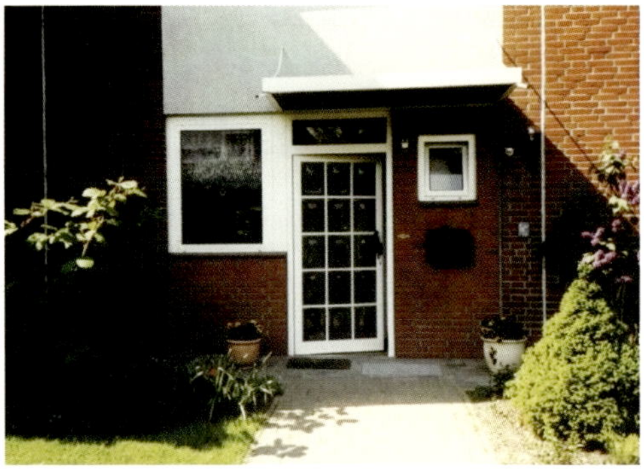

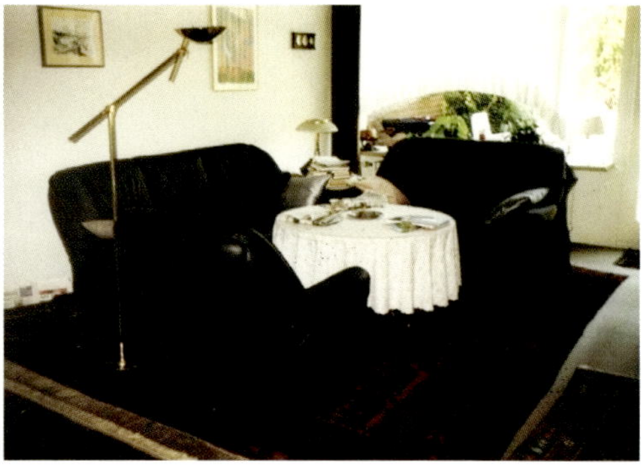

»Also, für uns war es wichtig, ein Haus zu kaufen, weil man bei den Wohnungen ja immer dieses hohe Wohngeld zahlen muss. Am Anfang war der Kauf von meinen Eltern mitfinanziert und dann haben wir es übernommen; und jetzt bin ich in die Rente gegangen und alles ist abgezahlt – hat wunderbar geklappt.« »Also, ich muss dazu sagen, dass ich eigentlich nie ein Haus wollte. Ich war es ja nicht gewohnt, weil meine Eltern nie Eigentum hatten.« »Aber jetzt hat sich das doch geändert?« »Ja – gleich nachdem Du es gesehen hattest und sagtest, wie schön es wäre, da war ich ganz begeistert.« »Als ich das erste Mal hier war, hatte ich diese Klappstühle mit und habe mich in den Garten gesetzt und gedacht: Ist das schön hier, ein eigener Garten, ein eigenes Haus!« »Man kann so viel selber machen, wenn man handwerklich ein bisschen begabt ist.« »Na, ich habe mich am Anfang schon einsam gefühlt.« »Ja, ich hatte ja meine Arbeit und du warst mit den Kindern zuhause.« »Am Anfang war das Kind am wichtigsten. Die Einrichtung war nebensächlich. Wir konnten uns damals auch nicht gleich etwas Neues leisten.«

aus dem Wohnzimmer-Gespräch mit Herrn und Frau Burmeister

»Ich habe in Baumärkten nach 'was Billigem gesucht. Die Fliesen sollten Ecken haben, was wie handgemacht aussieht. Mir war das wichtig, weil ich kein Meister im Fliesenlegen bin und man ungleiche Fugen bei diesen Rändern nicht so bemerkt ... Na ja, und südländisch sollte es aussehen.«

aus dem Interview mit Paul Drayling (Name geändert)

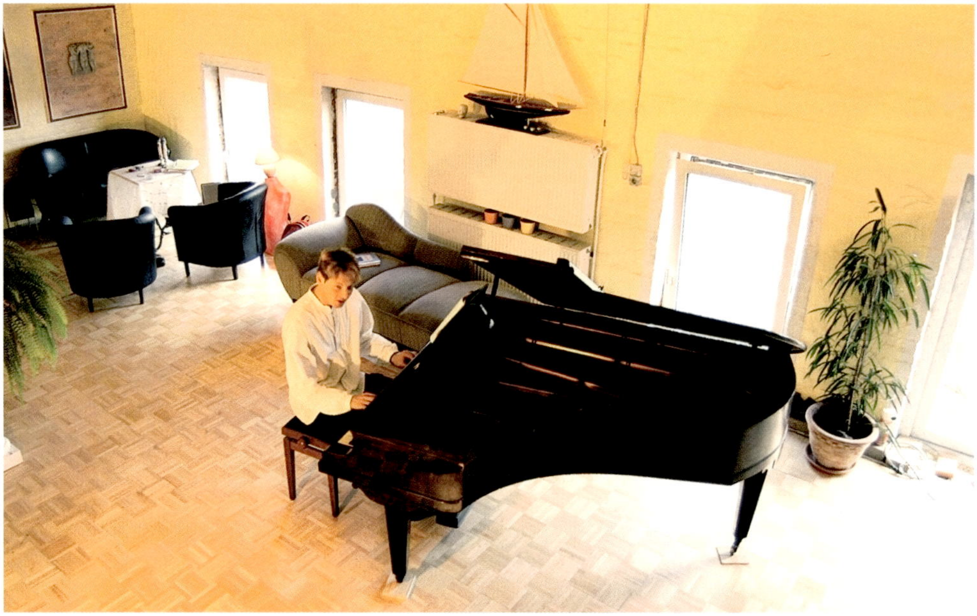

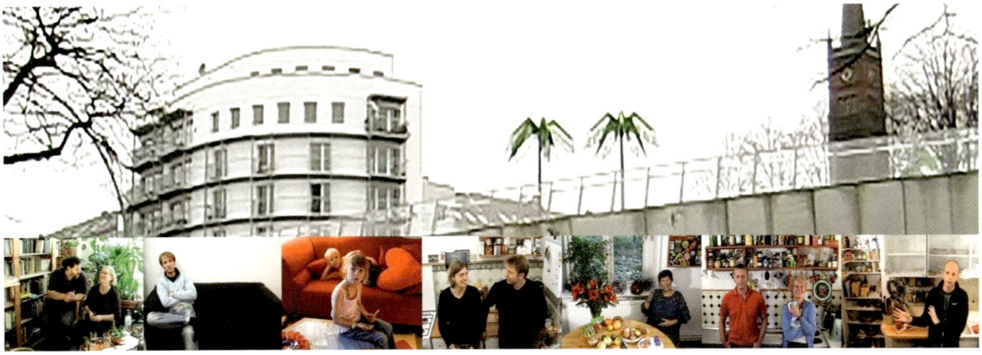

»Wohnprojekte sind Gruppenentscheidungen – da quasseln immer alle dazwischen.« »Da denkst Du, Du hast was verstanden und dann sagt wieder einer: Nein das ist ganz anders.« »Das Faszinierende ist, dass aus solchen merkwürdigen Plenarsitzungen Materialität werden kann.« »Als die erste Baumaschine kam ...« »Unser Haus ist toll.« »Die Handwerker haben immer gedacht, wir wären Eigentümer. Ja, habe ich gesagt: Genossenschaftseigentümer.« »Da ist jetzt ein Stadtbaustein entstanden.« »Das war ja umkämpfter Raum – da sollte ja 'was anderes hin.« »Wohnprojekte sind wie sozialistisches Eigentum.« »Ich finde es schön, mit anderen Leuten zusammenzuwohnen und gemeinsam an der Revolution zu arbeiten.« »Für das Parkhaus habe ich Utopien, einmal Kulturveranstaltungen in der Tiefgarage, aber auch im Park.« »Die Gemeinschaftsräume kannst Du für alles mögliche nutzen: Veranstaltungen, Sporten, Werken, Kultur.« »Der Gemeinschaftsraum ist die belle etage, der schönste Raum im ganzen Haus.« »Für mich war es schon wichtig so als Zweierkiste mal raus aus diesem normalen Mietshaus.«

aus dem Interviewfilm mit dem Parkhaus-Wohnprojekt

»An irgendeinem Punkt weiß man nicht mehr, ob die Bilder, die man im Kopf hat, die eigenen sind oder nicht. Es ist ein Lebensideal, dem ich hinterherlaufe, obwohl ich machmal nicht weiß, ob ich es wirklich will. Es ist ein Lebensabschnitt und danach kommt ein anderes Leben und danach noch eines und dann noch eines und so fort.«

A. Budelmann zur Mitarbeit am Eigenheim Projekt

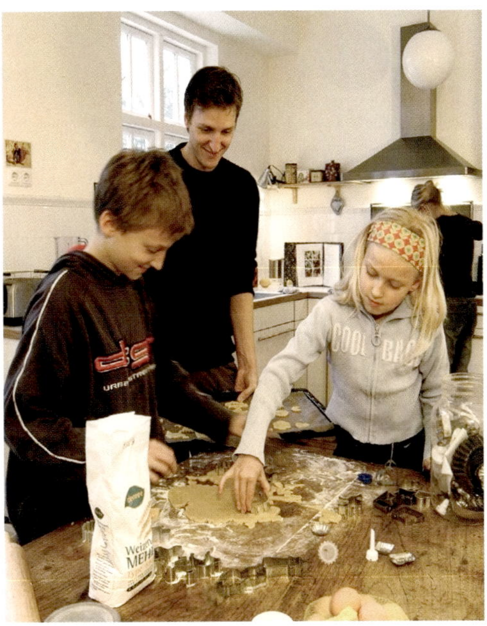

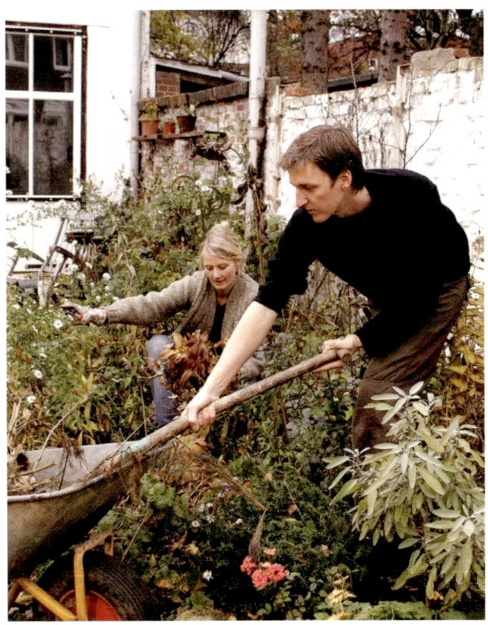

Kristinn G. Harðarson

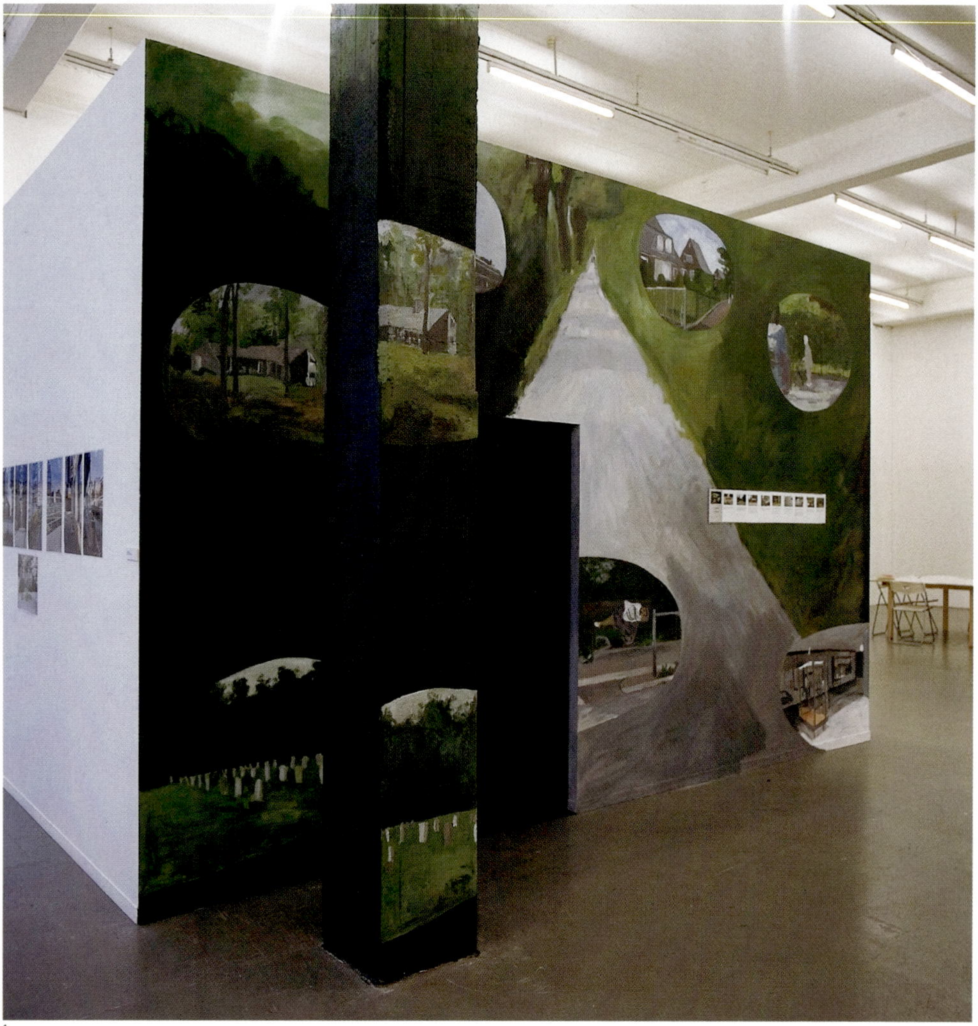

1

Als ich im Herbst 2001 mit der Recherche für diese Arbeit begann, beschloss ich, nach Betrachtung eines Stadtplans von Hamburg, einer Route zu folgen, die mich vom Stadtrand zur Stadtmitte und wieder zurück aus der Stadt herausführen sollte. Mit diesem Plan verband ich die Hoffnung, einen guten Querschnitt bzw. vielfältige Stichproben von der Stadt und dem Leben in ihr zu bekommen. Diese Methode habe ich früher schon häufig in Städten angewandt, in denen ich mich für einige Zeit aufgehalten habe. Während dieser Phase hatte ich noch keine Ahnung davon, welche Gestalt das fertige Werk annehmen würde. Die festgelegte Strecke bin ich dann in wenigen Tagen abgegangen, täglich einen Abschnitt, wobei ich alles, was mein Interesse weckte, in Form von Texten und Videoaufzeichnungen festgehalten habe.

Teil der Ausstellung war ein Kabinett mit einem Video über meine siebentägige Wanderung durch Hamburg, von Pinneberg nach Ohlstedt. Das Video beinhaltet sämtliche während dieses Gangs aufgenommenen Fotos (etwa 700 Stück). Sie erscheinen in der Reihenfolge, in der sie entstanden, wobei jede Sequenz über eine eigene Struktur und einen eigenen Rhythmus verfügt. Die Sequenzen lauten:

1) Pinneberg – Krupunder
2) Krupunder – Bahrenfeld
3) Bahrenfeld – Altstadt
4) Altstadt – Barmbek
5) Barmbek – Fuhlsbüttel
6) Fuhlsbüttel – Poppenbüttel
7) Poppenbüttel – Ohlstedt.

An den Außenwänden und an der Säule befand sich ein Gemälde, das nach der Vorlage der oben erwähnten Fotos entstanden war und ein Bild aus jeder der sieben Wanderungen enthielt. Beim Anfertigen dieses Gemäldes versuchte ich, dieselbe Mentalität auszudrücken, wie man sie in einem örtlichen Restaurant oder an einem ähnlichen Ort antreffen würde. Daher entspricht die Bildstimmung eher einer Illustration als einem traditionellen Gemälde.

An den Wänden angebracht waren außerdem mehrere Seiten aus meinem bevorstehenden Buch über diese Stadtwanderung mit Beobachtungen in Form von Fotos und Texten.

Kristinn G. Harðarson

When I began researching this topic in Fall 2001 I first took a look at a map of Hamburg, then I settled on a route that would take me from the periphery to downtown Hamburg and back out of the city again. My aim was to give myself what I hoped would be a good cross-section and/or selection of random samples of the city and its life. I've used the method frequently in the past in cities where I happened to be staying for a while. At this stage I still had no idea what kind of shape the finished work would take. I covered the route in a number of days, a new section each day, recording whatever aroused my interest in the form of texts and videos.

In the exhibition there was a cabinet with a video which presented my walk through Hamburg, from Pinneberg to Ohlstedt, done in seven days. The video consists of all the photos taken in the process of this walk (some 700). They appear in the row they were taken, but each sequence has it's own structure and rhythm. The sequences are:

1) Pinneberg – Krupunder
2) Krupunder – Bahrenfeld
3) Bahrenfeld – Altstadt
4) Altstadt – Barmbek
5) Barmbek – Fuhlsbüttel
6) Fuhlsbüttel – Poppenbüttel
7) Poppenbüttel – Ohlstedt.

On the outside walls and the column was a painting. It was painted after the photos mentioned before, one image from each walk. This painting I tried to paint with similar mentality as one would see in a local restaurant or a similar place. It's more in the vein of an illustration than a traditional painting.

On the walls were attached pages from my upcoming book with observations in the form of photos and text about this city walk, too.

Kristinn G. Harðarson

1 _ Installationsansicht mit *Wallpainting*, 2003
_ Installation view with *Wallpainting*, 2003

2 _ Seiten aus dem Buch *Unterwegs in Hamburg*, 2003
_ Pages from the book *Unterwegs in Hamburg (Walking in Hamburg)*, 2003

3 _ Stills aus dem Video *Hamburg, Seven Walks*, 2003
_ Stills from the video *Hamburg, Seven Walks*, 2003

2

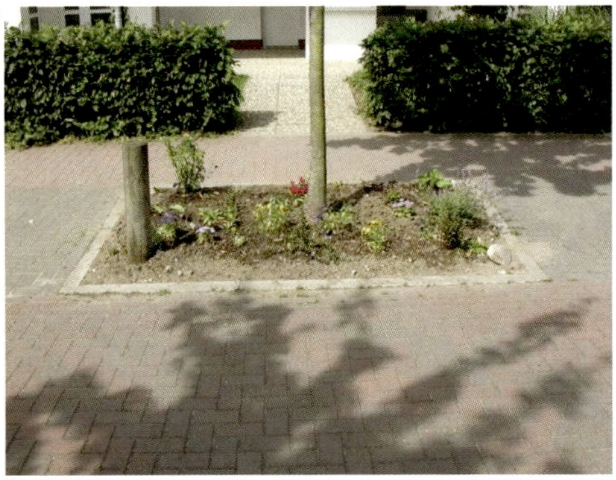

Aber dort hat ein Einwohner sich aufgerafft und aus der Not der Sauberkeit eine Tugend gemacht. Sauberkeit ist sicherlich ein künstliches Phänomen, nicht natürlich an und für sich. Daher muss man sie schützen.

Clearly one of the inhabitants has decided to go from defensive tidiness to the attack. Tidiness must be an assumed rather than a natural trait. Thus you have to watch over it.

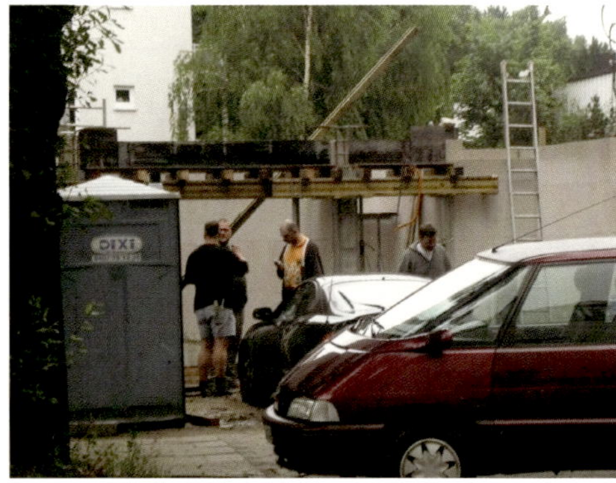

...diese Männer sind schon interessant, anscheinend mit Bauprojekten beschäftigt, haben gerade einen geplanten Bauabschnitt oder irgendeine Tätigkeit mit weit ausholenden Armbewegungen und Gestik dargestellt.

...there's something fascinating about these guys, they are involved with construction of some kind, maybe they are planning the next step or something, anyway they are using a lot of hand movements and emphatic body language.

Pinneberg – Krupunder

3

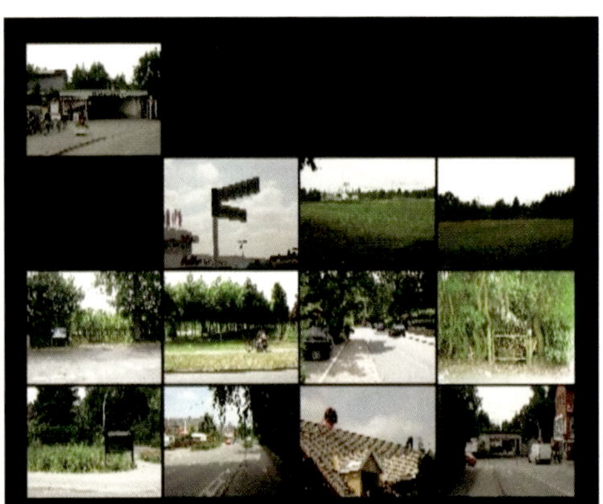

Bahrenfeld – Altstadt

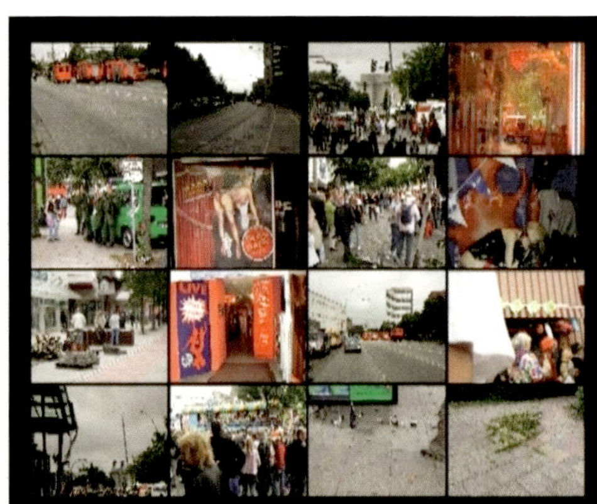

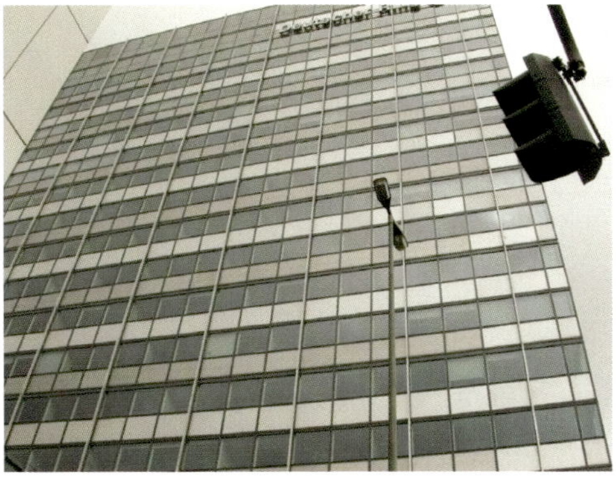

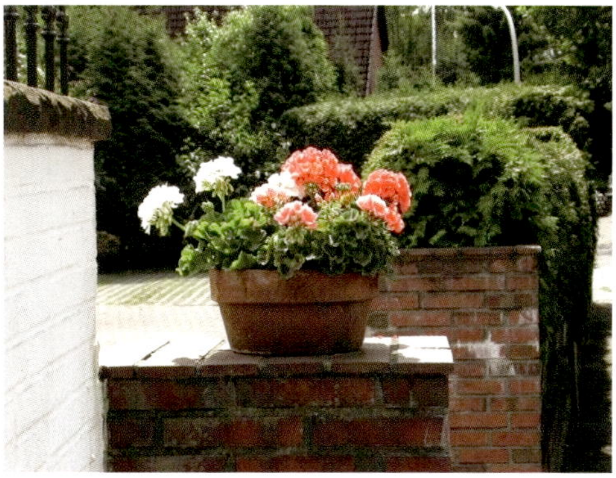

...ich denke an all die Gefühle, die sich während eines normalen Alltags dort im Bürogebäude regen. Von der Straße dort drüben sehe ich mindestens drei Kirchtürme.

...eine Fotoserie von Blumen im Beet.

...ich nähere mich dem Stadtzentrum, gepflegtere Menschen unterwegs.

...I think of all the emotions at large in that office building on an average working day. From the street I can see at least three church spires.

...a series of pictures of a flower bed.

...I'm approaching the town centre, sketching people on the move.

Ein Blumentopf neben der Einfahrt. Die Umgebung wird fein gemacht, aber gleichzeitig wird die Aufmerksamkeit auf den eigenen Wohlstand gerichtet, das eigene Haus und den Garten der betroffenen Person. Ansonsten kehren die Häuser in dieser Straße den Passanten meist den Rücken zu, oder vielleicht eher den Hintern.

Flowerpot by the front drive. They are prettifying their surroundings; at the same time they draw attention to their own prosperity, the beautiful house and garden that they own. Mostly the houses along this street turn their backs, or rather their behinds, to passers by.

Deutsche Übersetzung/German translation: Magnús Didrik Baldursson
Englische Übersetzung/English translation: Adalsteinn Ingólfsson

Altstadt – Barmbek

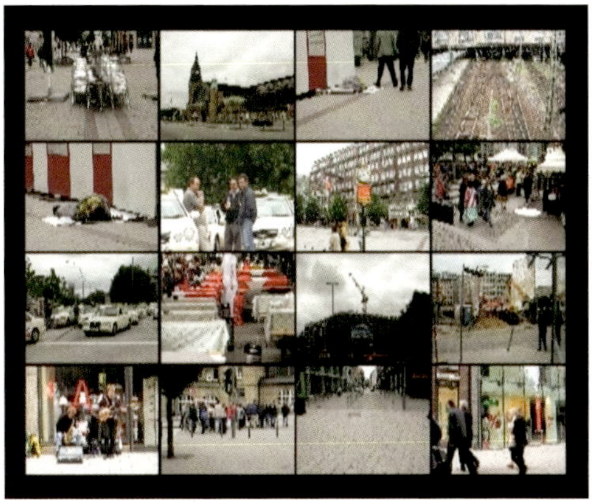

Poppenbüttel – Ohlstedt.

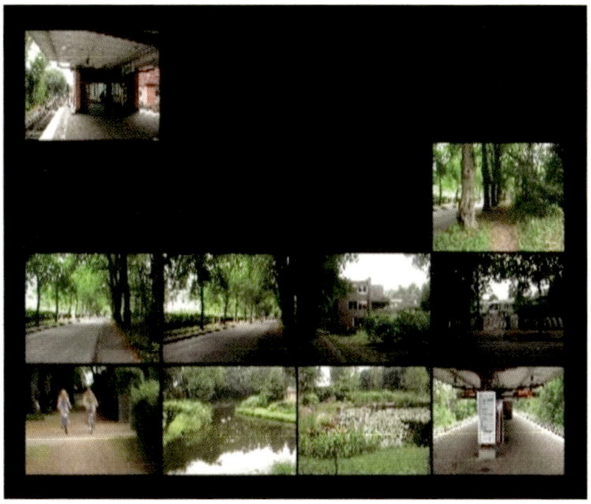

Florian Hüttner

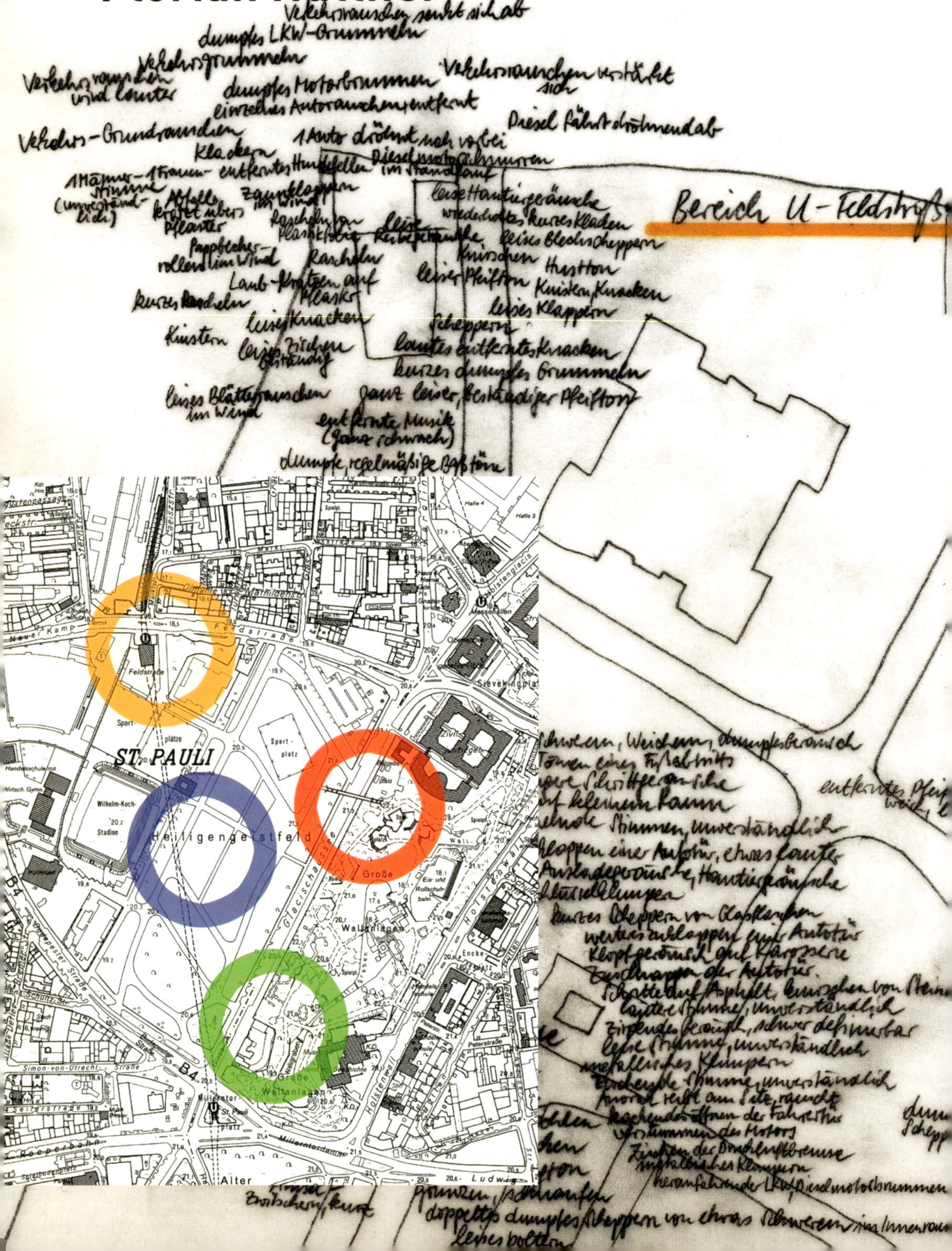

Geräusch-Kartierung Heiligengeistfeld

Von September bis November 2003 wurden zu verschiedenen Tages- und Nachtzeiten Ton-Aufnahmen auf dem Heiligengeistfeld gemacht. Dafür wurden exemplarisch vier Messbereiche festgelegt: Der erste um die U-Bahn-Station Feldstraße (gelb), der zweite um die Fußgängerbrücke über die Glacischaussee (rot), der dritte um die Domwache (blau) und der vierte um den Eingangsbereich zur Großen Wallanlage vom Millerntor aus (grün). Um diese Punkte herum wurden möglichst viele unterschiedliche Geräusche aufgenommen.

Die vier gezeigten Kartenausschnitte listen jeweils eine Hörprobe aus je einem der Messbereiche auf.

Sound Mapping Heiligengeistfeld

From September to November 2003 audio recordings were made of the Heiligengeistfeld at various times of day and night. There were four measurement sites. The first was in the vicinity of the subway station Feldstrasse (yellow), the second in the vicinity of the pedestrian bridge over the Glacischaussee (red), the third was on the Heiligengeistfeld in the vicinity of the Domwache (blue) and the fourth in the vicinity of the entrance to the city wall site Grosse Wallanlage at the Millerntor (green). As many different sounds as possible were recorded around these four locations.

The four map excerpts list one sound event at each of the measurement sites.

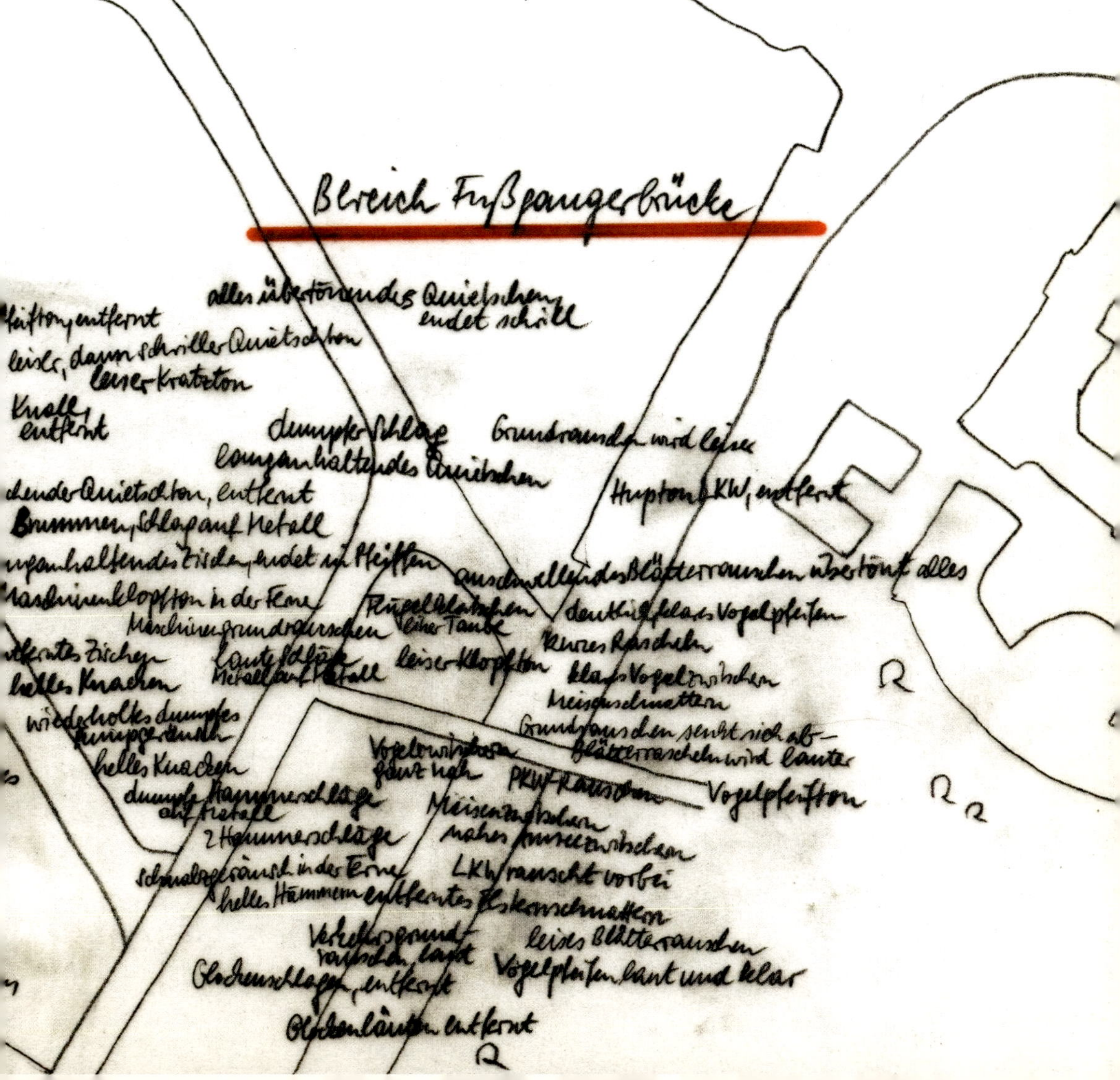

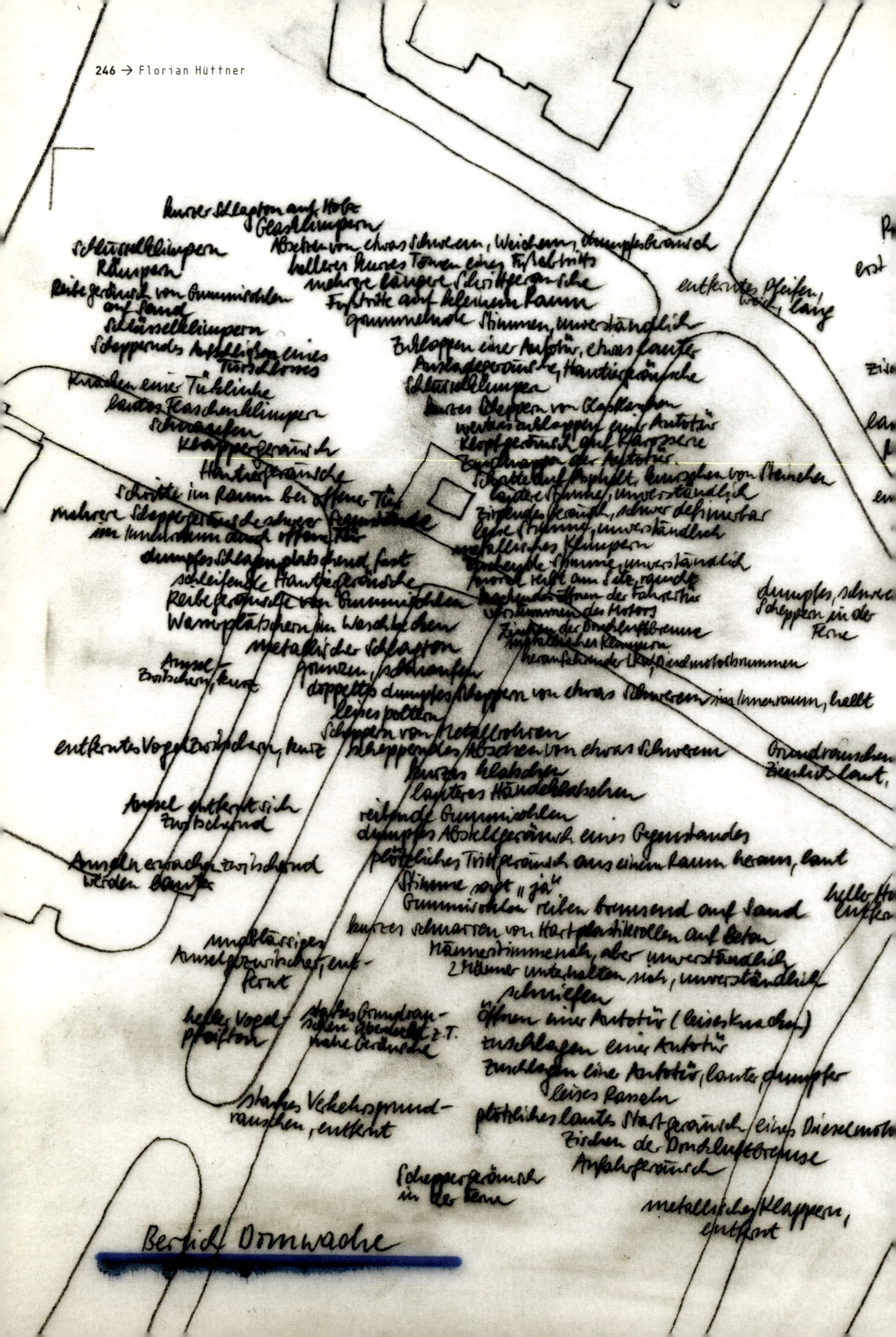
Glasklimpern
Schlüsselklimpern
Räuspern
Reibegeräusch von Gummisohlen auf Sand
Schlüsselklimpern
Schepperndes Aufschließen eines Türschlosses
Knarren einer Türklinke
lautes Flaschenklimpern
Schnaufen
Klappergeräusch
Hantiergeräusche
Schritte im Raum bei offener Tür
helleres kurzes Tönen eines Fußabtritts
mehrere längere Schrittgeräusche
Fußtritte auf kleinem Raum
gummelnde Stimmen, unverständlich
entferntes Pfeifen, weich, lang
Zuklappen einer Autotür, etwas lauter
Ausladegeräusche, Hantiergeräusche
Schlüsselklimpern
kurzes Klappern von Glasflaschen
Klopfgeräusch auf Karosserie
leise Stimme, unverständlich
metallisches Klimpern
dumpfes Schlagen plätschernd, fast
schleifende Hantiergeräusche
Reibegeräusche von Gummisohlen
Warmplätschern im Waschbecken
metallischer Schlagton
Amsel
Zwitschern, kurz
Brummen der Motors
heranfahrender LKW, Dieselmotorbrummen
dumpfes, schweres Scheppern in der Ferne
doppeltes dumpfes Klappern von etwas Schwerem im Innenraum, hallt
leises Poltern
Scheppern von Metallrohren
entferntes Vogelzwitschern, kurz
schepperndes Absetzen von etwas Schwerem
Grundrauschen ziemlich laut,
lauteres Händeklatschen
Amsel entfernt sich zwitschernd
reibende Gummisohlen
dumpfes Abstellgeräusch eines Gegenstandes
Amseln erwachen, zwitschernd werden lauter
plötzliches Trittgeräusch aus einem Raum heraus, laut
Stimme sagt „ja“
Gummisohlen reiben brummend auf Sand
unablässiges Amselgezwitscher, entfernt
Männerstimmen nah, aber unverständlich
2 Männer unterhalten sich, unverständlich
schniefen
heller Vogelpfeifton
Öffnen einer Autotür (leises Knacken)
zuschlagen einer Autotür
Zuschlagen einer Autotür, lauter, dumpfer
leises Rascheln
starkes Verkehrsgrundrauschen, entfernt
plötzliches lautes Startgeräusch eines Dieselmotors
Zischen der Druckluftbremse
Anfahrgeräusch
Scheppergeräusch in der Ferne
metallisches Klappern, entfernt
Bericht Dornwache

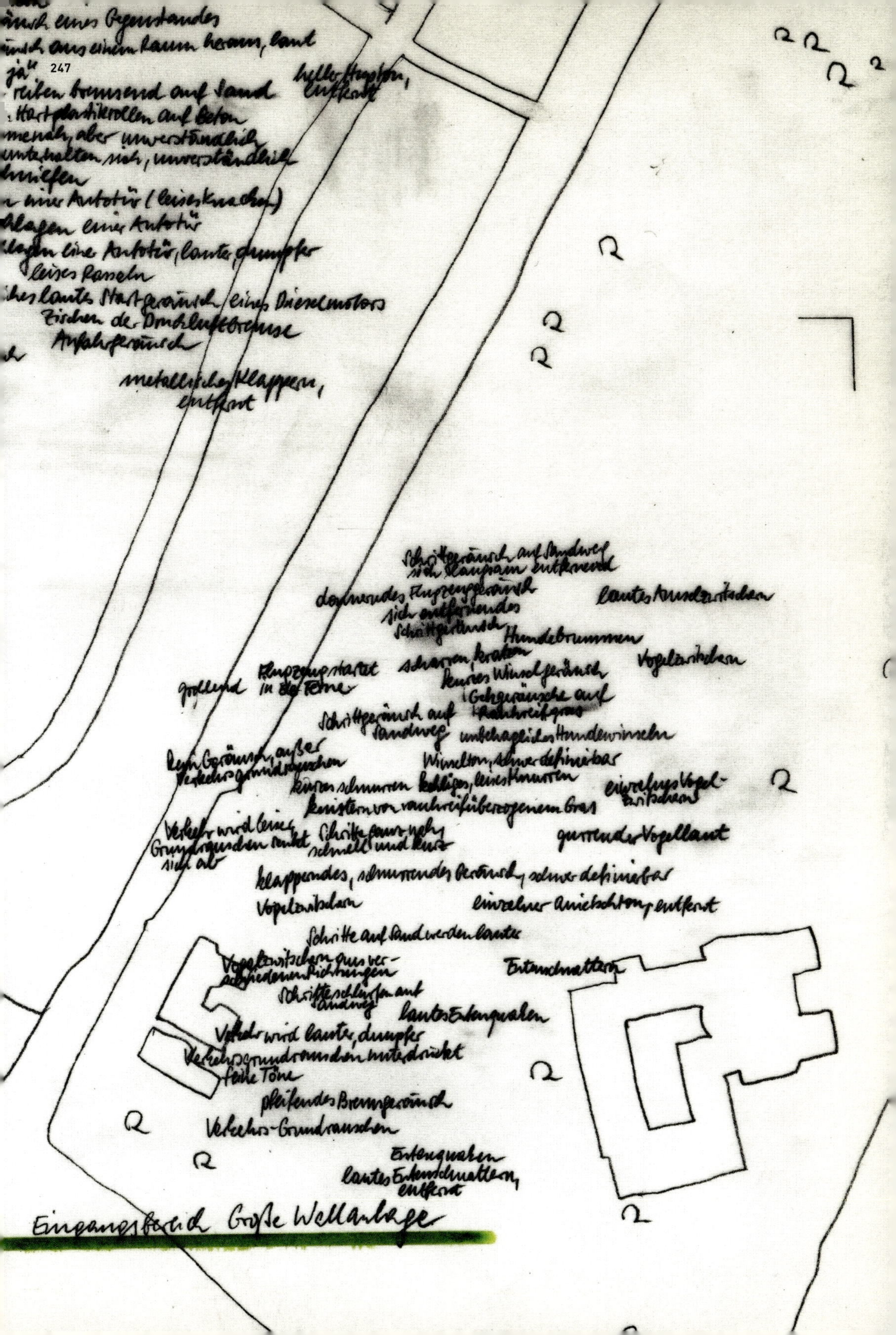
metallisches Klappern, entfernt
Hundebrummen
Vogelzwitschern
gurrender Vogellaut
Schritte auf Sand werden lauter
lautes Entenquaken
pfeifendes Bremsgeräusch
Verkehrs-Grundrauschen
Entenquaken
lautes Entenschnattern, entfernt
Eingangsbereich Große Wallanlage

Jussi Kivi

1 _ Hottentottenhaus
_ Hottentot House

2 _ Haus der Rätsel
_ House of Enigmas

3 _ Zwergenhaus
_ Dwarfhouse

4 _ Pfad der Wanderer
_ Wanderer's Path

5 _ Baum des Wissen
_ Tree of Knowing

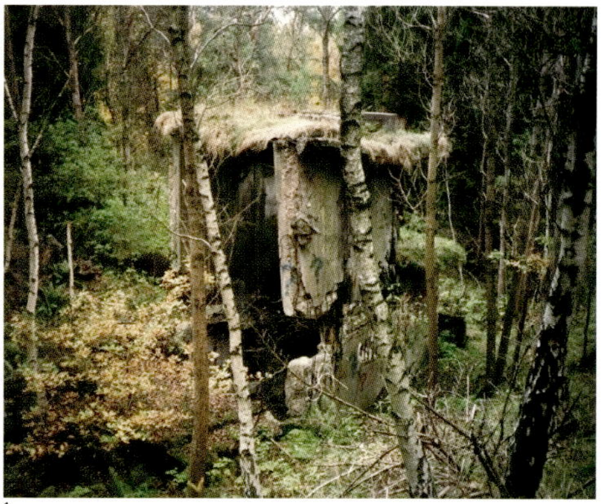

1

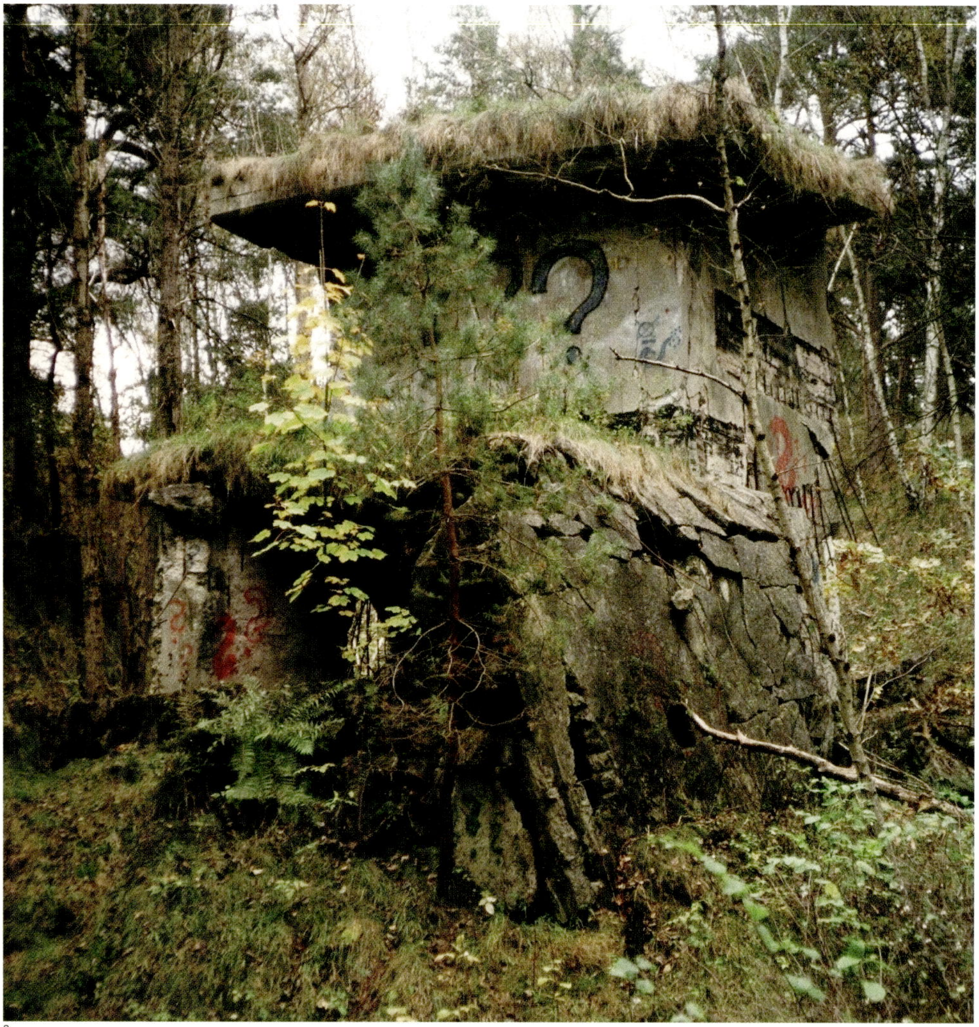

2

Für seine Arbeit im Rahmen von *Mapping a City: Hamburg-Kartierung* hat Jussi Kivi das Gelände der Besenhorster Sandberge an der Stadtgrenze von Hamburg mit der Ruine einer ehemaligen Pulverfabrik und den jüdischen Friedhof in Altona fotografiert.

For his contribution to *Mapping a City: Hamburg-Kartierung* Jussi Kivi photographed the ruins of a former powder-mill in the Besenhorster Sandberge area on the outskirts of Hamburg and the Jewish Cemetery in Altona.

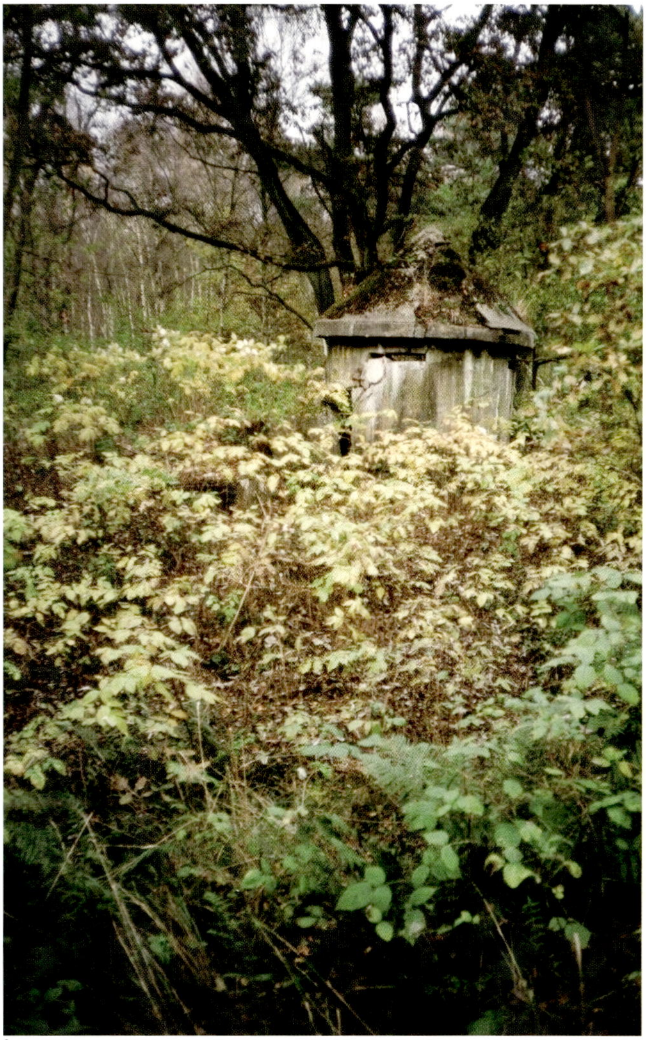

3

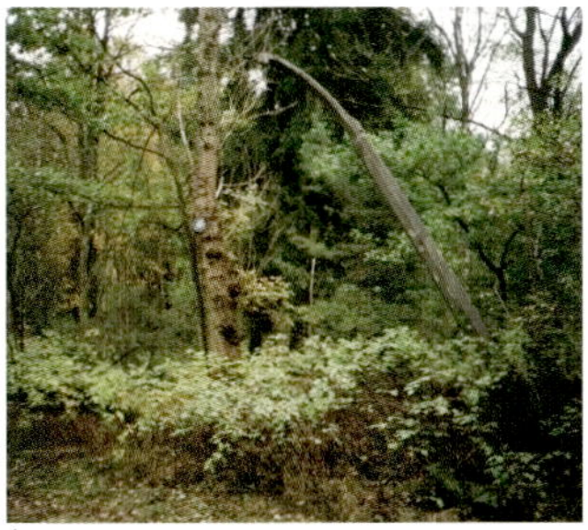

4

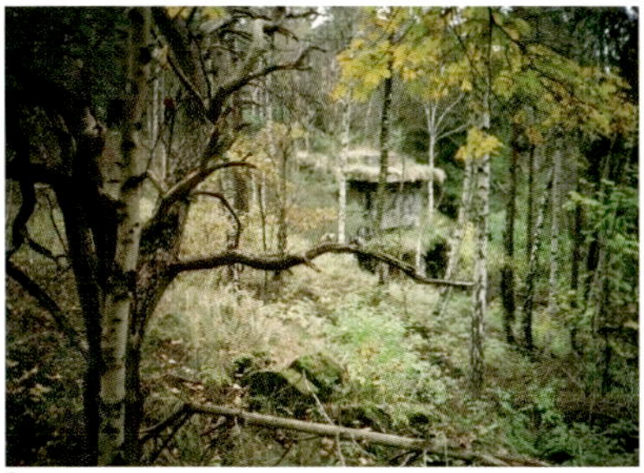

5

6 _ Pavillon
_ The Pavillon

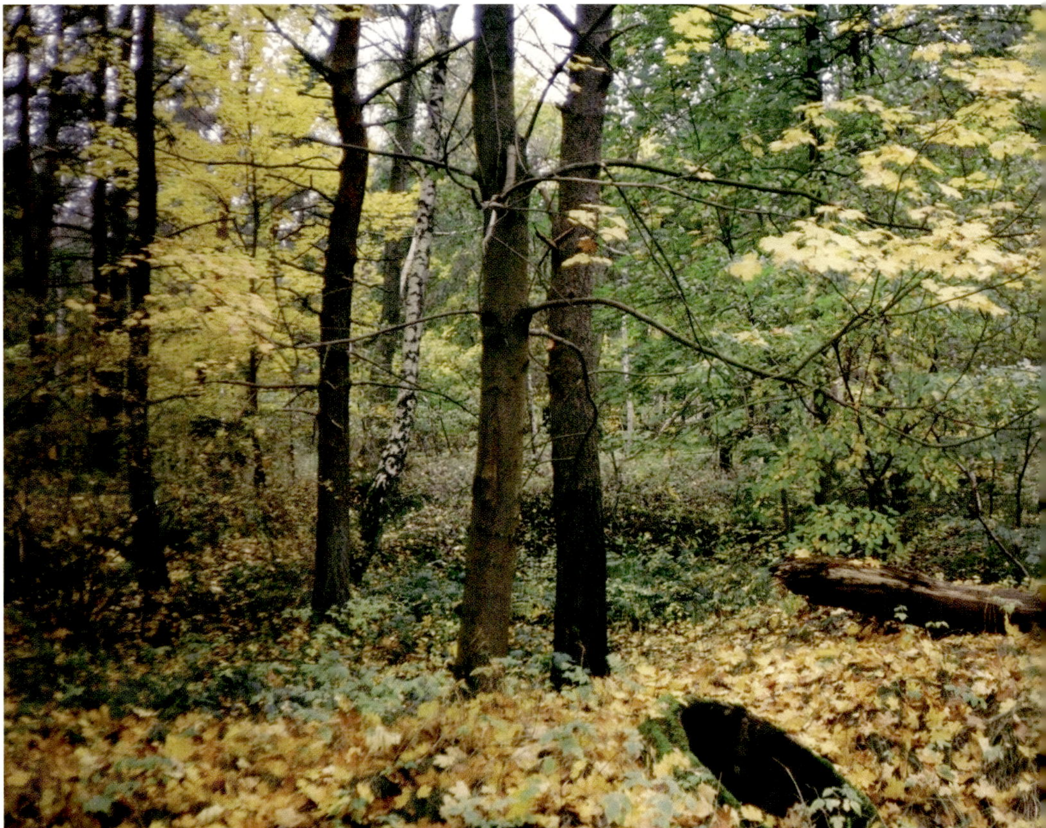

6

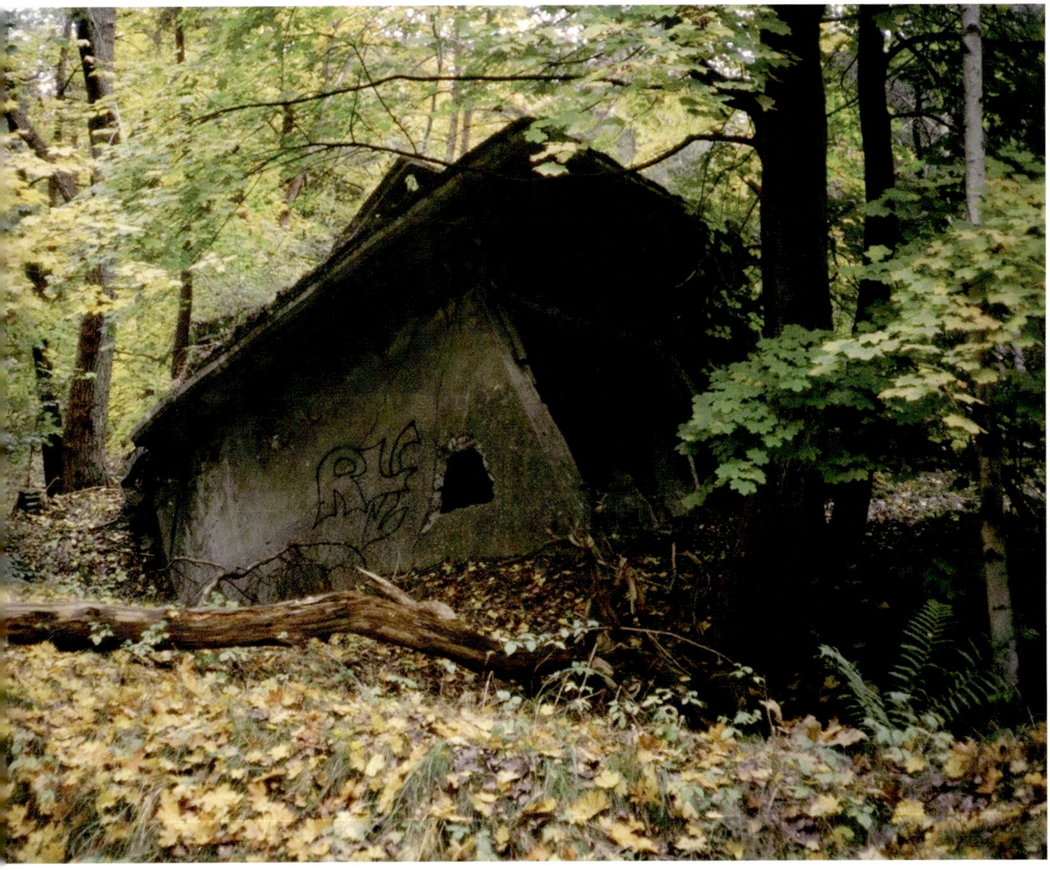

Till Krause

1

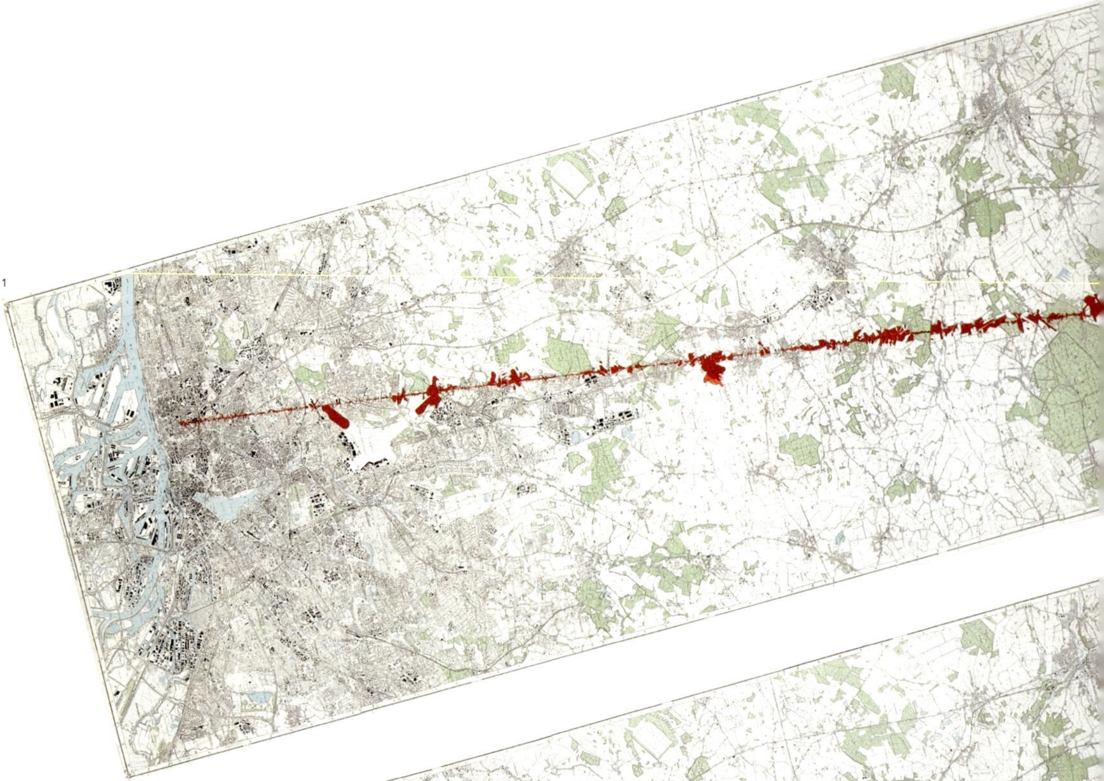

2

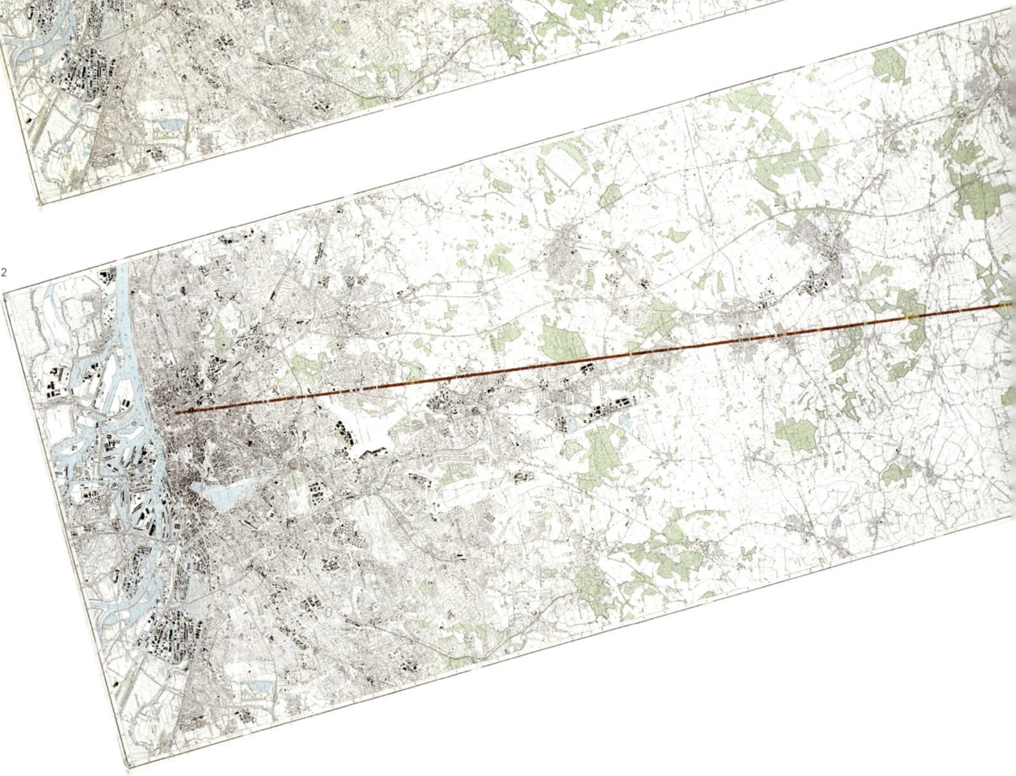

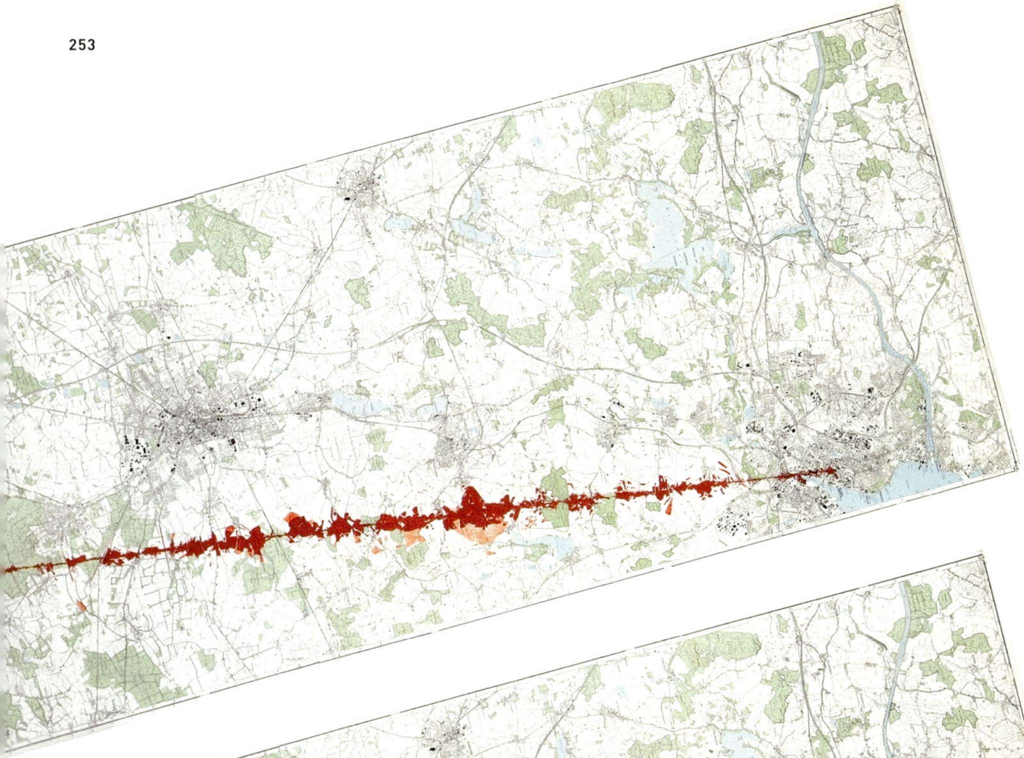

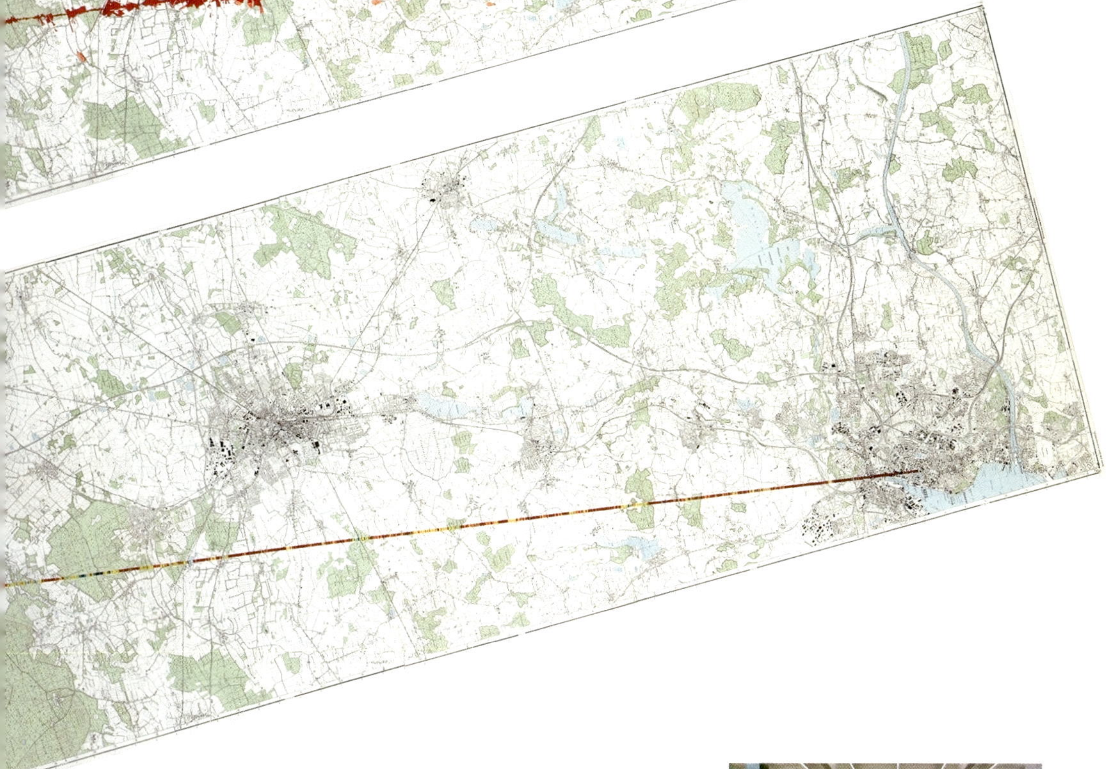

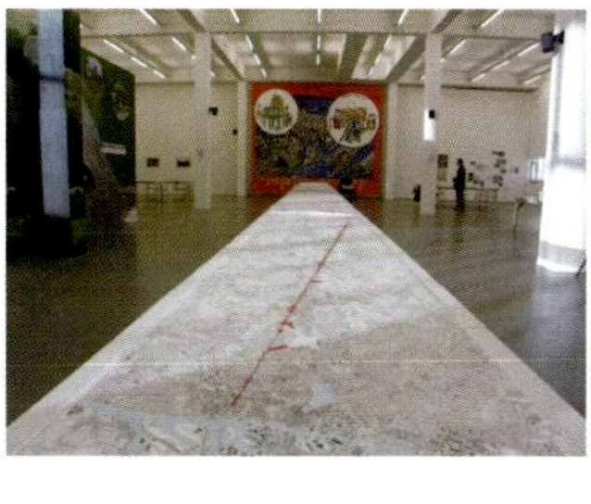

1 _ *Achse Hamburg-Kiel*, 2001/03, Blickfeldkarte
(Kartierung der Areale, die von der Achse aus überblickt werden)
_ *Hamburg-Kiel Axis*, 2001/03, Field of View Map
(map of the areas visible along the axis)

2 _ *Achse Hamburg-Kiel*, 2001/03, Handykarte
(Kartierung der Verbindung zum Mobilfunknetz)
_ *Hamburg-Kiel Axis*, 2001/03, Cell Phone Map
(map of the connections to the cellular phone network)

***Achse Hamburg-Kiel*, 2001/03**

Die Arbeit umfasst die Durchquerung des Gebietes zwischen Hamburg und Kiel auf einer geraden Linie.[1]

Im Weg lagen 184 Häuser, 370 Gärten, 6 Schrebergartengelände, 4 Schulhöfe, 1 Asylantenheim, 1 Rathaus, 1 Jugendcafé, 2 Hühnerställe, 11 Kinderspielplätze, 5 Parks, 3 Friedhöfe, 38 Wälder, 75 Kornfelder, 20 Maisfelder, 11 Rapsfelder, 2 Kartoffeläcker, 1 Spargelfeld und 12 weitere Äcker, 176 Wiesen und Koppeln, 21 Brachflächen, 1 Hundedressurplatz, 6 Fußballplätze, 2 Bahnhöfe, 5 Hochhäuser, 204 Stacheldrahtzäune, 423 weitere Arten von Zäunen und 13 Mauern, 443 Knicks und Hecken, 2 Kläranlagen, 1 militärisches Sperrgebiet, 2 Flugplätze, 1 Sandwerk, 12 Seen und Tümpel.

Die Strecke wurde hinsichtlich folgender Aspekte kartiert: Wahrnehmungen, Geschehnisse, Geländearten und -elemente, Gebäude, Landmarken, Blicke, Blick- und Bewegungshindernisse, Zugänglichkeit von Arealen und ihr Grad an Öffentlichkeit, Verbindung zum Mobilfunknetz, örtliche Charakteristika und Besonderheiten. Für eine Teilstrecke wurden darüber hinaus Geräusche verzeichnet.[2]

Die im Kunstverein gezeigten Karten der Strecke waren A) Karte der Landschaftselemente, B) Blickfeldkarte, C) Blickabschnittskarte, D) Handykarte, E) Karte der öffentlichen Areale auf der Linie.[3]

Außerdem war die Broschüre *Durchgänge in der Hamburger Innenstadt* in der Ausstellung zu sehen (unüberarbeitete Neuauflage der Ausgabe von 1991). Sie verzeichnet einige bewegte Stadtelemente (Brunnen, Paternoster) sowie sämtliche Möglichkeiten, ohne einen Schlüssel zu benutzen, quer durch die Häuser der Hamburger Innenstadt zu gehen.

Till Krause

1 Endpunkte der Linie sind das Kartierungsarchiv der Galerie für Landschaftskunst in Hamburg-Altona und der »Kleine Kiel«, ein Teich in der Kieler Innenstadt, in dessen direktem Umkreis 2001 die Ausstellung *Changes Possible* stattfand, anlässlich derer die Arbeit an der *Achse Kiel-Hamburg* begonnen wurde.

2 Erläuterungen zu den Kartierungskriterien sind unter www.gflk.de zu finden.

3 Alle Karten: Sammlung Elisabeth und Gerhard Sohst.

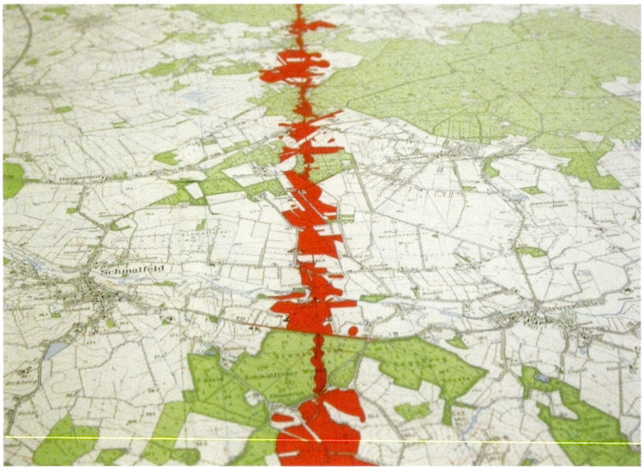

3

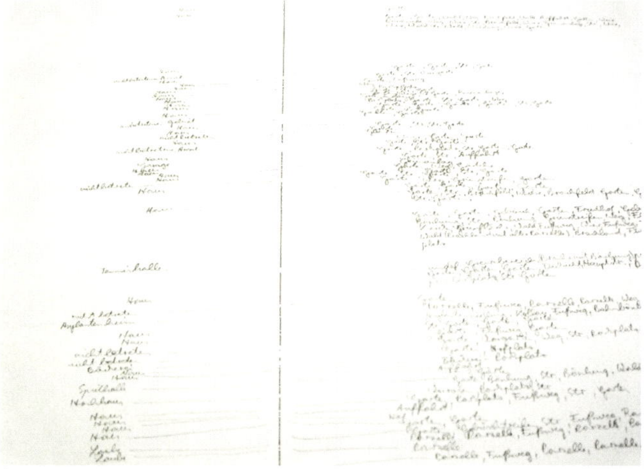

4

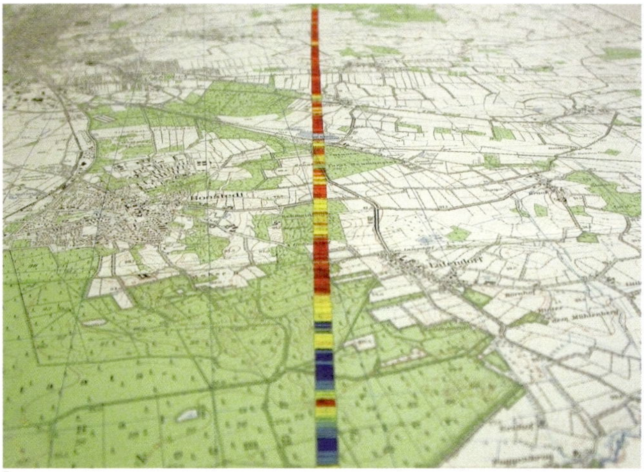

5

***Hamburg-Kiel Axis*, 2001/2003**

The work involved the traversal in a straight line of the piece of land between Hamburg and Kiel.[1]

Along the route lay: 184 houses, 370 gardens, 6 allotment garden sites, 4 schoolyards, 1 asylum-seekers' hostel, 1 town hall, 1 youth cafe, 2 hencoops, 11 playgrounds, 5 parks, 3 cemeteries, 38 woods, 75 grainfields, 20 cornfields, 11 rape fields, 2 potato fields, 1 asparagus field and 12 other farm fields, 176 meadows and paddocks, 21 uncultivated areas, 1 dog training center, 6 football pitches, 2 railroad stations, 5 tower blocks, 204 barbed wire fences, 423 fences of other sorts and 13 walls, 443 boundary hedges and other hedges, 2 sewage treatment plants, 1 prohibited military zone, 2 airfields, 1 sandworks, 12 lakes and ponds.

The following criteria were used in mapping the route: perceptions, events, types and elements of land, buildings, landmarks, views, obstacles to sight and movement, accessibility of land and its degree of publicness, connections to cell phone networks, local characteristics and features. Part of the route was also monitored for sounds.[2]

On display in the Kunstverein were A) a map of the landscape elements, B) a field of view map, C) a view section map, D) a cell phone map, E) a map of the public areas along the route.[3]

The brochure *Durchgänge in der Hamburger Innenstadt (Passageways in downtown Hamburg)* was also displayed in the exhibition (unrevised reprint of the 1991 edition). It listed all the possible ways of passing through the buildings of downtown Hamburg without using a key, as well as certain non-stationary urban elements (fountains, paternosters).

Till Krause

1 The end points of the line were the mapping archive at the Galerie für Landschaftskunst, Hamburg-Altona, and »Kleine Kiel,« a pond in downtown Kiel in the immediate vicinity of which the exhibition *Changes Possible* took place in 2001, which also marked the start of work on *Hamburg-Kiel Axis*.

2 Explanations of the mapping criteria are to be found under www.gflk.de.

3 All maps: Elisabeth and Gerhard Sohst Collection.

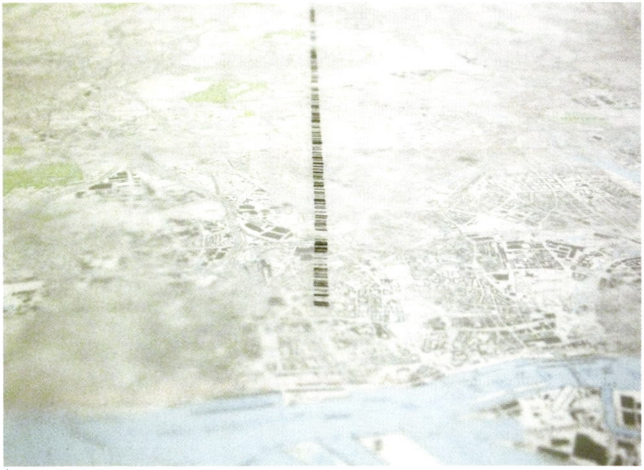

6

7

3 _ Blickfeldkarte (Kartierung der Areale, die von der Achse aus überblickt werden), Detail
_ Field of view map (map of the areas visible along the axis), detail

4 _ Karte der Landschaftselemente
(Kartierung wesentlicher Landschaftselemente auf der Achse), Detail
_ Map of landscape elements
(map of the notable landscape elements along the axis), detail

5 _ Handykarte (Kartierung der Verbindung zum Mobilfunknetz), Detail
_ Cell phone map (map of the connections to the cellular phone network), detail

6 _ Blickabschnittskarte (Kartierung des Blicks und der Blickhindernisse auf der Achse), Detail
_ View section map (map covering views and obstacles to sight along the axis), detail

7 _ Karte der öffentlichen Areale auf der Achse, Detail
_ Map of public areas along the axis), detail

Daniel Maier-Reimer

12 Landschaften, Hamburger Landesgrenze / 12 Terrains along the Hamburg state boundary

Lehmsal-Mellingstedt; Glashütte; Wittmoor; Duvenstedt; Duvenstedter Brook; Stapelfeld; Höltigbaum; Dänenheide; Bergedorf; Achterdeich; Marmstorf; Nincoper Moor, 2003.

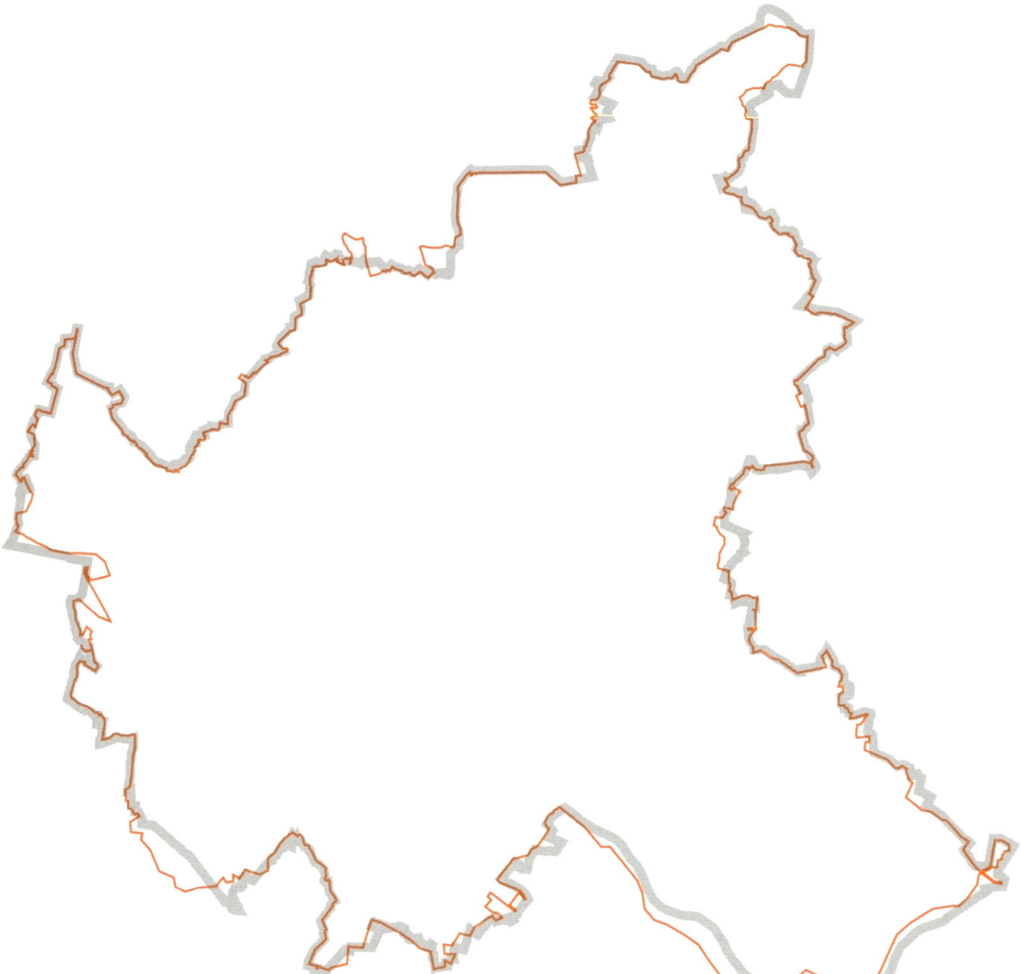

Hamburger Landesgrenze / Hamburg state boundary

Gegangene Route / route walked

Am 1.4.1937 war es soweit: Per Gesetz wurde Groß-Hamburg geschaffen. Das enge und irregulär geschnittene Territorium der Freien Reichsstadt arrondierte sich einigermaßen kreisförmig um das Zentrum der City. Groß-Hamburg wuchs von 415 auf 747 km^2. Die Nationalsozialisten schufen so die Voraussetzungen dafür, dass nach dem Krieg der Stadtstaat Hamburg entstehen konnte. Einem Gebilde wie dem Hamburg vor 1937, dessen Grenzen an vielen Orten identisch waren mit Straßenseiten oder Fluchtlinien von Mietshäusern, hätte man den Rang eines Bundeslandes wohl nicht zuerkannt. Die Landesgrenze wurde überall ins »Grüne« vorverlegt: Das entsprach und entspricht der idealen Vorstellung von der Einheit aus Stadt und Land, wie sie schon das erste »City Mapping« der Kunstgeschichte, die Fresken des Ambrogio Lorenzetti im Sieneser Rathaus in den Blick nehmen. Diese Vorverlegung der Grenzen erfüllte nicht mehr alte sicherheits- und versorgungspolitische Erfordernisse, die neue Grenze wurde der Planungshorizont der Metropole, die stille, geduldige, aber entscheidende Garantin von Konzepten wie dem der »wachsenden Stadt«.

Daniel Maier-Reimer ist diese Grenze in sechs Tagen abgegangen. Seine zwölf fotografischen Aufnahmen von der Stadtgrenze sind eigentlich keine Aufnahmen *von* der Stadtgrenze *aus:* Sie suchen nicht die ferne Silhouette des Zentrums oder den nächsten erreichbaren Vorort. Wie Bob Braine, dessen Beitrag sich der harten Grenze der barocken Stadtbefestigung widmet, zeigt auch Maier-Reimer, dass die Grenze eine Linie *und* eine Fläche ist, ein eigenes »terrain vague«, wie die Franzosen ganz allgemein das Vorfeld großer Städte nennen. Die Grenzzone ist noch nicht einmal Industriebrache oder Bauerwartungsland; diese halb beherrschten, halb aufgegebenen Gegenden erinnern eher an die Abenteuerlandschaften, die Kinder mit sicherem Gespür für die von Erwachsenen (noch) nicht beanspruchten Territorien usurpieren. Aber irgendwie traut man dem Frieden nicht. Bei zwei, drei Aufnahmen hat man das Gefühl, dass wir uns vorsichtig einem Outpost nähern.

Je härter heute manche Grenzen nach außen hin werden, desto weicher fallen sie im Inneren aus. Maier-Reimer trägt dieser Tatsache durch den in mehr als einer Hinsicht unfokussierten Charakter seiner Aufnahmen Rechnung. Die Unsichtbarkeit dieser wahrhaft grünen Grenze herauszuarbeiten, ist aber keine Aufforderung, sich im Gegenzug dieses geografischen und politischen Phänomens in Marsch und Geest besser bewusst zu werden. Dieses Mapping dient eher als Verweis auf das, was wir noch weniger sehen, aber umso stärker spüren: Gesetze, Verordnungen, Zuordnungen, Ausgrenzungen. Man könnte auch den Ort Schengen fotografieren und würde über den Charakter heutiger Raumordnung nicht mehr erfahren als aus diesen Bildern einer Landschaft und ihrer vagen Übergänge.

Wolfgang Kemp

By April 1, 1937, the hour was ripe for Greater Hamburg to be created by law. The compact, irregularly-cut territory of the former Free Imperial City augmented round the city center in an approximate circle: Hamburg grew from 415 to 747 km^2. The National Socialists had thus created the conditions under which Hamburg could develop into a city state after the war. The city as it had been before 1937, its limits determined in many places by streets and rows of apartment blocks, could never have aspired to the status of a federal state. The boundaries of the state were pushed out to the green belt. This was, and is, in keeping with an ideal unity of city and countryside as had been envisaged already in the very first »city mapping« in art history, namely Ambrogio Lorenzetti's frescoes in the town hall of Siena. The newly created boundaries outstripped existing security and supply requirements and became the new horizon of the city/metropolis-planners, the silent, patient but decisive yardstick for such concepts as »urban growth.«

Daniel Maier-Reimer walked the length of the boundary in six days. His twelve photographs are not so much taken *from* the city boundary as they are *of* it. They seek neither the distant silhouette of downtown Hamburg, nor the nearest suburb. Like Bob Braine, whose contribution to the exhibition deals with the hard limit of the city's baroque fortification line, Maier-Reimer shows that the boundary is both a line *and* an area, a »terrain vague« as the French like to call the environs of any big city. The boundary is not even industrial wasteland, or land awaiting development. This border zone is much more akin to the half-controlled, half-abandoned areas and territories as yet unclaimed by the adult world that children are so good at discovering and usurping. And yet somehow the peace is illusory. Two or three of the photographs make it seem as if we were cautiously nearing an outpost.

The more rigid certain boundaries become toward the outside today, the softer they can be on the inside, a fact that is mirrored in Maier-Reimer's photographs by their in more than one regard unfocused aspect. Yet in rendering visible the geopolitical phenomenon of Hamburg's inconspicuous if genuinely green belt, Maier-Reimer's aim is not to make us go out and get to know marsh and heath better. This particular mapping is more an indicator of what is even less visible, yet all the more strongly felt: laws, prescriptions, allocations and exclusions. Were one to photograph the town of Schengen one would learn no more about how space is organized today than one does from these pictures of a landscape and its blurred transitions.

Wolfgang Kemp

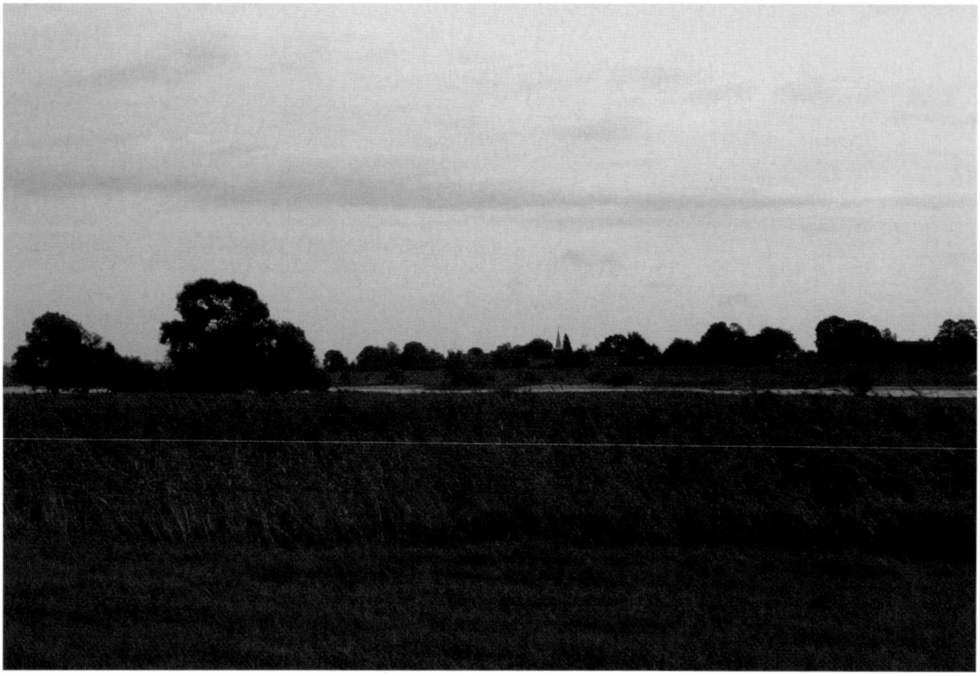

Hamburger Landesgrenze X / Hamburg state boundary X: Achterdeich, 2003, C-Print, 41 × 60 cm

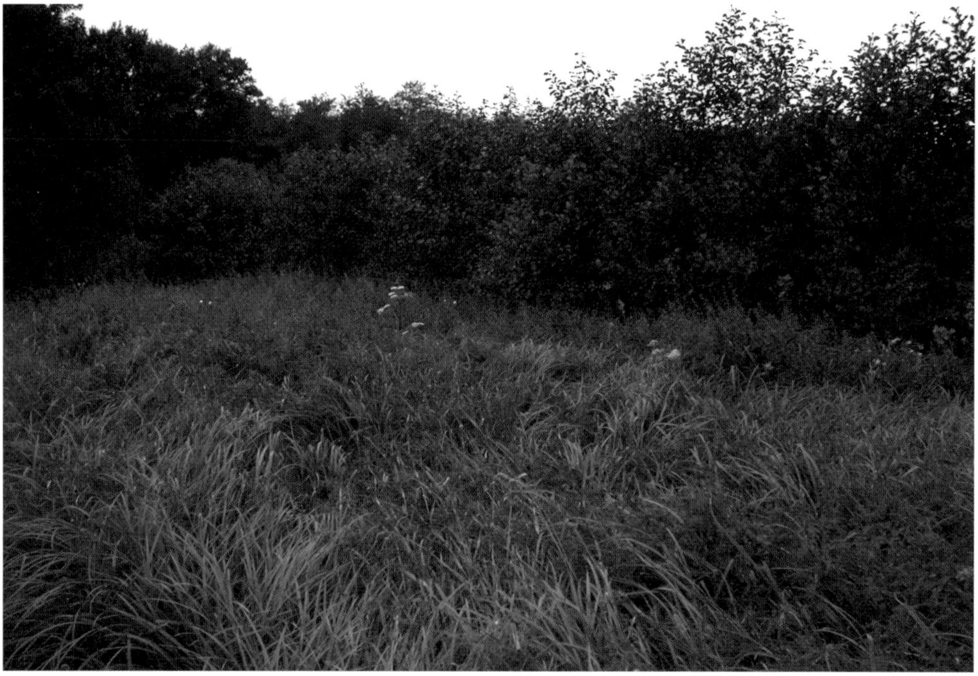

Hamburger Landesgrenze V / Hamburg state boundary V: Duvenstedter Brook, 2003, C-Print, 41 × 60 cm

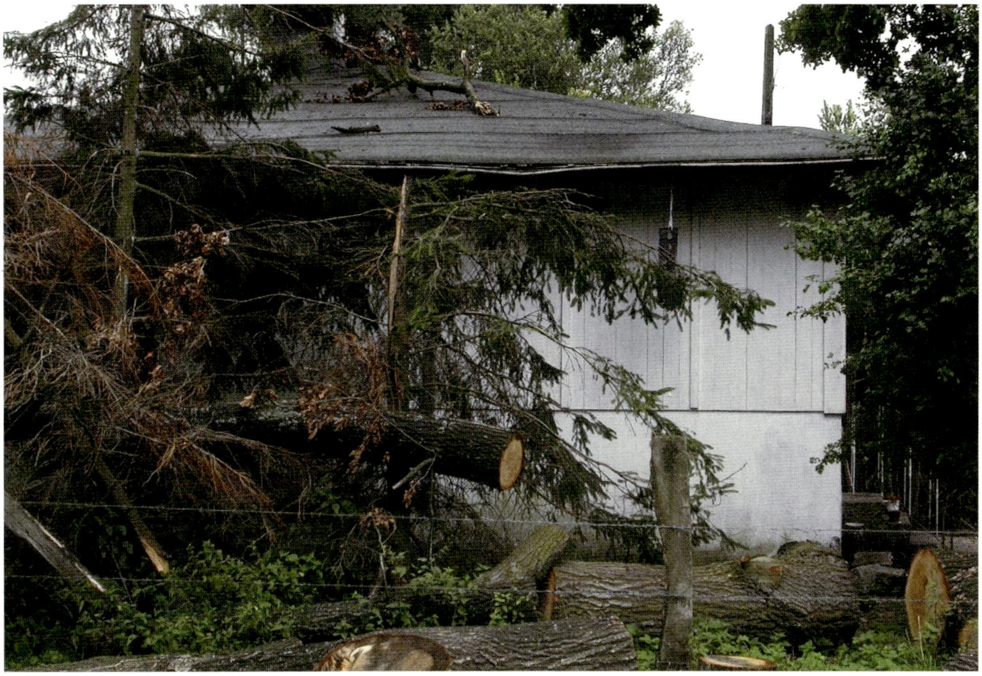

Hamburger Landesgrenze IV / Hamburg state boundary IV: Duvenstedt, 2003, C-Print, 41 × 60 cm

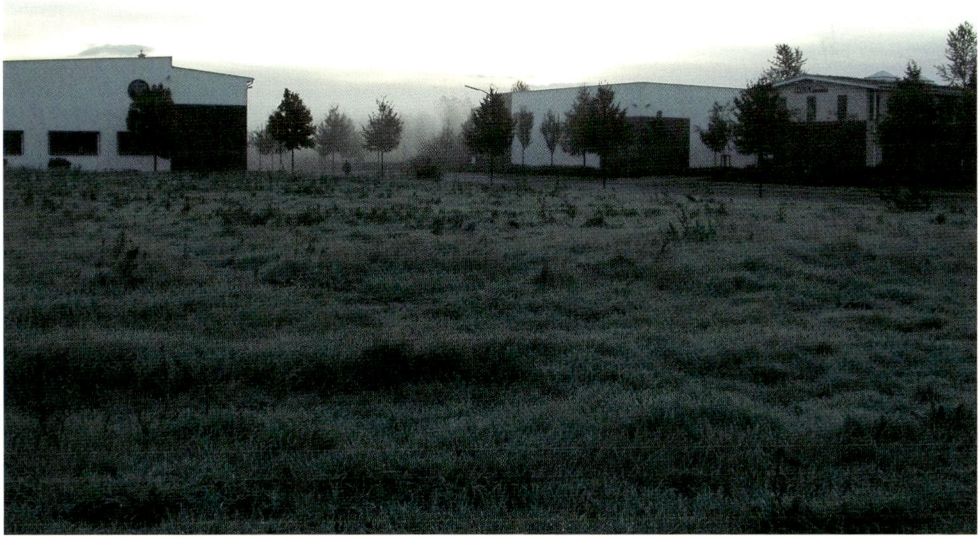

Hamburger Landesgrenze VIII / Hamburg state boundary VIII: Höltigbaum, 2003, C-Print, 41 × 60 cm

Matt Mullican

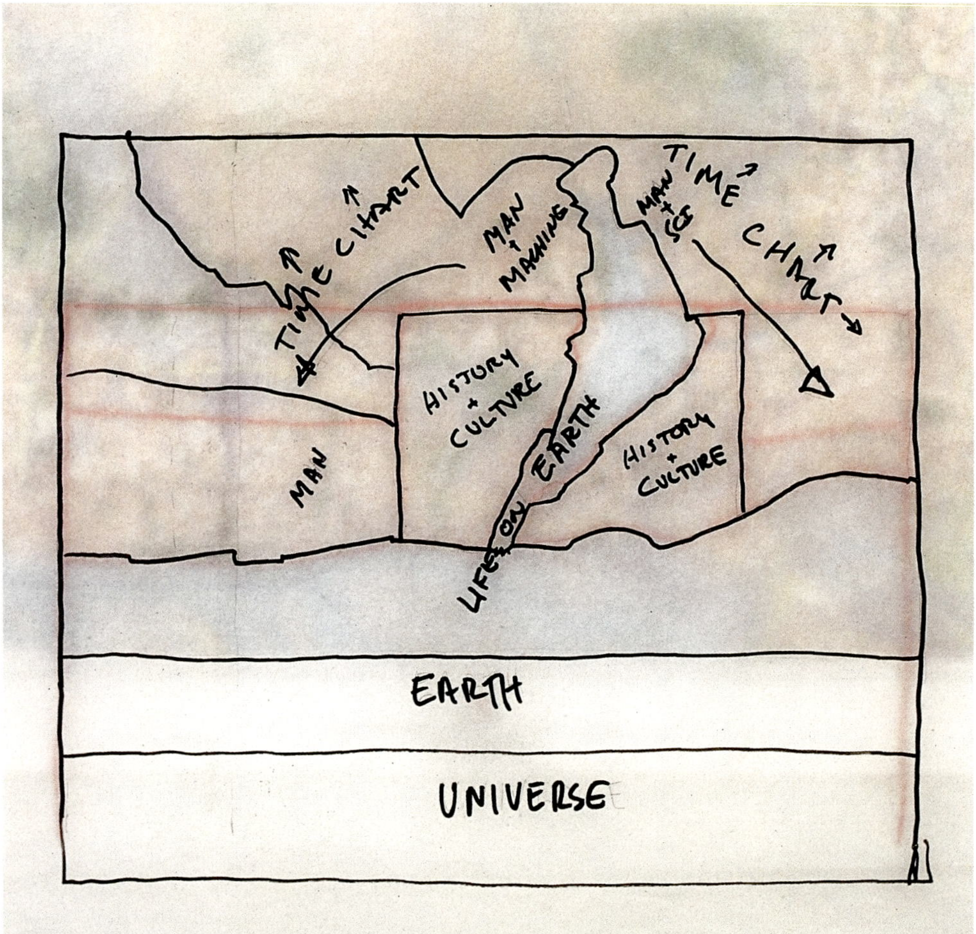

City as a Map (of Ideas), 2003

Matt Mullicans Arbeit *City as a Map (of Ideas)*, 2003, beginnt mit einem gewöhnlichen Stadtplan von Hamburg, über den der Künstler einen Bogen Transparentpapier gelegt und nach einem historischen Weltordnungssystem beschriftet hat, wie er es in einer Enzyklopädie vorgefunden hat. Die zentralen Über-Begriffe, die Kategorien, nach denen die Welt dort organisiert wurde, sind »Universe«, »Earth«, »Live on Earth«, »History & Culture«, »Man«, »Man & Science« und »Time-chart«. Mullican ordnet sie Bereichen der Stadt zu, die nicht mit deren gängiger Einteilung zusammenfallen, wie zum Beispiel Viertelgrenzen. Jedoch lässt er geografische Gegebenheiten auch nicht völlig außer Acht. So fällt zum Beispiel die Alster mit der Rubrik »Live on Earth« zusammen. Er verfolgt diese Grundkonstellation weiter ins Detail. Im wörtlichen Sinn entwickelt er die Fäden der Stadt, indem er sie willkürlich in Zonen und immer kleiner werdende Einheiten einteilt, auf Tableaus anordnet und mit den ebenfalls detaillierter werdenden Segmenten der Enzyklopädie versieht. Aus Straßenzügen werden Häuserblocks, aus Häuserblocks einzelne Gebäude. Auch ihre Beschriftung reißt nicht ab: als vorläufig letztes Bild in der Ausstellung kann jedem Gebäude auf einer Fotografie ein Begriff zugeordnet werden.

Man beschreibt mit Mullican einen Weg ins Herz der Möglichkeiten, von der Stadt als Lebensraum zu den einzelnen tatsächlichen Räumen, in denen sich Leben als Bewegung von Raum zu Raum abspielt. Dabei bleiben seine Einschreibungen vorläufig, wie seine zugeordneten Ideen auf Post-it Zetteln und Transparentpapier vermitteln. Sie bleiben Ideen, die durchaus auch an anderer Stelle platziert werden könnten. Einerseits wird die Karte der Stadt dadurch zu einer Darstellungsform der Weltordnung umfunktioniert, die dem normalen System eines Buches oder einer Bibliothek weit überlegen ist, denn sie wird mehrdimensional. Andererseits zeigen die Schlagwörter der Enzyklopädie die Willkürlichkeit eines Stadtplans als Zeichensystem, mit dem sich alles Mögliche darstellen lässt – und nur unter anderem eine Stadt.

Stephanie Bunk

City as a Map (of Ideas), 2003

Matt Mullican's *City as a Map (of Ideas)*, 2003, consists of a regular Hamburg city map that the artist has covered with a sheet of transparent paper and inscribed with a systematic ordering of the world that he derived from an encyclopedia. The central categories according to which the world is organized here are: »Universe,« »Earth,« »Life on Earth,« »History & Culture,« »Man,« »Man & Science« and »Time Chart.« Mullican assigns these to areas of the city that are at variance with its regular divisions, for example by dividing it into four quarters. Yet geographical features are not completely ignored. The River Alster, for instance, and the label »Life on Earth« coincide. Mullican follows this strategy through, refining the detail as he goes. Dividing the city up into arbitrary zones and increasingly small units, organizing it into tableaux and furnishing these with increasingly detailed encyclopedia excerpts, he literally spins the city out into threads. Streets turn into blocks of buildings, blocks into individual buildings. The inscriptions persist as well, every building in the nominally final photographic image in the exhibition being assigned a concept.

Mullican takes us on a journey to the heart of the possible, from the city as biosphere to the actual spaces within it where life unfolds as movement from room to room. The provisional nature of his inscriptions is conveyed by the Post-it notes and transparent paper on which they are made. They remain ideas that could just as well be differently positioned. In this way the city map is turned, on the one hand, into a mode of representing the world order that is far superior to the regular system of a book or a library, being multidimensional. On the other hand, the encyclopedia categories bring out just how arbitrary the city map as a system of signs is, seeing that it can be used to represent anything possible including, among other things, a city.

Stephanie Bunk

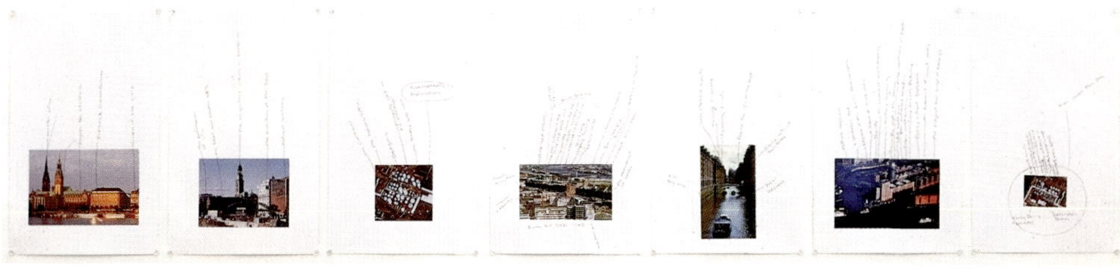

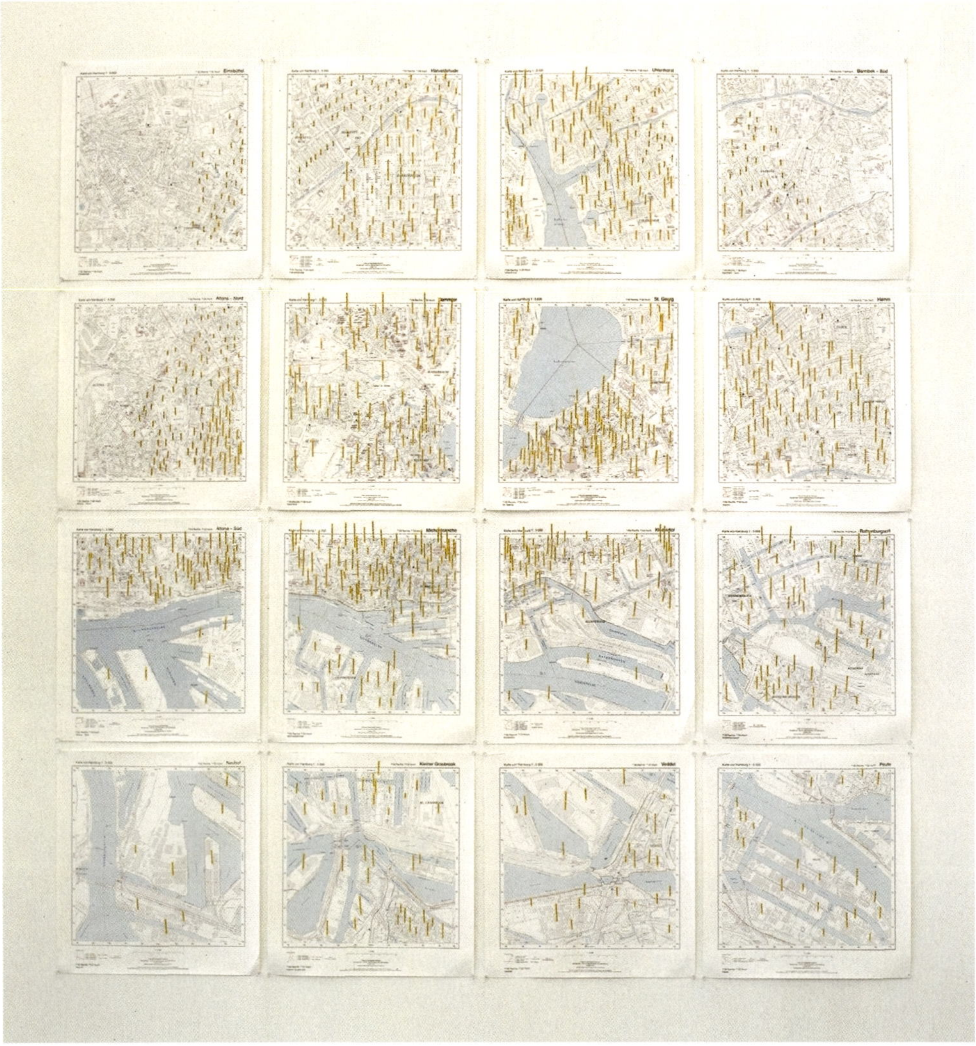

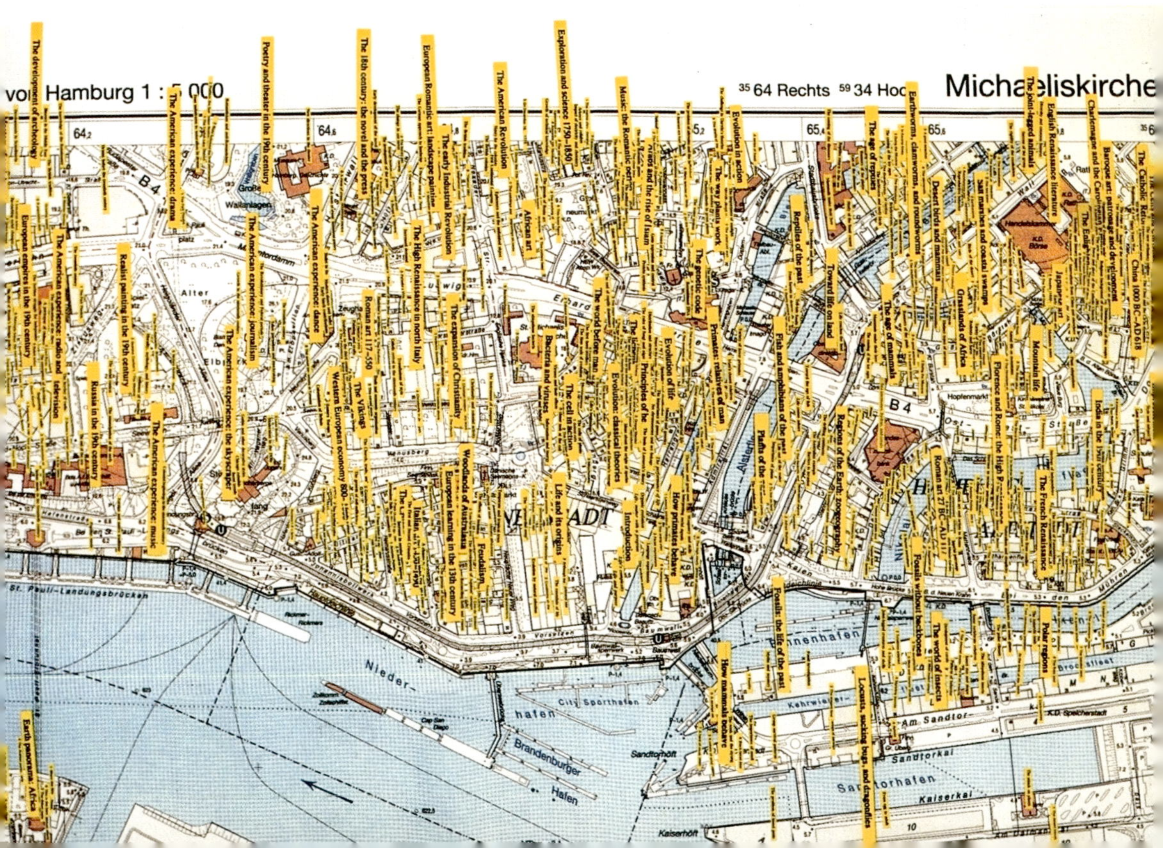
von Hamburg 1 : 5 000
35 64 Rechts 59 34 Hoc
Michaeliskirche
The development of archeology
Poetry and theater in the 19th century
The 18th century: the novel and the press
European Romantic art: landscape painting
Exploration and science 1750–1850
The American Revolution
Music: the Romantic era
The early Industrial Revolution
The American experience: drama
The American experience: journalism
The American experience: dance
The American experience: the skyscraper
The American experience: music
The American experience: radio and television
European empires in the 19th century
Realist painting in the 19th century
Russia in the 19th century
The High Renaissance in north Italy
Roman art 117–550
The Vikings
Western European economy 800–
The expansion of Christianity
African art
The world before man
Bacteria and viruses
The cell in action
Life and its origins
Evolution: classical theories
Evolution of life
Principles of life
Primate relatives of man
The genetic code
How primates behave
Introduction
Woodlands of Australasia
European learning in the 13th century
Feudalism
Evolution in action
The way plants work
Reptiles of the past
Toward life on land
Fish and amphibians of the past
Regions of the Earth: zoogeography
Paths of the past
Fossils: the life of the past
How mammals behave
Locusts, sucking bugs and dragonflies
The age of reptiles
Earthworms, clamworms, and roundworms
The age of mammals
Desert birds and mammals
Salt marshes and coastal swamps
Grasslands of Africa
The jointlegged animals
English Renaissance literature
Charlemagne and the Carolingian
Baroque art: patronage and development
China 1000 BC–AD 618
Mountain life
Florence and Rome: the High Renaissance
Roman art 27 BC–AD 117
The French Renaissance
India in the 19th century
Fossils without backbones
The world of insects
Polar regions
Earth panorama: Africa
Alter
Wallanlagen
Große
B 4
Hopfenmarkt
Nieder-
hafen
City Sporthafen
Brandenburger
Hafen
Sandtorhöft
Kaiserhöft
Am Sandtor-
Sandtorkai
Sandtorhafen
Kaiserkai
St. Pauli-Landungsbrücken
Kehrwieder
Börse
Handelskammer

Nils Norman

1 _ *50.000 Abenteuerspielplätze für Hamburg*, 2003, Installationsansicht
_ *50.000 Adventure Playgrounds for Hamburg*, 2003, installation view

2 _ *Mögliche Ausführung. 50.000 Abenteuerspielplätze für Hamburg*, 2004, Digitalzeichnung
_ *Possible detail. 50.000 Adventure Playgrounds for Hamburg*, 2004, digital drawing

3 _ *50.000 Abenteuerspielplätze für Hamburg*, 2003
_ *50.000 Adventure Playgrounds for Hamburg*, 2003

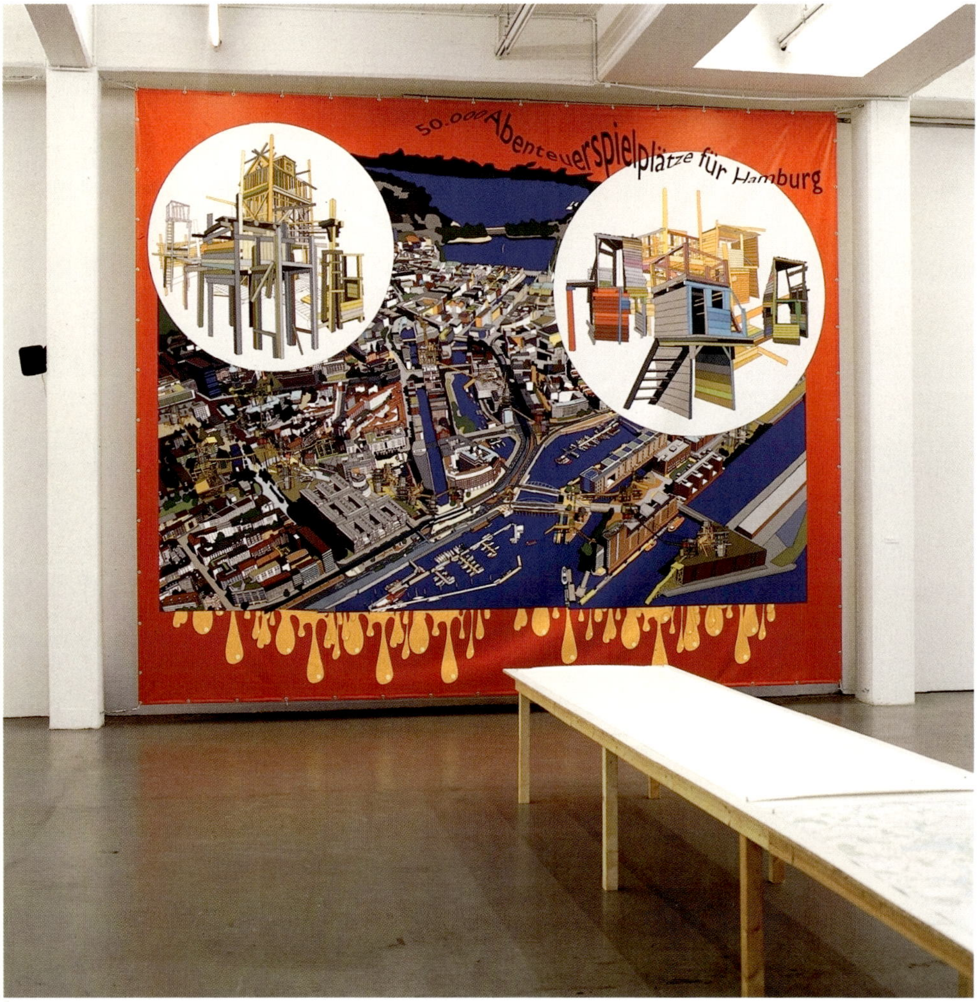

1

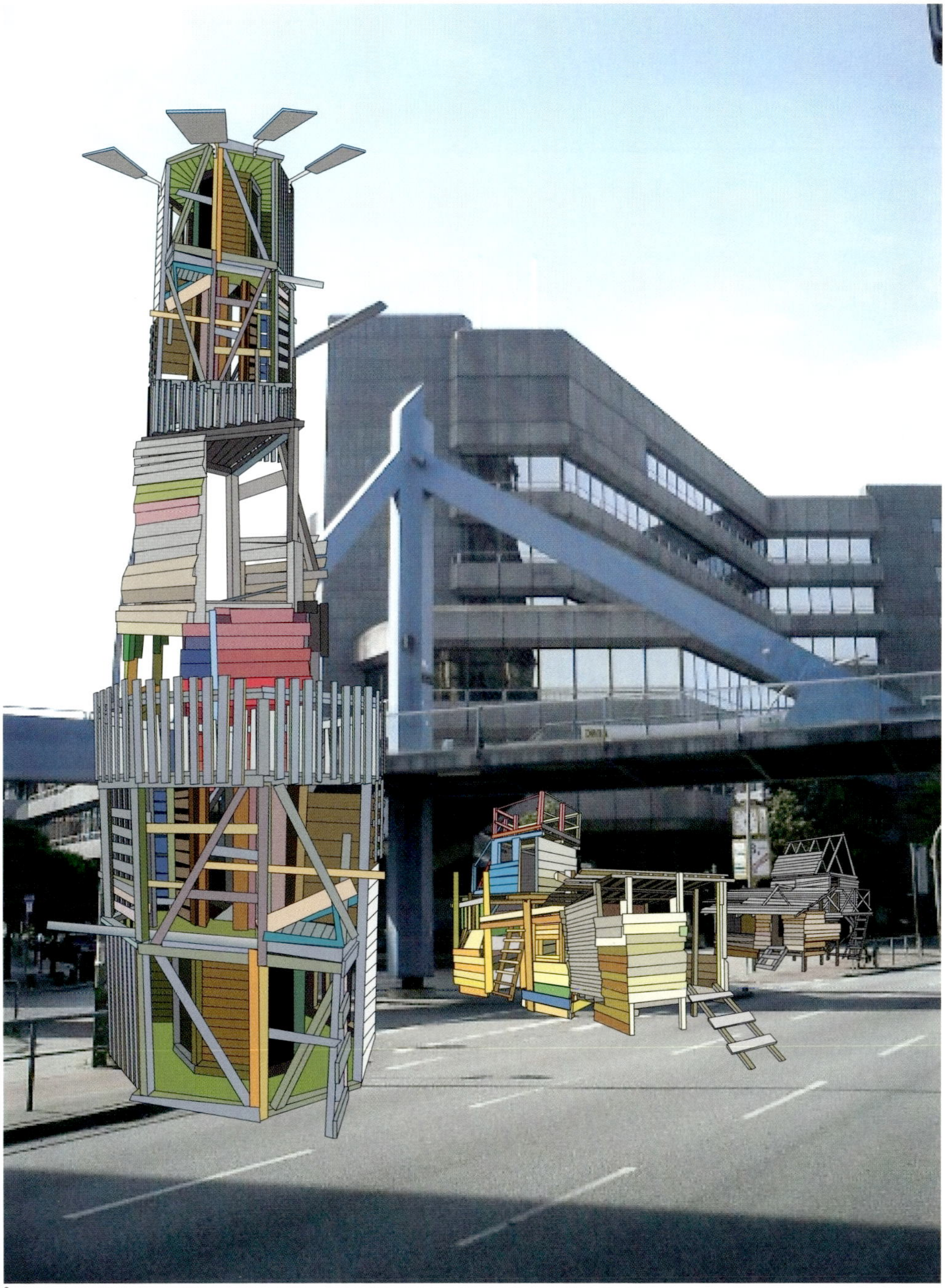

2

50.00

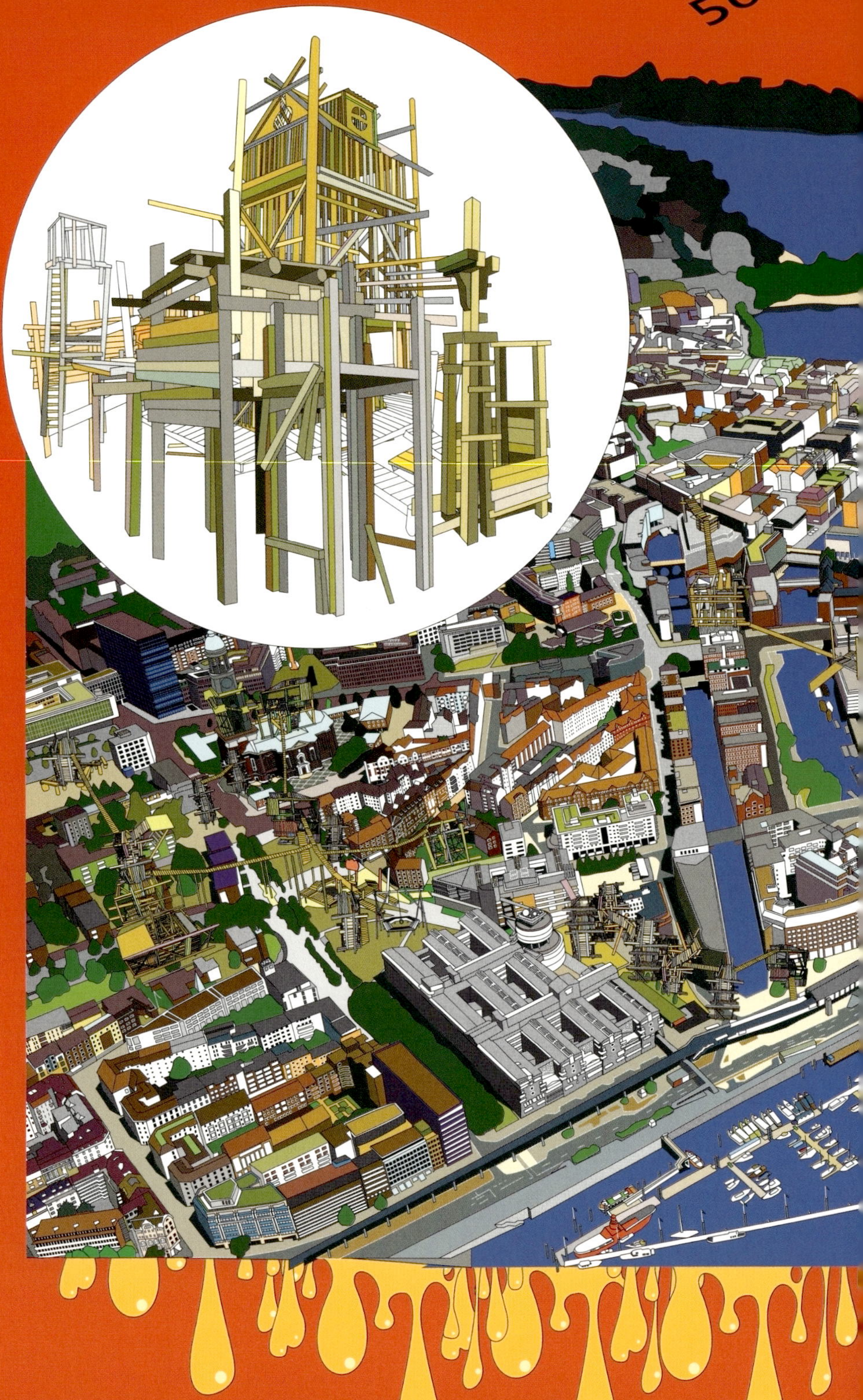

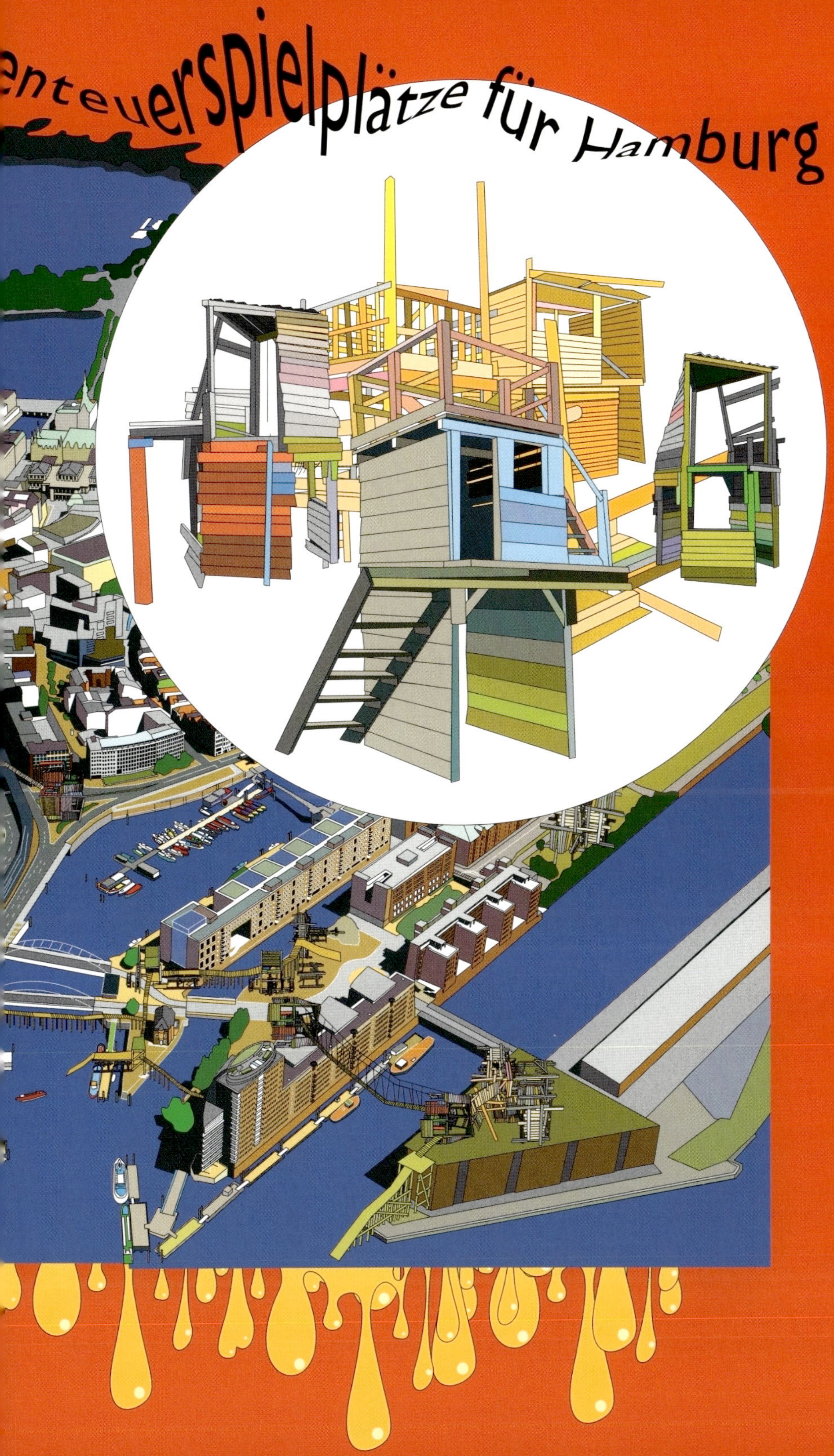
enteuerspielplätze für Hamburg

Patrick Rieve

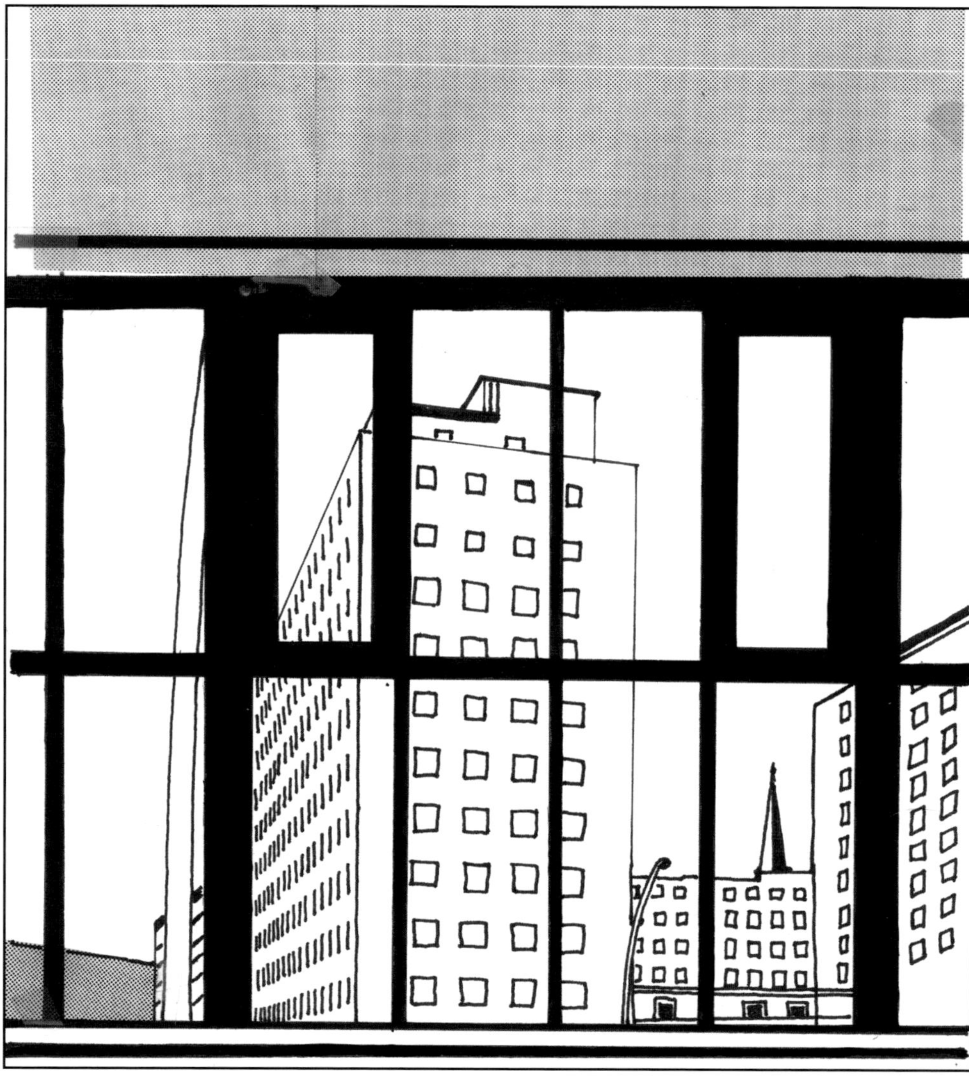

Was gute Comics auszeichnet, ist die Fähigkeit, Alltägliches zu transferieren und in nur wenigen, nachvollziehbaren Bildern eine eigene Welt zu erschaffen. Patrick Rieve schätzt diese Qualität und wendet sie nicht nur in formaler Hinsicht immer wieder auf seine künstlerische Arbeit an.

In seinem Projekt *It had to be Murder*[1] nähert er sich dem vertrauten Umfeld der Hamburger Innenstadt, indem er in die Rolle eines Hecken- oder Scharfschützen, eines Snipers schlüpft und die idealen Stellen ausmacht, von denen man auf die Galerie für Landschaftskunst und den Kunstverein anlegen könnte. Nicht aus einer kanalisierten Aggression den jeweiligen Ausstellungsorten gegenüber oder mit der Geschichte einer institutionskritischen Kunst im Hinterkopf, sondern mit dem Gedanken an diese besondere Form der Raumaneignung, Raumeroberung, die sich unter einer bestimmten Zielsetzung auf dezidierte Aspekte wie die der Entfernung, des unverstellten Blicks, des Schusswinkels und der Spurensicherung konzentriert.

Seine Ergebnisse präsentiert er mittels Tuschezeichnung, Collage und Fotografie. Mit Detailgenauigkeit und beständigem Wechsel zwischen Außen- und Innenperspektive entwickeln sie einen eigenen Kosmos des kontrollierenden Blicks, in dem der Betrachter unterschiedliche Rollen übernimmt. Mal ist er angesichts von vermessenden Übersichtskarten der neutrale Außenstehende, mal wird er zum imaginären Täter und Planer, der von außen das Gelände sondiert, und mal zum potenziellen Opfer, das sich in den Ausstellungsräumen wie auf einem Präsentierteller bewegt.

Janneke de Vries

1 Der Titel nimmt Bezug auf die literarische Vorlage des Hitchcock-Klassikers *Das Fenster zum Hof (Rear Window)* von William Irish (Pseudonym: Cornell Woolrich), »It Had to Be Murder«, in: *Dime Detective*, Februar 1942.

What makes a good comic strip is its ability to take everyday materials and to create from them a unique world in just a few, accessible pictures. Patrick Rieve values this quality and repeatedly makes use of it in his artistic work, not just from a formal point of view.

In his project *It had to be Murder*[1] he approaches the familiar territory of downtown Hamburg, assuming the role of a marksman or sniper to seek out the ideal locations from which sights can be trained on the Galerie für Landschaftskunst and the Kunstverein. Not from any aggressive tendencies directed against these two exhibition places or with a side-glance at the history of an art of institutional critique, but with that form of spatial appropriation in mind that homes in on its particular targets by focusing definite aspects such as distance, unimpeded view, firing angle and the securing of evidence.

The results are presented in ink drawings, collages and photographs. Precise, detailed and constantly switching between outer and inner viewpoints, they elaborate a unique cosmos of visual control in which the viewer fills different roles. Sometimes, faced with the detached viewpoint of outline maps, he is the neutral outsider; sometimes he is the imaginary plotter and perpetrator, probing the lie of the land from outside; and sometimes he is the potential victim, exposed to view as he moves round the exhibition rooms.

Janneke de Vries

1 The title comes from the story on which the Hitchcock classic *Rear Window* was based: William Irish (pseudonym: Cornell Woolrich), »It Had to Be Murder,« in *Dime Detective*, February 1942.

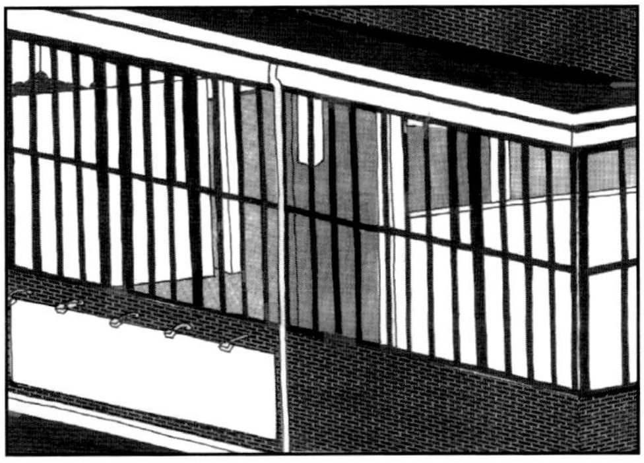

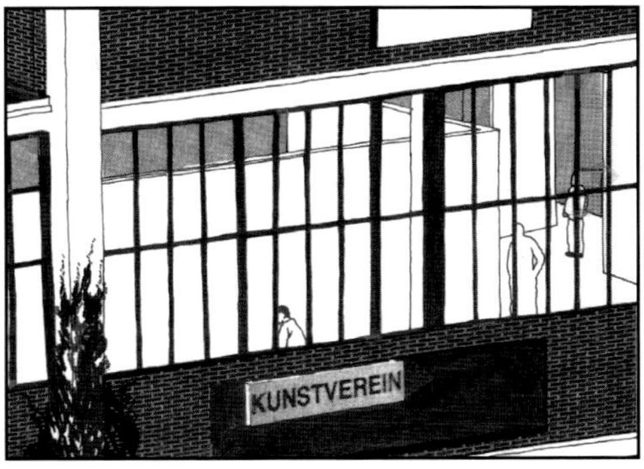

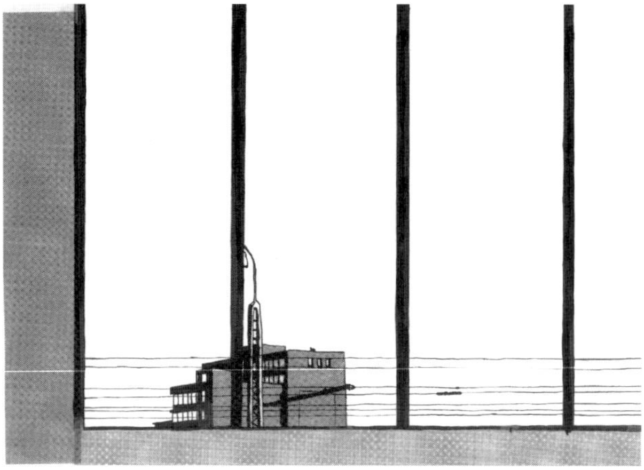

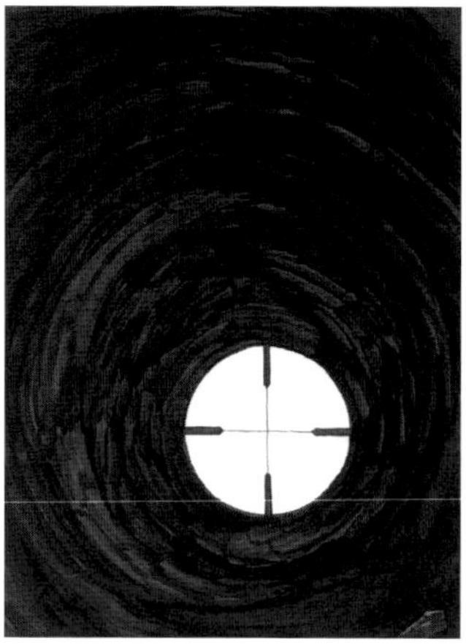

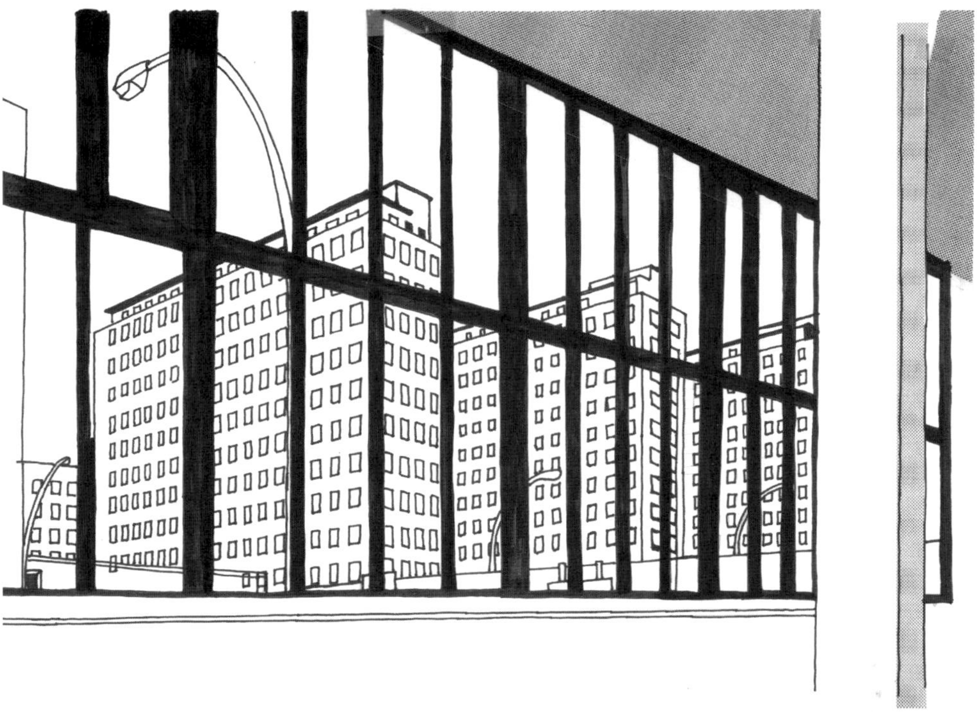

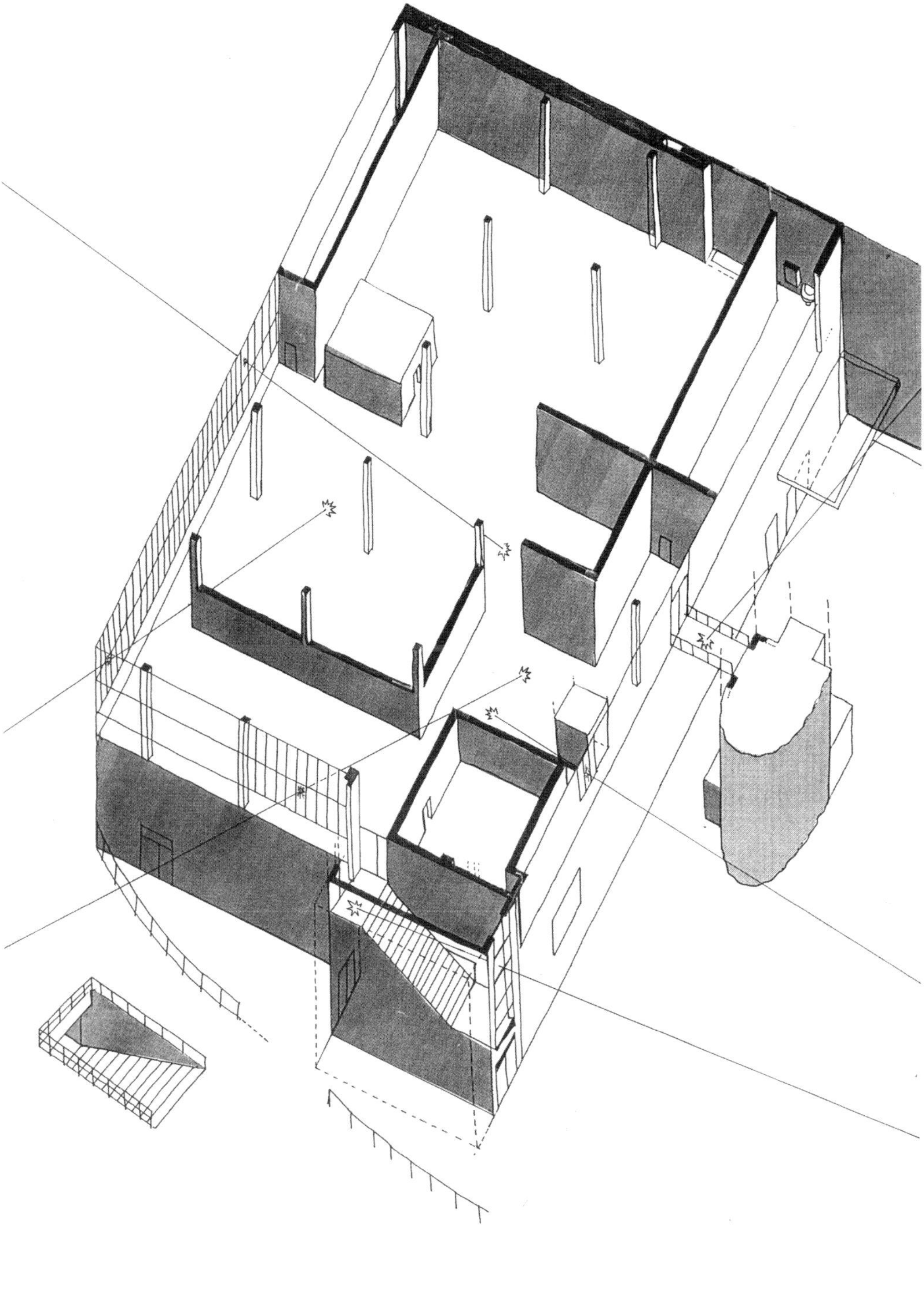

Malte Urbschat

Vertrauen ist gut, Kontrolle ist besser. Und am besten ist nach Malte Urbschat offenbar die Kontrolle der Kontrolle. Für sein Projekt *watching u watching me* überwacht er die Aktivitäten großer Hamburger Sicherheitsdienste – legt sich auf die Lauer, beobachtet, vermerkt, vollzieht nach, zeichnet auf und fotografiert. Das daraus entstandene Material (Beobachtungsnotizen, Ausdrucke von Internetrecherchen, Promotionhefte von Unternehmen, Übersichtskarten, Fotografien der Observationshilfen wie Unterstände und Mietwagen, schriftliche Protokolle u.ä.) wurde auf drei Wänden in der Ausstellung präsentiert, in deren Verlauf vervollständigt und wird auch nach ihrem Ende weiter fortgeführt.

Die Banalität der von Urbschat observierten Handlungen stellt den Sinn von Überwachung und deren Form der Raumaneignung nachhaltig in Frage. Wer wann wo Revierdienst schiebt, Kollegen auf einen Kaffee trifft, sich Zigaretten kauft oder eine rote Ampel überfährt, alles wird sorgfältig protokolliert. Der Betrachter wird auch Zeuge gänzlich absurder Verfolgungsjagden quer durch die Stadt, in denen der Künstler – immer in wechselnden Autos, um die eigene Tarnung nicht aufzugeben – sein Objekt aus den Augen verliert, um es ein paar Ecken weiter an der nächsten Tankstelle wieder einzuholen.

Urbschat dreht die Spirale unseres Wunsches nach Sicherheit im urbanen Raum und der damit einhergehenden Durchleuchtung nahezu aller städtischen Bereiche konsequent weiter, um sie zu über-drehen. Die Gegenüberwachung der Überwachung, die Gegenkontrolle der Kontrolle führen ad absurdum, was im Alltag von Grundbedürfnis in Wahn umschlagen kann.

Janneke de Vries

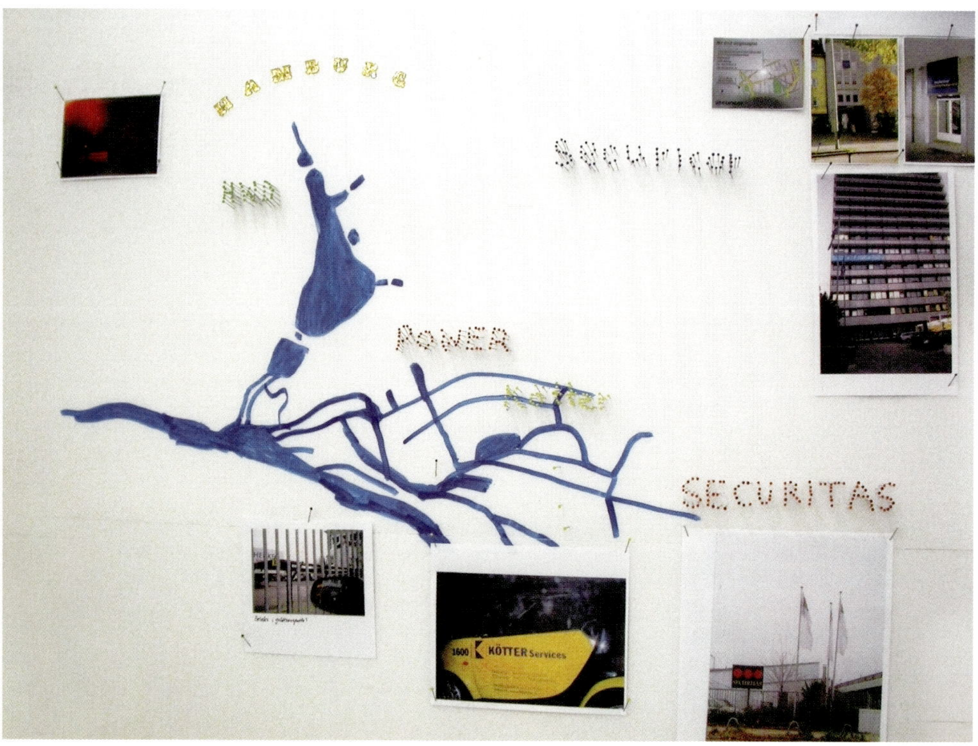

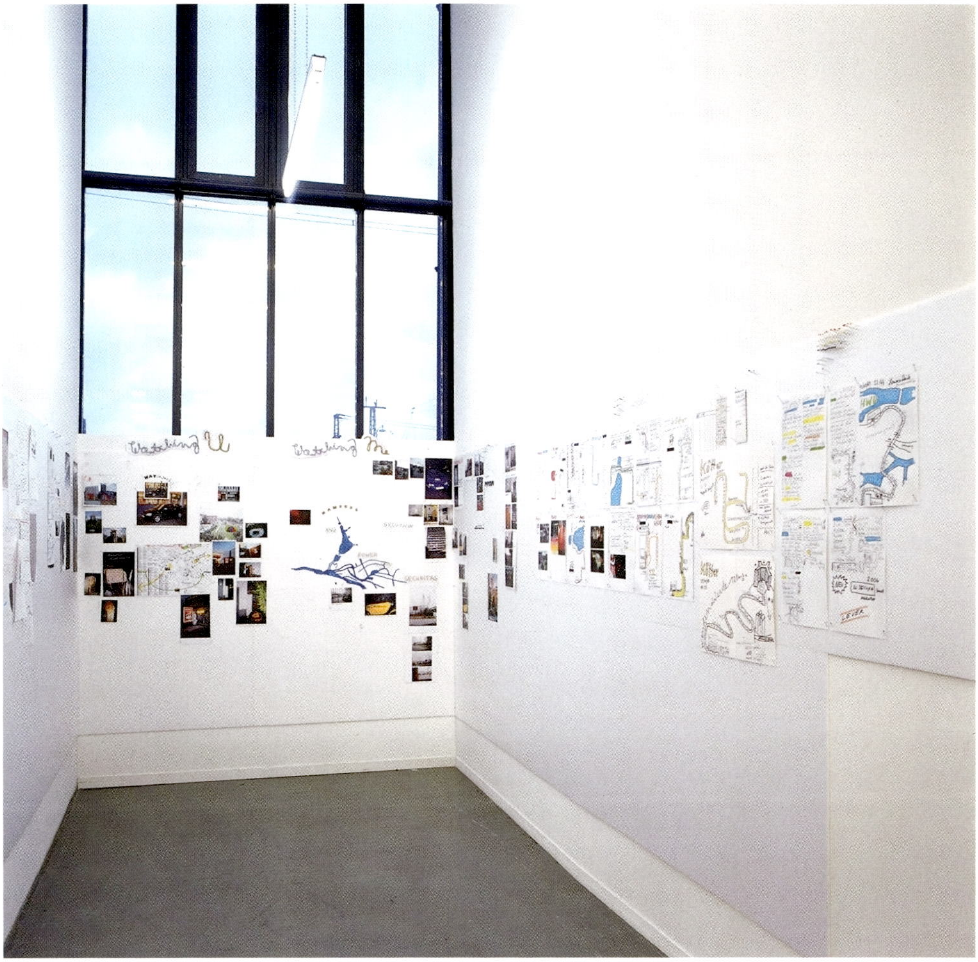

Trust is good, but control is better. And best of all in the view of Malte Urbschat, evidently, is control of control. For his project *watching u watching me* he monitored the activities of some big Hamburg security agencies – lying in wait, watching, note-taking, reconstructing, making sketches and taking photos. The resultant materials, (observational notes, Internet search print-outs, promotion material of the companies, outline maps, photographs of observational tools such as shelters and hire cars, handwritten documents and so forth) exhibited on three walls, were completed in the course of the exhibition, and will continue to be supplemented after it was finished.

The sheer banality of the events observed by Urbschat raises grave doubts as to the sense of surveillance and its idea of spatial appropriation. Who is on duty where and when, who meets whom for coffee, who buys cigarettes or drives through a red light: everything is meticulously recorded. Viewers also witness completely absurd cross-city chases in which the artist, constantly changing cars to preserve his incognito, loses the trail only to pick it up again a few blocks on at the next gas station.

Urbschat takes our growing desire for security in urban space, and the attendant surveillance of almost every urban location, several degrees further and, ultimately, over the top. His countersurveillance of surveillance and countercontrol of control are a reductio ad absurdum – in everyday life the difference between a basic need and a mania.

Janneke de Vries

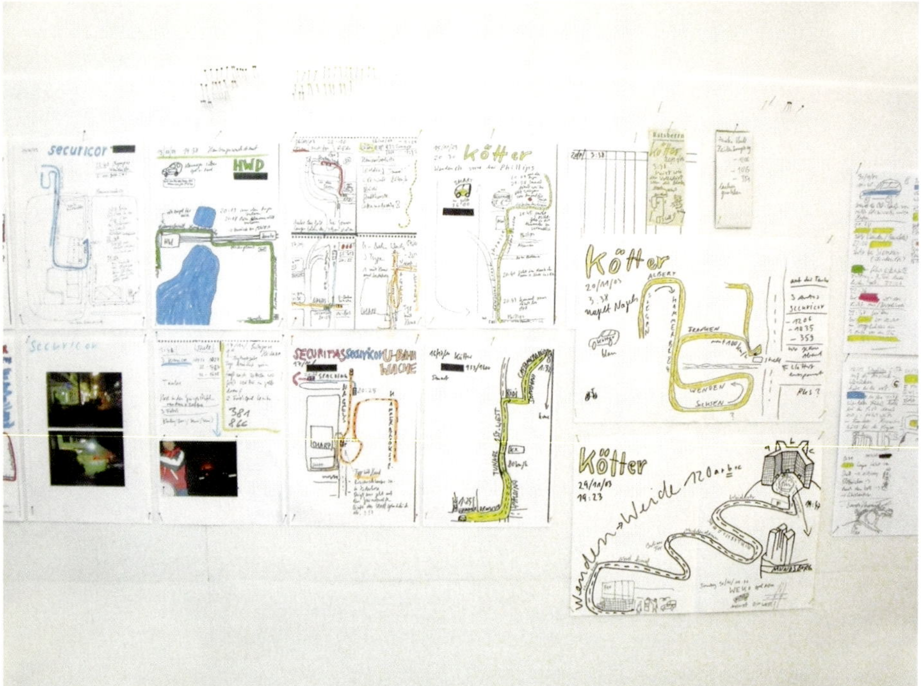
securicor
HWD
Kötter
Kötter
Kötter
Wenden → Weide

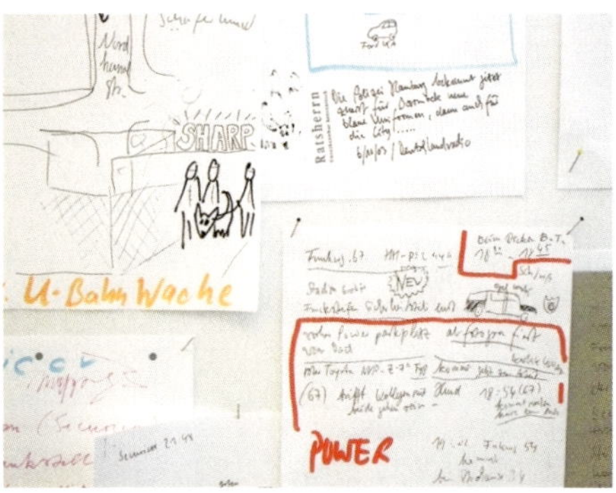
SHARP
Ratsherrn
U-Bahn Wache
POWER

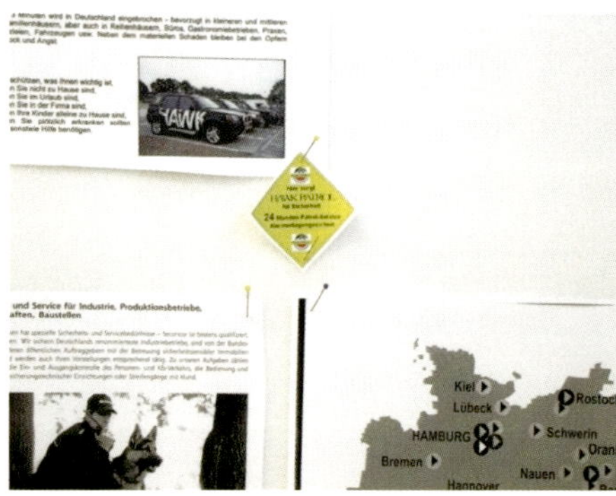
und Service für Industrie, Produktionsbetriebe,
Kiel
Rostock
Lübeck
HAMBURG
Schwerin
Bremen
Nauen
Hannover

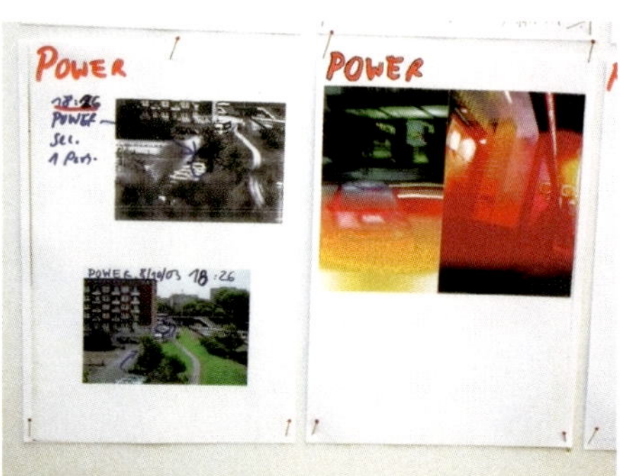
POWER
POWER

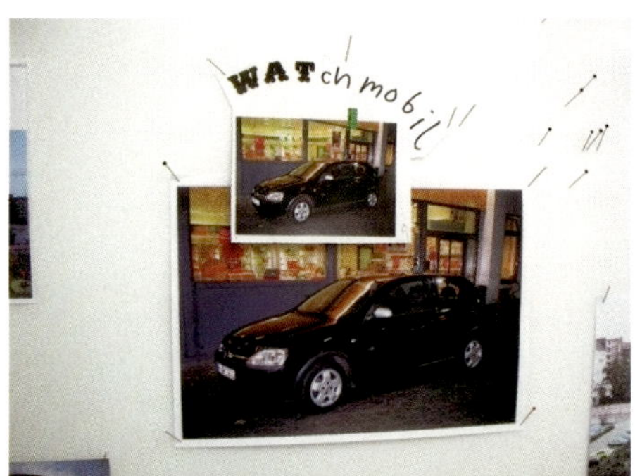
WATchmobil

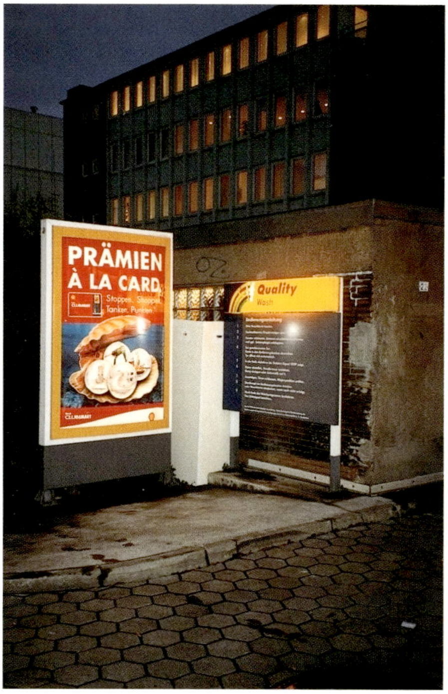
PRÄMIEN
À LA CARD
Quality
Wash

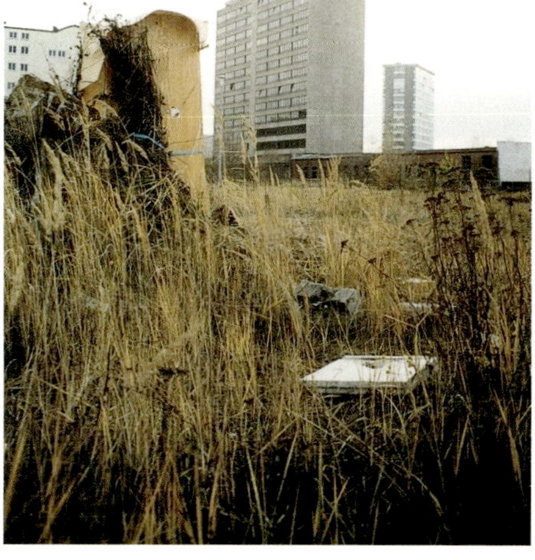

Mark Wehrmann

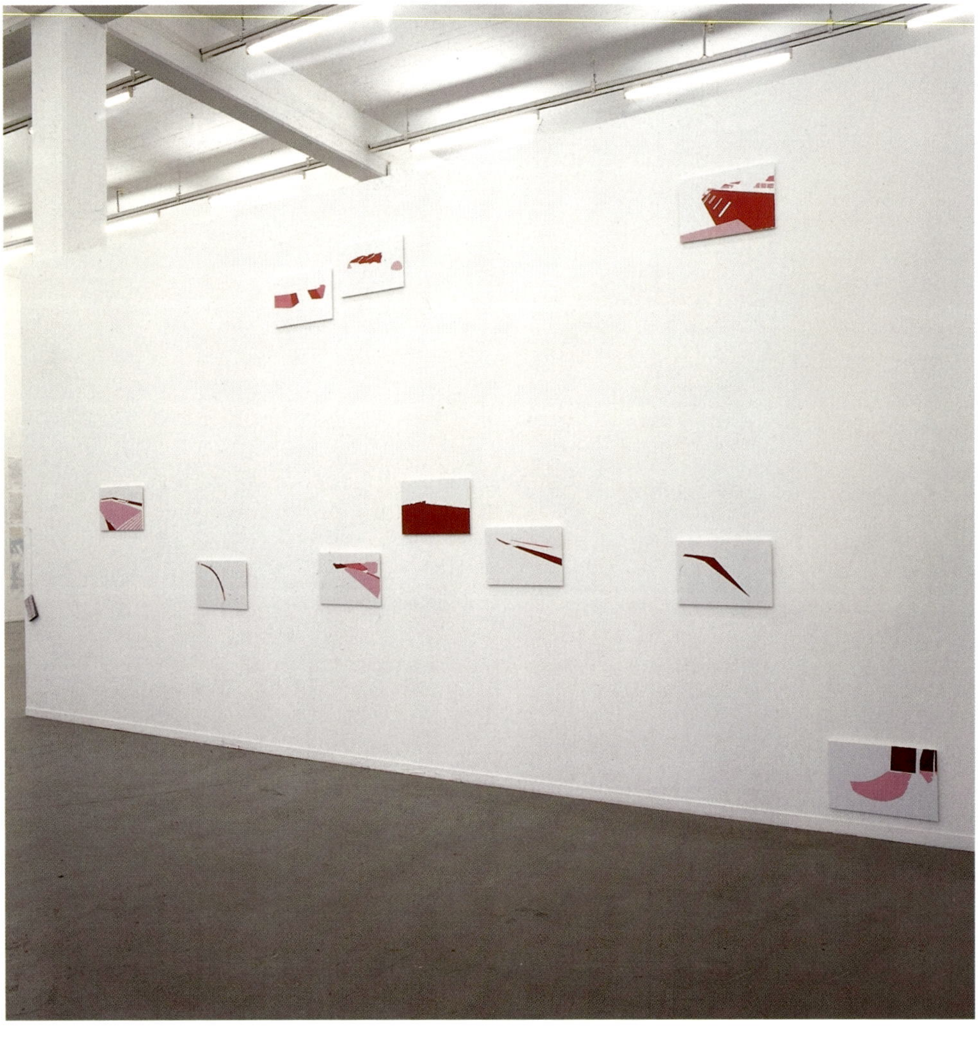

Rollflächen

»The skateboard run is conducted in relation to zero degree architecture, using its textural and objectival qualities to create a new appropriative rhythm distinct from the routinized, meaningless, passive experiences which it usually enforces...«[1]

Der Titel des Buches *Skateboarding, Space and the City* von Ian Borden ist programmatisch. Im Zentrum der Analyse des Architekturkritikers steht die Raumerfahrung und Wahrnehmung von Stadt, die Skateboarding im Kontext städtischer Architektur hervorbringt – eine teilweise sehr subjektive Wahrnehmung, die von der Suche nach befahrbaren Orten, so genannten Skatespots, und deren spielerisch-kreativer Aneignung in Form unterschiedlicher Tricks geprägt ist. Von Interesse sind die Texturen der Stadt, insbesondere der modernen (Innen-)Stadt mit ihrer Vielzahl repräsentativer und funktioneller Elemente, deren architektonisches Charakteristikum Borden mit dem Begriff der »zero-degree architecture« zu fassen versucht. Erst das Befahren mit Skateboards, so die These des Buches,– und man könnte mit Blick auf die Arbeit von Mark Wehrmann hinzufügen: das Befahren mit BMX- und Trialrädern – bietet einen privilegierten Zugang und quasi die Aufschlüsselung eines derartig architektonisch strukturierten Raums.

Das amerikanische Skateboard-Magazin *Thrasher* hat in seiner Ausgabe vom Januar 2004 eine Kategorisierung benutzbarer Stadtarchitektur vorgenommen, die sich u.a. in die Bereiche »flatland«, »ledges«, »stairs«, »rails«, »hydrants« und »gaps« unterteilt.[2] Diese Fragmentierung von städtischem Raum ist dabei Voraussetzung für einen Akt der Rekombination und Rekomposition, bei der jeder Ort für sich eine individuelle Herausforderung darstellt und unterschiedliche Aneignungs- und Erfahrungsmöglichkeiten anbietet. Editierendes Werkzeug ist hier der sich bewegende Körper sowie, so Borden, ein »mental knowledge composed of highly detailed local knowledge about dispersed places, micro-architectures and accesible times«.[3] Aus dieser Mikroperspektive zeigt sich Stadt als Abfolge räumlicher und temporaler Rhythmen. Auf dem mit anderen Nutzern gefüllten Bürgersteig die freien Lücken zu finden, um mit erhöhter Geschwindigkeit die Stadt zu durchqueren, an Plätzen, an denen andere nur vorbei eilen, stundenlang verweilen oder sich an bestimmten Orten vor allem dann aufhalten, wenn andere es nicht tun, wie etwa an einer Bank an der Bushaltestelle jenseits der Rush Hour und einem innerstädtischen Einkaufsgebäude außerhalb seiner Öffnungszeiten – all dies setzt ein Wissen über die räum-

1 Ian Borden, *Skateboarding, Space and the City*, Oxford, New York 2001, S. 200.

2 *Thrasher*, Nr. 76, Januar 2004.

3 Borden, a.a.O., S. 223.

Rollflächen (Rolling Spots)

»The skateboard run is conducted in relation to zero degree architecture, using its textural and objectival qualities to create a new appropriative rhythm distinct from the routinized, meaningless, passive experiences which it usually enforces ...« [1]

Architectural historian and urban commentator Ian Borden's book *Skateboarding, Space and the City* has a programmatic title. Central to his analysis are the experience of space and urban perception occasioned by skateboarding in the context of urban architecture – an in part highly subjective experience shaped by the quest for suitable skateboarding sites, so-called skatespots, and their creative/playful appropriation in the form of various tricks. City textures are of interest here, especially those of the modern city (center) with its wealth of representative and functional elements that are indicated by Borden's concept of »zero degree architecture.« The argument of Borden's book is that only experiencing a place on skateboard – and with an eye to Mark Wehrmann's work one might add BMX and Trial bikes – provides privileged access and, as it were, the key to such architecturally structured space.

In its January 2004 issue, the American skateboarding magazine *Thrasher* undertook a survey of usable urban architecture breaking it down into areas like »flatland,» »ledges,« »stairs,« »rails,« »hydrants« and »gaps.«[2] Such fragmentation of urban space is a precondition for its recombination and recomposition, whereby every site poses its individual challenge, offering different possible ways for its appropriation and experience. The editing tool here is the body in motion, combined with, in Borden's words, a »mental knowledge composed of highly detailed local knowledge about dispersed places, micro-architectures and accessible times.«[3] Seen from this micro-perspective, the city is a sequence of spatial and temporal rhythms. Threading one's way down a sidewalk full of pedestrians in order to cross the city at increased speed; spending hours on squares that others only hurry across; or using certain places at precisely the times when others don't use them, a bus-stop bench outside the rush hour for instance or a downtown shopping mall late in the evening – all these presuppose a knowledge of the city's spatial contours and its regular temporal patterns, a sensory mapping of its everyday proportions.

Particularly important here is knowledge regarding the plastic elements of architecture – knowledge that derives from an experience of surfaces and their material, tactile

1 Ian Borden, *Skateboarding, Space and the City* (Oxford, New York, 2001) p. 200.

2 *Thrasher*, no. 76, January 2004.

3 Borden, op. cit., p. 223.

Ralf Weißleder

Ost-West-Straße, 2003

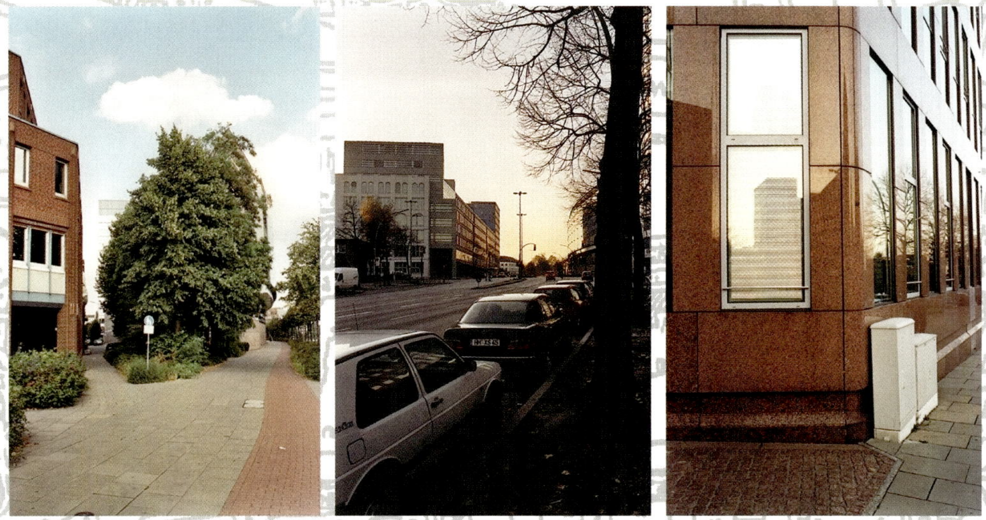

Situation 1: Zeughausmarkt – Michel

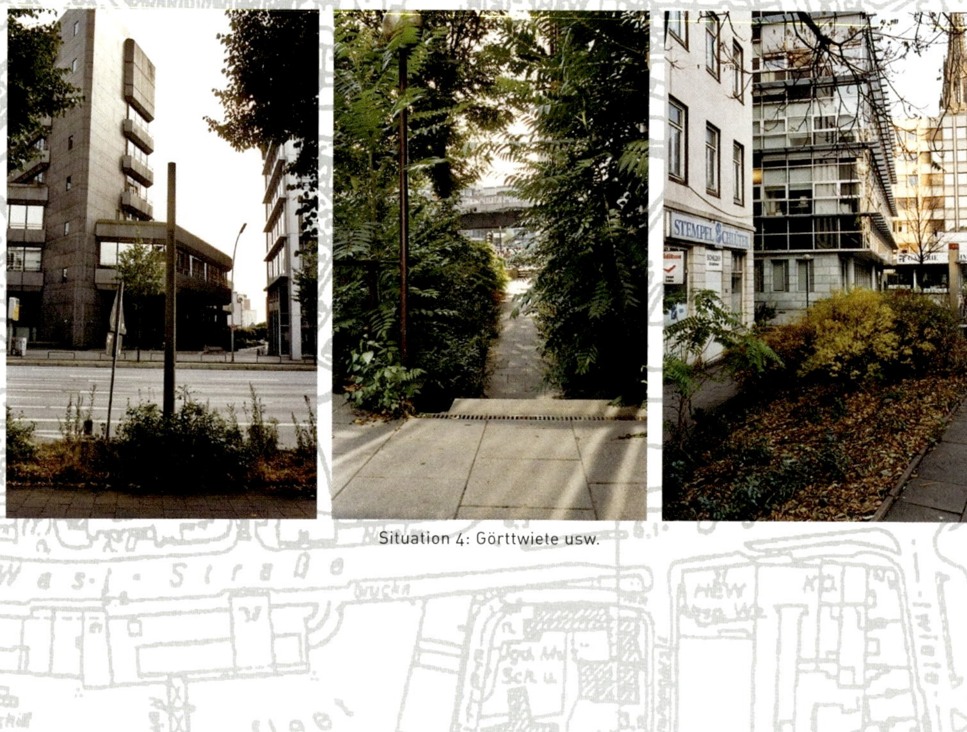

Situation 4: Görttwiete usw.

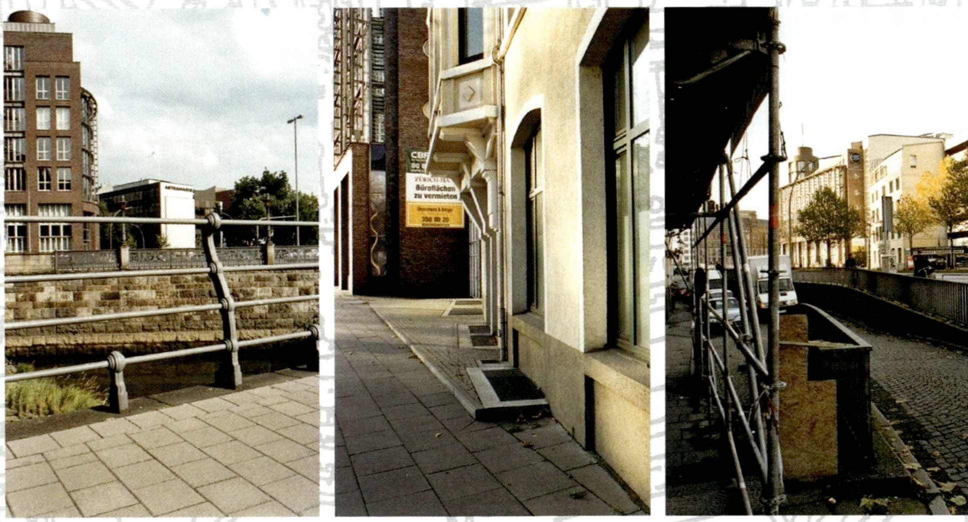

Situation 5: Zollenbrücke – Gröningerstraße

Malte Willms

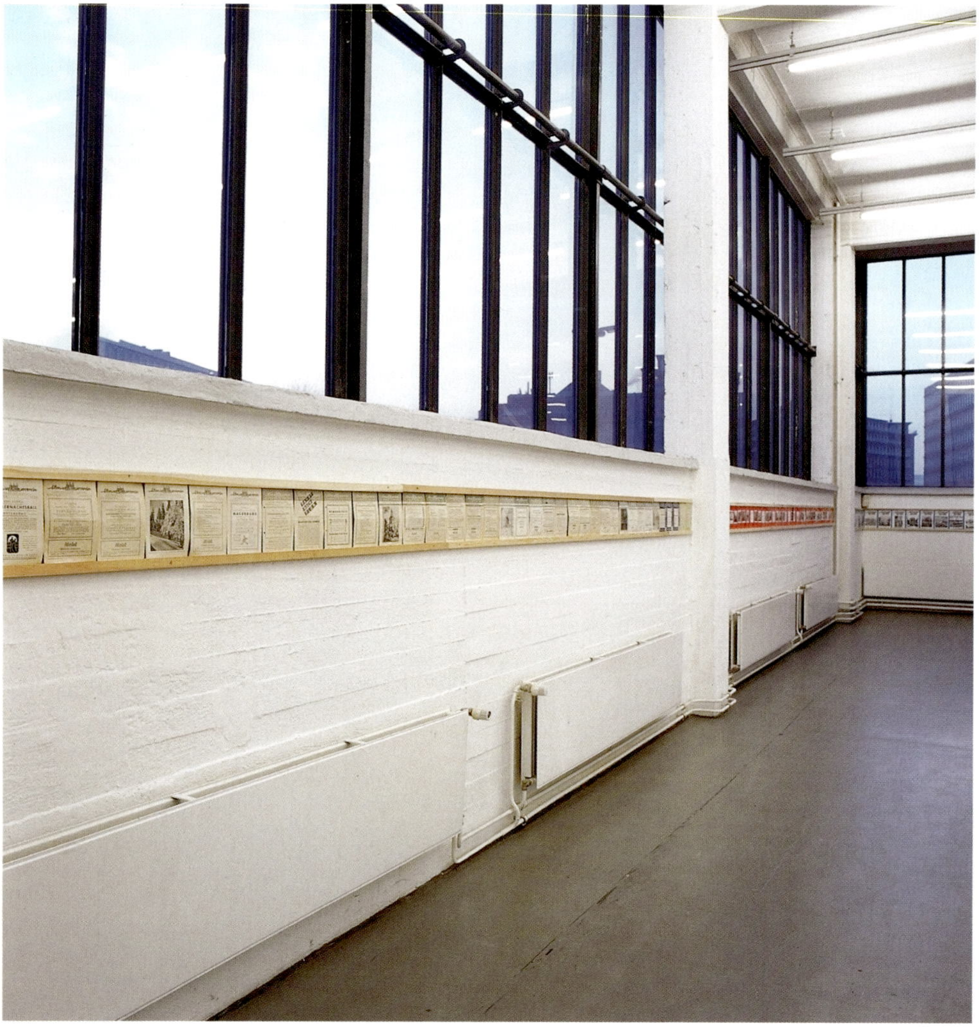

Unser Altona?

Projektansatz: Hamburg-Kartierung
Das Konzept sah vor, den Hamburger Stadtraum in Hinsicht auf verschiedene Modelle von partizipatorischer Stadtentwicklung hin zu untersuchen. Die bewusst weit gefasste Definition von Partizipation auf der einen und Stadtentwicklung auf der anderen Seite sollte es ermöglichen, sich dem Themenfeld aus einer offenen, nicht per se ideologisch geprägten Perspektive zu nähern.

Tour und Diskussion: *Vor Ort auf der Veddel – Partizipation im Stadtteil*
In einem Stadtteilrundgang wurde der Hamburger Stadtteil Veddel (ein ursprünglich sozialdemokratisches Arbeiterviertel, mittlerweile migrantisch geprägt) erkundet. Die für die Tour relevanten Aspekte waren staatliche und städtische Programme von Partizipation (wie soziale Stadtteilentwicklung, Armutsbekämpfungsprogramm) und die soziale Infrastruktur der Bewohner/innen. Mit den Teilnehmer/innen wurde vor Ort über Vorstellungen und Definitionen von Partizipation diskutiert. Eine für den weiteren Projektverlauf zentrale Frage lautete: Wer engagiert sich in welcher Form im eigenen urbanen Lebensumfeld?

Vortrag im Kunstverein: *Partizipatorische Praxis und Direkte Demokratie*
Der Vortrag thematisierte – vor dem Hintergrund aktueller politischer Entwicklungen in Hamburg (Bürgerbegehren gegen Bauwagenplätze, Volksbegehren für mehr Demokratie etc.) die eigene Auseinandersetzung in bisherigen Projekten mit den Fragen künstlerischer, partizipatorischer Praxis. Hierbei wurde der produktive Aspekt kooperativer und prozesshaft orientierter Kunstproduktion betont.

Ausstellungsbeitrag: *Unser Altona?*
Im eigenen Lebensumfeld der Altonaer Altstadt stieß ich auf die Monatszeitung *Unser Altona* des Altonaer Bürgervereins (ABV) von 1848. Diese war aufgrund stadtteilbezogener Themen (wie z.B. der Umgestaltung der Großen Bergstraße), aufgrund des Selbstverständnisses und Anspruches, Organ Altonaer Bürger/innen zu sein, und aufgrund der langen Geschichte für dieses Projekt interessant. Für die Ausstellung wurden in Absprache mit dem ABV-Vorsitzenden Wolfgang Vacano aus dem Fundus des Altonaer Stadtteilarchivs Monatshefte von 1949 bis 2003 als Material ausgewählt. In schlichter Reihung und unkommentiert wurde eine Chronologie dieser Publikation, seiner Titelseiten und somit seiner Themen und gestalterischen Entwicklung skizziert. Am Endpunkt der chronologischen Reihung konnten aktuellere Hefte und Publikationen des ABV, die sich mit der Vereinsgeschichte und dem Vereinsleben befassen, gelesen werden. Während der Ausstellungszeit wurde von Herrn Vacano ein Diavortrag mit dem Titel *Der Altonaer Bürgerverein von 1848. 155 Jahre Arbeiten und Wirken im Stadtteil* im Gemeindesaal der St. Petri Kirche (welche auch sonst vom ABV für Vereinsaktivitäten genutzt wird) in der Altonaer Altstadt gehalten.

Malte Willms

Our Altona?

Methodology: Hamburg-Kartierung
The concept was to investigate the urban space of Hamburg in relation to different models of participatory urban development. Definitions of participation, on the one hand, and of urban development, on the other, were kept wide in order to approach the subject as openly and with as few ideological preconceptions as possible.

Tour and Discussion: *Veddel Island – City District Participation*
A tour was conducted to explore the Hamburg city district of Veddel (originally a social democratic working-class area that now evinces migrant characteristics). Aspects relevant to the tour were participatory programs at federal and local levels (e.g. social development of the area, combating of poverty) and the social infrastructure of the residents. On-site discussions with tour-party members explored concepts and definitions of participation. A question central to the subsequent course of the project was who precisely involves themselves, and in what form, in their own urban milieu.

Kunstverein Lecture: *Participatory Practice and Direct Democracy*
Subject of the lecture – against the backdrop of current political developments in Hamburg (public petition against truck-home sites, petition for a referendum on direct democracy, etc.) – was the artist's involvement in previous projects with the issues of artistic, participatory practice. The productive aspect of cooperative and process-oriented art production was stressed.

Exhibition Contribution: *Our Altona?*
In my own urban district of Altona's historic downtown I came across the monthly periodical of the Altonaer Bürgerverein (ABV) *Unser Altona* of 1848. It interested me for several reasons – its handling of district-related topics such as the restructuring of the Grosse Bergstrasse, the way it matter-of-factly established itself as organ of the residents of Altona, and the project's lengthy history. Issues of the monthly periodical appearing between 1949–2003 were chosen for the exhibition from the Altona City District Archive by arrangement with Wolfgang Vacano, Chairman of the ABV. Set out in simple sequence, a chronological view of the publication, of its cover pages and hence topics, and of changes in design was thus sketched. ABV books and publications of more recent date dealing with the history and activities of the Association could be consulted at the end of the chronological section. During the exhibition, Herr Vacano gave a slide lecture titled *The Altona Citizens Association of 1848: 155 Years' Work and Impact* in the hall of the St. Petri church in downtown Altona, a regular venue for ABV activities.

Malte Willms

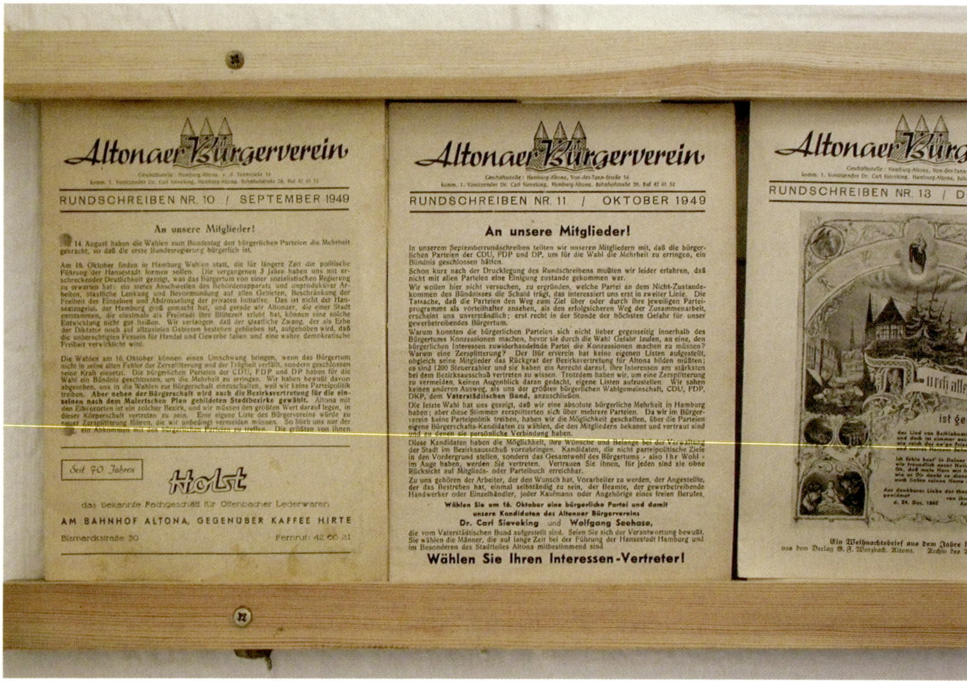
Altonaer Bürgerverein
RUNDSCHREIBEN NR. 10 / SEPTEMBER 1949
An unsere Mitglieder!
Seit 70 Jahren
Holst
das bekannte Fachgeschäft für Offenbacher Lederwaren
AM BAHNHOF ALTONA, GEGENÜBER KAFFEE HIRTE
Altonaer Bürgerverein
RUNDSCHREIBEN NR. 11 / OKTOBER 1949
An unsere Mitglieder!
Wählen Sie Ihren Interessen-Vertreter!
Altonaer Bürgerverein
RUNDSCHREIBEN NR. 13

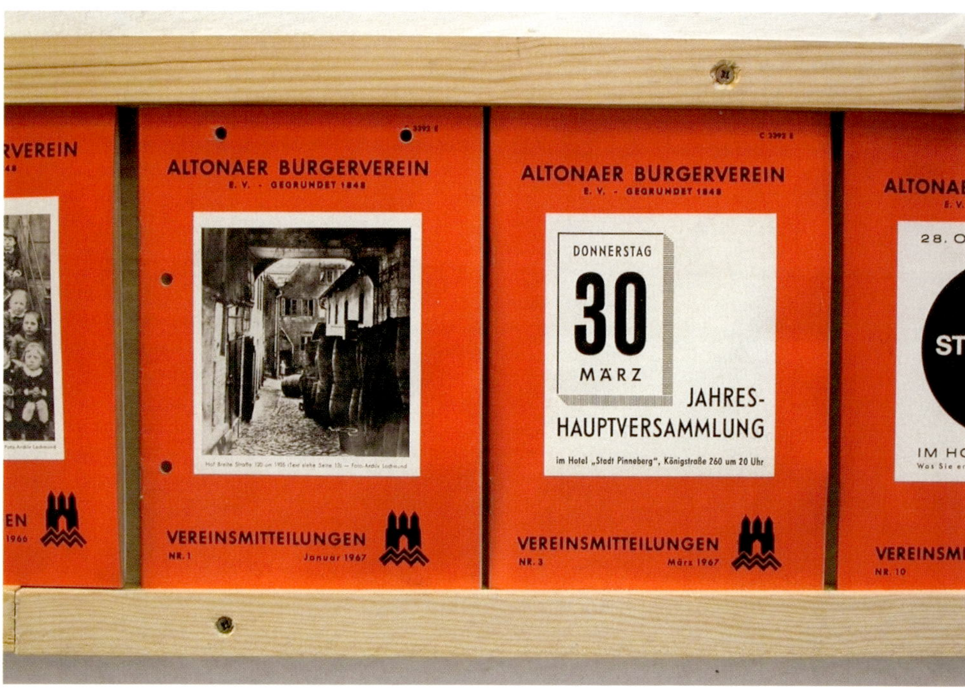
ALTONAER BÜRGERVEREIN
E. V. - GEGRÜNDET 1848
VEREINSMITTEILUNGEN
NR. 1 Januar 1967
ALTONAER BÜRGERVEREIN
E. V. - GEGRÜNDET 1848
DONNERSTAG
30
MÄRZ
JAHRES-
HAUPTVERSAMMLUNG
im Hotel „Stadt Pinneberg", Königstraße 260 um 20 Uhr
VEREINSMITTEILUNGEN
NR. 3 März 1967

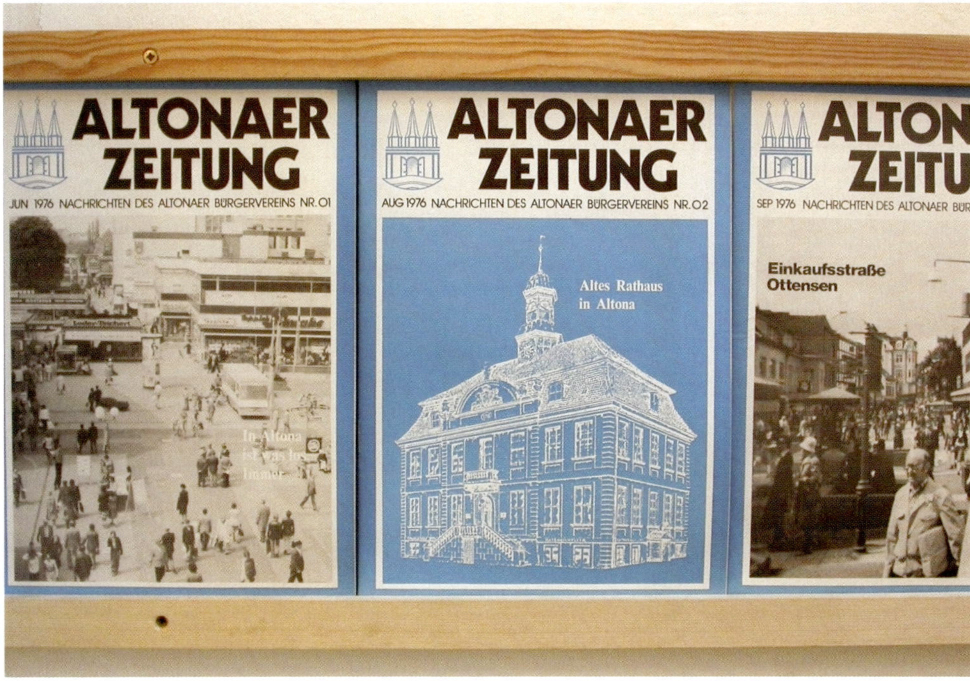
ALTONAER ZEITUNG
JUN 1976 NACHRICHTEN DES ALTONAER BÜRGERVEREINS NR.01
ALTONAER ZEITUNG
AUG 1976 NACHRICHTEN DES ALTONAER BÜRGERVEREINS NR.02
Altes Rathaus in Altona
Einkaufsstraße Ottensen

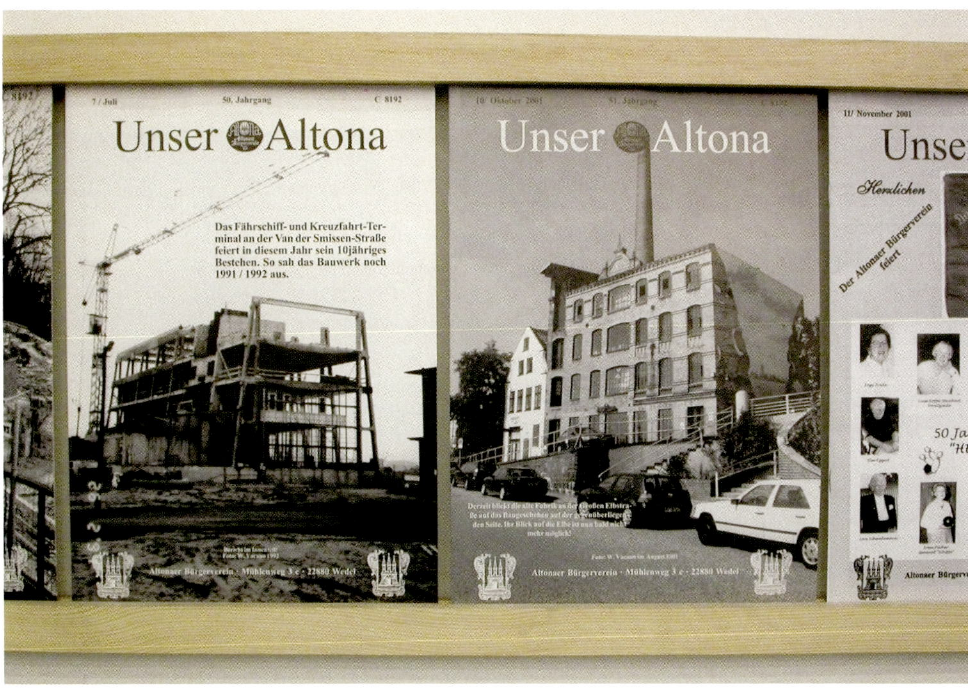
7 / Juli
50. Jahrgang
C 8192
Unser Altona
Das Fährschiff- und Kreuzfahrt-Terminal an der Van der Smissen-Straße feiert in diesem Jahr sein 10jähriges Bestehen. So sah das Bauwerk noch 1991 / 1992 aus.
Altonaer Bürgerverein · Mühlenweg 3 c · 22880 Wedel
Unser Altona
Altonaer Bürgerverein · Mühlenweg 3 c · 22880 Wedel
11/ November 2001
Herzlichen
Der Altonaer Bürgerverein feiert

Biografisches Biographical Notes

Biografien/Biographies

Bob Braine
*1963 in New York
lebt/lives in New York

Einzelausstellungen (Auswahl)/
Solo exhibitions (selection)
2002 *Fall to Fall*, Galerie für Landschaftskunst, Hamburg; *Hudson River Highline Benthic Reversal*, LaLuncheonette, New York **2001** *From De Realiteit to De Fantasie*, ACHK-De Paviljoens, Almere **2000** *3D Labrador, Lab of Graviton*, Hamburg; *Harlem River Duck Boat*, James Fuentes Gallery, New York **1999** *One Water*, Amelie A. Wallace Gallery, State University of New York **1998** *Personal Hydrographic Endeavors Along the River Elbe*, Altonaer Museum, Hamburg **1997** *North American Landscapes with Fauna*, Galerie für Landschaftskunst, Hamburg
1996 *Terrain Photographs*, Art Awareness Gallery, Lexington; *NY Animals in Hand*, Galerie für Landschaftskunst, Hamburg; *Bronx River Boat #2*, Galerie für Landschaftskunst, Hamburg

Gruppenausstellungen (Auswahl)/
Group exhibitions (selections)
2004 *Back from Nature. The Sportsman Redux*, Institute of Contemporary Art at Maine College of Art, Portland, Mass.; *For the Birds*, Artspace, New Haven
2003 *Travellers*, Islip Art Museum, Islip; *Mapping a City: Hamburg-Kartierung*, Kunstverein in Hamburg; *gegenwärtig: Feldforschung*, Hamburger Kunsthalle; *Imaging the River*, The Hudson River Museum, New York; *Feldversuche*, Westwendischer Kunstverein: *Gartow Territorries*, Art Space, New Haven; Galerie für Landschaftskunst, Hamburg
2002 *Video Correspondence*, Time & Space Limited, Hudson; *Concrete Jungle*, Gorney, Bravin and Lee, New York; *Museutopia*, Karl-Ernst-Osthaus-Museum, Hagen; *A Birds Eye View*, The Arch at Grand Army Plaza, Brooklyn
2001–2002 *Freshkills. Artists Respond to the Closure of the Staten Island Landfill*, Snug Harbor Cultural Center, Newhouse Center of Contemporary Art, New York
2001 *Welcome to the Playground of the Fearless*, Entroopy Gallery, Williamsburg, Brooklyn; *Forever Infinite*, Black Dragon Society, Los Angeles; *Changes Possible. Kunstprojekte in Kiel*, Stadt Museum Kiel; *Crossing the Line*, Queens Museum of Art, New York; *South Bronx Waterfront. Visions of the Urban Landscape*, The Adverse Possession Gallery, Bronx, New York; *Beyond City Limits*, Socrates Sculpture Park, Long Island City, New York; *The South Bronx Story*, The Point, New York; *War Games*, The Work Space, New York; *Braine, Guðjónsdóttir, Hüttner*, White Cube, Bergen

Stephanie Bunk
Stephanie Bunk lehrt am Fachbereich Kulturwissenschaften der Universität Lüneburg. Sie schreibt, kuratiert und legt Platten auf in Hamburg./Stephanie Bunk teaches in the field of cultural sciences at Universität Lüneburg. She writes, curates and works as a DJ in Hamburg.

Denis Cosgrove
Denis Cosgrove studierte in Oxford und Toronto Geografie und lehrt seit über 30 Jahren an Universitäten in Großbritannien, Kanada und den USA. Zurzeit ist er Alexander-von-Humboldt-Professor für Geografie an der UCLA. In seiner Forschung konzentriert er sich auf die Rolle des Sehens und der grafischen Kommunikation bei der Gestaltung von Methoden, mit denen menschliche Kulturen sich die Welt vorzustellen, sie zu verstehen und mit ihr zu interagieren versuchen. Dementsprechend legt er in seinen Schriften das Hauptgewicht auf Fragen der Landschaft und ihrer Kartierung, insbesondere im Italien der Frühmoderne. Zu seinen jüngsten Publikationen zählen die Bücher *Mappings* (1999) und *Apollo's Eye. A Genealogy of the Earth in the Western Imagination* (2001). Lebt in Los Angeles./Denis Cosgrove was educated in Geography at Oxford and Toronto universities and has taught for over 30 years in universities in the UK, Canada and USA. He is currently Alexander von Humboldt Professor of Geography at UCLA. His research has focused on the role of vision and graphic communication in framing the ways in which human cultures understand, imagine and interact with the world. Thus his writings have concentrated on questions of landscape and mapping, especially in early modern Italy. His most recent books include *Mappings* (1999) and *Apollo's Eye. A Genealogy of the Earth in the Western Imagination* (2001). Lives in Los Angeles.

Stephan Dillemuth
*1954 in Büdingen
lebt/lives in Bad Wiessee am Tegernsee

Einzelausstellungen, Performances (Auswahl)/Solo exhibitions, performances (selection)
2004 Galerie für Landschaftskunst, Hamburg (mit/with Nils Norman) **2002/03** *Lichtmenschen im Sumpf der Sonne*, Video und/and Performance im Rahmen der/on the occasion of Werkleitz Biennale/Kunstakademie Wien/Cubitt Gallery, London/Unlikely Encounter Kongress, Hamburg/Kunstakademie, Kopenhagen/Städelschule, Franfurt/ Roter Salon der Volksbühne am Rosa Luxemburgplatz, Berlin/Galerie Christian Nagel, Köln/Galerie für Landschaftskunst, Hamburg **2002** *Mellomdaekket*, Charlottenburg, Kopenhagen; *Der Deutsche Jüngling*, Galerie Christian Nagel, Berlin, Köln **2000** *Coal by any other name*, American Fine Arts Co., New York; *Improvisations on the Bassoon*, Hoxton Hall, London **1998** Galerie für Landschaftskunst, Hamburg; *Die Wagnerianer in Köln*, Galerie Christian Nagel, Köln

Gruppenausstellungen, Projekte (Auswahl)/Group exhibitions, projects (selection)
2003 *Mapping a City: Hamburg-Kartierung*, Kunstverein in Hamburg; *Windstöße/ Nebengeräusche*, Kunsthaus Dresden **2002** *Museotopia*, Karl-Ernst-Osthaus-Museum, Hagen **2001** *Works on Aluminium, Selected by Paper*, White Cube, Bergen **2000** *German Art in Moscow*, Moscow Central House of Artist, Moskau; *Oeynhausener Vogelhäuschen*, Kurpark Bad Oeyenhausen/Galerie für Landschaftskunst, Hamburg; *21st Gear*, The Top Room, London; Museum for Samtidskunst, Bergen; *Hey, International Competition Style*, TENT, Rotterdam, (mit/with Improvisations on the Bassoon) **1998** *Sharawadgi*, Felsenvilla, Baden, Wien **1996** *Production* UV-*Werbevideo für das Westendhotel*, Premiere in der Ausstellung/premiere on the occasion of the exhibition *Etwas besseres als den Tod findest Du überall*, Frankfurt/Main (mit/ with H.C. Dany), UTV auf der Online Media Messe, Gent; *Improvisationen auf dem Fagott und Bilder eines Unbekannten*, Performance; *Glockengeschrei nach Deutz*, Galerie Daniel Buchholz, Köln; Video *Asche Basis*, Beitrag zum Symposion/contribution for symposium »Fiktionen von Öffentlichkeit«, Künstlerhaus Stuttgart **1995** *Methods of Support in Unoccupied Tunnels*, Poster Studio at Brydges Place, London (mit/with Uli Strothjohann); *A Selected Survey*, Pat Hearn Gallery, New York; *Aufforderung in schönster Weise*, Galerie Christian Nagel, Köln **1994** *Services*, Kunstraum Lüneburg/Kunstverein München/Ecole Superieure d'Art Visuel, Genf; *Sommerakademie. Eine freie Akademie auf Zeit*, Kunstverein München; *Artgerechtes Parken*, Hamburger Woche der bildenden Kunst; *Censorship*, Shedhalle Zürich **1993** *Travelogue*, Heiligenkreuzerhof, Wien; *Parallax View*, P.S.1 and Goethe House, New York; *Die Arena des Privaten*, Kunstverein München; Soonsbeek 93, Arnheim Project Unité, Firmini; *Aus der Werkstatt. Sechs Maler und Picasso*, Karl-Ernst-Osthaus-Museum, Hagen (mit/with DANK und/and Kiron Khosla)

Mark Dion
*1961 in New Bedford, Mass.
lebt/lives in New York

1985 Whitney Museum of American Art Independent Study Program, New York University of Hartford, Connecticut **1982–84** School of Visual Arts, New York.

Einzelausstellungen (Auswahl)/ Solo Exhibitions (selection)
2003 *Encyclomenia*, Villa Merkel, Esslingen, Bonner Kunstverein, Kunstverein Hannover **2002** *Biologische Forschungsstation Alster*, Galerie für Landschaftskunst, Hamburg **2001** Galerie Georg Kargl, Wien; *Cabinet of Curiosity for the Weisman Art Museum*, Weisman Art Museum, Minneapolis **2000** *Desert & Transit*, Schleswig-Holsteinischer Kunstverein, Kunsthalle zu Kiel; *Alexander von Humboldt and other Sculptures*, Galerie Christian Nagel, Köln; *Nature Bureaucracies*, American Fine Arts Co., New York **1999** *Tate Thames Dig – Beachcombing on London's Foreshore*, Tate Gallery of Modern Art, London; *LaVille, Le Jardin, La Memorie*, Villa Medici, Rom (mit/with Bob Braine) **1998** *Private Property*, Galerie für Landschaftskunst, Hamburg; *Adventures in Comparative Neuroanatomy*, Deutsches Museum, Bonn; *A Tale of Two Seas ...*, Altonaer Museum Hamburg; Tate Gallery, Liverpool

Gruppenausstellungen (Auswahl)/ Group exhibitions (selection)
2003 *Mapping a City: Hamburg-Kartierung*, Kunstverein in Hamburg **2001** *Museum as Subjects*, The National Museum of Art, Osaka; Snug Harbor Center for Contemporary Art, New York **2000** *American Art Today. Fantasies & Curosities*, The Art Museum at Florida International University Miami; *The Shape of the World, The End of the Workd*, Pac Padiglione d'arte Contemporanea di Milano; *Insite 2000*, San Diego; *The Swamp. On The Edge of Edge*, Samuel P. Hearn Museum of Art, Univ. Florida, Gainesville; *Paradise Now*, Exit Art, New York; *Ecologies*, The Smart Museum of Art, Univ. of Chicago; *Durchreise*, Künstlerhaus Bethanien, Berlin; *Herausforderung Tier, von Beuys bis Kabakov*, Städtische Galerie Karlsruhe; *Small World, Dioramas in Contemporary Art*, Museum of Contemorary Art, San Diego; *Nothing*, Andrew Kreps Gallery, New York **1999** *Falster Versuchsgelände*, Kasseler Kunstverein; *archives laboratoire*, Kunstverein Heilbronn; *Natural Reality. Künstlerische Positionen zwischen Natur und Kultur*, Ludwig Forum für Internationale Kunst, Aachen; *The Museum as Muse*, Museum of Modern Art, New York; Museum of Art, Tel Aviv, Israel
1998 *I love New York*, Museum Ludwig, Köln; *Post naturam – nach der Natur*, Geologisch-Paläontologisches Museum, Münster

Yilmaz Dziewior
Hat Kunstgeschichte und Archäologie in Bonn und London studiert und seine Dissertation über Mies van der Rohe geschrieben. Seine Texte erschienen regelmäßig in *Artforum*, *Camera Austria* und *Texte zur Kunst*. Seit 2001 Direktor des Kunstvereins in Hamburg. Seit 2003 Teilzeitprofessor für Kunsttheorie an der Hochschule für bildende Künste in Hamburg. Lebt in Hamburg./Studied Art History and Archaeology in Bonn and London, wrote his PhD thesis on Mies van der Rohe. Published regularly in *Artforum*, *Camera Austria* and *Texte zur Kunst*. Director of the Kunstverein in Hamburg since 2001. Visiting lectureships on art theory at the Hochschule für bildende Künste in Hamburg since 2003. Lives in Hamburg.

Belinda Grace Gardner
Freie Kunstkritikerin und Autorin. Essays z.B. zum Werk von Meret Oppenheim und zum Spiegel-Motiv in den Arbeiten von Luis Camnitzer. Rundfunk-Features u.a. zu Santiago Sierra und Gregor Schneider. Lebt in Hamburg./Freelance art critic and author. Essays include treatments of the work of Meret Oppenheim and the mirror motif in the works of Luis Camnitzer. Radio features include programs on Santiago Sierra and Gregor Schneider. Lives in Hamburg.

Anna Guðjónsdóttir
*1958 in Reykjavik
lebt/lives in Hamburg

seit/since 1996 Gründung und Leitung der/Foundation and leading of Galerie für Landschaftskunst, Hamburg (mit/with Till Krause) **seit/since 1993** Gründung und Leitung des/Foundation and leading of Museums ferner Gegenden, Hamburg (mit/with Till Krause) **1992** Diplom Freie Kunst

Studium an der/studied art at Hochschule für bildende Künste in Hamburg bei/at Franz Erhard Walther

Einzelausstellungen (Auswahl)/
Solo exhibitions (selection)
2003 *Outlook*, Stiftung & Kunstverein Springhornhof (Dauerinstallation/permanent installation) **2002** *Unsicheres Terrain*, Städtische Galerie Nordhorn **2000** *Das tiefe Tal der Rentiere, Forellenportraits, über einhundert Steine, Eier, Vitrinenblicke, fünfunddreißig Zelte und weitere Bilder*, Kunstverein Springhornhof **1999** *Von den Orten der arktischen Forelle in Thingvallavatn*, Reisehütte der Galerie für Landschaftskunst, Budapest **1998** *Von den Orten der arktischen Forelle in Thingvallavatn*, Galerie für Landschaftskunst, Hamburg

Gruppenausstellungen (Auswahl)/
Group exhibtions (Selection)
2004 *Jäger, Sammler, Maler*, Kunstverein Harburger Bahnhof, Hamburg
2003 *Mapping a City: Hamburg-Kartierung*, Kunstverein in Hamburg **2002** *Weisse Jacke*, Agentur für Zeitgenössische Kunst, Hamburg; *hell-gruen*, Düsseldorf (mit/with Florian Hüttner, Till Krause, Daniel Maier-Reimer); *Museutopia*. Karl-Ernst-Osthaus-Museum Hagen **2001** *Neue Kunst in Hamburg 2001*, Kunsthaus Hamburg; *Changes possible. Kunstprojekte in Kiel*, Kiel; White Cube, Bergen **2000** *Aquaplaning. Zeitgenössische Gartenkunst im Kurpark Bad Oeynhausen*, Bad Oeynhausen; *Houseshow*, Deichtorhallen Hamburg; *Der Erdgeschichteraum des Geologisch-Palaeontologischen Museums*, Münster **1999** *Stipendiaten 98*, Kunsthaus in Hamburg; *Moving images without tears*, Galerie Vera Munro, Hamburg; *Edstrand-ska Stiftelsens Konstnärstipendiater 1999*, Rooseum, Malmö; *Falster Versuchsgelände*, Kasseler Kunstverein **1998** *Visions du Nord – Nuit Blanche*, Musée d'Art Moderne de la Ville de Paris; *Nature and Art Practice*, Chicago; *Fimmt/Quinate*, Kópavogur Art Museum, Island **1994** *Sommerakademie München – eine freie Akademie auf Zeit*, Kunstverein München **1993** *Ultima Thule, Diorama einer fernen nördlichen Landschaft*, Friesenwall 120, Köln/Künstlerhaus Stuttgart

Anke Haarmann [AHA]
*1968 in München
lebt/lives in Hamburg

seit/since 2002 Lehrbeauftragte an der/Lecturer at the Universität Lüneburg im FB Kulturwissenschaften/faculty of cultural sciences **1994–1999** Studium der Freien Kunst an der/Studied art at Kunsthochschule Lerchenfeld, Hamburg **1994–1999** Internationales Postgraduierten-Programm/International postgraduate program, Jan van Eyck Akademie, Maastricht **1989–1995** Studium der Philosophie, Literatur und Ethnologie an der/Studied philosophy, literature and ethnology at the Universität Hamburg und der/and the Freie Universität Berlin

Projektreihe *Selbst/Bilder* (zur Erstellung eines kulturellen Archivs)/
Project series *Self/Images* (Foundation of a Cultural Archive)
2003–2004 *Selbst/Bilder* Projekt *Eigenheim* mit/with Hamburger EigenheimerInnen **2001–2002** *Selbst/Bilder* Projekt *Visionen & Utopien* mit/with Hagener BürgerInnen **2000–2001** *Selbst/Bilder* Projekt *Fitness* mit/with Wolfsburger SportlerInnen **1997–2001** *Selbst/Bilder* Projekt *HipHop* mit/with Hamburger Jugendlichen

Ausstellungen (Auswahl)/
Exhibitions (Selection)
2003 *Mapping a City: Hamburg-Kartierung*, Kunstverein in Hamburg (mit/with *Selbst/Bilder* Projekt *Eigenheim)*
2002 *Museutopia*, Karl Ernst Osthaus-Museum der Stadt Hagen (mit/with *Selbst/Bilder* Projekt *Visionen & Utopien)*
2001 *Es lebe der Sport*, Shedhalle Frauenfeld (mit/with *Selbst/Bilder* Projekt *Fitness)*; Germania, Palazzo delle Papesse, Siena (mit /with *Selbst/Bilder Projekt Fitness; Selbst/Bilder* Projekt *HipHop)*, Jugendhaus St. Pauli, Hamburg **2000** *Selbst/Bilder* Projekt *Fitness*, Kunstverein Wolfsburg **1998** *arbeit. dienst@leistung*, Kunstverein Ludwigsburg **1997** *A scenic detour through commodity culture*, Jan van Eyck Akademie, Maastricht (mit/with Angelos – de nieuwe cosmetic vor gene-actief vleugels); *Garage Sale*, MAK, L.A. (mit/with Comic on the Relation between Theory and Art), *Aussenhaut*, Projekt im öffentlichen Raum, Hamburg **1996** *Open Days*, Jan van Eyck Akademie, Maastricht (mit/with Engelmacher); *Pension Stadtpark*, Steirischer Herbst, Graz (mit/with Familiäres Mäzenatentum)

Preise und Stipendien/
Awards and fellowships
2003 Arbeitsstipendium der Stadt Hamburg **1996** Preis der Jan van Eyck Akademie für Neue Medien; Jahresstipendium der NUFFIC, Niederlande/Netherlands **1995** Arbeitsstipendium der Leo Linssen Foundation, Maastricht, Niederlande/Netherlands

Kristinn G. Harðarson
*1955 in Reykjavik
lebt/lives in Reykjavik

1977–1978 De Stichting de Vrije Academie voor Beeldende Kunsten, Haag **1973–1977** Icelandic Collage of Art and Handicraft, Reykjavik **1972–1973** College of Art, Reykjavik

Einzelausstellungen (Auswahl)/
Solo exhibitions (selection)
2002 Reykjavik (mit/with Helgi Fridjónsson) **2001** Galerie für Landschaftskunst, Hamburg **1998** *Sjónthing*, Gerduberg und/and Gallerí Sævar Karl, Reykjavik; Galerie für Landschaftskunst, Hamburg **1997** *Homages to Beauty*,

Kópavogur Art Museum, Kópavogur **1994** Municipal Art Museum, Reykjavik; Gallerí Sævar Karl, Reykjavik; Akus Gallery (mit/with Janet Passehl), Eastern Connecticut State University, Willimantic, Connecticut **1993** Mokka, Reykjavik; The studio of Magnús Pálsson, London **1992** Galleri Rotor, Götheborg **1991** *Nylistasafnid*, Reykjavik Forum d´art contemporain, Sierra

Gruppenausstellungen (Auswahl)/ Group exhibitions (selection)
2003 *Mapping a City: Hamburg-Kartierung*, Kunstverein in Hamburg **2000** *Momentum*, Moss **1999** Nur Wasser läßt sich leichter schneiden, Hamburg; *Modell – Wirklichkeit*, Städtische Ausstellungshalle Am Hawerkamp, Münster **1996** Galerie nächst St. Stephan, Wien **1995** *Wollemifura*, Kópavogur Art Museum; *The Living Art Museum (all members)*, Reykjavik; *Brunnurinn (the Fountain)*, The Nordic House, Reykjavik; *Botngródur*, Hallormsstadaskógi **1994** *Sculpture/ Sculpture/Sculpture*, Reykjavik Municipal Art Museum, Kjarvalsstadir, Reykjavik **1992** *Det store i det små, tendenser i nordisk skulptur 1992*, Århus Kunstforeningen af 1847, Århus; *Connecticut artists*, RAW, Hartford **1991** *Minningarsyning Ragnars í Smára*, Listasafni Althydu, Reykjavik

Performances (Auswahl)/(selection)
2001 The Living Art Museum, Reykjavik
2000 *Around Town*, Momentum, Moss
1996 *Around Town*, Hertogenbosch
1995 *Around*, Bielefeld

Weitere Projekte/Further projects
Puppenspiel (mit/with Helgi P. Fridjónsson) für/for The National Icelandic Television; Curator: the Living Art Museum, Reykjavik; Lehrauftrag/ lectures, School of Art, Icelandic College of Arts and Crafts

Florian Hüttner
*1964 in Bad Tölz
lebt/lives in Hamburg

Studium an der/studied at Kunstakademie München bei/at Hans Baschang und an der/and at HfbK Hamburg bei/at Werner Büttner

Ausstellungen (Auswahl)/ Exhibitions (selection)
2003 *Mapping a City: Hamburg-Kartierung*, Kunstverein Hamburg; *Vasto – der weite Osten Neapels* (mit/with Gennaro Ghirardelli), Galerie für Landschaftskunst, Hamburg; *Investigation*, Galeria Raucci/ Santamaria, Neapel **2002** *Die Gewässer Hamburgs betrachtet durch die Brille der Angler* (mit/with Martin Krützfeldt), Biologische Forschungsstation Alster, Hamburg; *hell-gruen* (mit/with Anna Guðjónsdóttir, Till Krause, Daniel Maier-Reimer), Düsseldorf; *Braine, Guðjónsdóttir, Hüttner*, White Cube, Bergen **2001** *Versuchshaus*, Ausstellungsraum »APRIL in parking meters«, Köln; *Effetto Natura* (mit/with Henrik Hakansson, Paul Morrison, Richard Woods), Fondazione Nicola Trussardi, Mailand **1999** *Empfindsame Betrachtungen – Ein Entwurf zur Schaffung eines künstlichen Terrains*, Galerie Enja Wonneberger, Kiel **1997** *Quincunx*, Galerie für Landschaftskunst, Hamburg **1995** *Unconnected Thoughts of Florian Hüttner*, Ausstellungsraum »Friedensallee 12«, Hamburg

Wolfgang Kemp
Professur für Kunstgeschichte an der Universität Hamburg. Beschäftigt sich u.a. mit Fragen der Raumdarstellung und Raumherstellung. Lebt in Hamburg./ Professor of Art History at the University of Hamburg. His interests include issues concerning the representation as well as the production of space. Lives in Hamburg.

Jussi Kivi
*1959 in Helsinki
lebt/lives in Helsinki

Einzelausstellungen (Auswahl)/ Solo exhibitions (selection)
2001 Galerie für Landschaftskunst, Hamburg **2000** Gallery Kari Kenetti, Helsinki **1997** The Museum of Contemporary Art, Helsinki/UKS, Oslo **1995** The Forest Museum of Finnland, Punkaharju **1994** The Pori Art Museum, Finnland **1992** Galleri Adelgatan 5, Malmö **1991** Galleria Pieni Agora, Helsinki **1987** Galerie Nemo, Kiel **1981** Vanhar Galleria, Helsinki

Gruppenausstellungen (Auswahl)/ Group exhibition (selection)
2003 *Romantic Geographic Society*, Annual exhibition of nature romanticism 2003, Galleria Huuto, Helsinki; *Landschaft(en), Kunst_Sachsen-Anhalt 2*, Moritzburg Halle; *Mapping a City: Hamburg-Kartierung*, Kunstverein in Hamburg; *gegenwärtig: Feldforschung*, Hamburger Kunsthalle **2002** *Juuret*, Helsinki art hall, Juured; *Tallinna konstihoone*, Estonia **2000** *Norden – Zeitgenössische Kunst aus Nordeuropa*, Kunsthalle Wien **1999** *Finnish Line: Starting point. Jeunes artistes finlandais*, Musée d'art moderne et contemporain, Straßburg; *Auf der Suche nach der verlorenen Zeit. Finnische Kunst der 90er Jahre*, Haus am Waldsee, Berlin **1997–1998** *Cartographers*, Museum of Contemporary Art, Zagreb/Umetnostja Galerija, Maribor/ Mücsamok, Budapest; *Unbekanntes Abenteuer*, Badischer Kunstverein, Karlsruhe/Stadtgalerie, Kiel/Kunsthalle, Rostock; *The Camp of Outlaws*, Academy of fine arts, Helsinki **1996–1997** *Strangers in the Arctic*, Rundetaarn, Kopenhagen/The Museum of Contemporary Art, Helsinki/Art Gallery of Ontario, Toronto **1995** *Air, Water, Earth*, touring exhibition, Japan; *Europa Creation – Re Creation*, Mücsarnok, Budapest **1994** *Drift-Art in Landscape*, Lista **1993** *Equi-Librium*, Riga **1992** *The cultural landscape*, Palazzo Esposizioni, Rom; *The Nuuksio Project*, Academy of Fine Arts, Helsinki **1991** *Sinirand*, Tallinna Artist house, Estonia **1990–1991** *European Workshop Ruhrgebiet I–II*, Kunsthalle Recklinghausen **1988** *Made in Camera*, Galleri Sten Erikson, Stockholm **1987–1988** *Eighty-European painters today*, Paris/Straßburg/Berlin/Madrid/Lissabon/Stockholm etc. **1987** *U-Media*, Umea, The Sao Paulo Biennal **1986** *Hearing*, Helsinki Art Hall

Corinna Koch
Arbeitet im Kunstverein in Hamburg. Kuratiert freie Projekte (u.a. Werkleitz Biennale 2000 mit Christiane Mennicke) und ist Mitglied der Galerie für Landschaftskunst. Lebt in Hamburg./Works in the Kunstverein in Hamburg. Curator of free projects (e.g. Werkleitz Biennale 2000 with Christiane Mennicke) and member of the Galerie für Landschaftskunst. Lives in Hamburg.

Till Krause
*1965, in Hamburg
lebt/lives in Hamburg

Kunststudium in Hamburg bei/studied art in Hamburg at Werner Büttner und/and Franz Erhard Walther

1996 Gründung der Galerie für Landschaftskunst, Hamburg (mit/with Anna Guðjónsdóttir) **1993** Gründung des Museums Ferner Gegenden, Hamburg (mit/with Anna Guðjónsdóttir) **1989–1992** Ausstellungsraum Münzstrasse 10, Hamburg

Kartierungen/Cartography
2004 *Handykartierung Afrika (Cell phone map Africa)* **2002** Arbeit auf der *Biologischen Forschungsstation Alster* (Work at the *Biological Research Station Alster*) **2001–2002** *Helligkeits-/Dunkelheitskartierung der Stadt Düsseldorf (Mapping brightness and darkness in Dusseldorf)* **2001** *Achse Kiel–Hamburg (Kiel–Hamburg Axis)*; Ruhrtalkartierung (Mapping the Ruhr valley) (mit/with Daniel Maier-Reimer) **2000** Kartierung der *kunstwegen*-Route (Mapping the *art trails*, Nordhorn); Beginn der *Weltkarte der Vogelhäuser* (Start of *World map of birdhouses*); Kartierung des Geländes des Centro Cultural Andratx (Mapping the Centro Cultural Andratx region), Mallorca (mit/with Bob Braine) **1991** *Durchgänge in der Hamburger Innenstadt (Passageways in downtown Hamburg)* **1989** Entwurf eines Panoramas für die Hamburger Innenstadt (Draft for hamburg city)

Elemente für eine künstliche Natur (Elements for an artificial nature)
Seit/Since 1997 u.a. in der/i.a. at the Reisehütte der Galerie für Landschaftskunst, Hamburg, Galerie Christian Nagel, Köln, Künstlergärten Weimar
... und weitere Projekte mit der/further projects with Galerie für Landschaftskunst und dem/and Museum Ferner Gegenden

Uwe Lewitzky
Kulturwissenschaftler und Ex-Skateboarder. Arbeitet zur Zeit jeden Freitag als Aufsicht im Kunstverein in Hamburg und an einem Buch zum Themenkomplex von Kunst im öffentlichen Raum und Neuer Urbanität, das beim transcript-Verlag, Bielefeld erscheinen wird.
Lebt in Hamburg.
Kontakt: www.nichtnachdenken.de/
Cultural critic and ex-skateboarder. Presently works Fridays as a custodian at the Kunstverein in Hamburg and is writing a book on art in public space and new urbanity which is due to come out with transcript-Verlag, Bielefeld.
Lives in Hamburg.
Contact: www.nicht-nachdenken.de

Lucy Lippard
Lucy R. Lippard ist Autorin von 20 Büchern über zeitgenössische Kunst und Kultur. Ihre letzte Veröffenlichung ist *On the Beaten Track. Tourism, art and place*. Lebt in Galisteo, Neu Mexiko./ Lucy R. Lippard is the author of 20 books on contemporary art and culture, the most recent of which is *On the Beaten Track. Tourism, art and place*. Lives in Galisteo, New Mexico.

Daniel Maier-Reimer
* 1968 in Hechingen
lebt/lives in Hamburg

2002 Hamburger Arbeitsstipendium für Bildende Kunst **1997–1998** Gaststudium der Sinologie/studied sinology, Universität Hamburg **1994** DAAD Stipendium, Kanada/Canada **1988–1994** Studium der Visuellen Kommunikation/studied visual communication, Hochschule für bildende Künste Hamburg, bei/at Rüdiger Neumann und/and Franz Erhard Walther

Ausstellungen (Auswahl)/ Exhibitions (selection)
2003 *Mapping a City: Hamburg-Kartierung*, Kunstverein in Hamburg; *gegenwärtig: Feldforschung*, Hamburger Kunsthalle; *Stipendiaten des Arbeitsstipendiums für Bildende Kunst*, Kunsthaus Hamburg **2002** *Museutopia*, Karl-Ernst-Osthaus-Museum, Hagen; *hell-gruen*, Düsseldorf (mit/with Anna Guðjónsdóttir, Florian Hüttner, Till Krause) **2001** Galerie für Landschaftskunst, Hamburg **1998** *Project's room*, Steffany Martz Gallery, New York; *Nuit blanche, Vision du Nord*, Departement des Hautes Latitudes Nordiques, Musée d'Art Moderne, Paris; *Irgendwo übernachtet*, Galerie für Landschaftskunst, Hamburg **1993** *Stein/Licht*, Film (mit/with Rüdiger Neumann), Teilnahme an den Internationalen Filmfestspielen Berlin (Berlinale)/participation in Filmfestival Berlin (Berlinale) **1992** Anthology Film Archives, New York

Projekte (Auswahl)/Projects (selection)
2003 Aug./Okt. *Eine Wanderung auf der Hamburger Landesgrenze* **Juni–Aug.** *Eine Reise entlang des Dniestr durch Moldawien und die Ukraine* **2002 Sept.–Okt.** Japan 2002 **Feb.** *Kartierung des Düsseldorfer Hofgartens bzgl. Schlafplätze* **2001 Sept.–Okt.** *Die Große Mauer. Eine Wanderung nach Westen in China* **Juni** *Memel. Eine Wanderung entlang eines Flusses in Russland* **März** *Landschaftsbauhütte Ruhrtal. Ein Gutachten für das Karl-Ernst-Osthaus-Museum*, Hagen (mit/with Till Krause) **2000 Sept.** *Greina. Ein Aufenthalt in der Schweiz* **April–Juli** *Heilongjiang/ Amur. Eine Reise entlang eines Flusses in China/Sibirien* **Juli–Aug.** *Die Große Mauer. Eine Wanderung nach Osten in China* **1999** *Eine Baulücke wird zum Garten*, Lot 55, New York **1998 Sept.–Dez.** *Gelber Fluß. Eine Reise entlang eines Flusses in China* **Mai** *Eine Wanderung mit Jan-Holger Mauss. Ein Beitrag* **1997 Mai–Aug.** *Yarlung Tsanpo. Eine Reise entlang eines Flusses in Tibet* **1996 Juli–Nov.** *Yangtsekiang, Eine Reise entlang eines Flusses in China* **1995 Juli–Aug.** *Thjorsá. Eine Reise entlang eines Flusses in Island* **März** *Wisla. Eine Reise entlang eines Flusses in Polen* **1994 Juni–Nov.** *Mackenzie River. Eine Reise entlang eines Flusses in Kanada* **1993 Sept.–Okt.** *Vorder-, Hinterrhein. Eine Reise entlang eines Flusses in der Schweiz* **März–April** *Colorado River. Eine Reise entlang eines Flusses in Amerika* **1992 Sept.–Okt.** *Biscaya. Eine Frachtschiffahrt nach Lisboa* **Juni–Juli** *Irish Sea. Eine Frachtschiffahrt nach Belfast*

Tom McDonough
Tom McDonough lehrt Architekturgeschichte an der Universität von Binghamton. Er ist Herausgeber des Buchs *Guy Debord and the Situationist International. Texts and Documents* (Cambridge, Mass. 2002) und arbeitet gerade an einem Buch über Montagepraktiken im Frankreich der Nachkriegszeit. Lebt in New York./Tom McDonough teaches architectural history at Binghamton University. He is the editor of *Guy Debord and the Situationist International:*

Texts and Documents (Cambridge, Mass., 2002) and is completing a book on montage practice in postwar France. Lives in New York.

Dirck Möllmann
Kunsthistoriker und freier Kurator. Mitbegründer des VIDEO Club 99 in der Hamburger Kunsthalle. Seit 1999 Videoprogramme und Aktionstage. Publikationen und Vorträge. Lebt in Hamburg./ Arthistorian and freelance curator. Founding member VIDEO Club 99 at the Hamburger Kunsthalle. Since 1999 video programs and action events. Publications and lectures. Lives in Hamburg.

Nina Möntmann
Kuratorin am Nordic Institute for Contemporary Art (NIFCA) in Helsinki, Kritikerin (u.a. für *Artforum*) und Autorin (u.a. *Kunst als sozialer Raum*, Köln 2002). Lebt in Hamburg und Helsinki./Curator at the Nordic Institute for Contemporary Art (NIFCA) in Helsinki, art critic (e.g. *Artforum*) and author (e.g. *Kunst als sozialer Raum*, Cologne, 2002). Lives in Hamburg and Helsinki.

Matt Mullican
*1951 in Santa Monica
lebt/lives in New York

Einzelausstellungen (Auswahl)/
Solo exhibitions (selection)
2003 Cristina Guerra Contemporary Art, Lissabon **2002** Anton Kern Gallery, New York; Galerie Mai 36, Zürich **2001** Fundacio Antoni Tapies, Barcelona; Kunstverein St. Gallen/Kunstmuseum St. Gallen; The Museum of Modern Art, Oxford **2000** Angeles Contemporary Exhibitions, Los Angeles; Museu de Arte Contemporanea de Serralves, Porto; Brooke Alexander Gallery, New York; Galerie Georg Kargl, Wien **1999** Städtische Galerie im Lenbachhaus, München **1998** Stedelijk Museum, Amsterdam; Marian Goodman Gallery, Paris **1997** Galerie Daniel Blau, München **1996** Centre for Contemporary Art, Schloss Ujazdowski, Warschau **1995** Hirschhorn Museum, IVAM, Centre del Carme, Valencia; Nationalgalerie Berlin **1994** Kunstverein in Hamburg

Gruppenausstellungen (Auswahl)/
Group exhibitions (selection)
2003 *Mapping a City: Hamburg-Kartierung*, Kunstverein in Hamburg **2002** *Transformer*, Porin Taidemuseo, Pori **2001** *L'Effet Larsen*, Zentrum für Gegenwartskunst, Linz **2000** *Orbis Terrarum. Ways of Worldmaking*, Museum Plantin-Moretus, Antwerpen **1999** *Get Together. Kunst als Teamwork*, Kunsthalle Wien; *Stimuli*, Witte de With, Rotterdam; *Utopia 2. Same player shoots again*, Arti et Amicitiae, Amsterdam; *Video Virtuale Foto Fictionale*, Museum Ludwig, Köln **1998** *Artranspennine 98*, Tate Liverpool; *Traces of Science in Art*, Royal Netherlands Academy of Arts and Sciences, Amsterdam **1997** *Documenta 10*, Kassel; *Heaven*, P.S.1 Contemporary Art Center, New York; *Icons. Magnets of Meaning*, SF MoMA, San Francisco; *Lost in Space*, Kunstmuseum Luzern; *Hybrids*, De Appel, Amsterdam; *Under Capricorn*, Stedelijk Museum, Amsterdam **1993** *Documenta 9*, Kassel

Nils Norman
*1966 in Kent
lebt/lives in London

Einzelausstellungen (Auswahl)/
Solo exhibitions (selection)
2004 *Camden Arts Center Educational Facility No:1*, Camden Arts Center, London **2003** *Hey Rudy! A Phantom on the Streets of Schizz*, Galerie Christian Nagel, Berlin; *Proposed Redevelopment of the Oval, Hackney E2, London Renamed. Let the Blood of the Private Property Developers Run Freely in the Streets of Hackney Playscape Complex A*, 38 Langham Street, London **2001** *The Geocruiser*, University of Cambridge Botanic Garden, Institute of Visual Culture, Cambridge; The McAllister Institute, New York; *Dismal Garden*, American Fine Arts Co., New York **2000** *The Topology of a Proposal for a Phantom Experimental City School Leaflet East Dulwich*, Top Room, East Dulwich, London; *Debut of the Gerrard Winstanley Radical Gardening Space Reclamation Mobile Field Center and Weather Station, (European Chapter)*, Galerie für Landschaftskunst, Hamburg **1999** *The Cruel Dialectic; Decay and Opportunity*, American Fine Arts Co., New York **1997** *Social Surplus*, American Fine Arts Co., New York

Gruppenausstellungen (Auswahl)/
Group exhibitions (selection)
2004 *Down the Garden Path. Artists Gardens since 1960*, Queens Museum, New York; *Adaptations*, Apex Art, New York; *The Art of the Garden. The role of the Garden in British Visual Culture: 1804–2004*, Tate Britain, London; *Fantastic*, MassMoca, North Adams **2003** *Ambient Sound*, Kunsthaus Dresden; 50th Art Exhibition of the Venice Biennale, Venedig; Havanna Biennale; *Mapping a City: Hamburg-Kartierung*, Kunstverein in Hamburg; *Homeland*, Whitney Museum of American Art, New York; Independent Study Program Exhibition at The Art Gallery of The Graduate Centre, New York; *Radiant City*, Fundacion Bancaja, Valencia **2002** *Eigene Systeme*, Kunstverein Harburger Bahnhof, Hamburg; WAYS OUT (mit/with Peter Fend and Kuong Park), Stroom, Den Haag **2001** *Building Codes*, The Store Front for Art and Architecture, New York; *Utopia Now*, CCAC, San Francisco; *Works on Aluminum selected by Paper*, White Cube, Bergen

Nils Norman hat kürzlich veröffentlicht/ has recently published: *An Architecture of Play. A Survey of London's Adventure Playgrounds*, Four Corners Books 2004.

Patrick Rieve
*1971 in Jülich
lebt/lives in Hamburg und/and Köln

1993–2000 Hochschule für bildende Künste, Hamburg

Ausstellungen (Auswahl)/
Exhibitions (selection)
2004 *Six Pack*, Musterraum, München; *Die drei Amigos*, Die Blaue Kugel, Hamburg **2003** *Mapping a City: Hamburg-Kartierung*, Kunstverein in Hamburg; *Blow it – Wandmalerei*, FKK-Modeladen, Hamburg; *Illusions Game – Feine Ware 2*, Plattform Taubenstraße, Kunstverein Harburg; *Rieve, Urbschat, Wehrmann – Go create resistance*, Deutsches Schauspielhaus Hamburg; *Hamburg – Nagasaki Exchange*, Nagasaki, Japan; *Architektur und Kunst*, Ausstellungsraum SEHW, Architektursommer, Hamburg **2002** *One Inch Punch*, Ausstellungsraum Taubenstraße, Hamburg; *Rieve, Urbschat, Wehrmann vs. Eventlab – There is a place,*

Kaispeicher, Hamburg; *Blood on Moon*, Kunsthaus, Hamburg **2001** *In aktion. Performance heute*, Kunstverein in Hamburg **2000** Galerie Nomadenoase, Golden Pudel Club, Hamburg; *Haunted, Folienshow*, Ausstellungsraum Clemens-Schultz-Straße 88, Hamburg; *The Haunted House – PMJ-Entertainment**, Ausstellungsraum Clemens-Schultz-Straße 88, Hamburg; *Meditate on death every day (Freitag 13.)*, hinterconti, Hamburg **1999** *Yesbutters and Whynotters*, Westwerk, Hamburg; *PMJ-Entertainment**, finks club, Berlin; *This side down*, Waschmaschine Galerie, Frankfurt **1998** Mille Plateaux, Volksbühne, Berlin

*PMJ-Entertainment, ein akustisch physiologisches Projekt mit/an accoustic physiological project with Jörg Güttgemanns und/and Mark Wehrmann.

Publikationen, Videos/
Publications, Videos
2003 *Bone Response 3*, Deutsches Schauspielhaus; Katalog *Architektur & Kunst. Variationen & Reflexionen* **2001** *Bone Response 1* und *2*, Fanzine, Beitrag in: *Ready to capture – Hafencity ein urbaner Raum?* (b_books) **1999** *Mein Tag mit Batman*, Fanzine; *Wüste*, Animationsfilm/animated movie **1998** *MTV get off the air*, zwei Animationsfilme/two animated movies à 30 Sekunden/seconds
1990 – 1993 *Schwarzmarkt Comix 1–4*

Stipendien/Fellowships
2004 Hamburger Arbeitsstipendium für bildende Künste **2003** Vito Corleone Stipendium

Sergio Tamayo
Architekt und Urbanist an der Universidad Autónoma Metropolitana, Mexiko Stadt. Doktor der Soziologie an der University of Texas, Austin. Zahlreiche Artikel über urbane Identität, Citizenship und soziale Bewegung. Lebt in Mexiko Stadt. Sergio Tamayo hat kürzlich veröffentlicht: *Espacios Ciudadanos, la cultura política en la ciudad de Mexico*, 2002; *Los veinte octubres mexicanos, ciuda danías e identidades colectivas*, 1999 /Architect and town planner at the Universidad Autónoma Metropolitana, Mexico City. Doctor of Sociology at the University of Texas, Austin. Numerous articles on urban identity, citizenship and social motion. Lives in Mexico City. Sergio Tamayo has recently published: *Espacios Ciudadanos, la cultura política en la ciudad de Mexico*, 2002; *Los veinte octubres mexicanos, ciuda danías e identidades colectivas*, 1999.

Malte Urbschat
*1972 in Kellinghusen
lebt/lives in Hamburg

seit/since 1998 Studium an der/studied art at Hochschule für bildende Künste Hamburg

Ausstellungen (Auswahl)/
Exhibitions (selection)
2004 »S.S.S.S.S.« *Yasemine featuring Malte Urbschat*, Die Blaue Kugel, Hamburg **2003** *Mapping a City: Hamburg-Kartierung*, Kunstverein in Hamburg; *Feine Ware 2*, Plattform Taubenstraße, Kunstverein Harburg; *Rieve, Urbschat, Wehrmann – Go create resistance*, Deutsches Schauspielhaus Hamburg; *Kunstflecken*, Neumünster; *Hamburg – Nagasaki Exchange*, Nagasaki; *Aktion Brückenkopf*, London; *Speedy Winders Farm, Paradiesgärten*, Ebene 14, City Nord, Hamburg **2002** *Rieve, Urbschat, Wehrmann vs Eventlab – There is a place*, Kaispeicher, Hamburg **2001** *Re/mir*, Borey Art Gallery, St. Petersburg; *Re/mir 2*, Art Agents, Hamburg; *Couching Part 2*, Taklamakan, Kochblock, Hamburg; *Wo ist der Fuchs?*, Ausstellungsraum Clemens-Schultz-Straße 88, Hamburg; *In aktion – performance heute*, Kunstverein in Hamburg **1999** *Couching*, Ausstellungsraum Taubenstrasse, Hamburg; *4 Tage Din A4*, Ausstellungsraum Clemens-Schultz-Straße 88, Hamburg

Förderungen/Fellowships
Hans Hoch Stiftung, Neumünster, 2002/2003

Janneke de Vries
Seit 2003 wissenschaftliche Mitarbeiterin am Kunstverein in Hamburg. Freie Kritikerin (*Artist*, *Frankfurter Rundschau*, *Texte zur Kunst*), Autorin und Kuratorin. Lebt in Hamburg./Since 2003 research assistant at the Kunstverein in Hamburg. Freelance art critic (*Artist*, *Frankfurter Rundschau*, *Texte zur Kunst*), author and curator. Lives in Hamburg.

Astrid Wege
Kulturwissenschaftlerin, Kuratorin und Publizistin. Veröffentlichungen in Büchern, Katalogen und Zeitschriften, u.a. *Artforum*, *Texte zur Kunst* und *October*. Seit 2003 Kuratorin an der Galerie im Taxispalais, Innsbruck. / Cultural critic, curator and publicist. Publications in books, catalogues and magazines, e.g. *Artforum*, *Texte zur Kunst* and *October*. Since 2003 curator at the Galerie im Taxispalais, Innsbruck.

Mark Wehrmann
*1970 in Stadthagen
lebt/lives in Hamburg

Studium der Freien Kunst an der/studied art at Hochschule für bildende Künste Braunschweig und an der/and at Hochschule für bildende Künste Hamburg

Ausstellungen (Auswahl)/
Exhibitions (selection)
2004 *Kunstlichtkongress*, Walcheturm, Zürich **2003** *Mapping a City: Hamburg-Kartierung*, Kunstverein in Hamburg; *Feine Ware*, Kunstverein Harburger Bahnhof; *Architektur und Kunst*, Ausstellungsraum SEHW, Hamburger Architektursommer; *Bridgehead 3*, Hotel Belleville, London; *Paradiesgärten*, Ebene 14, City Nord, Hamburg; *Zimmer aufräumen, Zupfgeigenhansel kommt!*, Künstlerhaus Stuttgart **2001** *Circles 5*, ZKM Karlsruhe; *Re/mir*, Borey Art Gallery, St. Petersburg; *Re/mir 2*, Art Agents Gallery, Hamburg; *Harkonnen*, Ausstellungsraum Clemens-Schultz-Straße 88, Hamburg **2000** *Flexibilitätsversuche*, Museum Fridericianum Kassel **1999** *Yesbutters and Whynotters*, Westwerk, Hamburg **1998** *finks club*, Montparnasse, Berlin **1997** *[with support]*, Skuc Gallery, Ljubliana

Rieve, Urbschat, Wehrmann
2003 *Go create resistance*, Deutsches Schauspielhaus Hamburg; *Japan-Germany Exchange*, Nagasaki
2002 *There is a place*, Kaispeicher A, Hamburg **2001** *in aktion, performance heute*, Kunstverein in Hamburg

Stipendien und Förderungen/
Fellowships and awards
2003 Künstlerstätte Schloss Bleckede

2002 Hamburger Arbeitsstipendium für bildende Künste **1999** Freundeskreis der Hochschule für bildende Künste in Hamburg

Ralf Weißleder
*1962 in Hamburg
lebt/lives in Hamburg

1982–92 Studium an der/studied at Hochschule für bildende Künste, Hamburg **1981–86** Studium der Kunstgeschichte und Ethnologie an der/Studied art and ethnology at Universität Hamburg

seit **1989** regelmäßige Ausstellungsbeteiligungen und Einzelausstellungen/regular participation in exhibitions and solo exhibitions, http://www.tortuga.de

Kathrin Wildner
Stadtethnologin. Studium der Ethnologie, Linguistik, Neue Kommunikationstheorie, Spanisch und Lateinamerika-Studien an den Universitäten Wien und Hamburg. Forschungsaufenthalte in New York, Mexico City und Havanna. Promotion zum Thema *Zócalo – Die Mitte der Stadt Mexiko. Ethnographie eines Platzes* (veröffentlicht 2003 im Reimer Verlag). Lehraufträge/Gastdozentur für Kulturwissenschaften und Stadtforschung in Hamburg, Bremen und Mexico City. Zur Zeit wissenschaftliche Assistentin für »Theorie des öffentlichen Raumes« an der Hochschule für Gestaltung, Karlsruhe. Lebt in Hamburg./Urban ethnologist. Studied ethnology, linguistics, new communication theory, Spanish and Latin American studies at the universities of Vienna and Hamburg. Research spells in New York, Mexico City and Havanna. Doctoral thesis on *Zócalo – the center of Mexico City: ethnography of a square* (Reimer Verlag, 2003). Visiting lectureships in cultural sciences in Hamburg, Bremen and Mexico City. Presently research assistant in »Theory of Urban Space« at the State Academy of Design, Karlsruhe. Lives in Hamburg.

Malte Willms
*1971 in Wolfsburg
lebt/lives in Hamburg

1994–2000 Studium der Freien Kunst an der/studied art at Hochschule für bildende Künste in Hamburg
1993–1994 Studium der Freien Kunst an der/Studied art at Hochschule für Bildende Künste in Braunschweig

Ausstellungen und Projekte (Auswahl)/
Exhibitions and projects (selection)
2003 *Mapping a City – Hamburg Kartierung,* Kunstverein in Hamburg; *Wo kommt das Lächeln her?* (mit/with Amelia Barragán), Projekt in Kooperation mit mexikanischen Volkswagen-Angestellten und deren Familien/project in collaboration with Mexican Volkswagen employees and their families, für/for *Eigene Orte,* Kunstverein Wolfsburg **2002** *ready2-capture! HafenCity, ein urbaner Raum?,* Projekt mit der Gruppe tetrapak und 12 baltischen Künstlern und Künstlerinnen/project with the group tetrapak and 12 Baltic artists, für/for 4th Baltic Sea Biennial *artgenda*, Hamburg; *Werde Deine eigene Umgebung* (mit/with Jelka Plate), Projekt in Kooperation mit der Sozialistischen Selbsthilfe Mülheim (SSM)/Project in collaboration with Socialist Selfhelp Mülheim, für/for *Ökonomien der Zeit,* Museum Ludwig Köln **2001** *Arbeit und Architektur* (mit/with Jelka Plate), Gespräche zu Geschichte und Gegenwart der ehemaligen Schultheiss Brauerei Dessau/talks on the past and present of the former Schultheiss Brewery Dessau, für/for Büro Otto Koch, Dessau **2000** *Kulturelle Produzenten* (mit/with Jelka Plate), in Kooperation mit Bewohnern dörflicher Gemeinden/in cooperation with residents of rural communities, für/for *(real)work,* 4. Werkleitz Biennale **1998–2000** *Die Mission – Künstlerische Maßnahmen gegen die Kälte,* Projekt in Selbstorganisation von Arbeits- und Wohnungslosen/project organized by the unemployed and homeless, Hamburg

Mapping-Favoriten/ Mapping Favorites

Stephanie Bunk
Diskografie für ein Mix Tape/Discography for a mix-tape *Mapping a City or something else:*
B. Fleischmann, *Welcome Tourist*
Iggy Pop, *The Passenger/Lust for Life*
Tour de Traum, *Der Rhein floss in den Zürichsee*
Akufen, *My Way*
PJ Harvey, *Stories from the city, stories from the sea*
Doktor Rockit, *Café de Flore*
Leo Sayer, *The streets of your town*
The Beatles, *Norwegian Wood*
Tom Waits, *Had me a girl/Early Years, Vol. 1*
Telefon Tel Aviv, *Map of what is effortless*

Denis Cosgrove
David Woodward (Hrsg.), *The History of Cartography* (bisher 3 Bde.), Chicago
Brian Harley, *The new nature of maps*, Baltimore 2001
Christian Jacob, *L'empire de cartes*, Paris 1992
Frank Lestringant, *L'atelier du cosmograph*, Paris 1991
Denis Guedj, *The measure of the world*, Chicago 2001
Dava Sobel, *Longitude*, London 1995
Edward Casey, *Representing place: land scape painting and maps*, Minneapolis 2003
Giorgio Mangani, *Il ›mondo‹ di Abramo Ortelio: misticismo, geografia e collezionismo nel rinascimento dei Paesi Bassi*, Modena 1998

Stephan Dillemuth
Magna Carta, 1215

Mark Dion
William Bartram, *Travels trough North and South Carolina, Georgia, East and West Florida*, 1791
Mark Catesby, *The Natural History of Carolina, Florida and the Bahama Islands*, 1754
Pehr Kalm, *Travels into North America. Containing its Nature History*, 1770–1771
H.W. Bates, *The Naturalist on the River Amazon*, 1864
Alfred Russell Wallace, *The Malay Archipelago. The Land of the Orang-Utan and the Bird of Paradise*, 1869
Alexander von Humboldt, *Personal Narra tives of a Journey to the Equinoctial Regions of the New Continent*, 1851
Henry David Thoreau, *The Main Woods*, 1862
Theodore Roosevelt, *Through the Brazilian Wilderness*, 1925
Charles Waterton, *Wanderings in South America, the United States and the Antilles*, 1828
William Bebee, *Jungle Peace*, 1919

Yilmaz Dziewior
Mapping, MoMA Museum of Modern Art, New York, 6.10.–20.12.1994
Mapping. A Response to MoMA, American Fine Arts Co., New York, 21.1.–18.2.1995
Atlas Mapping. Künstler als Kartographen, Kartographie als Kultur, Offenes Kulturhaus Linz, 6.6.–11.7.1997; Kunsthaus Bregenz, Magazin 4, 28.2.–13.4.1998
Out of Space, Kölnischer Kunstverein, 13.5.–2.6.2000
Geografie und die Politik der Mobilität, Generali Foundation Wien, 17.1.–27.4.2003
GNS (Global Navigation System), Palais de Tokyo Paris, 5.6.–7.9.2003
Die Sehnsucht des Kartografen, Kunstverein Hannover, 13.12.2003–1.2.2004
Territories, Kunstwerke Berlin, 2.6.–7.9.2003; Kunsthalle Malmö, 28.5.–22.8.2004
Un-Built Cities, Bonner Kunstverein, 10.12.2003–8.2.2004

Belinda Grace Gardner
Jules Verne, *Reise zum Mittelpunkt der Erde*, 1864, dt. 1875
John Dos Passos, *Manhattan Transfer*, 1925, USA Trilogy 1930–36
Joseph Brodsky, *Ufer der Verlorenen*, 1989, dt. München/Wien 1991
Aby M. Warburg, »Mnemosyne Atlas«, in: Horst Bredekamp, Michael Diers u.a. (Hrsg.), *Aby Warburg, Gesammelte Werke*, Zweite Abteilung II/1, Studienausgabe, Berlin 2000
Jim Jarmusch, *Down by Law*, USA 1986, *Mystery Train*, USA 1989, *Night on Earth*, USA/GB/F/D 1991, *Dead Man*, USA 1995

Aki Kaurismäki, *Ariel*, Finnland 1988, *Tatjana*, Deutschland 1993
Alfredo Jaar, *The Rwanda Project*, 1994–1998
Ed Ruscha, *Twentysix Gasoline Stations*, 1963, *Every Building on Sunset Strip*, 1966, *Royal Road Test* 1967 etc.
Stan Douglas, *Le Détroit*, 2000, *Every Building on 100 West Hastings*, 2001
On Kawara, *One Million Years (Past and Future)*, seit 1970
Hanne Darboven, *Ein Jahrhundert – ABC*, 2002
Arnold Dreyblatt, *Who's Who in Central and Eastern Europe 1933 – Eine Reise in den Text*, Berlin 1995
Roni Horn, *Still Water (The River Thames, for Example)*, 1999
Walid Raad/The Atlas Group, seit 1999

Anna Guðjónsdóttir
Halldór Kiljan Laxness, *Die Islandglocke*, Göttingen 1999
Ida Pfeiffer, *Reise in das Heilige Land, Konstantinopel, Palästina, Ägypten im Jahre 1842*, Frankfurt/Main 1980
Lydia Potts, *Aufbruch und Abenteuer*, Frankfurt/Main 1995

Kristinn G. Harðarson
Benedict Allen (ed.), *The Faber Book of Exploration*, England 2002
Various writers and editors, *The Icelandic Touring Association (Annual)*, Reykjavik 1928–2003
Einar Guðjóhnson, *Hiking Trails in Iceland (7 books)*, Reykjavik 1988–1996
Kjartan Júlíusson, *Reginfjöll ad haustnóttum og adrar frásögur*, Reykjavik 1978
Finnbogi Bernódusson, *Sögur og sagnir úr Bolungarvík*, Akranes 1969
Thórbergur Thórdarson, *Í Sudursveit*, Reykjavik 1975

Florian Hüttner
Wilhelm und Jacob Grimm, *Das Meerhäschen*, Stuttgart, Deutsche Verlags-Anstalt (o. J.)
Alexander Kluge, *Schlachtbeschreibung*, Frankfurt/Main 1978
Daniel Defoe, *Robinson Crusoe* (1719) Frankfurt/Main 1973
Stanley Kubrick, *2001 – A Space Odyssee*, USA 1968
Sten Nadolny, *Die Entdeckung der Langsamkeit*, München 1987
Forstliche Standortsaufnahme, hrsg. v. Arbeitskreis Standortskartierung, Eching b. München, 1996

Torsten Jahnke/Jens Reitemeyer
Claude Lelouch, *Rendezvous*, Paris 1976
Richard Linklater, *Slacker*, USA 1991
Bohren & der Club of Gore, *Sunset Mission*, wonder 2000
Sufjan Stevens, *Greetings from Michigan. The great Lake State*, Asthmatic Kitty Records 2003
Big Black, *Atomizer*, Homestead 1986
Eugène Atget, *Paris*, Paris 1992
Joachim Brohm, *Areal – Ein fotografisches Projekt 1992–2002*, Göttingen 2002
Henry Rollins, *Get in the Van: On the Road with Black Flag*, 2.13.61, Los Angeles 1994
Beautiful Losers: Contemporary Art and Street Culture, YBCA Galleries, San Francisco, 17.7.–10.10.2004

Jussi Kivi
Das Buch/the book:
Valdimir Arsenjev (1872–1930), *Dersu Uzala*
Der Film/the movie:
Akira Kurosawa, *Dersu Uzala*, 1975

Corinna Koch
Assia Djebar, *Die Schattenkönigin*, Zürich 1988
Jack Kerouac, *Unterwegs* (1957), Reinbek bei Hamburg 1959
T.C. Boyle, *Wassermusik* (1987), Reinbek bei Hamburg 1990
Richard Linklater, *Before Sunrise*, 1995 (das Buch zum Film)
Carlos Ruiz Zafon, *Der Schatten des Windes*, Leipzig 2003

Till Krause
Tilman Beyer, Bertram Haude, *gerade bleiben*, Aktion: acht Teilnehmer gehen 1998 von Joachimsthal in Brandenburg eine Woche in gerader Linie Richtung Nordwesten, Kontakt: bertram@hgb-leipzig.de
Schriftenreihe *Forum*, Band 11, »Elemente des Naturhaushalts III: Erde«, Ergebnisse des internationalen Kongresses über »Erde« im Oktober 2001 im Forum der Kunst- und Ausstellungshalle der Bundesrepublik Deutschland (Hrsg.), Bonn 2002
Philipp Bröcker und Wolfgang Plöger, *o.T. (Hamburg)*, 1999, Video, Besteigung von Denkmälern und Skulpturen im Stadtraum Hamburgs, 1999
James Fenimore Cooper, *The Chainbearer: or, The Littlepage Manuscripts*, 1845 (bzw. alle drei Bände der *Littlepage* Triologie, Erzählung über die Landinbesitznahme durch die Europäer in Nordamerika, auch erschienen in deutscher Übersetzung im Fischer Verlag)
Satellitenbild-Atlas Deutschland, Berlin 1993

Uwe Lewitzky
Skateboardvideo: Dan Wolfe, *Underachievers*
Skateboardspezifische Stadtpläne: http://www.hessenmob.de/_webSite/_download/_mobMaps/index.html
Skatestopper: http://www.skatestoppers.com
Dokumentation über die Anfänge des Skateboardings: Stacy Peralta, *Dogtown & Z-Boys*

Lucy Lippard
Doug Aberley (Hrsg.), *Boundaries of Home. Mapping for Local Empowerment*, Philadelphia 1993
Denis Wood, *The Power of Maps*, New York, London 1992
Peter Jackson, *Maps of Meaning*, London 1989
Peter Poole, »Indigenous Lands and Power Mapping in the Americas«, in: *Native Americas*, v.XV, Nr. 4, Winter 1998, S. 34–43
Peter Poole (Hrsg.), *»Geomatics: Who Needs It?«, in:* Special Issue *Cultural Survival*, Winter 1995
Mark Monmonier, *How to Lie with Maps*, Chicago 1991
William Riebsame et al. (Hrsg.), *Atlas of the New West*, New York 1997
Ausst.-Kat. *Marlene Creates, Landworks 1979–1991*, Art Gallery, St. Johns 1991
Susan Bender et al. (Hrsg.), Ausst.-Kat. *The World According to the Newest and Most Exact Observations: Mapping Art + Science*, Saratoga Springs, N.Y. 2001
Mary-Ann Milford-Lutzker (Hrsg.), Ausst.-Kat. *Zarina. Mapping a Life*, Oakland 2001

Daniel Maier-Reimer

Martin Warnke, *Politische Landschaft. Zur Kunstgeschichte der Natur*, München 1992

Ossip Mandelstam, *Armenien. Reise nach Armenien (1930–33)*, Ralph Dutli (Hrsg.), Zürich 1994

Mark Twain, *The Adventures of Huckleberry Finn* (1884), Beijing 1994

Tom McDonough

Walter Benjamin, »A Berlin Chronicle«, in: *Reflections*, Peter Demetz (Hrsg.), New York 1986, S. 3–60

Giuliana Bruno, *Streetwalking on a ruined Map*, Princeton 1993

Susan Buck-Morss, *The Dialectics of Seeing*, Cambridge, Mass., London 1989

Michel de Certeau, *The Practice of Everyday Life*, Berkeley 1984

Gilles Deleuze, »A New Cartographer (Discipline and Punish)«, in: *Foucault*, Minneapolis, London 1988

Rosalyn Deutsche, *Evictions*, Cambridge, Mass., London 1996

Michel Foucault, *Discipline and Punish*, New York 1979

Jürgen Habermas, *The structural Transformation of the Public Sphere*, Cambridge, Mass. 1989

Fredric Jameson, *Postmodernism. Or the Cultural Logic of Late Capitalism*, Durham 1991

Kristin Ross, *The Emergence of Social Space*, Minneapolis 1988

Dirck Möllmann

Michael Snow, *La Région Centrale*, 1971

Jean Rouch, *Les Maîtres Fous*, 1955

Antoine de St. Exupéry, *Flug nach Arras*, 1956 (Pilote de guerre, 1942)

Dava Sobel, *Längengrad*, 1996

Rainer Werner Fassbinder, *Martha*, 1973

James Ellroy, *Ein amerikanischer Alb traum*, 2003 (*The Cold Six Thousand*, 2001)

Gábor Bódy, *Der amerikanische Kartograf*, 1976

Arnold Fanck, *Stürme über dem Mont Blanc*, 1930

Nina Möntmann

Michel de Certeau, »Gehen in der Stadt«, in: ders., *Kunst des Handelns*, Berlin 1988, S. 179–208

Rosalyn Deutsche, »Men in Space«, in: *Artforum 28*, Nr. 6, Februar 1990

Tom McDonough, »Cities and Signs: Mental Maps, Visuality, and Blindness«, in: Nina Möntmann (Hrsg.), *04131 Town Projects*, Frankfurt/Main 2003, S. 15–18

Michel Foucault, »Der Panoptismus«, in: *Überwachen und Strafen*, Frankfurt/Main 1976, S. 251–292

Renée Green, *Camino Road*, New York 1994

Dolores Hayden, *The Power of Place. Urban Landscapes as Public History*, Cambridge, Mass. und London 1995

Fredric Jameson, »Postmoderne – Zur Logik der Kultur im Spätkapitalismus«, in: Andreas Huyssen, Klaus R. Scherpe (Hrsg.), *Postmoderne. Zeichen eines kulturellen Wandels*, Reinbek bei Hamburg 1986, S. 45–102 (engl. Orig. »Postmodernism, or The Cultural Logic of Late Capitalism«, in: *New Left Review*, Nr. 146, July/August 1984, S. 53–92.)

Fredric Jameson, »Cognitive Mapping«, in: *Marxism and the Interpretation of Culture*, Larry Grossberg and Cary Nelson (Hrsg.), Urbana 1988

Le Monde Diplomatique (Hrsg.), *Atlas der Globalisierung*, dt. Ausgabe, Berlin 2003

Lucy Lippard, »Mapping«, in: dies., *Mixed Blessings*, New York 1990, S. 3–17

Alain Robbe-Grillet, *Die Radiergummis*, Frankfurt/Main 1989

Matt Mullican

Steen Eiler Rasmussen, *Towns and Buildings*, Cambridge, Mass. 1969

Virgilio Vercelloni, *Atlante Storico dell'Idea Europa della Citta Ideale*, Milano 1994

Leonardo Benevolo, *The History of the City*, Cambridge, Mass. 1980

Rob Krier, *Urban Space*, New York 1979

Edward Tufte, *Envisionning Information*, Cheshire, CT 1990

Edward Tufte, *The visual Display of quantitative Information*, Cheshire, CT 1983

Edward Tufte, *Visual Explanations*, Cheshire, CT 1997

Eva Blau and Edward Kaufman (Hrsg.), *Architecture and it's image*, Centre Canadien d'Architecture / Canadian Centre for Architecture, Montreal, Cambridge, Mass. 1989

James Mitchel and Jess Stein (Hrsg.), *The Random House Encyclopedia*, New York 1983

Institute Francais d'Architecture, *Architectures de bande dessine*, Paris 1985

Design Process Olivetti 1908–1978, Los Angeles 1979

Alain Lachartre, *Objectif Pub*, Paris and Brussels 1986

Geoffrey and Susan Jellicoe, *The Landscape of Man*, London 1975, 1987

Michael Dennis, *Court and Garden*, Cambridge, Mass. 1986

Henry Dreyfuss, *Designing for People*, New York 1955

Patrick Rieve

David Clowes, *20th Century Eightball*, Nr. 6, Fantagraphic Books

Alan Moore, Dave Gibbons, *Watchmen*, Titan Books 1986/87

F.C. Ware, *Jimmy Corrigan. The smartest Kid on Earth*, Pantheon Books 2003

Malte Urbschat

Clyde Semmoh, Olaf Smit, Menno Kok with help of Rodolfo's Skateshop Amsterdam, *Amsterdam Sk8-Guide Non-professional Guide, made for Skaters by Skaters*, Amsterdam 1990

Monster. skateboard magazin, Nr. 23, »Street Issue«, Okt./Nov. 1986, Münster, Rampenübersicht Deutschland, Stand August 1986, S. 48–49

The DC Video, DC Films/DC Shoes Inc., USA 2003

Mark Mistet, *Stand Strong. On the Road with Mike Vallely*, 411 Video Production, USA 2000

RDS/FSU/2002, Red Dragon, USA 2002

Janneke de Vries

Guy Debord, »Theorie des Umherschweifens« (1958), in: Edition Nautilus, *Der Beginn einer Epoche. Texte der Situationisten*, Hamburg 1995, S. 64–67

Vladimir Nabokov, *Lolita* (1955), Reinbek bei Hamburg 1989

Magnus Mills, *The Restraint of Beasts*, London 1998

David Lynch, *The Straight Story*, USA 1999

Alighiero e Boetti, *Die tausend längsten Flüsse der Welt*, 1970/71

Jean-Frédéric Schnyder, *Wartsaal*, 1988/89, *Aussichtsbänke*, 1989/90

Walter Benjamin, »Myslowitz – Braunschweig – Marseille«, in: ders., *Über Haschisch*, Frankfurt/Main 1972, S. 31–54
Kante, »Im Inneren der Stadt«, auf: *Zombi*, kitty-yo 2004
Vilém Flusser, »Mein Atlas«, in: ders., *Dinge und Undinge*, München, Wien 1993, S. 113–118
Henri Lefebvre, *Die Revolution der Städte* (1972), Dresden 2003 (Orig. *La révolution urbaine*, Paris 1970)
Pierre Bourdieu, »Physischer, sozialer und angeeigneter physischer Raum«, in: Martin Wentz (Hrsg.), *Stadt-Räume*, Frankfurt/Main, New York 1991, S. 25–34

Mark Wehrmann

Andrej Tarkowski, *Stalker*, UdSSR 1979
Robert Wise, *Der Tag an dem die Erde stillstand (The Day the Earth stood still)*, USA 1951
John Sturges, *Gesprengte Ketten (The Great Escape)*, USA 1963
Steven Spielberg, *ET der Außerirdische* (Orig. *ET the Extraterrestrial*), USA 1981
Voivod, *Killing Technology*, Noise International 1987
H.G. Wells, *Krieg der Welten* (Orig. *The War of the worlds*), London 1898
Michel Foucault, *Überwachen und Strafen. Die Geburt des Gefängnisses*, Frankfurt/Main 1976
Ian Borden, *Skateboarding, Space, and the City*, Oxford, New York 2001

Ralf Weißleder

Joel und Ethan Coen, *Fargo*, USA 1996
FSK (Justin Hoffmann, Thomas Meinecke, Michaela Melián, Wilfried Petzi), *Freiwillige Selbstkontrolle*, Hamburg 1980
dieselben, *Teilnehmende Beobachtung*, Hamburg 1981
Neville Gabie, *Posts*, London 1999
Hermann Hipp, *Freie und Hansestadt Hamburg. Geschichte, Kultur und Stadtbaukunst an Elbe und Alster*, Köln 1996
Paul Theodor Hoffmann (Hrsg.), *Neues Altona 1919–1929. Zehn Jahre Aufbau einer deutschen Großstadt*, 2 Bände, Jena 1929
Landesmedienzentrum Hamburg, *Hamburg historisch*, Film-Reihe im Zeise-Kino, Hamburg-Altona, ab 1997.
Ralf Lange, *Architekturführer Hamburg*, Stuttgart 1995
Volkwin Marg und Reiner Schröder, *Architektur in Hamburg seit 1900. 251 Bemerkenswerte Bauten*, Hamburg 1993
Michael Schmidt und Einar Schleef, *Waffenruhe*, Berlin 1987

Kathrin Wildner

Walter Benjamin, »Das Passagenwerk«, in: ders., *Gesammelte Schriften*, Bd. V–1, Frankfurt/Main 1991
Michel de Certeau, *Kunst des Handelns*, Berlin 1988
Gordon Cullen, *Townscape. Das Vokabular der Stadt*, Basel 1991
Roger Downs und David Stea, *Kognitive Karten. Die Welt in unseren Köpfen*, New York 1980
James Duncan und David Ley (Hrsg.), *Place, Culture, Representation*, London 1993
Akhil Gupta und James Ferguson (Hrsg.), *Culture, Power Place. Explorations in Critical Anthropology*, Durham 1997
Lucy Lippard, *The Lure of the Local. Senses of Places in a Multicentered Society*, New York 1997
Kevin Lynch, *Das Bild der Stadt*, Frankfurt/Main 1975
Armando Silva, *Urban Imaginaries in Latin America*, Ostfildern-Ruit 2003

Malte Willms

Verein Veddel aktiv e.V. http://www.veddel-aktiv.de
Stadtentwicklungsbehörde, *Soziale Stadtteilentwicklung. Das Programm*, Hamburg 1999
Stövesand, »Gemeinwesenarbeit = Quartiersentwicklung?«, in: *Standpunkt Sozial*, 1/02, Hamburg 2002
Blauer Montag, *Mehr Markt – Mehr Repression*, www.nadir.org/nadir/initiativ/fels/archiv/existenz/sozialhh.htm
Christian Kravagna, »Arbeit an der Gemeinschaft«, in: Babias/Könnicke (Hrsg.), *Die Kunst des Öffentlichen*, Dresden 1998
Kwon, »Im Interesse der Öffentlichkeit«, in: *Springer*, Band VII/Heft 4, Wien 1996
Rollig, »Zwischen Agitation und Animation«, in: Rollig/Sturm (Hrsg.), *Dürfen die das? Kunst als sozialer Raum*, Wien 2002
Forschungsstelle »Direkte Demokratie«, Philipps-Universität Marburg http://www.forschungsstelle-direkte-demokratie.de/
Altonaer Bürgerverein (ABV), *Unser Altona*, Monatshefte ABV (Hrsg.), Hamburg 1949–2004; Publikationen zur Geschichte des ABV, Stadtteilarchiv Altona/Altonaer Museum, Hamburg

Impressum

Diese Buch erscheint anlässlich der Ausstellung *Mapping a City: Hamburg-Kartierung* im Kunstverein in Hamburg vom 22. November 2003 bis 22. Februar 2004.

Kunstverein in Hamburg
Klosterwall 23
D-20095 Hamburg
Tel. +49 (0) 40 33 83 44
Fax +49 (0) 40 32 21 59
hamburg@kunstverein.de
www.kunstverein.de

Direktor:
Yilmaz Dziewior

Vorstand:
Dr. Harald Falckenberg
Prof. Dr. Susanna Hegewisch-Becker
Claudia Herstatt
Dr. Stefan Horsthemke
Dr. Ernst-Josef Pauw
Nana Petzet
Rolf Rose
Jürgen Vorrath
Dr. Hans-Jochen Waitz

Ausstellung

Kunstverein in Hamburg

Kuratoren:
Yilmaz Dziewior
Till Krause

Koordination:
Corinna Koch

Presse- und Öffentlichkeitsarbeit:
Janneke de Vries

Praktikum:
Yael Saltzman

Buchhaltung:
Gesche Früchtenicht

Ausstellungstechnik:
Robert Görß

Kasse:
Kay Ruchholtz
Karl-Heinz Bents

Reinigung:
Maike Nuppnau

Katalog

Herausgeber:
Nina Möntmann
Yilmaz Dziewior
Galerie für Landschaftskunst

Redaktion:
Janneke de Vries
Nina Möntmann

Lektorat:
Janneke de Vries
Valeska Schneider
Berit Homburg

Übersetzung:
Christopher Jenkin-Jones, München (d-e)
Ralf Schauff, Köln (e-d)

Umschlaggestaltung:
Torsten Jahnke, mitchum d.a.

Umschlagabbildung:
Matt Mullican,
»City as a Map (of Ideas)«, Detail

Gestaltung und Satz:
Torsten Jahnke, mitchum d.a.
Jens Reitemeyer

Schrift:
Sabon, FF Din, FF Isonorm

Reproduktion:
Weyhing Digital, Ostfildern-Ruit

Papier:
PhoeniXmotion Xantur 135 g/m²

Buchbinderei:
IDUPA Schübelin GmbH, Owen/Teck

Gesamtherstellung:
Dr. Cantz'sche Druckerei, Ostfildern-Ruit

Erschienen im
Hatje Cantz Verlag
Senefelderstraße 12
73760 Ostfildern-Ruit
Deutschland
Tel. +49 (0)7 11 4 40 50
Fax +49 (0)7 11 4 40 52 20
www.hatjecantz.de

Bildnachweise

© MapQuest: S. 34
Marcian Library, Venice, oder British Museum, London: S. 35
Getty Library, Los Angeles: S. 36
Walters Art Gallery, Baltimore: S. 38
US National Archives: S. 39
Bodleian Library, Oxford: S. 41
© Geographers A–Z Co. Ltd., London: S. 42
Bodleian Library, Oxford: S. 43
CLA Libraries: S. 44
Laura Kurgan: S. 46
Courtesy Museum of New Mexico, 108666: S. 85
DC Moore Gallery: S. 90
CLU I: S. 92
Consuelo Cordoba: S. 116
Galerie für Landschaftskunst: S. 173–176, 178, 179, 190–192, 224–231, 235, 252–255, 272, 274, 275, 286, 287
Elisabeth Sohst: S. 198, 199
Fred Dott: S. 206–213, 216, 219, 222, 223, 232–236, 240, 244–247, 253, 260–264, 273, 276, 286

ISBN 3-7757-1442-1
Printed in Germany

Colophon

This catalogue is published on the occasion of the exhibition *Mapping a City. Hamburg-Kartierung* at the Kunstverein in Hamburg from 22 November 2003 to 22 February 2004.

Kunstverein in Hamburg
Klosterwall 23
D-20095 Hamburg
Tel. +49 (0) 40 33 83 44
Fax +49 (0) 40 32 21 59
hamburg@kunstverein.de
www.kunstverein.de

Director:
Yilmaz Dziewior

Board Members:
Dr. Harald Falckenberg
Prof. Dr. Susanna Hegewisch-Becker
Claudia Herstatt
Dr. Stefan Horsthemke
Dr. Ernst-Josef Pauw
Nana Petzet
Rolf Rose
Jürgen Vorrath
Dr. Hans-Jochen Waitz

Exhibition

Kunstverein in Hamburg

Curators:
Yilmaz Dziewior
Till Krause

Coordination:
Corinna Koch

Press and Public Office:
Janneke de Vries

Internship:
Yael Saltzman

Bookkeeping:
Gesche Früchtenicht

Exhibition Technology:
Robert Görß

Cashier:
Kay Ruchholtz
Karl-Heinz Bents

Cleansing:
Maike Nuppnau

Catalogue

Editors:
Nina Möntmann
Yilmaz Dziewior
Galerie für Landschaftskunst

Editorial Work:
Janneke de Vries
Nina Möntmann

Copy Editing:
Janneke de Vries
Valeska Schneider
Berit Homburg

Translation:
Christopher Jenkin-Jones, Munich (g-e)
Ralf Schauff, Cologne (e-g)

Cover Design:
Torsten Jahnke, mitchum d.a.

Cover Illustration:
Matt Mullican,
»City as a Map (of Ideas)«, detail

Design and Typesetting:
Torsten Jahnke, mitchum d.a.
Jens Reitemeyer

Typeface:
Sabon, FF Din, FF Isonorm

Reproduction:
Weyhing Digital, Ostfildern-Ruit

Paper:
PhoeniXmotion Xantur 135 g/m²

Binding:
IDUPA Schübelin GmbH, Owen/Teck

Printed by:
Dr. Cantz'sche Druckerei,
Ostfildern-Ruit

Published by
Hatje Cantz Verlag
Senefelderstraße 12
73760 Ostfildern-Ruit
Germany
Tel. +49 (0)7 11 4 40 50
Fax +49 (0)7 11 4 40 52 20
www.hatjecantz.com

Photocredits

© MapQuest: p. 34
Marcian Library, Venice, or British Museum, London: p. 35
Getty Library, Los Angeles: p. 36
Walters Art Gallery, Baltimore: p. 38
US National Archives: p. 39
Bodleian Library, Oxford: p. 41
© Geographers A–Z Co. Ltd., London: p. 42
Bodleian Library, Oxford: p. 43
CLA Libraries: p. 44
Laura Kurgan: p. 46
Courtesy Museum of New Mexico, 108666: p. 85
DC Moore Gallery: p. 90
CLU I: p. 92
Consuelo Cordoba: p. 116
Galerie für Landschaftskunst: pp. 173–176, 178, 179, 190–192, 224–231, 235, 252–255, 272, 274, 275, 286, 287
Elisabeth Sohst: pp. 198, 199
Fred Dott: pp. 206–213, 216, 219, 222, 223, 232–236, 240, 244–247, 253, 260–264, 273, 276, 286

ISBN 3-7757-1442-1
Printed in Germany